振动破碎磨碎机械

设计·分析·试验·仿真·实例

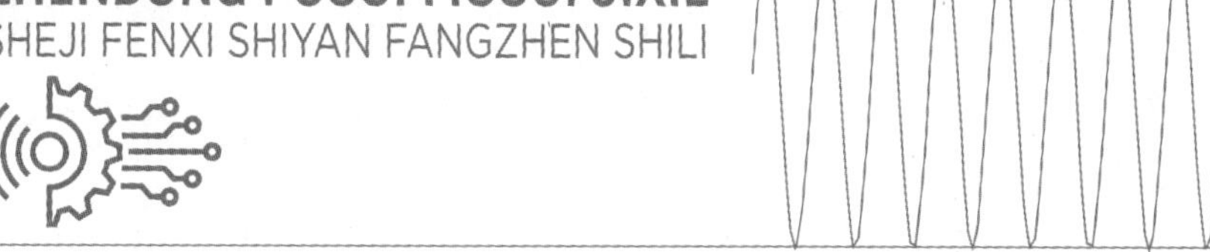

ZHENDONG POSUI MOSUI JIXIE

SHEJI FENXI SHIYAN FANGZHEN SHILI

侯书军　秦志英　赵月静　等 著

化学工业出版社

·北京·

内容简介

本书共分 10 章，第 1 章讲述振动破碎磨碎过程的模型分析与试验，第 2～4 章分别介绍了双腔颚式、双腔辊式、圆锥式振动破碎机，第 5～7 章分别介绍了单筒双激、双筒单激、单筒单激双刚体振动磨，第 8 章介绍了偏心轴式高速摆振磨，第 9 章介绍了异轴卧式超细分级磨，第 10 章介绍了振动破碎磨碎系统设计与仿真。各章内容分别从工作原理、动力学分析、DEM 仿真、性能试验等不同方面进行了阐述。

本书理论与应用并重，以振动破碎、磨碎设备的设计、分析、仿真与试验为主线，内容翔实，涉及机械动力学、散体动力学、流体动力学、多尺度耦合动力学、刚柔耦合动力学等科学问题，对于从事相关工作的研究人员和工程技术人员都具有很高的参考价值。

图书在版编目（CIP）数据

振动破碎磨碎机械：设计・分析・试验・仿真・实例/侯书军等著．—北京：化学工业出版社，2022.10

ISBN 978-7-122-41523-3

Ⅰ.①振…　Ⅱ.①侯…　Ⅲ.①磨机　Ⅳ.①TH6

中国版本图书馆 CIP 数据核字（2022）第 091828 号

责任编辑：黄　滢　　文字编辑：温潇潇
责任校对：李雨晴　　装帧设计：王晓宇

出版发行：化学工业出版社（北京市东城区青年湖南街 13 号　邮政编码 100011）
印　　装：北京捷迅佳彩印刷有限公司
787mm×1092mm　1/16　印张 16¾　字数 440 千字　　2023 年 1 月北京第 1 版第 1 次印刷

购书咨询：010-64518888　　售后服务：010-64518899
网　　址：http://www.cip.com.cn
凡购买本书，如有缺损质量问题，本社销售中心负责调换。

定　　价：128.00 元

第一作者简介

侯书军，男，教授，博士生导师，1963 年7月出生于石家庄市鹿泉县，卒于2021年12月。1980年9月入读河北工学院机械一系，1984年6月本科毕业获学士学位，1987年6月研究生毕业获硕士学位，后留校任教，并于同年加入中国共产党。1990年10月在中华人民共和国机械电子工业部矿山机械研究所（石家庄）任工程师、研究室副主任，从事矿山设备研发，也开始了与振动机械的渊源。1994 年4月至2007年6月在河北科技大学任教，历任讲师、副教授、教授，1999年7月担任硕士生导师，从事振动利用、岩石破碎等方面的研究。为了解决实际工程中的理论问题，1996年3月就读于天津大学力学系攻读博士学位，师从著名非线性振动专家陈予恕院士，于1999年7月获得博士学位。2002年1月至2003年1月受国家留学基金委的委派，在英国斯旺西大学和利兹大学颗粒科学与技术研究所做访问研究。留学期间具体负责两个不同但相关的研究课题“振动作用下超细颗粒床的行为与颗粒相互作用力”和“振动磨宏微观动力学行为的 DEM 分析”。2003 年11月主持成立河北科技大学振动工程研究所，带领科研团队开展了振动破碎磨碎机械的系统研究。2007年7月调入河北工业大学任教，同年11月主持成立河北工业大学振动工程研究所，2012年开始担任秦皇岛港股份有限公司独立董事。2013年5月被评为博士生导师。

侯书军教授一生致力于机械工程领域的教学与科研，长期从事振动利用工程领域的研究工作，带领科研团队进行了颗粒与粉体技术与装备、机械系统复杂动力学与控制的研究，还把振动利用工程领域扩展到了特种破岩破障机器人装备和振动康复技术与装备领域，并针对其中的共性关键问题——含间隙机构动力学与噪声控制和岩石破碎过程的数字化试验与机理等展开了系统研究，成为我国该领域有特色的主要研究集体之一。他还兼任中国振动工程学会理事，中国振动工程学会振动利用专业委员会副理事长，河北省振动工程学会副理事长，中国自动化学会机器人专业委员会委员，中国中西医结合学会骨科分会外固定专业委员会委员，国家核心期刊《振动工程学报》编委，《振动、测试与诊断》（EI 全录）杂志常务编委等学术职务。在河北科技大学和河北工业大学指导硕士研究生37名，博士生2名，获授权（中国）国防发明专利5个，（中国）发明及实用新型专利19项，发表论文90余篇，完成数十项863、973、自然基金等项目，获河北省科技进步三等奖1项。《振动破碎磨碎机械　设计·分析·试验·仿真·实例》一书是他领导的科研团队二十多年来在振动破碎磨碎机械研究领域取得的科研成果的总结。

序一

众所周知，在大多数领域，振动都是表现出其有害的一面，如飞机起飞和着陆滑行以及在空中遇到强对流天气时机翼的振动、地震时建筑物的晃动、桥梁的风致振动等。但另一方面，人们也在广泛地利用振动解决工程实际中的问题，如振动筛分、振动抛光、振动给料、振动破碎、振动夯实等。“振动利用工程”已逐渐发展成为振动学与机械学相结合的一门新学科。

1990年10月，侯书军进入中华人民共和国机械电子工业部矿山机械研究所（石家庄），开始从事振动机械的设计与研发工作。怀着探究复杂机械系统非线性振动机理的追求，1996年9月他33岁时考入天津大学力学系攻读博士学位。在学期间，作为他的导师，我们经常就一些工程和学术问题进行讨论。他工作的勤奋、对事业的执着，尤其是学术上善于思辨的态度均给我留下了深刻的印象。

侯书军教授长期致力于振动利用工程领域复杂动力学问题的研究，从系统设计、理论分析、仿真分析到试验模拟，从振动破磨设备到地震救援装备、反恐装备以及振动康复器械的研发，都在业内得到了广泛的认可。

本书是侯书军及其团队多年科研工作成果的总结，理论与应用并重，以振动破碎、磨碎设备的设计、分析、仿真与试验为主线，内容翔实，涉及机械动力学、散体动力学、流体动力学、多尺度耦合动力学、刚柔耦合动力学等科学问题，对于从事相关工作的研究人员和工程技术人员都具有很高的参考价值。

谨以此序向侯书军致以亲切的缅怀。

中国工程院院士 陈予恕

2022年早春于天津大学

序二

振动利用是振动工程领域的一个重要分支，它是振动理论与应用相结合的产物。早在2002年中国振动工程学会就成立了“振动利用工程专业委员会”。目前振动利用工程已发展成一门集振动学与机械学为一体的新学科。它所涉及的技术与工农业生产及人类的生活联系得十分紧密，能为社会创造重大的效益，能为人类的生活提供极大的便利。各种各样的振动机械和振动仪器已成功用来完成许多不同的工艺过程。

随着我国经济建设和科学研究事业的进一步发展，新用途的振动利用技术将会不断出现，它们在各个领域中的使用也将日益增多，并将发挥越来越重要的作用。为了使这类技术得到更有效的使用并促进其进一步的发展，对已有的工作进行较系统的介绍无疑是十分必要的。毫无疑问，《振动破碎磨碎机械　设计·分析·试验·仿真·实例》一书正满足了这样一个需求。

我与侯书军教授相识于上世纪90年代，后熟知于共同的学术兴趣和在“振动利用工程专业委员会”的工作。

侯书军教授自1990年进入中华人民共和国机械电子工业部矿山机械研究所（石家庄）以后，一直在振动利用工程领域潜心研究。研究对象从最初的矿山设备到近期的振动康复装置，研究内容从装置研发、机理探索到主被动振动控制与软件仿真，研究成果得到了业界的一致认可。

本书是侯书军教授及其科研团队多年工作积累的集中体现，强调从设计中发现新问题，并用振动理论加以解决。侯书军教授的工作不仅拓宽了振动理论的应用范围，也在一定程度上促进了振动利用工程学科的发展。本书给出的大量工程设计案例相信对从事相关研发的读者大有裨益。

谨向侯书军教授致以深深的敬意和亲切的缅怀。

中国科学院院士 闻邦椿

2022年3月8日

前言

振动破碎磨碎机械是利用振动将大粒度物料破碎、磨碎至较小粒度的机械设备。破磨作业在国民经济中占有十分重要的地位，在矿山、冶金、煤炭、建筑、水利、建材、化工、环保甚至食品加工等行业起到了关键性的作用。破碎、磨碎是一个电耗和原材料耗费巨大而能量利用率又很低的过程，据统计破磨作业中真正用于物料粒度减小的能量在全部破碎能量中所占的比例不到5%，能量大部分以噪声、摩擦热和振动等形式损失掉。在当前国家提倡节能减排的大背景下，对破磨作业进行节能改造、提高工作效率的意义更加重大。

侯书军教授从石家庄矿山机械研究所接触到破碎磨碎机械，然后师从陈予恕院士，并习得了非线性振动的精髓，在此基础上将二者有机结合，展开了振动破碎磨碎方面的深入研究。本书是侯书军教授及其科研团队近二十年来努力所取得的科研成果的总结，其中提出的创造性成果有：

（1）对破碎磨碎过程进行了模型研究，首先通过静压破碎试验提出了分段线性等接触力模型，然后基于碰撞恢复系数进行了模型比较和统一，最后用试验和仿真的方法研究了冲击破碎过程。

（2）首次提出了振动破碎机的结构，对双腔颚式、双腔辊式、圆锥式等不同振动破碎机进行了分析、仿真和试验。

（3）首次提出了双刚体振动磨的结构，该结构在传统振动磨基础上增加一个振动中心体，从而有效改善振动磨中心低能量区的问题，并研究了单筒双激、双筒单激、单筒单激等不同形式的双刚体振动磨，以及在中药磨碎方面的性能试验。

（4）首次提出了刚散耦合分析的方法，将破碎磨碎过程中的物料、磨介作为散体进行建模，通过与腔体的相互耦合作用，研究物料破碎磨碎过程中振动参数的影响。

（5）将刚散耦合分析的方法扩展到多尺度多相耦合分析，在颗粒相建模中验证和应用所提出的接触力模型。

本书共分10章，第1章讲述振动破碎磨碎过程的模型分析与试验，第2～4章分别介绍了双腔颚式、双腔辊式、圆锥式振动破碎机，第5～7章分别介绍了单筒双激、双筒单激、单筒单激双刚体振动磨，第8章介绍了偏心轴式高速摆振磨，第9章介绍了异轴卧式超细分级磨，第10章介绍了振动破碎磨碎系统设计。各章内容分别从工作原理、动力学分析、DEM 仿真、性能试验等不同方面进行了研究。

参加本书著述和撰写的有侯书军、秦志英、赵月静、彭伟、张新聚等，郑惠萍、李慨、曲云霞教授承担了组织、审稿等工作。本书整理和再创造了侯书军教授团队指导的多位研究生硕士论文的成果，这些研究生包括周瑛、张军翠、贾妍、周春福、侯志强、杨革、崔立华、韩晋、郭晓庆、张哲娟、赵季福、刘晓鹏等。

书中难免会有不妥之处，恳请广大读者给予批评指正。

著者

目录

第 1 章
破碎磨碎过程本构模型分析与试验

1.1 破碎磨碎过程分析

实际破碎和磨碎机械中物料的性态是系统非线性的根本来源，从而使得破碎磨碎过程是一个刚散耦合动力学系统。破碎和磨碎机械对物料的作用模型可简化为以下两种情况：球介质与球介质对物料的作用，球介质与振动体对物料的作用。每一种情况又分为冲击、静压和剪切三种模型，如图 1-1 和图 1-2 所示。

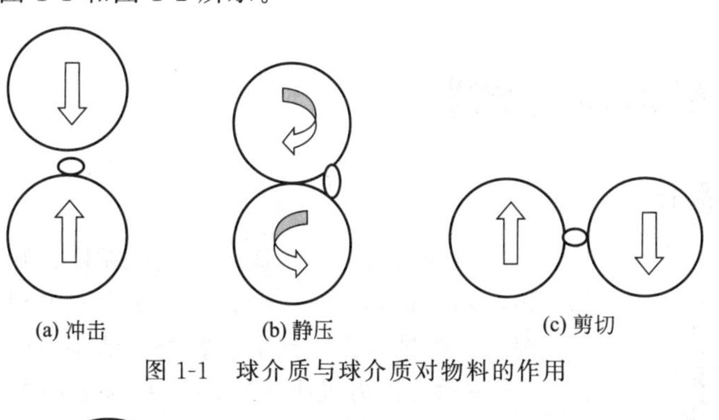

图 1-1 球介质与球介质对物料的作用

图 1-2 球介质与振动体对物料的作用

物料正向冲击和静压过程可以如图 1-3 和图 1-4 进行模型简化，即针对有物料情况下介质之间的接触力本构模型，通过试验数据求出其参数，在后续研究中就可以应用这些本构模型进行仿真分析。而没物料情况下介质之间的接触力本构模型，则是有物料情况下接触力本构模型研究的基础。因此接触力本构模型的构建是开展破碎磨碎机械动力学分析与仿真的根本。

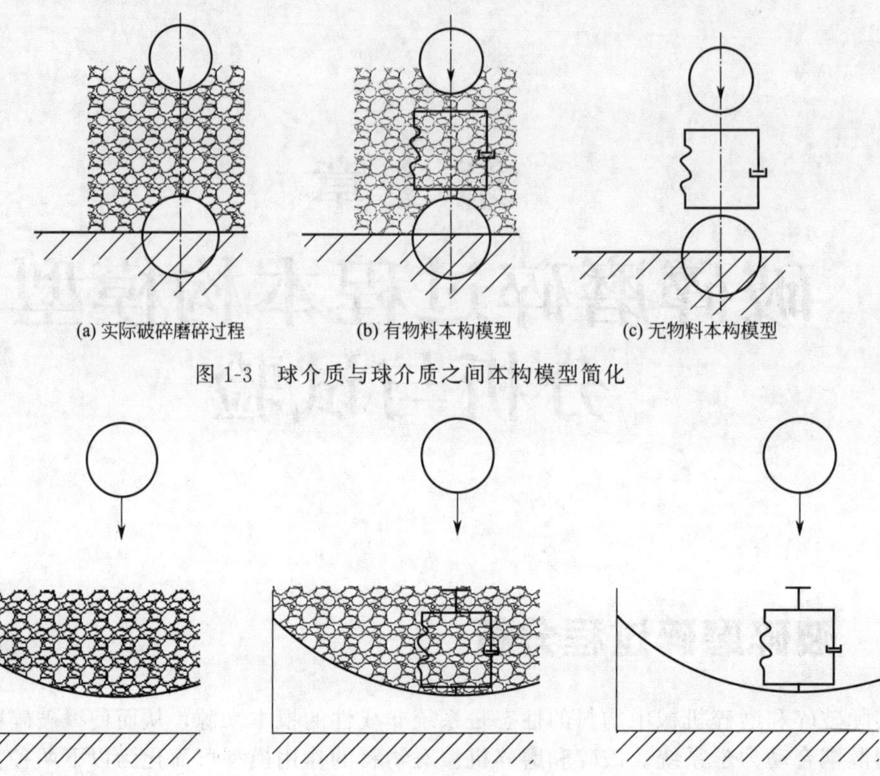

图 1-3　球介质与球介质之间本构模型简化

图 1-4　球介质与振动体之间本构模型简化

1.2　静压破碎过程试验

1.2.1　试验方案设计

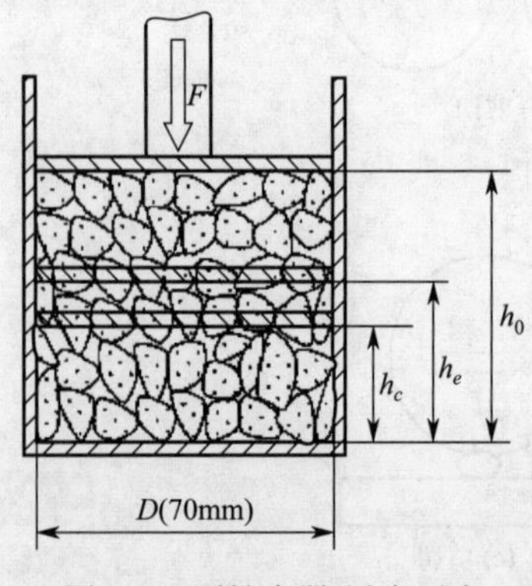

图 1-5　刚性容器-活塞压力试验系统

h_0—颗粒层初始厚度；h_c—压缩后的颗粒层厚度；h_e—卸载膨胀后的颗粒层厚度；D—容器内径，为 70mm

破碎载荷、施压速度、颗粒粒度、颗粒层厚度等因素对颗粒层的破碎都有影响，为了研究它们对颗粒层破碎的影响规律，该试验在刚性金属容器—活塞压力设备中进行，如图 1-5 所示，压力机压头推动活塞对限制在刚性容器中的石灰石颗粒层进行压缩。试验程序包括：装料；轻敲；测颗粒层厚度；然后进行压缩直到预设的压力，这时压缩阶段完成；最后进行卸载。在压缩过程中，压力机能够瞬时记录下施加的压力和活塞位移等数据，在卸载过程中，利用压力机的微调使压力头慢慢上升，人工记录下颗粒层受的压力和活塞的位移等数据。压缩卸载完成后，将物料取出，进行粒度分析。这里共选用平均粒径分别为 15mm 和 7mm 两种不同大小的颗粒；两种厚度分别为 50mm 和 25mm 的颗粒层；三种不同的施压速度，分别为 1mm/s、2mm/s 和 3mm/s；六种不同的最大压力，分别为 40kN、60kN、80kN、100kN、

150kN 和 200kN，然后采取不同的组合方式分别进行试验。

1.2.2　试验数据分析

（1）最大压力的影响

散体颗粒平均粒径 $d=15\text{mm}$，颗粒层厚度 $h_0=50\text{mm}$，压缩速度 $v=2\text{mm/s}$，预设最大压力从小到大依次为 40kN、60kN、80kN、100kN、150kN 和 200kN，试验得到的恢复力-位移曲线和产品粒度分布曲线如图 1-6 所示，其中图 1-6(a) 中，曲线从左到右依次表示最大压力从小到大。

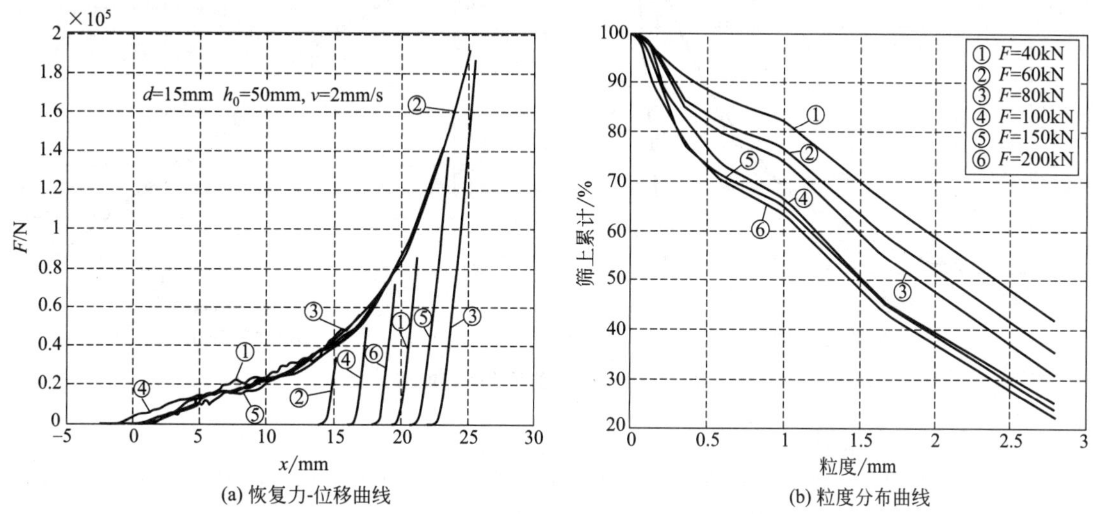

(a) 恢复力-位移曲线　(b) 粒度分布曲线

图 1-6　不同最大压力下的破碎曲线

从图 1-6(a) 可以看出，不同的压力条件下，压缩阶段恢复力-位移曲线的发展趋势是一致的，在卸载膨胀阶段，恢复力-位移曲线的斜率基本相等。随着压力的增大，曲线斜率也在增大，说明颗粒层压得越实，刚度越大。从卸载膨胀阶段的曲线可以判断出石灰石散体颗粒层在 40kN 的压力下已经开始大量破碎，因此，可以粗略地计算一下石灰石散体颗粒层的破碎强度。

破碎压力 F_p 小于等于 40kN，颗粒层的截面积为 $A=\dfrac{\pi D^2}{4}\delta_0=\dfrac{\pi 70^2}{4}\times 0.52=2000(\text{mm}^2)$，其中初始相对堆密度 δ_0 定义为

$$\delta_0=\frac{\dfrac{\text{散体质量}}{\text{初始散体体积}}}{\text{散体材料的密度}} \tag{1-1}$$

破碎强度：$P_P=\dfrac{F_P}{A}=\dfrac{40000}{2000}=20(\text{MPa})$，远远小于石灰石材料的破碎强度 50MPa。

从图 1-6(b) 可以看到，随着压力的增大，粒度曲线向下移，说明细粉末增多，细粒级物料占的比例增大，但在压力增到 100kN 时，粒度曲线变化很小。由此得到：当压强增大到一定值时，破碎效果不会因为压强的增大而有明显的改变，即破碎出现停滞现象。这是因为颗粒层的破碎是不均匀的，当压强增大到一定值时，大一些的颗粒被很细的粉末所包围，从而使大颗粒在受压的过程中得不到有效的挤压，致使破碎出现迟缓和放慢现象。为了进一步的破碎，必须疏松颗粒层，取出细粉末，把大颗粒重新装在刚性容器中，进行受压破碎。

(2) 压缩速度的影响

预设压力 $F=150\text{kN}$，颗粒平均粒径 $d=15\text{mm}$，料层厚度 $h_0=50\text{mm}$，速度分别设为 $v=1\text{mm/s}$、2mm/s 和 3mm/s，得到的恢复力-位移曲线和粒度分布曲线如图 1-7 所示，由图可得：在较低的压缩速度下（$v\leqslant 3\text{mm/s}$），速度对恢复力-位移曲线和产品粒度分布曲线的影响很小。

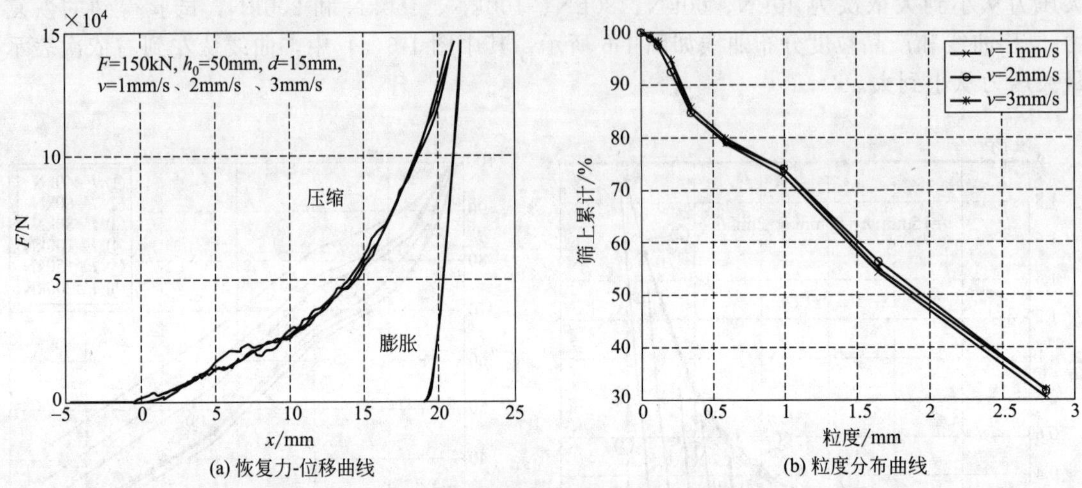

图 1-7　不同速度下的破碎曲线

(3) 颗粒层厚度的影响

物料平均粒径 $d=15\text{mm}$，最大压力 $F=150\text{kN}$，速度 $v=2\text{mm/s}$，颗粒层厚度 h_0 分别为 50mm 和 25mm，得到的恢复力-位移曲线和产品粒度分布曲线如图 1-8 所示。

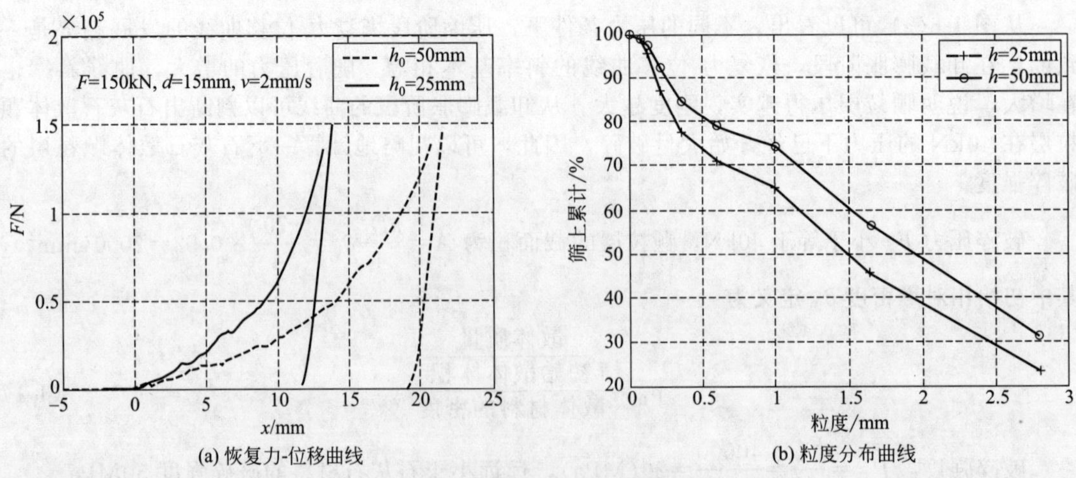

图 1-8　不同厚度颗粒层的破碎曲线

由图 1-8(a) 可以看出：当颗粒大小不变，颗粒层厚度不同时，较厚颗粒层的恢复力-位移曲线向右偏移，在压缩过程中表现出较小的刚度；较薄颗粒层的恢复力-位移曲线向左偏移，表现出较大的刚度。这是因为颗粒层在被压缩过程中，表现出一定的刚度，当颗粒层的厚度增加时，相当于串联上了一个弹簧，因而刚度减小。

由图 1-8(b) 可以看出：较薄颗粒层的产品粒度分布曲线向下偏移，细粒级物料占的百分比较厚颗粒层的要大，其产品的平均粒度为 1.5mm，而厚颗粒层产品的平均粒度为 1.8mm。说明在相同的压缩条件下，颗粒层越薄，破碎越容易，破碎效果越好。

（4）颗粒层粒径的影响

预设压力 $F=100\text{kN}$，$v=120\text{mm/min}$，颗粒层厚度 $h_0=50\text{mm}$，颗粒平均粒径 d 分别为 15mm 和 7mm，所得到的恢复力-位移曲线和产品粒度分布曲线如图 1-9 所示。

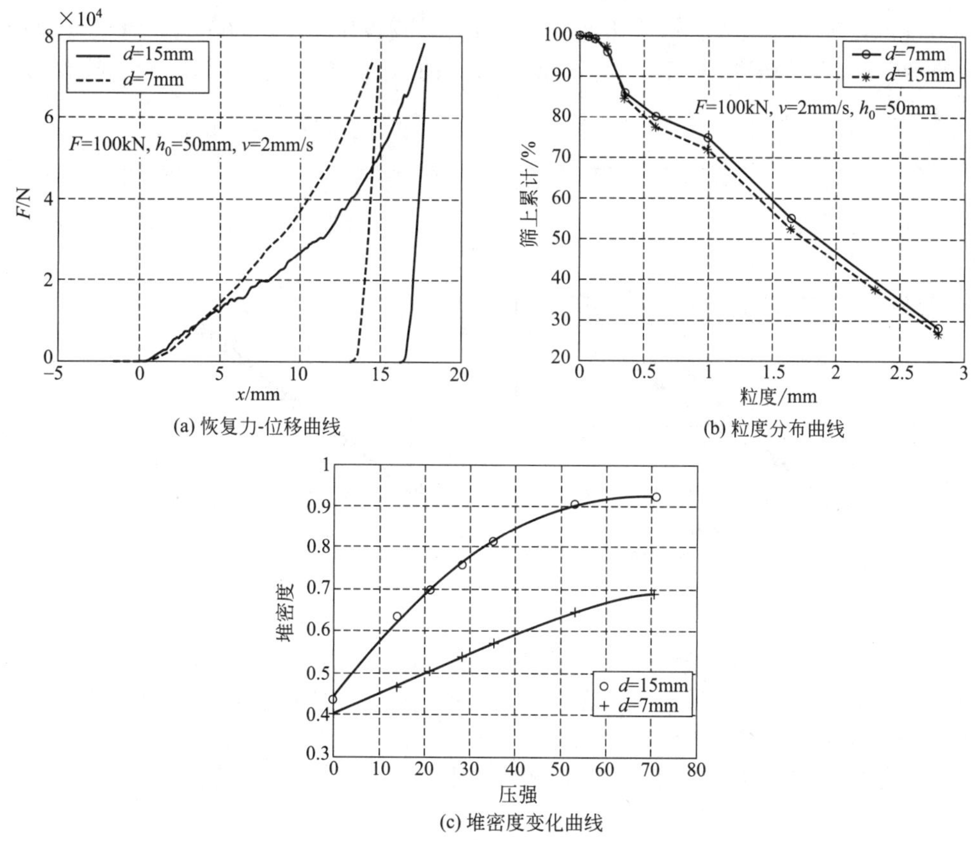

图 1-9　不同粒径颗粒层的破碎曲线

从图 1-9(a) 可以看出：当粒径不同的颗粒层被压缩时，大粒径颗粒层的恢复力-位移曲线向右偏移，在压缩过程中表现出较小的刚度；小粒径颗粒层的恢复力-位移曲线向左偏移，表现出较大的刚度。大粒径颗粒层颗粒间的间隙较大，颗粒层在被压缩过程中颗粒之间互相填充间隙，颗粒间的滑移现象十分明显，因此颗粒层的刚度较小；小粒径颗粒层，颗粒排列密集，颗粒间的间隙较小，因此在压缩过程中颗粒间的滑移较小，颗粒层的刚度较大。

由图 1-9(b) 可见：大粒径颗粒层的产品粒度分布曲线向下偏移，细粒级物料占的百分比较小粒径颗粒层的要大，大粒径颗粒层产品的平均粒度为 1.7mm，而小粒径颗粒层产品的平均粒度为 1.8mm，说明在相同的压缩条件下，大颗粒颗粒层更容易被破碎且破碎效果更佳。

上述两点还可以通过颗粒层在受压破碎过程的堆密度变化曲线来得到进一步说明。如图 1-9(c) 所示，大粒径颗粒层堆密度曲线的斜率比小粒径颗粒层堆密度曲线的斜率要大，说明大粒径颗粒层刚度小于小粒径颗粒层的刚度，且更容易被压缩。

为了表示颗粒层在被压缩破碎过程和卸载膨胀过程中的能量消耗情况，我们给出了能量吸收的概念，能量吸收 E_m 即在整个压缩膨胀过程中，容器中单位质量的颗粒层所吸收的能

量，即

$$E_m \approx \frac{1}{M}\left[\int_0^{x_{y_{\max}}} F\mathrm{d}x - \int_{x_{p_{\max}}}^{x_{y_{\max}}} F\mathrm{d}x\right] \tag{1-2}$$

式中 M——颗粒层的总质量；

$x_{y_{\max}}$——压缩完成时活塞的位移；

$x_{p_{\max}}$——膨胀完成时活塞的位移。

颗粒层厚度 $h_0=50\text{mm}$，压缩速度 $v=2\text{mm/s}$，预设压力 $F=200\text{kN}$，对平均粒径分别是 15mm 和 7mm 的颗粒层进行压缩，根据记录下的压力-位移数据计算出能量吸收 E_{m}，绘制曲线如图 1-10 所示。

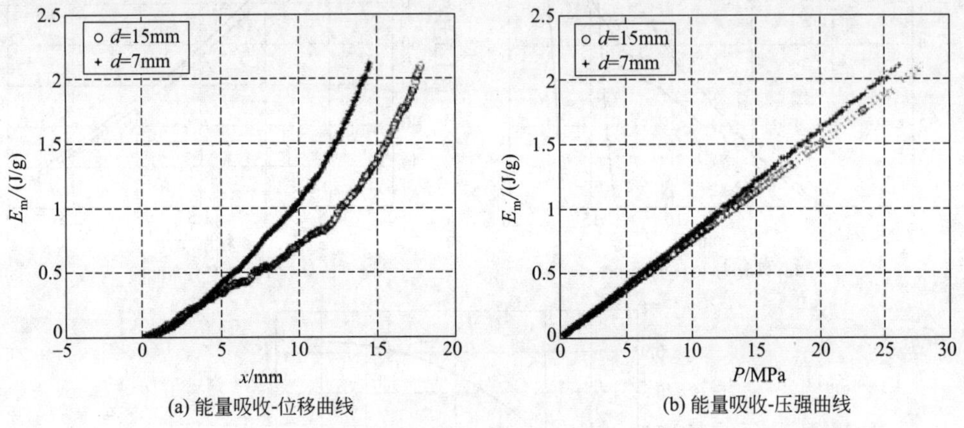

(a) 能量吸收-位移曲线　　(b) 能量吸收-压强曲线

图 1-10　能量吸收 E_{m} 曲线

从图 1-10 中可以看到：随着位移或压强的增大，颗粒层的能量吸收都增大，但在相同的压缩条件下，小粒径颗粒层和大粒径颗粒层的能量吸收是不相等的，小粒径颗粒层的能量吸收要大于大粒径颗粒层的能量吸收。

为了表示颗粒层在破碎过程中的破碎程度，我们给出了破碎比的定义：

$$i=\frac{X_{\mathrm{F}}}{X_{50}} \tag{1-3}$$

式中 i——破碎比；

X_{F}——入料颗粒的平均粒径；

X_{50}——累计产率达到 50%时的产品粒径。

试验条件：分别以不同的压力（$F=40\text{kN}$、60kN、80kN、100kN、150kN）对颗粒层厚度 $h_0=50\text{mm}$，平均粒径分别为 15mm 和 7mm 的石灰石颗粒进行压缩，求得不同压力对应的能量吸收 E_{m}，然后对受压后的颗粒层进行粒度分析，求得 X_{50}，其数据如表 1-1 所示。

表 1-1　颗粒破碎试验数据

F/kN	40	60	80	100	150
$E_{\mathrm{m_b}}$/(J/g)	0.4	0.8	1.2	1.6	2.1
E_{m}/(J/g)	0.38	0.75	1.1	1.5	1.88
$X_{\mathrm{b_{50}}}$/mm	2.23	2.11	1.90	1.51	1.45
$X_{\mathrm{s_{50}}}$/mm	2.62	2.43	2.22	1.81	1.62

注：F—压力；$E_{\mathrm{m_b}}$—大粒径颗粒床的能量吸收；$E_{\mathrm{m_s}}$—小粒径颗粒床的能量吸收；$X_{\mathrm{b_{50}}}$—大粒径颗粒床累积产率 50%时的产品粒径；$X_{\mathrm{s_{50}}}$—小粒径颗粒床累积产率 50%时的产品粒径。

将试验数据绘成图形如图 1-11 所示，可见随着能量吸收或压力的增大，破碎比在增大，但当压力或能量吸收增大到一定的数值后，破碎比的增率会减小。在压力或能量吸收相等的条件下，大粒径颗粒层的破碎比大于小粒径颗粒层的破碎比，说明大粒径颗粒层的破碎强度小于小粒径颗粒层的破碎强度。颗粒越大，颗粒缺陷越多，越容易破碎，随着颗粒的减小，颗粒缺陷也在减小，因此越小的颗粒越不容易破碎。

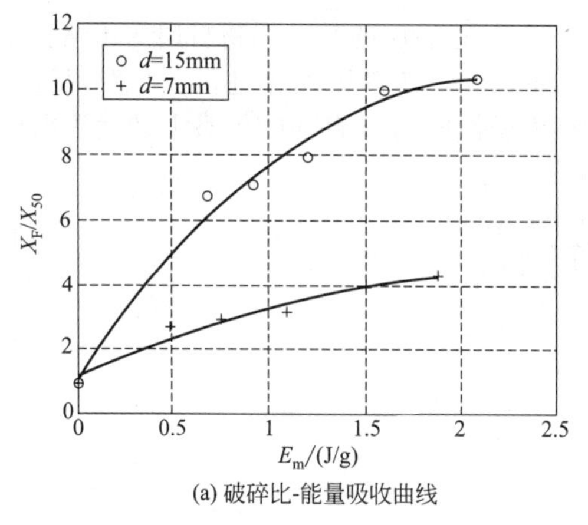

(a) 破碎比-能量吸收曲线

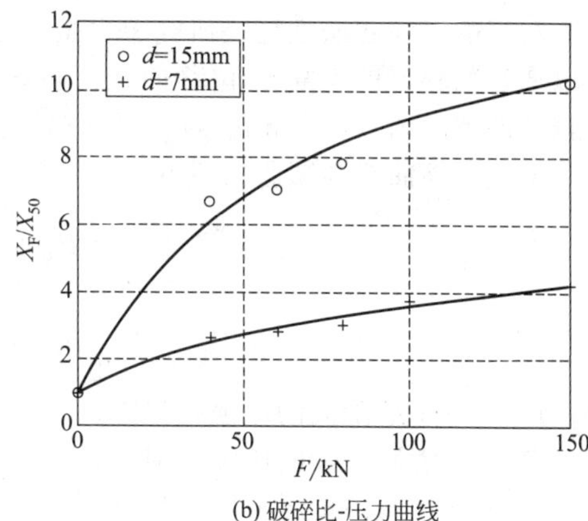

(b) 破碎比-压力曲线

图 1-11　破碎比曲线

能量吸收 E_m 是决定破碎比的最主要的因素，同时破碎比又受到颗粒大小和颗粒层厚度的影响。在相同的压缩条件下，大颗粒薄颗粒层更容易破碎，且破碎效果更佳。

对颗粒层施加冲击压载荷是实现矿物破碎的主要方式，破碎机尤其是振动破碎机在对颗粒层施加压载荷时会同时受到颗粒层的巨大反作用，使其成为一类特殊的刚散耦合动力学系统。本书通过简化模型试验，研究了限制在刚性金属容器中的石灰石颗粒层的受压破碎过程，得到了颗粒层的本构关系，详细研究了最大压力、施压速度以及颗粒粒度、颗粒层厚度等因素对颗粒层的本构关系、能量吸收和利用、产品粒度分布的影响规律，为振动破碎机及其他破碎机动力学的研究奠定了基础。

① 从恢复力-位移曲线，可以得出石灰石颗粒层在受压破碎过程中呈现出非线性滞回特性，而且该特性受颗粒的大小和颗粒层厚度的影响。

② 当压强增大到一定值时，破碎会出现停滞现象，即破碎效果不会因为压强的增大而有明显的改变。为了进一步的破碎，必须疏松颗粒层，取出细粉末，把大颗粒重新装在刚性容器中，进行受压破碎。因此在振动破碎机的设计中，不能单纯地追求高压，还必须要求高频，使物料在流动中受到多次的冲击挤压破碎。

③ 相同的压缩条件下，薄的颗粒层容易破碎，实现的破碎比大。因此在设计振动破碎机的腔形时，要充分考虑颗粒层厚度对破碎效果的影响。颗粒层太薄，产量很低，颗粒层过厚，破碎效果不好，因此必须选择合适的颗粒层厚度。

④ 相同的压缩条件下，小粒径的颗粒层不容易破碎，实现的破碎比小。随着颗粒尺寸的减小，颗粒内部的结构缺陷越小，因此需要更多的能量来实现破碎。超细振动破碎机破碎的正是小尺寸的颗粒层，要达到良好的破碎效果，颗粒层需要吸收更多的能量，因此超细振动破碎机要通过高频振动来实现这一点。

⑤ 能量吸收 E_m 是决定破碎比的最主要的因素，能量吸收的多少直接影响着破碎效果。但当压力或能量吸收增大到一定的数值后，破碎比的增率会减小，因此在设计振动破碎机时，冲击压力或能量吸收也不是越大越好，要选择合适的冲击压力或能量吸收段，才能达到最佳的能量利用率。

1.3 接触力本构模型分析

1.3.1 接触力分段多项式模型

物料层的压缩膨胀性能是研究单自由度振动破碎动态响应的基础，物料层的压缩膨胀行为可以通过物料层的恢复力-位移曲线进行描述。通过 1.2 节静压破碎过程试验发现压缩速度在较低的范围内（$v \leqslant 3\text{mm/s}$）变化时，对压缩膨胀性能的影响可以忽略不计。根据试验数据，描述压缩曲线和膨胀曲线的最合适的方程分别为：

$$P_{\mathrm{P}}=P_{\mathrm{C}}\left[\ln\left(\frac{1-\delta_0}{1-\delta}\right)\right]^{1/n} \tag{1-4}$$

$$P_{\mathrm{e}}=P_{\mathrm{C}}\left[\ln\left(\frac{1-\delta_0}{1-\delta_{\mathrm{s}}}\right)\right]^{1/n}\left(\frac{\delta-\delta_{\mathrm{r}}}{\delta_{\mathrm{s}}-\delta_{\mathrm{r}}}\right)^k \tag{1-5}$$

式中 P_{P}——压缩阶段的压强，MPa；

P_{e}——膨胀阶段的压强，MPa；

P_{C}——物料的抗压强度，MPa；

δ——物料的堆密度；

δ_0——物料的初始堆密度，$h_0\delta_0=(h_0-\Delta h)\delta$，$\Delta h$ 为活塞的位移；

δ_{r}——物料膨胀完成后的堆密度；

δ_{s}——物料压缩完成后的堆密度，$\delta_{\mathrm{r}}=k_{\mathrm{e}}\delta_{\mathrm{s}}$，$k_{\mathrm{e}}$ 为材料的膨胀率；

n，k——曲线参数，与料层的厚度以及颗粒的大小和分布有关。

因为方程(1-4)、方程(1-5) 是很复杂的对数方程，把它们代入振动微分方程，会对方程的求解带来很大的困难，甚至无法求解。为了能够得到振动系统的解析解，通过大量的试验数据发现，压缩阶段的恢复力-位移（f-x）曲线可以用 4 次多项式来很好地拟合，膨胀阶段的恢复力-位移（f-x）曲线可以用 1 次多项式来拟合。因此，建立物料层的非线性滞回模型为（单位：f/N，x/m）

$$f(x)=\begin{cases}a_4x^4+a_3x^3+a_2x^2+a_1x+a_0, x\geqslant 0, \dot{x}\geqslant 0\\ b_1x+b_0, x\geqslant 0, \dot{x}<0\end{cases} \tag{1-6}$$

用该模型对实测的试验数据进行模拟，可以得到如图 1-12 所示的图形，方程组中的参

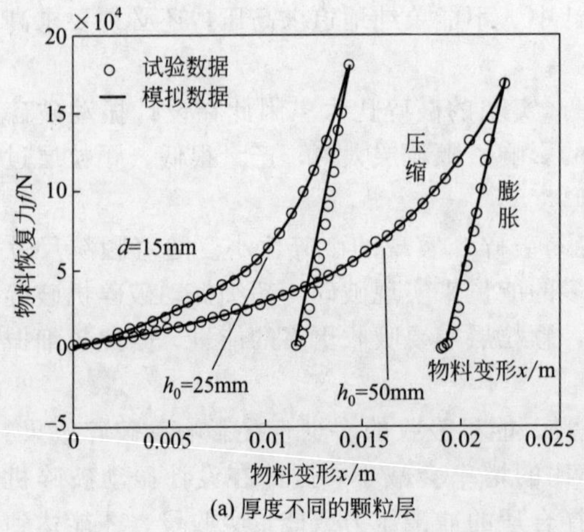

(a) 厚度不同的颗粒层

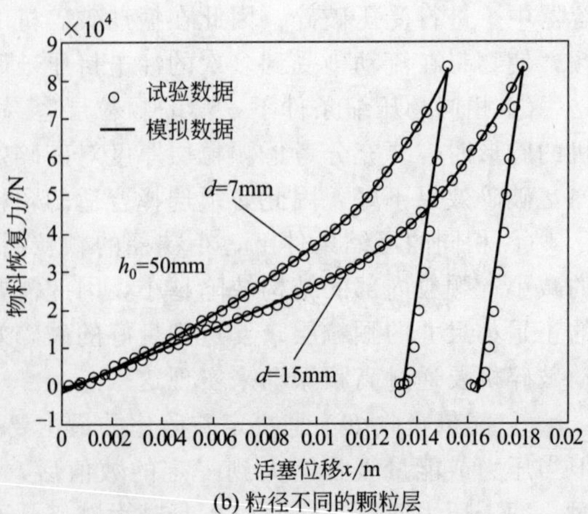

(b) 粒径不同的颗粒层

图 1-12 模拟曲线与试验曲线的对比

数见表1-2。

表1-2　模型参数

d/mm	h_0/mm	$a_4\times10^{12}$	$a_3\times10^{12}$	$a_2\times10^{12}$	$a_1\times10^{12}$	$a_0\times10^{12}$	$b_1\times10^{7}$	$b_0\times10^{7}$
15	25	9.4447	−0.1548	0.0010	0	0	5.5465	−0.0641
	50	8.3787	−0.1514	0.0019	0	0	5.6065	−0.1079
7	50	3.1771	−0.0782	0.0008	0	0	4.7686	−0.0641

1.3.2　接触力分段线性模型

1.3.1小节所建的分段多项式模型，一方面参数过多，需要大量准静压破碎试验及冲击破碎试验的支持才能得到所有参数，另一方面模型参数缺乏明确的物理意义，难以建立模型参数与物料层物理参数（如厚度、粒度及物料种类等）之间的相互对应关系。因此，后续提出了一种最简的能反映冲击破碎过程本质（分段和不可恢复的变形）的接触力模型。

如图1-13所示，冲击破碎过程的接触力可以简化为一个分段线性的接触力模型。

$$f(x)=\begin{cases}k_{n_1}(x-\sigma_1) & x\geqslant\sigma_1,\dot{x}>0\\ k_{n_2}(x-\sigma_2) & x\geqslant\sigma_2,\dot{x}<0\\ 0 & \text{其他}\end{cases}\tag{1-7}$$

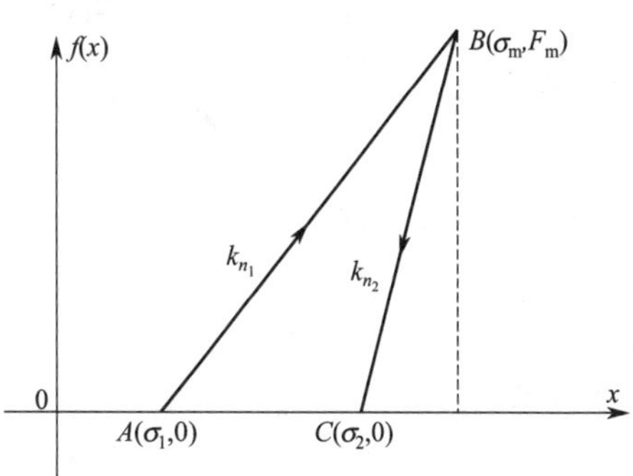

图1-13　分段线性接触力模型

AB为压缩阶段（$\dot{x}>0$）；k_{n_1}为压缩刚度；σ_1为初始接触条件，接触力为0；BC为膨胀阶段（$\dot{x}<0$）；k_{n_2}为膨胀刚度；σ_2为破碎后脱离接触条件，接触力为0。而B为压缩阶段和膨胀阶段的分界点（$\dot{x}=0$），σ_m为最大接触变形，F_m为最大接触力。

假设A点刚体的冲击速度为v_a，则在压缩阶段刚体损失的动能，等于物料层吸收的能量，即$\frac{1}{2}mv_a^2-0=\int_{\sigma_1}^{\sigma_m}k_{n_1}(x-\sigma_1)\mathrm{d}x=\frac{1}{2}k_{n_1}(\sigma_m-\sigma_1)^2$。

假设C点刚体的冲击速度为v_c，则在膨胀阶段刚体获得的动能，等于物料层释放的能量，即$\frac{1}{2}mv_c^2-0=\int_{\sigma_2}^{\sigma_m}k_{n_2}(x-\sigma_2)\mathrm{d}x=\frac{1}{2}k_{n_2}(\sigma_m-\sigma_2)^2$。

为了宏观地表示刚体在整个冲击破碎过程中所损失的能量，即用于物料破碎的能量，参照正碰撞过程引入恢复系数$e=-\frac{v_c}{v_a}$，再根据B点的力相等条件$F_m=k_{n_1}(\sigma_m-\sigma_1)=k_{n_2}(\sigma_m-\sigma_2)$，可得$\frac{k_{n_2}}{k_{n_1}}=\frac{\sigma_m-\sigma_1}{\sigma_m-\sigma_2}=\frac{1}{e^2}$。则膨胀刚度为$k_{n_2}=\frac{1}{e^2}k_{n_1}$，破碎后脱离接触条件为$\sigma_2=\sigma_m-e^2(\sigma_m-\sigma_1)$。

因此对于这个分段线性接触力模型，关键是确定压缩刚度k_{n_1}和恢复系数e（0～1）的取值，并在大量试验的基础上，建立料层性态与模型参数之间的相互对应关系。而初始接触条件σ_1和最大接触变形σ_m主要表示刚体施力的几何条件及刚体施力的大小，破碎后脱离接触条件σ_2则是一个非独立变量，由其他参数推出。

同理，冲击破碎过程的接触力也可以扩展为一个分段非线性接触力模型

$$f(x)=\begin{cases}k_{n_1}(x-\sigma_1)^n & x\geqslant\sigma_1,\dot{x}>0\\k_{n_2}(x-\sigma_2)^n & x\geqslant\sigma_2,\dot{x}<0\\0 & \text{其他}\end{cases}\tag{1-8}$$

其中 n 表示多项式的次数。且由于恢复系数 e 的引入，膨胀刚度为 $k_{n_2}=\frac{1}{e^{2n}}k_{n_1}$，破碎后脱离接触条件仍为 $\sigma_2=\sigma_m-e^2(\sigma_m-\sigma_1)$。

1.3.3 接触力模型基于恢复系数的比较

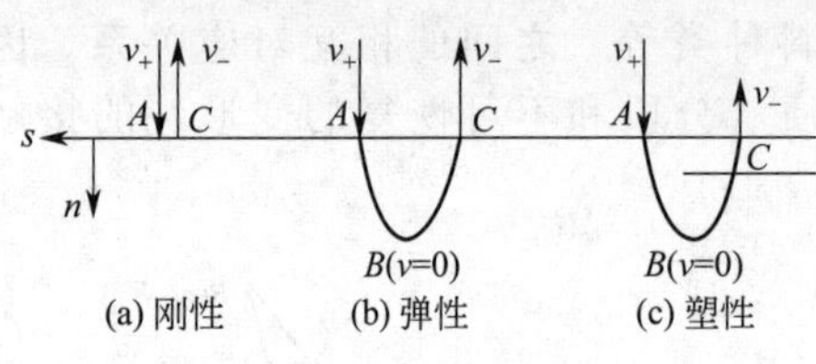

图 1-14 碰撞过程模型

如图 1-14 所示，A 点为碰撞开始点，v_+ 为碰撞前的相对速度；C 点为碰撞结束点，v_- 为碰撞后的相对速度。则 AB 为压缩阶段，相对速度大于零；BC 为膨胀阶段，相对速度小于零；B 点为两阶段的转换点，速度为零且变形最大。

如图 1-14(a) 所示，古典碰撞理论不考虑碰撞过程中的变形，称作刚性碰撞。对此模型，仅用一个恢复系数来表示碰撞前后的状态。

$$e=-\frac{v_-}{v_+}=-\frac{v_{1-}-v_{2-}}{v_{1+}-v_{2+}}\tag{1-9}$$

根据此速度恢复系数及两体碰撞无外力做功时碰撞过程中遵循动量守恒定理，可求出碰撞前后的绝对速度跳跃关系，并进一步求出碰撞前后的动能变化。

$$\begin{aligned}\Delta T&=\Delta T_1+\Delta T_2\\&=\frac{1}{2}m_1(v_{1+}^2-v_{1-}^2)+\frac{1}{2}m_2(v_{2+}^2-v_{2-}^2)\\&=\frac{1}{2}\times\frac{m_1m_2}{m_1+m_2}(v_{1+}-v_{2+})^2(1-e^2)\\&=\frac{1}{2}mv_+^2(1-e^2)\end{aligned}\tag{1-10}$$

从式(1-10) 可以看出，恢复系数的大小表示了碰撞前后动能变化的幅度，即从能量观点来看，恢复系数的实质在于表示碰撞过程中的动能损失。当不考虑其他能量损失的情况下，根据能量守恒 $\Delta T=W$，即碰撞过程中的动能损失就等于接触力所做的功。

再如图 1-14(b) 和 (c) 所示，动态接触理论则需要考虑碰撞过程中的微观变形。根据变形特点分为可恢复的弹性变形和不可恢复的塑性变形，相应的碰撞分别称为弹性碰撞和塑性碰撞，统称为弹塑性碰撞。对此类模型，碰撞过程中接触力所做的功为

$$W=W_{AB}+W_{BC}=\int_A^C f(\delta,\dot{\delta})\mathrm{d}\delta\tag{1-11}$$

因此，应用动态接触理论的关键就是建立不同的碰撞过程模型，即寻找不同形式的接触力-变形函数，并确定其中的各个参数，以满足两个基本条件：①能合理表示碰撞过程中的变形；②能合理表示碰撞过程中的能量损失。

在后面的分析中，我们将统一用 $f(\delta,\dot{\delta})$ 表示接触力，δ 表示接触变形，$\dot{\delta}$ 表示接触

速度，它们都是接触时间的函数。令 $\dot{\delta}(0)=v_0=v_+$。

（1）线性阻尼模型

最简单常用的是线性阻尼模型

$$f(\delta,\dot{\delta})=\begin{cases}k_n\delta+c_n\dot{\delta} & \delta\geqslant 0\\ 0 & \delta<0\end{cases} \tag{1-12}$$

这时，可把碰撞过程看作一个单自由度振动系统

$$\begin{cases}m\ddot{\delta}+c_n\dot{\delta}+k_n\delta=0\\ \delta(0)=0,\dot{\delta}(0)=v_0\end{cases}$$

求得系统的解析解为

$$\delta(t)=\frac{v_0}{\omega_d}e^{-\xi\omega_n t}\sin(\omega_d t)$$

$$\dot{\delta}(t)=v_0e^{-\xi\omega_n t}\left[\cos(\omega_d t)-\frac{\xi}{\sqrt{1-\xi^2}}\sin(\omega_d t)\right]$$

式中，$\omega_n=\sqrt{k_n/m}$，$\omega_d=\omega_n\sqrt{1-\xi^2}$，$\xi=\dfrac{c_n}{2\sqrt{k_n m}}=\dfrac{c_n}{2\omega_n m}$，对于实际的两体碰撞，$m=m_1m_2/(m_1+m_2)$。

如果假设接触时间是半个有阻尼的固有周期 $T_{\mathrm{d}}/2$，则整个接触过程中接触力所做的功为 $W=\int_0^{T_{\mathrm{d}}/2}c_n\dot{\delta}(t)^2\mathrm{d}t=\frac{1}{2}m{v_0}^2\left[1-\exp\left(-2\pi\xi/\sqrt{1-\xi^2}\right)\right]$。

根据 $\Delta T=W$，可得阻尼系数与恢复系数之间的关系为 $\xi=\dfrac{-\ln e}{\sqrt{\ln^2 e+\pi^2}}$，且接触阻尼为 $c_n=2\xi\sqrt{k_n m}$。

（2）非线性阻尼模型

这类模型的特点是阻尼项与接触变形相关，以保证接触变形为零时接触力为零。其中最具代表性的是 Hunt 提出的非线性阻尼模型

$$f(\delta,\dot{\delta})=\begin{cases}k_n\delta^n+c_n\delta^p\dot{\delta} & \delta\geqslant 0\\ 0 & \delta<0\end{cases} \tag{1-13}$$

首先假设 $e\approx 1$，变形完全取决于弹性力，从而得速度与变形之间的关系

$$\frac{1}{2}m{v_0}^2=\int_0^{\delta_{\mathrm{m}}}k_n\delta^n\mathrm{d}\delta=\frac{k_n}{n+1}\delta_{\mathrm{m}}^{n+1}$$

$$\frac{1}{2}m\dot{\delta}^2=\int_{\delta}^{\delta_{\mathrm{m}}}k_n\delta^n\mathrm{d}\delta=\frac{k_n}{n+1}(\delta_{\mathrm{m}}^{n+1}-\delta^{n+1})$$

$$\Rightarrow\dot{\delta}=\sqrt{\frac{2k_n}{m(n+1)}}\sqrt{\delta_{\mathrm{m}}^{n+1}-\delta^{n+1}}$$

则整个接触过程中接触力所做的功如下，且只有当 $p=n$ 时才可以容易地进行积分得到

$$\begin{aligned}W&=2\int_0^{\delta_{\mathrm{m}}}c_n\delta^n\dot{\delta}\mathrm{d}\delta\\&=2\int_0^{\delta_{\mathrm{m}}}\frac{c_n}{n+1}\left(\frac{2k_n}{m(n+1)}\right)^{\frac{1}{2}}(\delta_{\mathrm{m}}^{n+1}-\delta^{n+1})^{\frac{1}{2}}\mathrm{d}\delta^{n+1}\end{aligned}$$

$$=\frac{4c_n}{(q+2)(n+1)}\left(\frac{2k_n}{m(n+1)}\delta_{\mathrm{m}}^{n+1}\right)^{\frac{1}{2}}\delta_{\mathrm{m}}^{n+1}$$

$$=\frac{2c_n}{(q+2)k_n}m{v_0}^3$$

根据 $\Delta T=W$，可得阻尼与恢复系数之间的关系为 $c_n=\frac{3\ (1-e^2)}{4v_0}k_n$。由于推导过程中假设 $e\approx 1$，所以得到的表达式只能表示大的恢复系数，而无法表示小的恢复系数。笔者对此做了改进，得到了修正后接触阻尼与恢复系数之间的关系

$$c_n=\frac{3(1-e^2)\exp[2(1-e)]}{4v_0}k_n$$

(3) 分段塑变模型

这类模型的特点是碰撞膨胀阶段会产生不可恢复的塑性变形，一般用于研究两碰撞体之间有脆性材料垫存在，碰撞将导致破碎。

笔者在研究物料破碎时提出一种多项式表示的接触模型

$$f(\delta,\dot{\delta})=\begin{cases}k_n\delta^n & \delta\geqslant 0,\dot{\delta}>0\\ k_{nr}(\delta-\delta_r)^n & \delta\geqslant\delta_r,\dot{\delta}<0\\ 0 & \text{其他}\end{cases}\tag{1-14}$$

根据弹性力做功原理，在压缩和膨胀阶段分别有

$$\frac{1}{2}mv_+^2=\int_0^{\delta_{\mathrm{m}}}k_n\delta^n\mathrm{d}\delta=\frac{1}{n+1}k_n\delta_{\mathrm{m}}^{n+1}$$

$$\frac{1}{2}mv_-^2=\int_{\delta_r}^{\delta_{\mathrm{m}}}k_{nr}(\delta-\delta_r)^n\mathrm{d}\delta=\frac{1}{n+1}k_{nr}(\delta_{\mathrm{m}}-\delta_r)^{n+1}$$

再根据零速度 B 点力相等条件

$$F_{\mathrm{m}}=k_n\delta_{\mathrm{m}}^n=k_{nr}(\delta_{\mathrm{m}}-\delta_r)^n$$

则膨胀刚度为 $k_{nr}=\frac{1}{e^{2n}}k_n$，且不可恢复的变形为 $\delta_r=(1-e^2)\delta_{\mathrm{m}}$。

(4) 分段弹变模型

这类模型的特点是碰撞膨胀阶段与压缩阶段刚度存在一定的滞回，但不会产生塑性变形。

Andreaus 曾提出一种用双曲函数和指数函数共同表示的滞回模型，但形式比较复杂，本书介绍一种简单的多项式表示的模型

$$f(\delta,\dot{\delta})=\begin{cases}k_n\delta^n & \delta\geqslant 0,\dot{\delta}>0\\ k_{nr}\delta^r & \delta\geqslant 0,\dot{\delta}<0\\ 0 & \text{其他}\end{cases}\tag{1-15}$$

根据弹性力做功原理，在压缩和膨胀阶段分别有

$$\frac{1}{2}mv_+^2=\int_0^{\delta_{\mathrm{m}}}k_n\delta_n\mathrm{d}\delta=\frac{1}{n+1}k_n\delta_{\mathrm{m}}^{n+1}$$

$$\frac{1}{2}mv_-^2=\int_0^{\delta_{\mathrm{m}}}k_{nr}\delta^r\mathrm{d}\delta=\frac{1}{r+1}k_{nr}\delta_{\mathrm{m}}^{r+1}$$

再根据零速度 B 点的力相等条件

$$F_{\mathrm{m}}=k_n\delta_{\mathrm{m}}^n=k_{nr}\delta_{\mathrm{m}}^r$$

则膨胀阶段多项式次数为 $r=\frac{n+1}{e^2}-1$，膨胀刚度为 $k_{nr}=k_n(\delta_m)^{n-r}$。

通过以上的推导可以看出，所有的碰撞过程模型都可以归结为两组参数：

① 压缩刚度 k_n（简称为接触刚度）及压缩阶段变形的幂次 n，其中 $n=1$ 表示线性刚度，$n\neq1$ 表示非线性刚度。这两个参数的具体取值一般需要通过试验的方法来测定，或者可根据 Hertz 接触理论进行估计。

该组参数主要用以描述碰撞过程中的变形，是刚性碰撞所没有的，使得弹塑性碰撞可以从更微观的角度去描述碰撞过程。这正是动态接触理论与古典碰撞理论的不同之处。

② 恢复系数 $e=0\sim1$，一般可根据碰撞体的材料查阅手册得到。该参数用于表示碰撞过程中的能量损失，与刚性碰撞一致。这使得碰撞问题的两类研究方法，即动态接触理论和古典碰撞理论，可以相互联系起来，在相同参数下进行比较研究。

根据恢复系数的含义和本质，针对几种不同的碰撞过程模型，通过详细推导接触力-变形函数中表示能量消耗的参数与恢复系数之间的对应关系，使得不同模型都可以用接触刚度表示变形，用恢复系数表示能量损失。这也阐明了碰撞过程模型与刚性模型之间的区别和联系，把动态接触理论和古典碰撞理论统一起来。

1.4　单球冲击破碎过程试验

1.4.1　试验模型设计

如图 1-15 所示，在该试验模型中冲击速度可以通过小球自由落体的高度来控制，冲击总能量还与小球的质量有关。由于冲击破碎试验过程中的接触变形一般很小、难以测量，所以在试验过程中主要是测量接触力-时间关系，通过一个压电力传感器来测量冲击力波形。

一般整个冲击过程的时间很短，大约只有几毫秒，因此要求采样频率很高，才能将冲击过程记录下来。试验中的采样频率为 102.4kHz，即采样间隔约为 0.01ms，以保证单次冲击过程的记录足够精确。

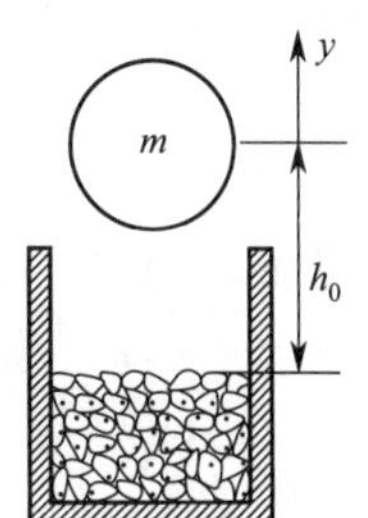

图 1-15　单球冲击破碎过程

试验的主要目的是通过测量在冲击破碎过程中小球对物料层施加的冲击力，研究物料层对小球冲击性能的影响，也就是研究刚体（小球）和散体（物料层）之间的相互耦合作用。因此，需要考虑不同的物料种类、物料粒度、料层厚度等。目前粉碎作业中大多是脆性的矿物材料，因此在试验中选用了一种最典型的物料——石灰石，制备了多种粒度、多种厚度的物料层进行试验。而随着工业的需要和粉碎技术的进步，粉碎作业也开始扩展到金属、塑料、橡胶以及中药等各种材料，不同性质的材料，粉碎性能也必然不同，所以在今后试验中也要考虑不同种类的物料。

试验中采用的参数如下：

冲击球的初始高度 $h_0=65\text{mm}$、87mm、111mm、127mm、245mm，对应冲击速度 $v=1.129\text{m/s}$、1.406m/s、1.475m/s、1.578m/s、2.191m/s；直径 $D=20\text{mm}$、30mm、40mm，对应冲击质量 $m=28\text{g}$、106g、252g。

采用三种物料粒度，65～115 目［平均粒径 $d=(212+125)\text{mm}/2=168.5\mu\text{m}$］物料层的厚度分别为 $h=0.5\text{mm}$、1.0mm、2.0mm；20～28 目［平均粒径 $d=(850+600)\text{mm}/2=725\mu\text{m}$］物料层的厚度分别为 $h=1.0\text{mm}$、2.0mm、4.0mm；7～10 目［平均粒径 $d=(2800+1700)\text{mm}/2=2250\mu\text{m}$］物料层的厚度分别为 $h=2.0\text{mm}$、4.0mm。

1.4.2 数据处理及参数估计

在刚体-刚体的冲击过程中，一般接触变形很小，接触时间很短，所以经常采用基于动量平衡的古典碰撞理论，忽略变形和时间，只采用恢复系数来表征能量损失。但对于刚体-颗粒层-刚体的冲击破碎过程，冲击过程中包含了颗粒层的变形和破碎，使得需要从更微观的角度来研究碰撞过程，因此一般采用基于接触力-变形关系的动态接触理论。

对于碰撞过程模型描述，各种形式的模型参数可以归结为两组，即用恢复系数来表征能量损失，用接触刚度来表征冲击过程中的接触变形、接触时间及接触力。但针对具体的应用，需要通过试验的方法来选择合适的模型，并估计模型中参数的具体取值。

如图 1-16(a) 所示，借鉴古典碰撞理论中恢复系数的确定方法，采用两次冲击的速度比值来估计恢复系数。但由于试验中两次冲击的间隔时间更容易精确测量，所以通过两次冲击的间隔时间来估计恢复系数，推导过程如下。

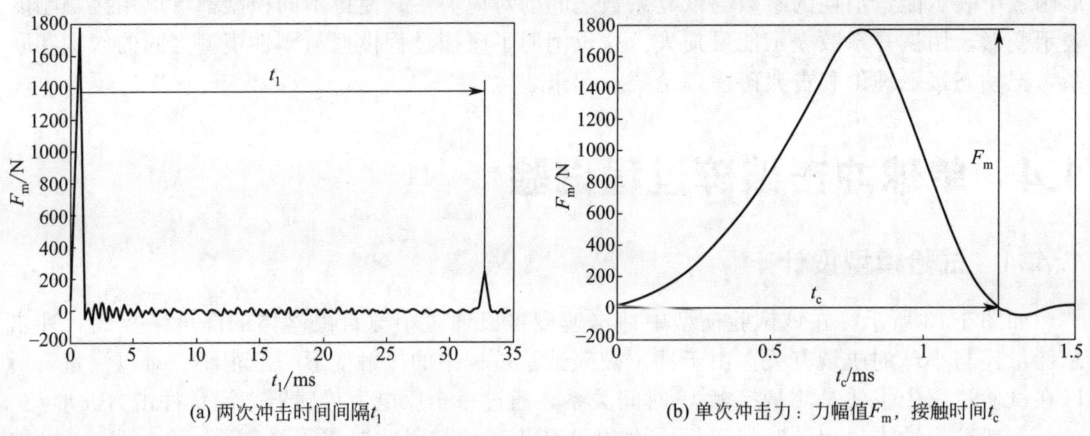

(a) 两次冲击时间间隔t_1

(b) 单次冲击力：力幅值F_m，接触时间t_c

图 1-16 冲击力试验数据

第一次冲击速度由冲击球的初始高度决定 $v_0=\sqrt{2gh_0}$，如果忽略空气阻力，两次冲击的时间间隔为 $t_1=2v_1/g$，则第二次冲击速度为 $v_1=gt_1/2$。两次冲击速度之比就是恢复系数 $e=v_1/v_0$，从而可推出恢复系数与两次冲击时间间隔的关系为

$$e=t_1\sqrt{\frac{g}{8h_0}} \tag{1-16}$$

如图 1-16(b) 所示，由于冲击过程的特点及试验条件的限制，只能得到冲击力的时间波形，而无法测得冲击过程中的变形。因此，我们采用提出的分段模型，仅通过冲击力来估计模型中的参数值。

设第一次冲击破碎过程中的最大破碎力为 $F_m=k_n\delta_m^n$，根据能量守恒定律 $mgh_0=\frac{1}{2}mv_0^2=\frac{1}{n+1}k_n\delta_m^{n+1}$，从而可推出接触刚度与最大接触力的关系

$$k_n=\frac{F_m^{n+1}}{[(n+1)mgh_0]^n} \tag{1-17}$$

通过取不同的 n 值，可以模拟不同的刚度关系。本文中我们初步取 $n=1$。

在试验中，冲击球的质量 m 和初始高度 h_0 都是已知的，而最大接触力 F_m、接触时间 t_c 和两次冲击时间间隔 t_1 是可测的，因此通过试验数据就可以估计恢复系数 e 和接触刚度 k_n。

1.4.3 试验结果分析

试验过程中每组参数重复三次，将三次冲击力波形进行比较，以验证试验数据的可靠性。一般对于时间波形我们取其中形状最好的一次，而对于单值的待估计参数，则取三次的平均值。

由试验得到的冲击力波形的比较发现：无物料层时，试验的重复性很好；而有物料层时，试验数据的随机性较大。因此对于物料层的破碎研究，需要更大量的试验数据和统计分析。

另外，当冲击质量和冲击速度较大时，试验数据的信噪比大，测量较准确；反之则噪声影响较大。因此，在试验过程中需要根据试验条件的不同，先改变采集仪的放大倍数，试采一次，然后再进行正式采集，以保证最小测量误差。

(1) 冲击条件的影响

冲击条件主要包括冲击质量和冲击速度，在此我们通过改变冲击球的大小和自由落体的初始高度来调节这两个参数。如图 1-17 所示冲击力波形，当无物料层时，冲击质量越大，冲击速度越大，相应的接触力越大，但对于接触时间几乎没有影响。而当有物料层时，不仅接触力随着冲击质量和冲击速度的增大而增大，接触时间也随着加长。

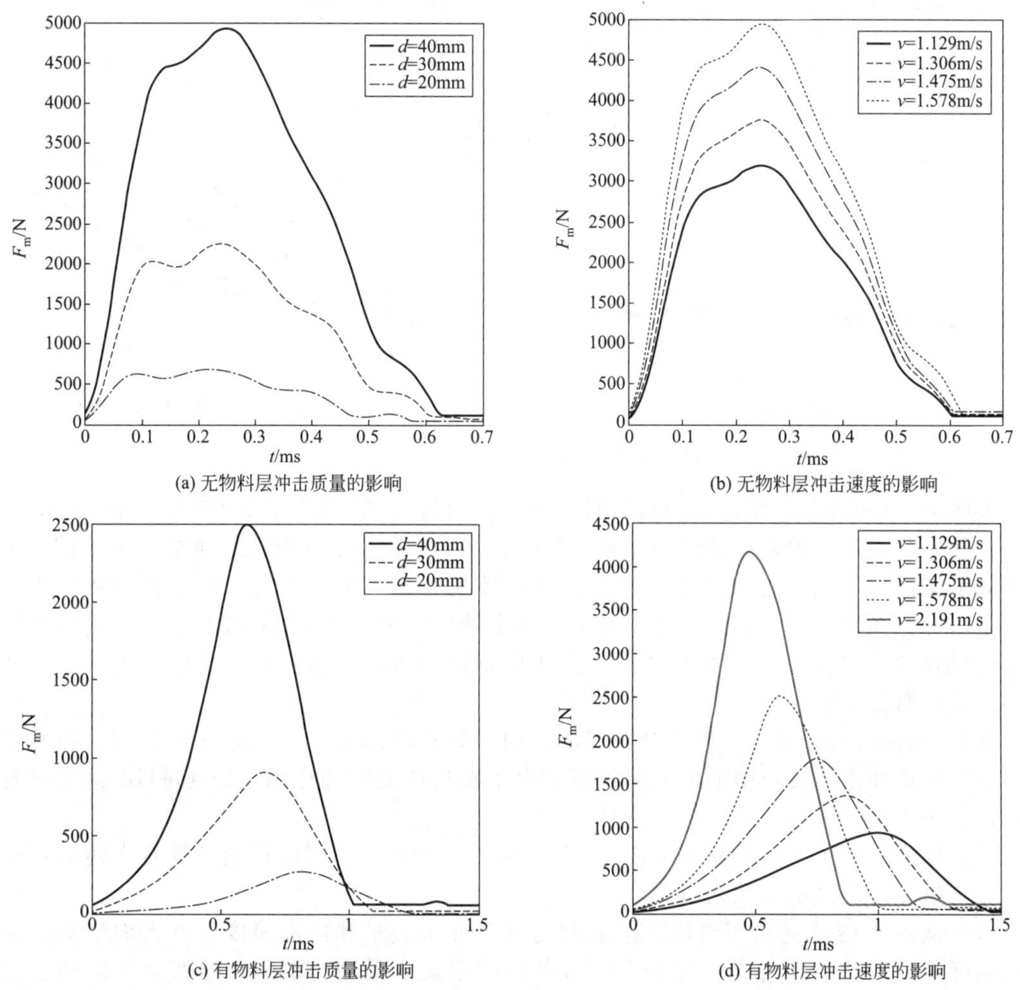

(a) 无物料层冲击质量的影响　(b) 无物料层冲击速度的影响

(c) 有物料层冲击质量的影响　(d) 有物料层冲击速度的影响

图 1-17　冲击条件对冲击力波形的影响

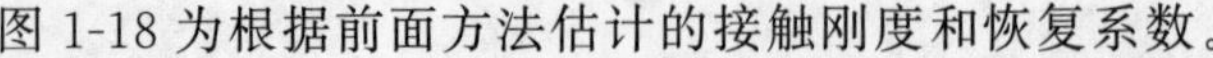

图 1-18 为根据前面方法估计的接触刚度和恢复系数。

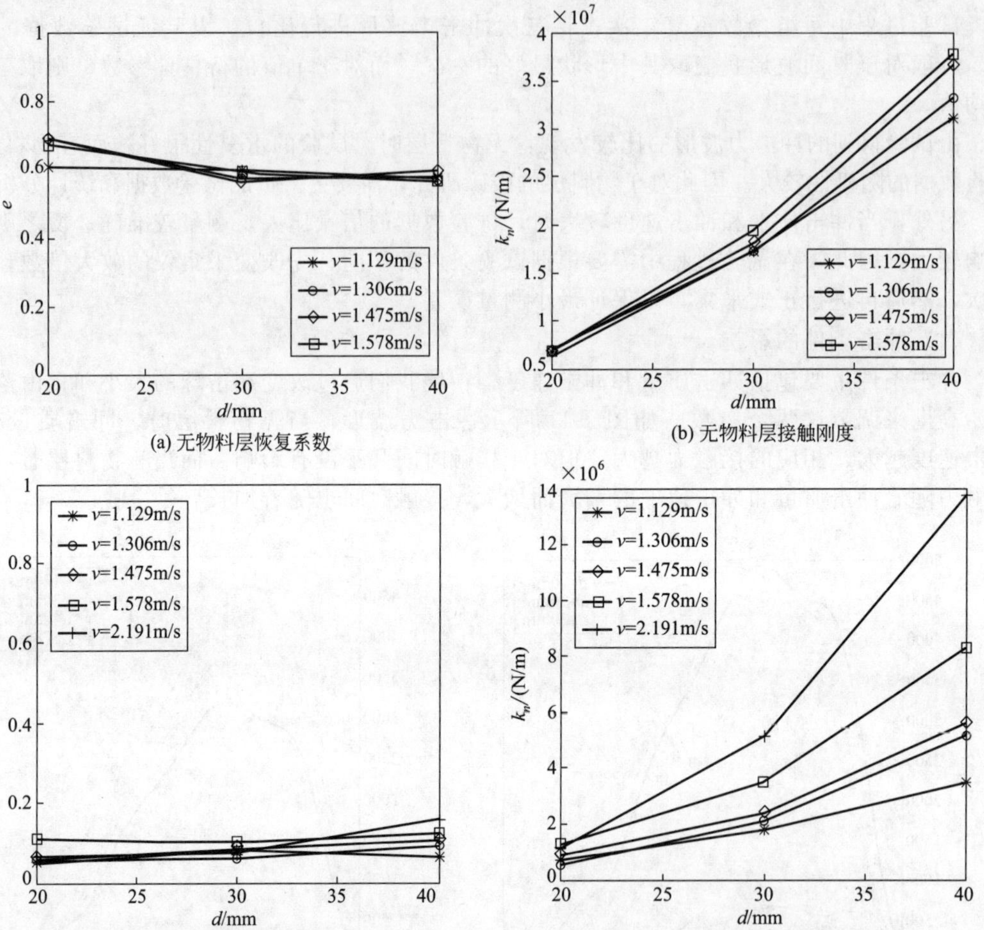

(a) 无物料层恢复系数

(b) 无物料层接触刚度

(c) 有物料层恢复系数

(d) 有物料层接触刚度

图 1-18 冲击条件对模型参数的影响

如图 1-18(a)(b) 所示，无物料层时恢复系数约为 0.6，这与手册中提供的钢-钢 0.56 的恢复系数十分接近，说明该试验精度是可信的。之所以比手册中略大，可能是由于试验中采用的固定支撑面不能趋向于无穷稳定支撑面，钢-钢冲击力波形中有一些小幅高频波动，可能就是由支撑面的波动引起的。可以看出，冲击条件对于恢复系数的影响很小，说明恢复系数主要反映的是材料特性。因此对于一般的钢-钢碰撞可以把恢复系数看作一个常数，而忽略冲击条件对其的影响。

如图 1-18(c)(d) 所示，当有物料层时，由于物料层起到了一定的缓冲作用，降低了冲击强度，使得冲击力波形中的波动消失了。由于物料层的缓冲作用，钢-物料层-钢的恢复系数要远远小于钢-钢，大约为 0.15～0.2。

而我们试验的主要目的是研究钢-物料层-钢的冲击参数，因此试验条件基本能满足试验要求，可进一步改进试验深入研究。

另外从图 1-18 中还可以看出，接触刚度随着冲击质量和冲击速度的增大而增大，说明接触刚度主要反映了冲击破碎过程中冲击条件的影响。无物料层时，近似为 1 次的正比关系；有物料层时，则近似为 2 次的正比关系。这说明有物料层时，冲击条件对于接触刚度的影响更大。

(2) 待破碎料层的影响

待破碎物料层的影响因素主要包括物料种类、物料层厚度和物料粒度等因素。但由于试验条件的限制，目前只采用了石灰石一种物料。

如图 1-19 所示，随着物料层厚度增加，接触力降低，接触时间则大大增加。物料粒度越细，则接触力越小，接触时间越长。这说明当物料过多，或物料已经磨碎到一定细度时，磨碎效果将降低。如图 1-20 所示，通过模型估计，物料层厚度对于恢复系数和接触刚度的影响很大，但物料粒度对于这两个参数的影响则较小。

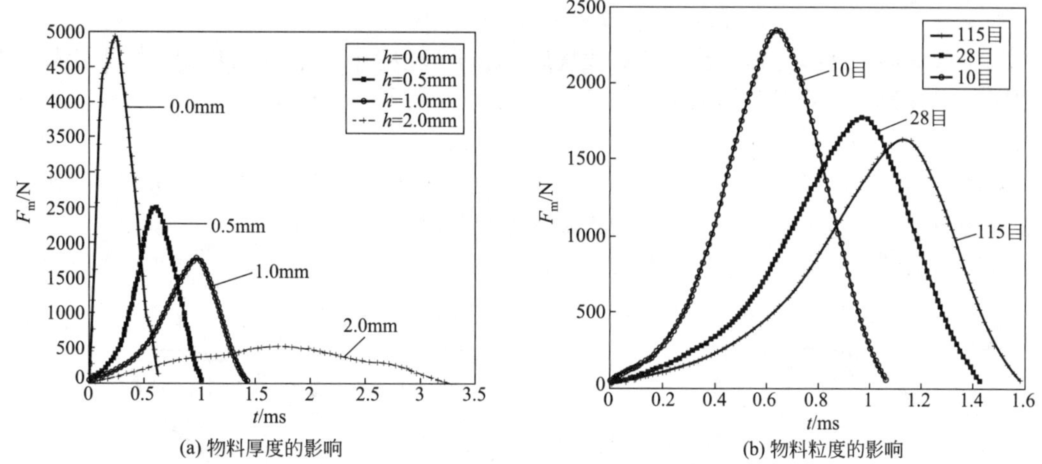

(a) 物料厚度的影响　(b) 物料粒度的影响

图 1-19　待破碎料层对冲击力波形的影响

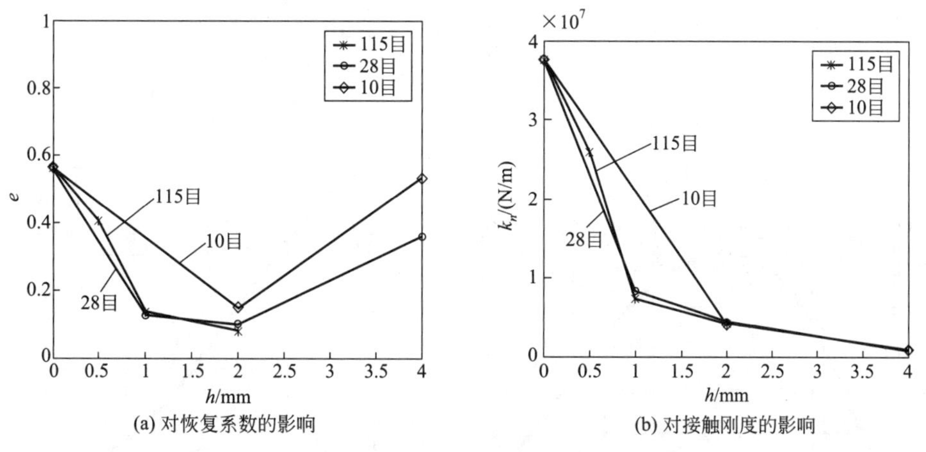

(a) 对恢复系数的影响　(b) 对接触刚度的影响

图 1-20　待破碎物料层对模型参数的影响

通过初步的单球冲击破碎试验，可以看出：①应用恢复系数和接触刚度能综合反映物料层的动力学特性；②要达到比较理想的破碎效果，一方面应采用较大的冲击质量和冲击速度，另一方面应尽量减小物料层厚度。该基础数据可用于振动磨的动力学分析和数值仿真计算，对指导振动磨的性能优化，具有十分重要的作用。

1.4.4　冲击过程微观仿真比较

为了对多个接触力模型进行比较，可将冲击过程简化为一个垂直方向的单球冲击破碎过程进行研究，参考图 1-15，其数值仿真计算过程如下：

① 根据接触判断，t 时刻小球的动力学方程为

$$m\ddot{x}(t)+f(x)-mg=0 \tag{1-18}$$

其中 $f(x)$ 为小球和固定面之间的接触力，接触力模型与大小取决于冲击破碎过程中两刚体之间待破碎物料层的性态，需要根据待破碎物料层的性态来确定接触力模型和模型参数。

② 用中心差分法求解运动方程，得 $t+\Delta t$ 时刻的位移、速度

$$\begin{cases}\dot{x}(t+\Delta t/2)=\dot{x}(t-\Delta t/2)+\ddot{x}(t)\Delta t\\ x(t+\Delta t)=x(t)+\dot{x}(t+\Delta t/2)\Delta t\end{cases} \tag{1-19}$$

基于单球冲击破碎过程，首先针对线性阻尼和分段线性两种接触力模型，重点比较接触参数对微观过程和计算误差的影响。给定刚体冲击参数为：小球质量 $m=0.26\text{kg}$，小球初始高度 $h_0=50\text{mm}$，初始接触条件为 $\sigma_1=0$。

如图 1-21 所示，在给定接触刚度 $k_{n_1}=k_n=5\times10^5\text{N/m}$，恢复系数 $e=0.5$ 时，比较冲击破碎的微观过程。由图可见，整个冲击破碎过程的时间很短，大约只有几毫秒，因此如何用试验的方法进行观测是下一步试验的重点。

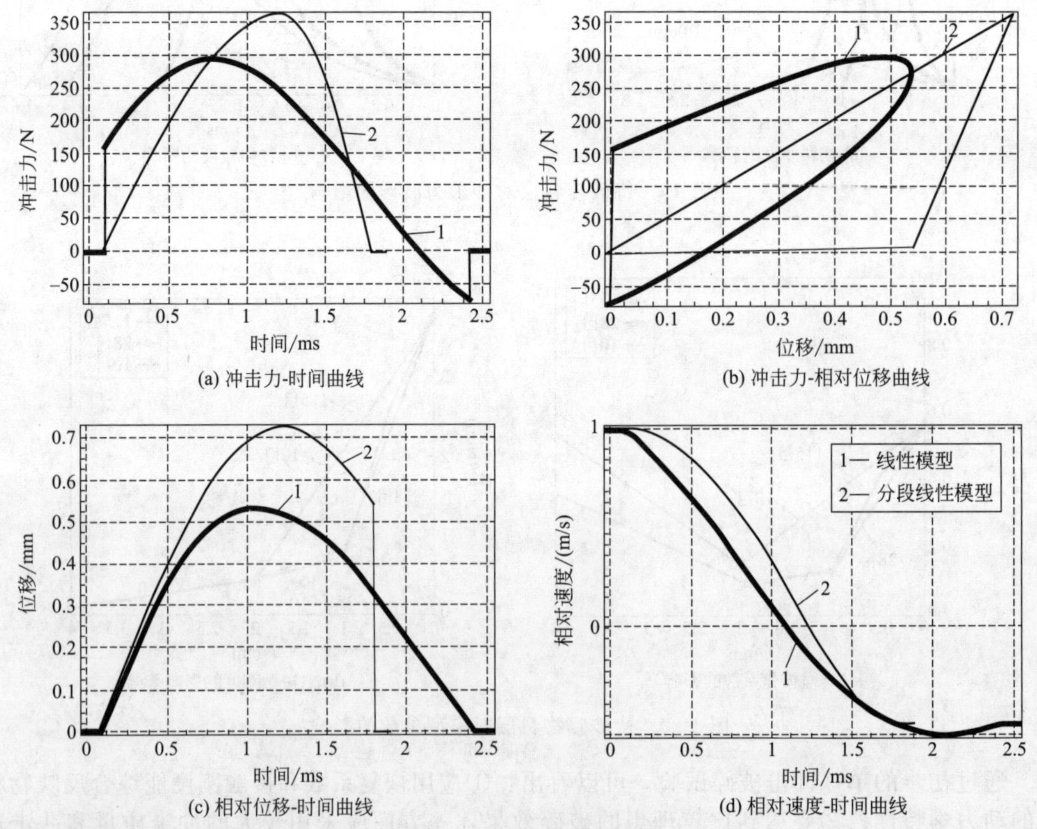

图 1-21 冲击破碎的微观过程

对于线性模型，在接触结束时会产生负的拉力，且最大冲击力并不发生在相对变形最大，相对速度为 0 的时刻。而对于分段线性模型，在整个接触过程中一直保持正压力，且最大冲击力发生在相对变形最大，相对速度为 0 的时刻。

如图 1-22 所示，在给定接触刚度 $k_{n_1}=k_n=5\times10^5\text{N/m}$ 时，比较恢复系数对微观过程

的影响。恢复系数越小，分段线性模型中不可恢复的变形越大，但最大冲击力是相同的，发生在最大变形处；而线性模型中冲击力的最大值则发生在接触开始时，相对变形减小，冲击时间变长。

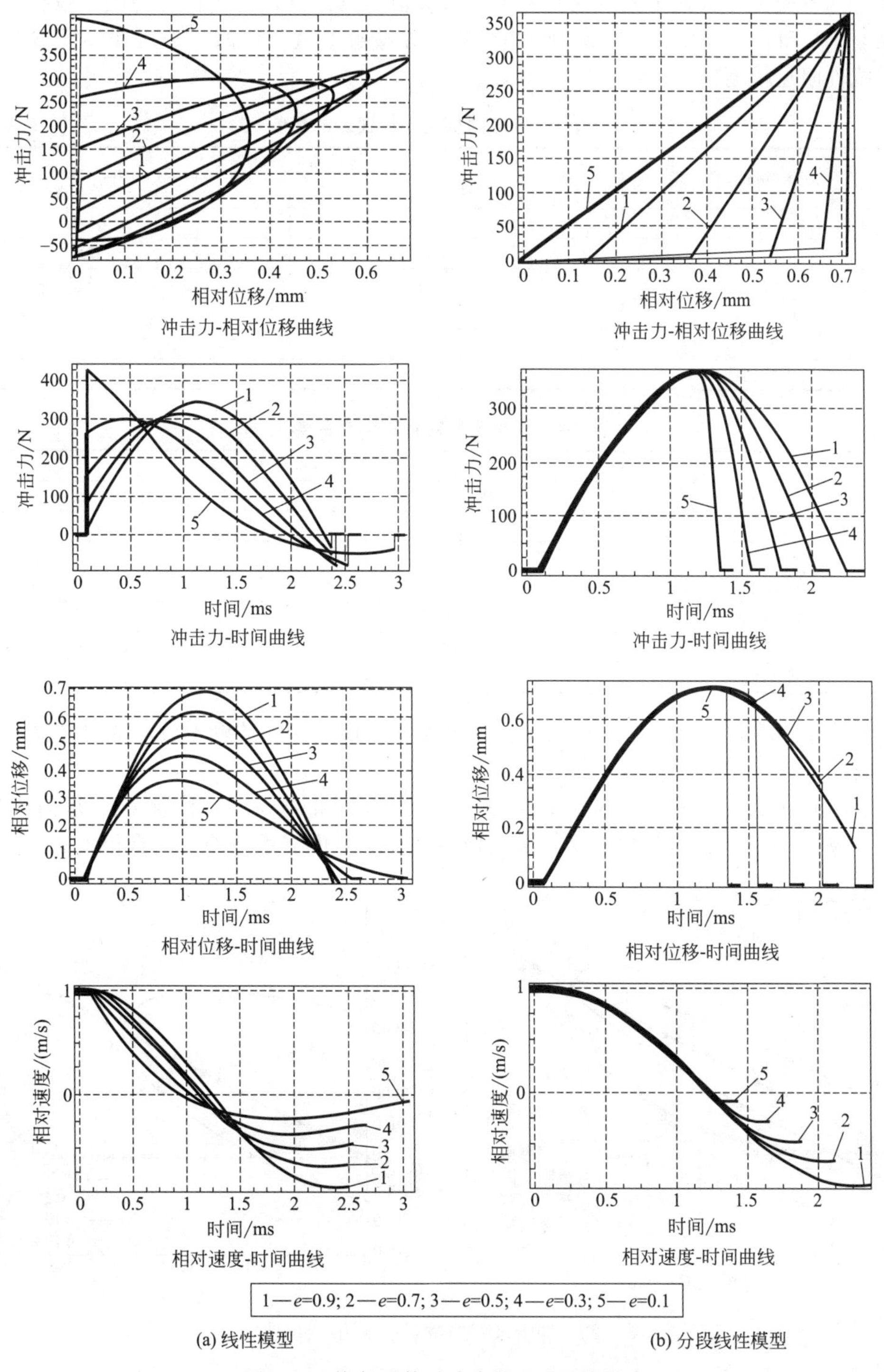

图 1-22　恢复系数对破碎微观过程的影响

设冲击前的速度为 v，冲击后的速度为 $u=-ev$，则在一次冲击过程中的能量损失为

$\Delta T=T_2-T_1=m(u^2-v^2)/2=mv^2(e^2-1)/2=T_1(e^2-1)$。无量纲化去除冲击速度的影响，定义能量损失率为

$$\Delta T^*=\Delta T/T_1=(e^2-1) \tag{1-20}$$

针对两种模型，选择不同的接触参数进行数值仿真计算，与理论计算的能量损失率相比较，如表 1-3 和表 1-4 所示。从表中可以看出，在接触参数相同时，分段线性模型的计算精度高于线性阻尼模型。

表 1-3 接触刚度对计算误差的影响

(接触刚度 5×10^5N/m)不同恢复系数	能量损失率的误差/%	
	线性模型	分段线性模型
0.1	0.1728	−0.0192
0.3	0.2453	0.0081
0.5	0.2081	−0.0043
0.7	0.1619	−0.0136
0.9	−0.4336	−0.0208
绝对平均值	0.2443	0.0132

表 1-4 恢复系数对计算误差的影响

(恢复系数 $e=0.5$)不同接触刚度	能量损失率的误差/%	
	线性模型	分段线性模型
0.05×10^5N/m	6.3196	−0.0060
0.5×10^5N/m	1.7425	−0.0042
5×10^5N/m	0.2081	−0.0043
50×10^5N/m	−1.0811	0.1876
500×10^5N/m	−6.3182	4.6336
绝对平均值	3.1339	0.9671

基于单球冲击破碎过程，针对四种接触力模型，重点比较接触参数对微观过程和计算效率的影响。

给定接触刚度 $k_n=1\times10^7$N/m，恢复系数 $e=0.7$ 和 $e=0.3$，接触力-变形曲线如图 1-23 所示，从图中可以看出各种模型的微观接触过程随着恢复系数的变化有很大的不同。

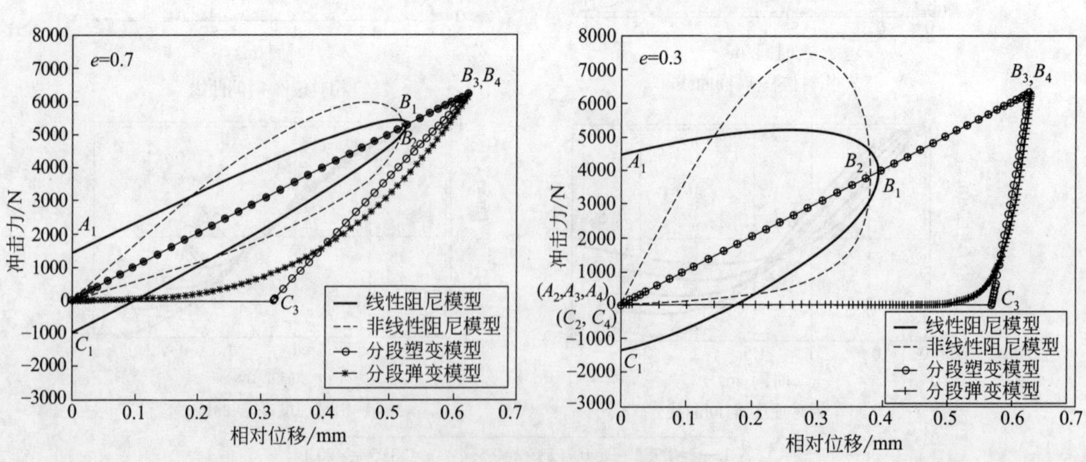

图 1-23 冲击破碎的微观接触力-变形曲线

① 接触过程的差别主要是因为碰撞过程中消耗能量的机制不同。前两种模型通过与速度成正比的接触阻尼 c_n 来消耗碰撞过程中的能量，可统称为阻尼模型。后两种模型通过两

阶段刚度或变形不同而形成滞回环来消耗碰撞过程中的能量，即不同于压缩阶段的膨胀刚度 k_{nr}、膨胀阶段变形的幂次 r 及不可恢复的变形 δ_r，可统称为分段模型。

② 阻尼模型中不需单独区分压缩和膨胀阶段，两阶段的转换是光滑的，但不能保证在两阶段转换点 B 处接触力最大。而分段模型中需要将压缩和膨胀阶段分开考虑，两阶段的转换是非光滑的，但可以保证在两阶段转换点 B 处接触力最大。

③ 线性阻尼模型在接触开始点 A 和结束点 C，当接触变形已经为零时仍存在接触力；且在接触过程中出现负的拉力。这两点与实际碰撞不相符合，一直被看作线性阻尼模型的缺点。其他模型对此进行了修正，防止出现这种情况。

④ 随着恢复系数的变化，模型之间的差别也不同。尤其是当恢复系数较小时，虽然线性阻尼模型的缺点变得更加明显，但分段模型中两阶段转换点 B 处的非光滑性十分突出，膨胀阶段近似突变，使得数值计算的效率大大降低。

在计算机上用 Matlab 编程计算 1s 的时间历程，记录所需的计算时间 t，并根据第一次微观碰撞过程给出速度恢复系数的数值仿真计算值 e^*，仿真计算结果如表 1-5 所示。可以看出，采用各种模型数值仿真得出的恢复系数计算值与给定值基本一致，即对于碰撞过程可以统一用恢复系数表示宏观能量损失，但是不同模型和模型参数对计算时间的影响不同。

表 1-5　恢复系数计算值 e^* 及所需计算时间 t

模型		刚性	线性阻尼	非线性阻尼	分段弹性	分段塑性
$e=0.7$	e^*	0.700	0.699	0.683	0.700	0.699
	t	0.484	1.235	1.828	1.672	1.475
$e=0.3$	e^*	0.300	0.299	0.332	0.300	0.295
	t	1.485	3.641	4.282	28.20	110.2

可以看出，由于非线性阻尼模型的推导中采用了更多的假设和修正，因而计算值与给定值之间的差距较大。对于采用弹塑性碰撞模型的数值仿真，应采用计算过程中得到精确的恢复系数以衡量能量损失。因此，对于较大的恢复系数，为了微观过程更加接近实际，可选用分段模型；而对于较小的恢复系数，从计算效率和精度方面来看只能选用线性阻尼模型。实际应用中可根据需要综合考虑，以选用合适的碰撞过程模型。

通过计算机数值仿真，从微观上来看接触力在整个过程中保持正压力，且由于物料的破碎产生了不可恢复的变形，符合物料破碎的实际情况。通过对一个单球碰撞系统进行数值仿真，验证了参数推导的正确性。但由于参数对应关系的表达式不同，使得与恢复系数的对应精度和计算效率不同，微观接触过程也不同。总体来说，几种碰撞过程模型及刚性模型各具优缺点，适用于不同的实际应用场合。

1.5　两球冲击破碎过程试验

1.5.1　试验装置设计

试验装置如图 1-24 所示，下落体和导杆之间通过聚四氟乙烯来接触，利用聚四氟乙烯的低摩擦系数使得下落过程近似于自由下落，且用导杆保证了下落体的垂直冲击。当下落体从一定位置沿着导杆自由下落时，下落体冲击底座时将产生比较大的冲击力。下落体上部安装一个 LVDT 传感器用于记录位移数据，底座下面安装一个压电式力传感器用以记录冲击力数据。

如图 1-25 所示，根据下落体柱头与底座柱头冲击力和冲击变形数据，可以针对某一种具体的接触力本构模型进行参数估计，如采用经典的线性阻尼模型，则需要估计接触刚度和阻尼系数。

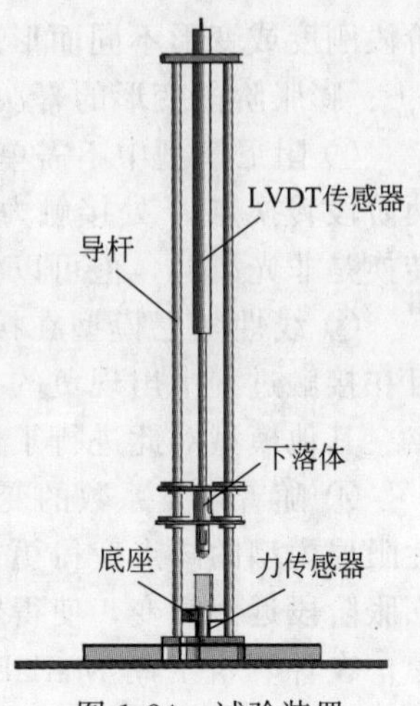

图 1-24　试验装置

整个试验台采用分离的连接件方式，以便于更换不同形式的配件。如图 1-26(a) 所示，下落体可以与几种不同柱头连接，以模拟不同材料尺寸的球介质。底座主要有两种类型，如图 1-26(b) 所示凸形底座可以模拟两球体之间的外接触，如图 1-26(c) 所示凹形底座可以模拟两球体之间的内接触，从而比单球试验更接近实际冲击过程。

本试验采用了两套数据采集系统分别测试冲击力和位移，如图 1-27 所示。理想情况下，用一套数据采集系统同时测冲击力和位移的变化，这样有利于接下来的数据分析和拟合，但是由于试验条件的限制，因此采用了两套数据采集系统，以针对冲击力和位移分别保证足够的数据精度。

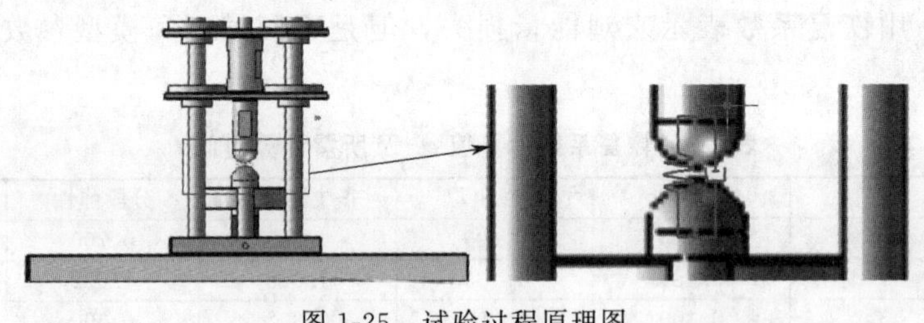

图 1-25　试验过程原理图

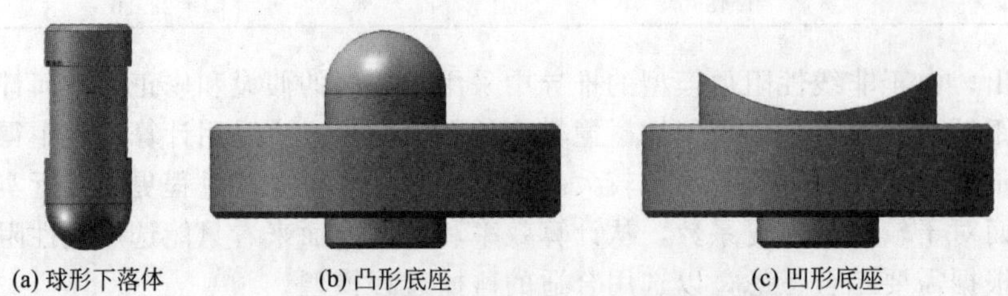

图 1-26　试验装置中的底座和下落体形状

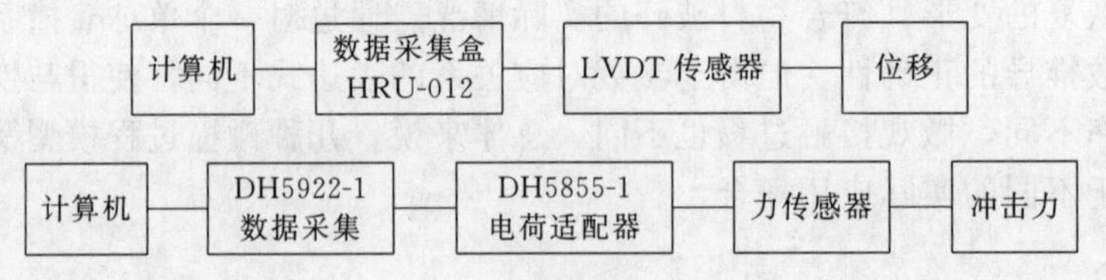

图 1-27　数据采集系统

1.5.2　试验数据整理与分析

试验主要针对没物料情况，试验中采用的参数如下：下落体的下落高度 $h=50$mm、100mm、150mm；下落体冲击部分的柱头直径为 18mm，质量为 1365g；底座分为平座（直径为 20mm)、凸座（直径为 20mm)、凹座（直径为 20mm、30mm、40mm）三种。

试验结果如图 1-28～图 1-38 所示，针对不同下落高度和不同底座分别记录了冲击力和位移与时间之间的关系。进一步根据首次反弹高度和首次冲击力峰值分别对各种情况进行比较，不同下落高度的比较如图 1-39 所示，不同底座的比较如图 1-40 所示。

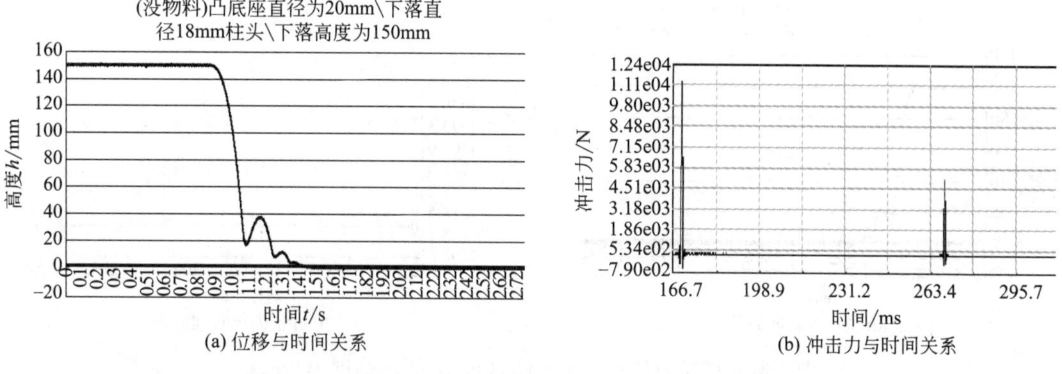

(a) 位移与时间关系　　(b) 冲击力与时间关系

图 1-28　试验条件：凸座直径 20mm，下落高度 150mm

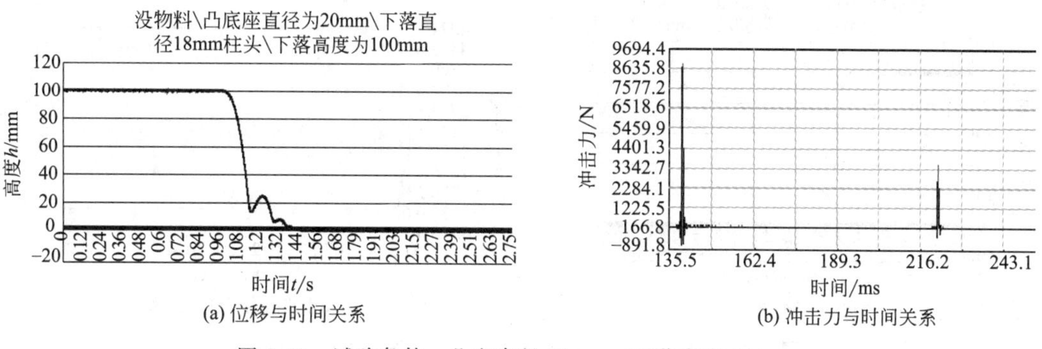

(a) 位移与时间关系　　(b) 冲击力与时间关系

图 1-29　试验条件：凸座直径 20mm，下落高度 100mm

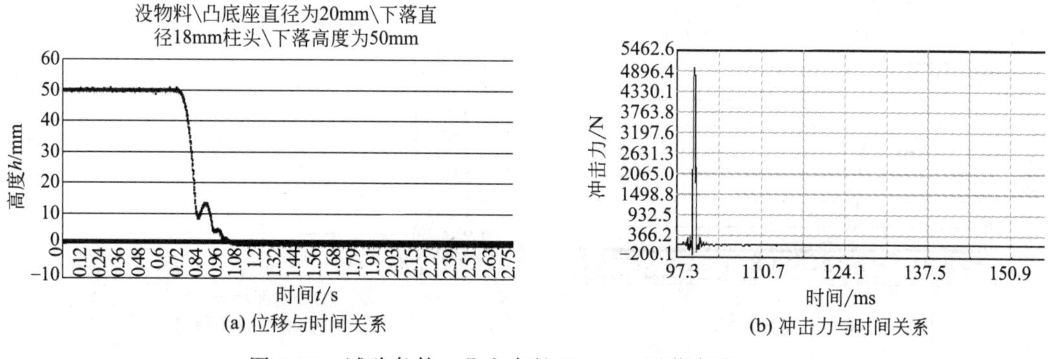

(a) 位移与时间关系　　(b) 冲击力与时间关系

图 1-30　试验条件：凸座直径 20mm，下落高度 50mm

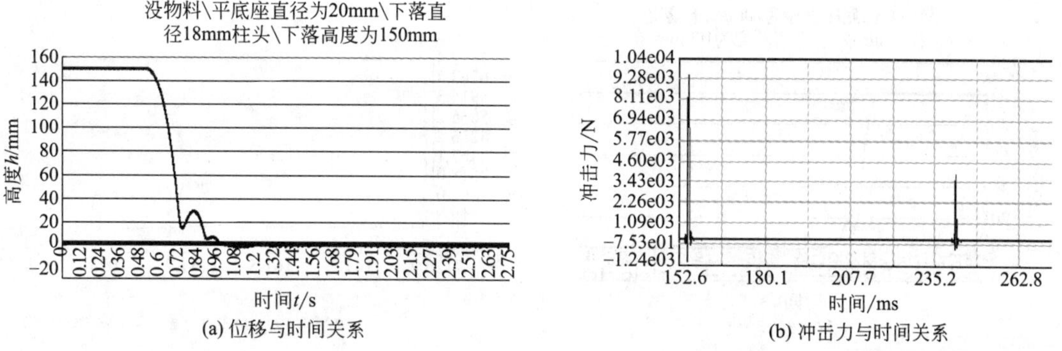

(a) 位移与时间关系　　(b) 冲击力与时间关系

图 1-31　试验条件：平座直径 20mm，下落高度 150mm

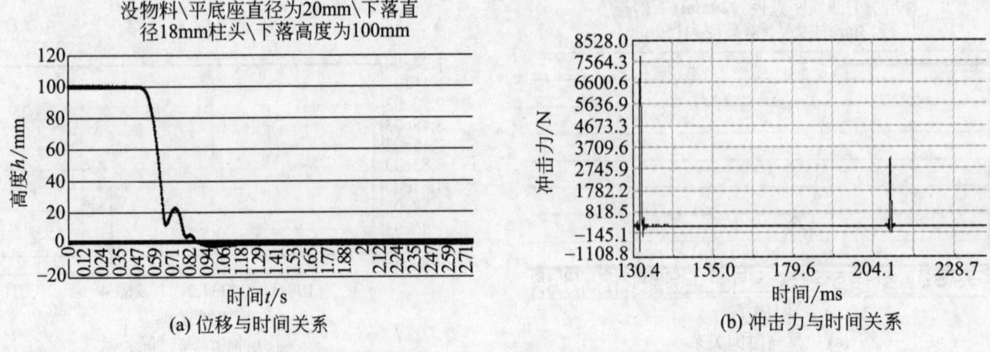

(a) 位移与时间关系
(b) 冲击力与时间关系

图 1-32　试验条件：平座直径 20mm，下落高度 100mm

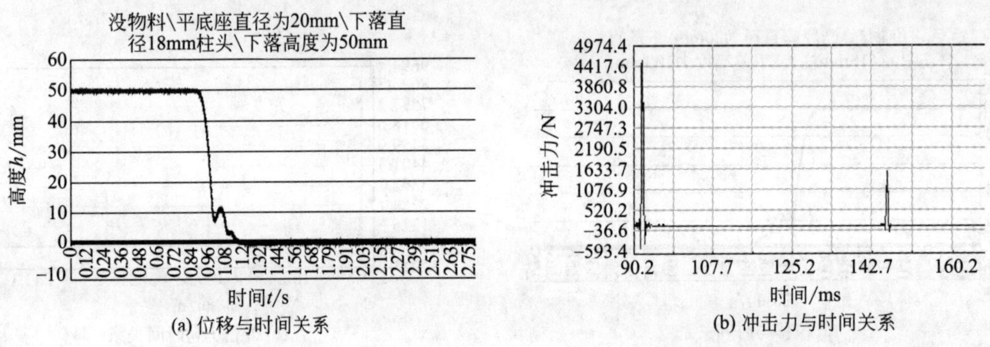

(a) 位移与时间关系
(b) 冲击力与时间关系

图 1-33　试验条件：平座直径 20mm，下落高度 50mm

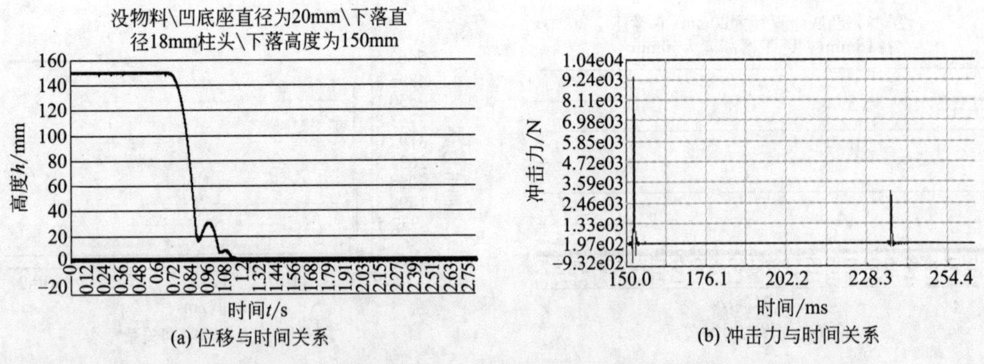

(a) 位移与时间关系
(b) 冲击力与时间关系

图 1-34　试验条件：凹座直径 20mm，下落高度 150mm

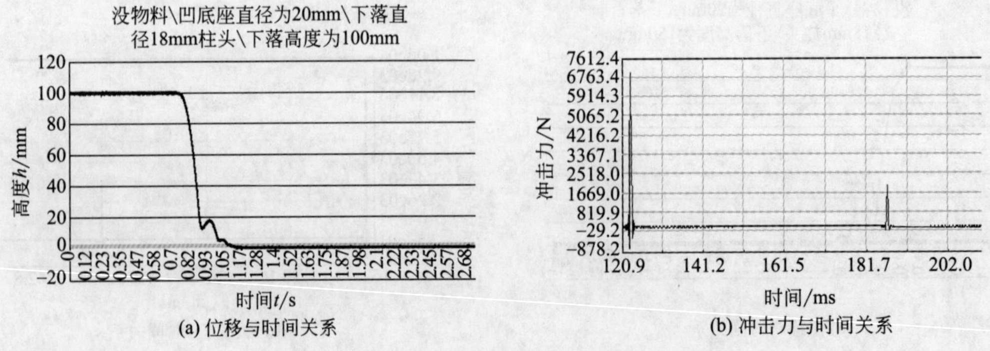

(a) 位移与时间关系
(b) 冲击力与时间关系

图 1-35　试验条件：凹座直径 20mm，下落高度 100mm

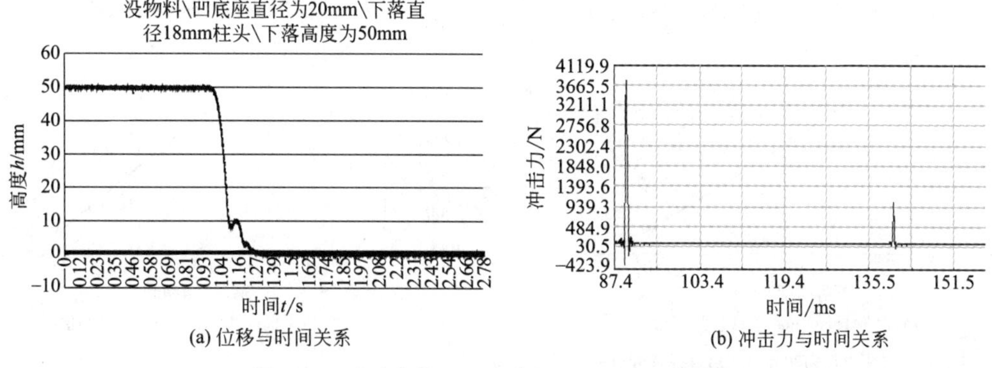

(a) 位移与时间关系　(b) 冲击力与时间关系

图 1-36　试验条件：凹座直径 20mm，下落高度 50mm

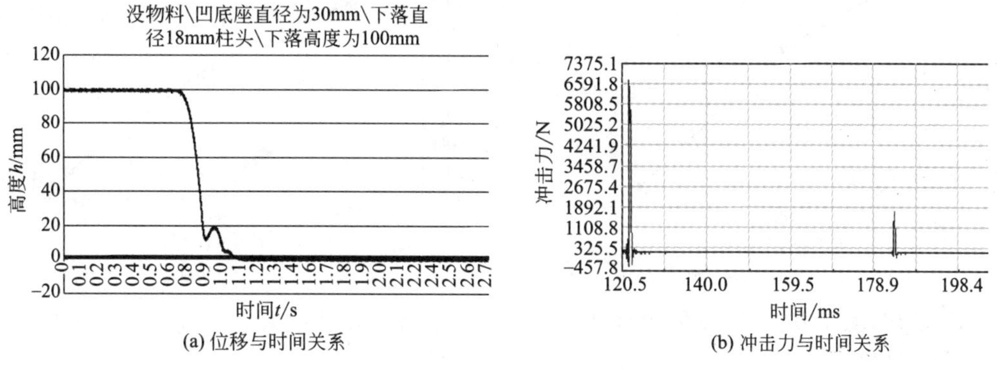

(a) 位移与时间关系　(b) 冲击力与时间关系

图 1-37　试验条件：凹座直径 30mm，下落高度 100mm

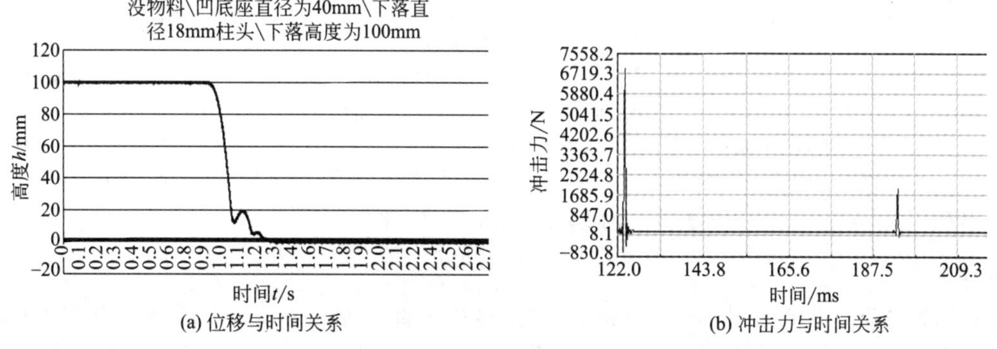

(a) 位移与时间关系　(b) 冲击力与时间关系

图 1-38　试验条件：凹座直径 40mm，下落高度 100mm

根据图 1-39 可以看出，在相同条件下，下落高度越大，反弹就越高，冲击力越大。根据图 1-40 可以看出，凸底座比平底座和凹底座的接触面积小，因此反弹更高，冲击力更大，而凹底座接触面积最大，因此反弹越低，冲击力越小。

该试验只是对冲击破碎过程中没物料情况下本构模型的初步探讨，由于试验条件的限制没有直接得到力-位移曲线，但仍然为冲击破碎过程的仿真提供了一些参数依据，也为有物料情况下的冲击破碎过程研究提供了对比依据。

1.5.3　仿真和试验数据对比

为了进一步研究接触力本构模型，直接用离散元软件仿真试验工作情况，然后通过调整参数使试验采集的冲击力-时间关系及位移-时间关系和仿真的基本一致，从而对试验数据进

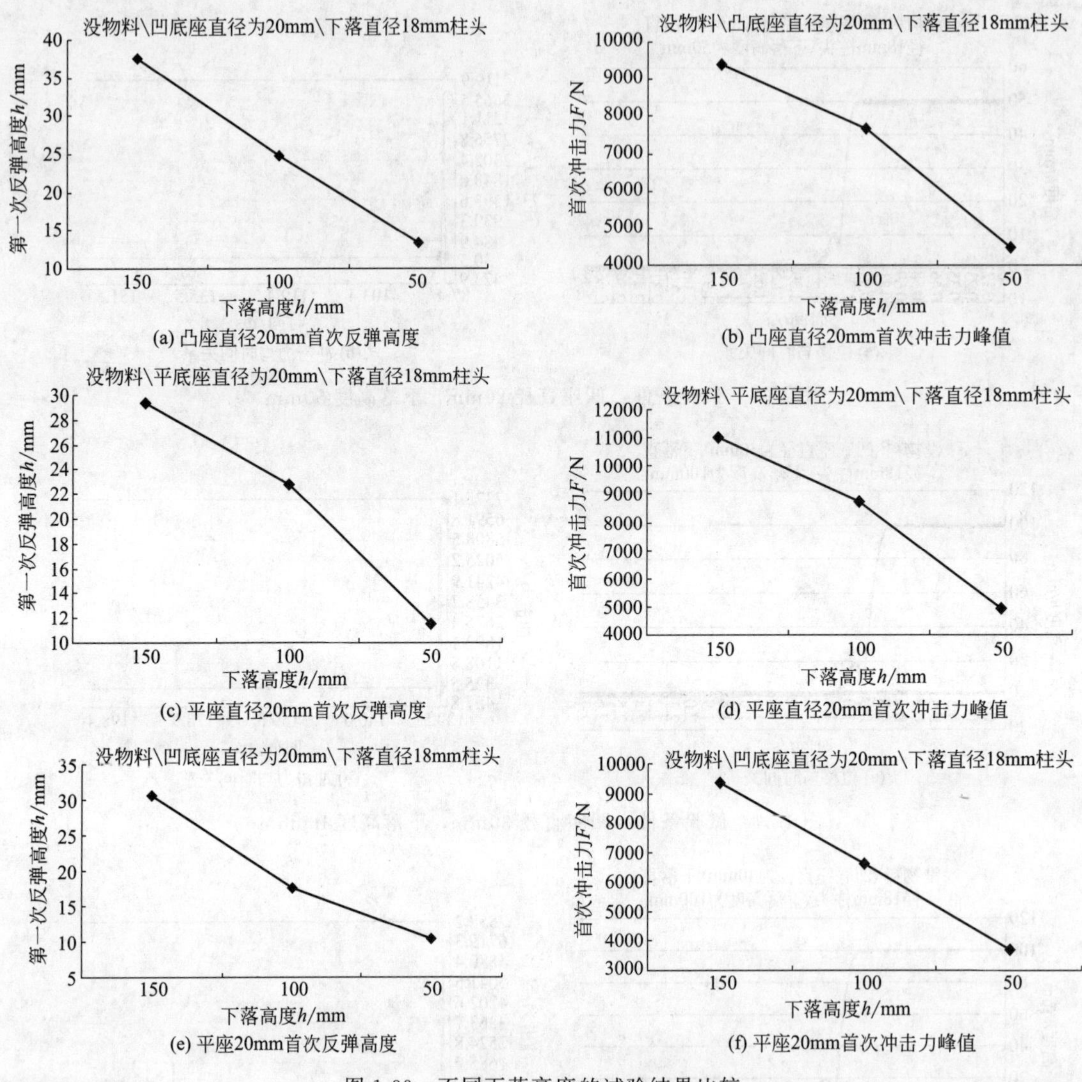

图 1-39 不同下落高度的试验结果比较

行验证对比。

针对两种情况：①凸座直径为 20mm，下落体柱头直径为 18mm，下落高度为 150mm、100mm、50mm；②平座直径为 20mm，下落体柱头直径为 18mm，下落高度为 150mm、100mm、50mm。仿真和试验的数据对比如图 1-41～图 1-46 所示。

对比这几组试验和仿真数据，可以发现冲击力和位移的数量值基本一致。对这 6 组试验条件下的相关参数求平均值，整理得接触力本构模型的仿真参数，如表 1-6 所示。

表 1-6 不同接触模型时仿真参数

线性接触模型时相关参数		Hertz 接触模型时相关参数	
法向接触刚度 k_n/(N/m)	1×10^8	泊松比	0.2
		切向模量	3×10^8
法向阻尼	0.34	法向阻尼	0.34
局部阻尼	0.34	局部阻尼	0.34

实际破碎磨碎过程中物料的多少、厚度、粒度等因素将极大地影响接触力本构模型及其相关参数，因此这些参数需要考虑折合系数后再使用。进一步针对有物料情况开展更加细致

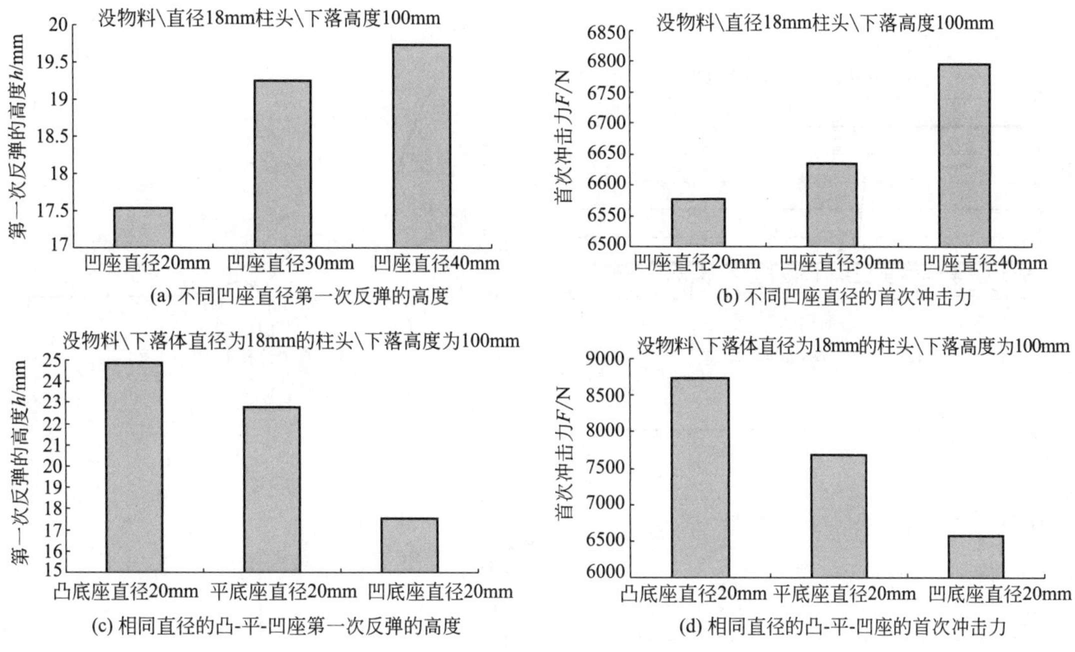

图 1-40　不同底座试验结果比较

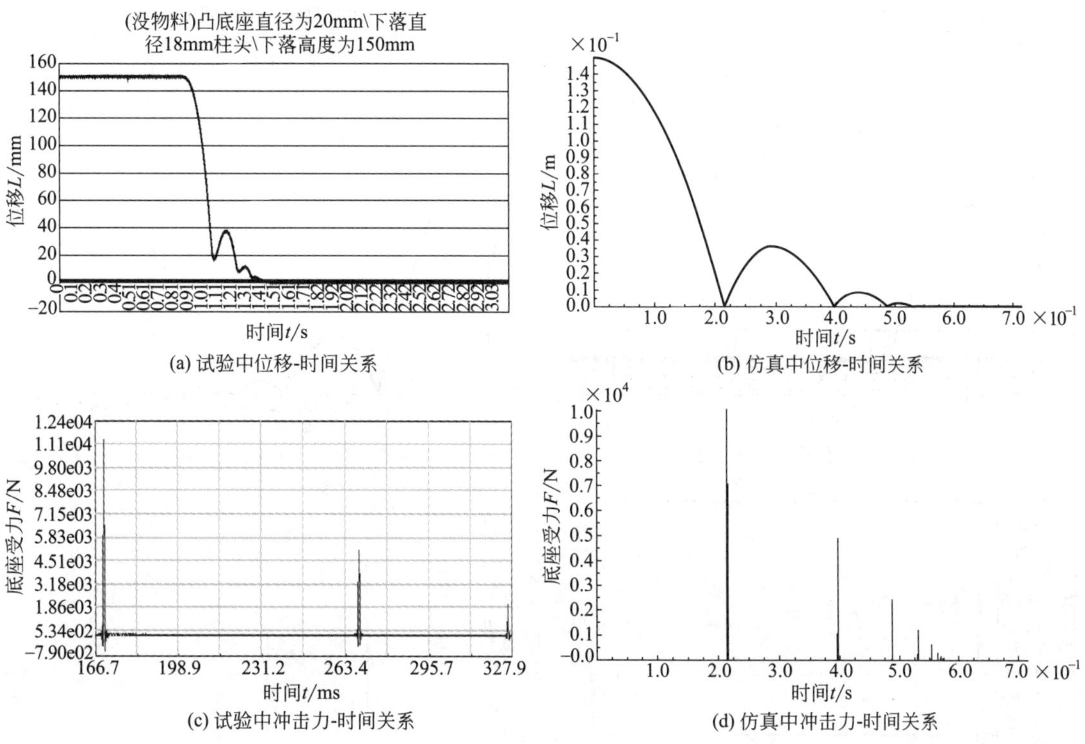

图 1-41　仿真与试验条件：凸座直径 20mm，下落高度 150mm

的试验研究，以便为仿真过程中模型及参数的确定提供更接近实际的数据支撑。

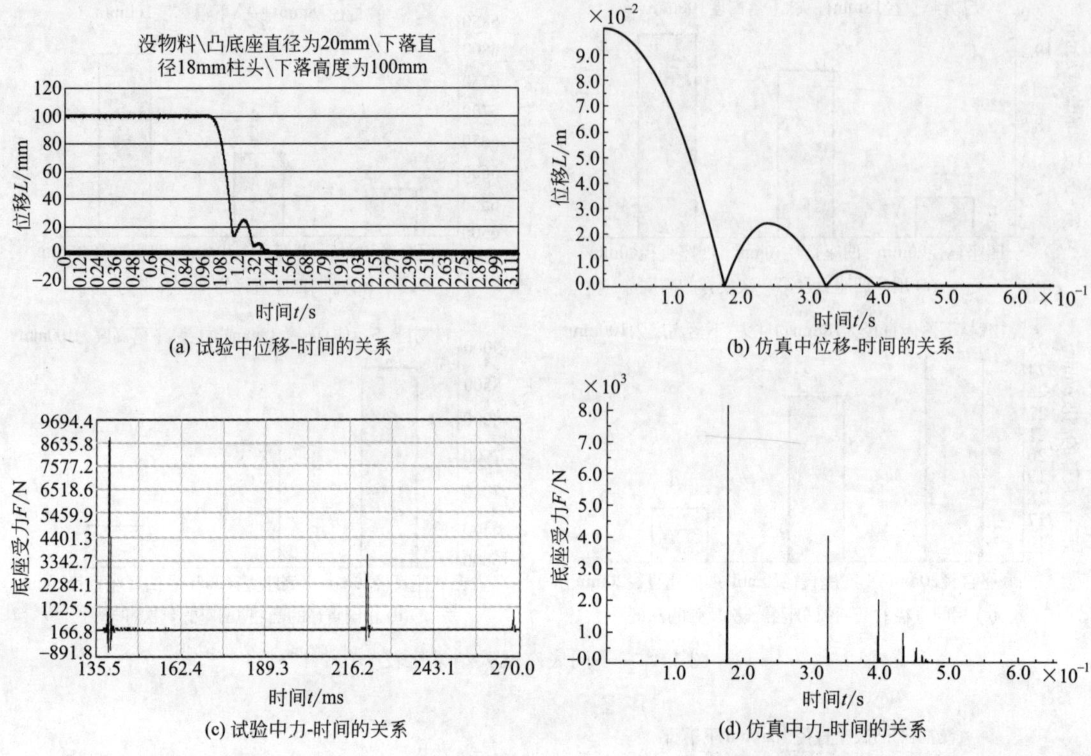

图 1-42 仿真与试验条件：凸座直径 20mm，下落高度 100mm

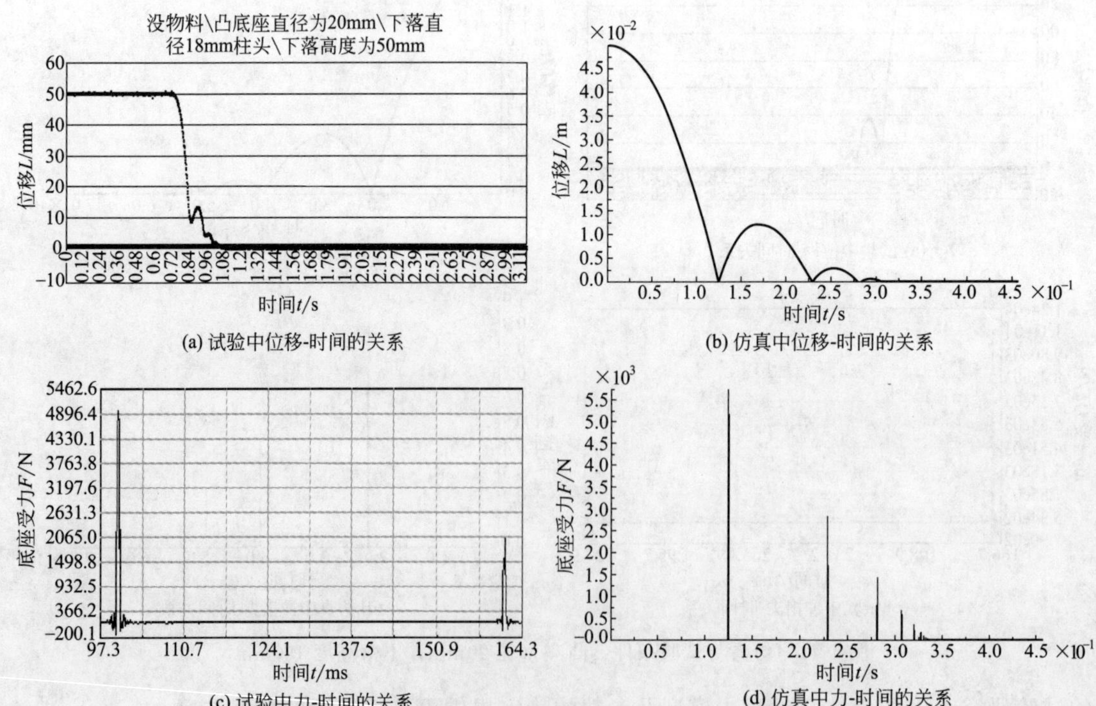

图 1-43 仿真与试验条件：凸座直径 20mm，下落高度 50mm

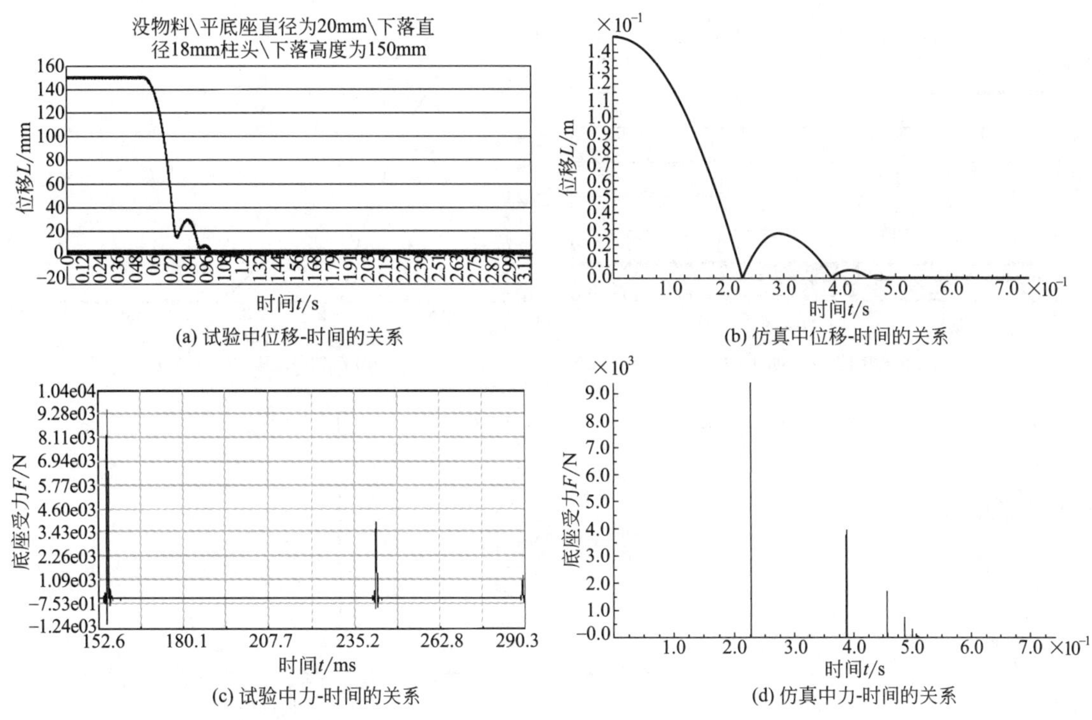

图 1-44　仿真与试验条件：平座直径 20mm，下落高度 150mm

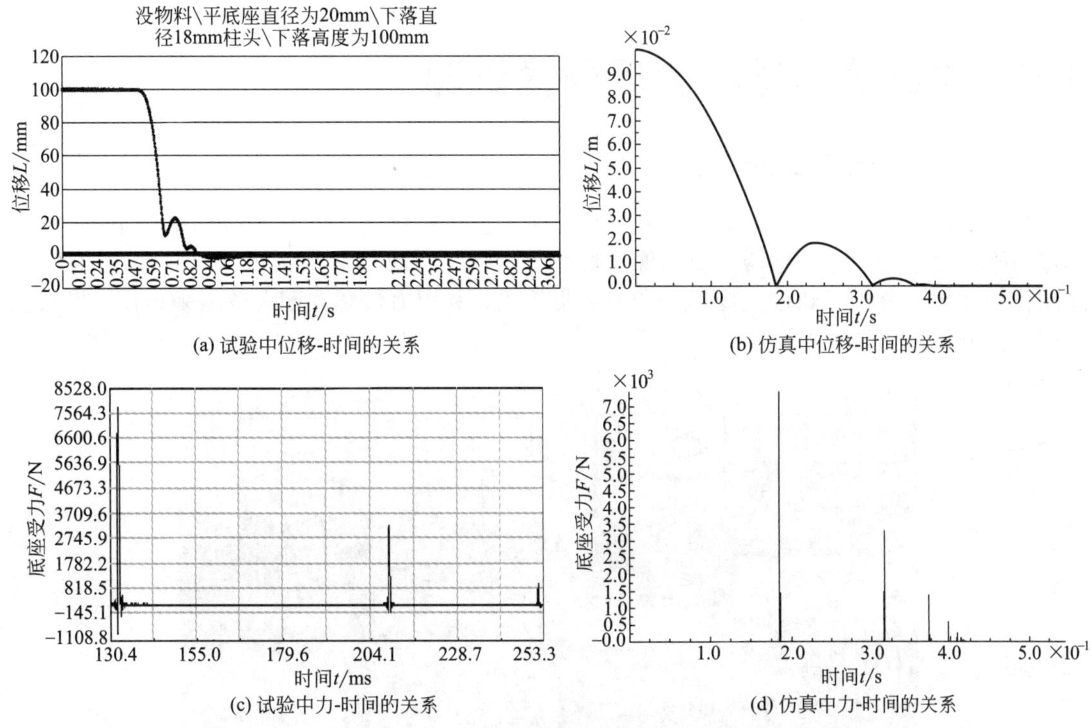

图 1-45　仿真与试验条件：平座直径 20mm，下落高度 100mm

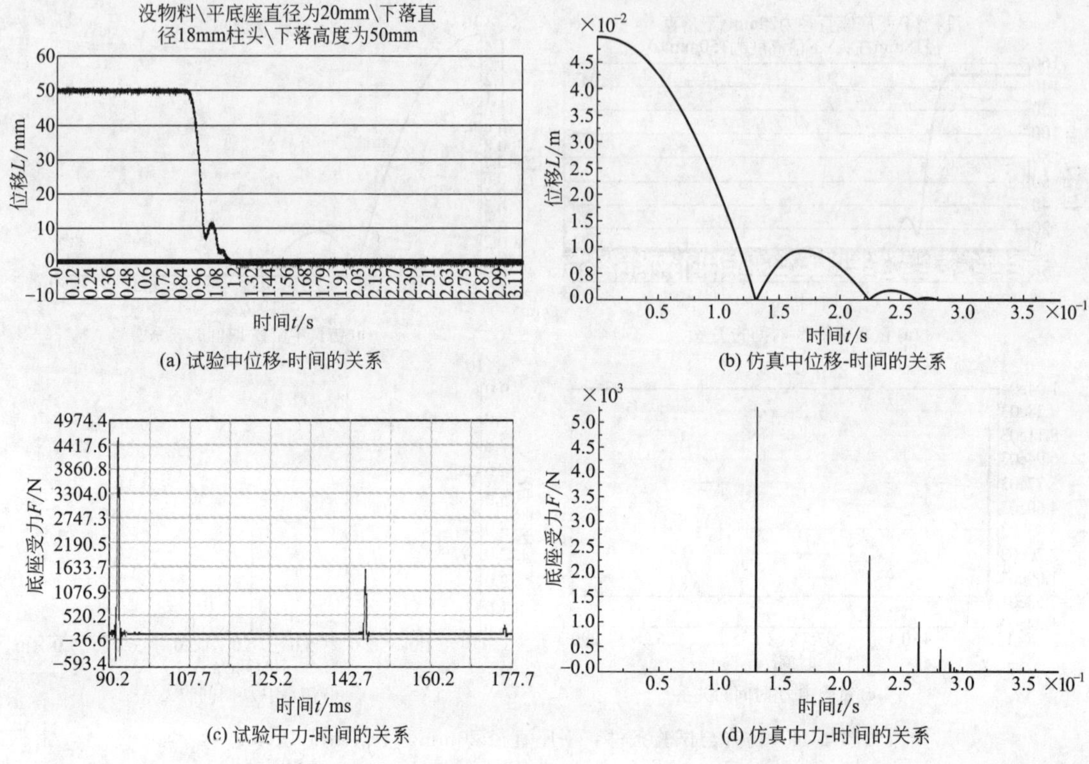

(a) 试验中位移-时间的关系　(b) 仿真中位移-时间的关系

(c) 试验中力-时间的关系　(d) 仿真中力-时间的关系

图 1-46　仿真与试验条件：平座直径 20mm，下落高度 50mm

1.6　冲击破碎过程微观图像试验

1.6.1　试验系统与试验过程

搭建的试验系统如图 1-47 所示，主要包括：①试验装置，放置于振动平台上的小球，小球与平台之间安装力传感器；②图像采集系统，利用高速相机采集小球接触瞬间的图像，经图像处理软件分析得到接触变形；③力采集系统，利用力传感器配合数据采集仪，经数据处理软件分析得到接触力。

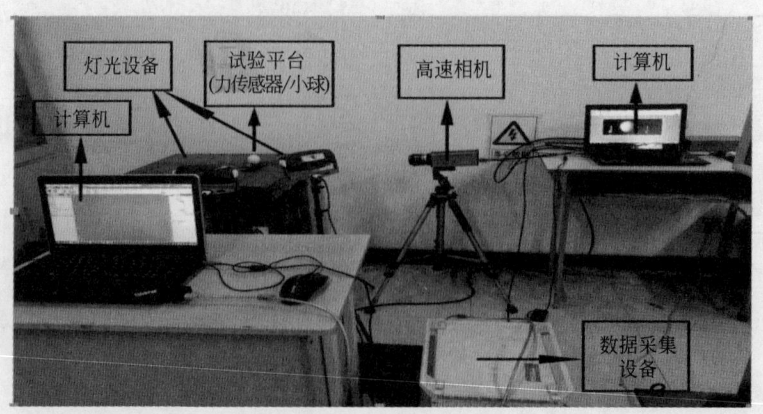

图 1-47　试验系统

图像采集系统的核心是 PCO. 1200s 型高速相机，高速相机除配有电源连接线、电源控制盒电源线外，相机与电脑的数据传输可以使用 USB 数据线或千兆网线完成；与相机配套的是控制拍摄的软件系统，它可以控制相机的拍摄、录制以及回放图像等功能，同时可以通过软件系统的触发器来触发相机开始进行拍摄任务，实现智能化的操作。打开相机后进行调试以得到最清晰的拍摄画面，在光线不足的情况下可以通过打照明灯来提高清晰度，将相机调试得当之后便可试验。拍摄图像如图 1-48 所示，相机拍摄图像的记录、读取、处理等将使用高速相机自带的 Image-Pro 图像处理软件，通过该软件可以实时观察拍摄情况，并可将图像序列以 avi 或连续图像的格式导出，方便后续的整理与分析。

采集的力数据如图 1-49 所示，力传感器需要安装在小球和振动平台之间，再通过数据采集仪得到接触力的时间波形。该数据用于配合图像数据识别接触模型参数，但也可以只用图像数据分析接触过程。

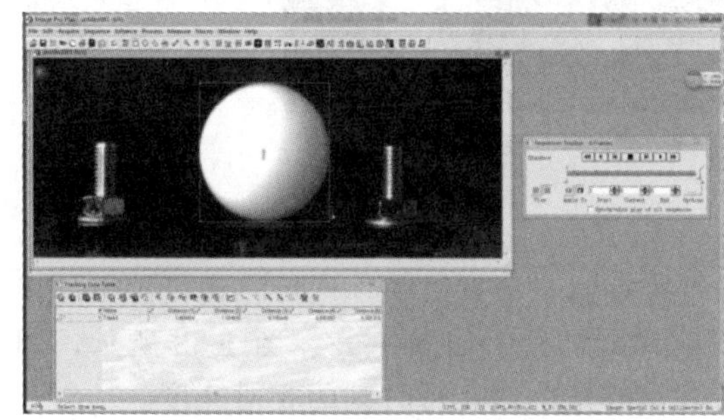

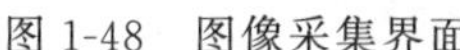
图 1-48　图像采集界面

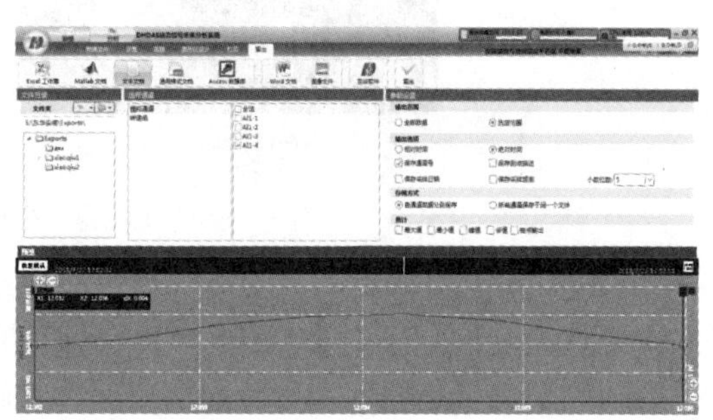

图 1-49　力数据采集界面

进行试验时小球的变形可以是在静止的状态下受到外力作用变形，但一般这种情况下受力变形的程度很小；但若小球本身有速度，发生碰撞后就会由于冲量很大而使得变形较大。本试验将用硬度较小的硅胶球代替硬度很大的钢球进行变形拍摄，首先观察硅胶球在静止状态下受到重物挤压的变形；再将球在一定高度释放，使其进行自由落体运动，观察球的变形。

1.6.2　微观试验结果分析

首先对静止的硅胶球施加重物使其变形，考虑到给球体顶端施加重物会使球体滚动，因此选择带有孔的重物，重物的质量通过电子秤测得。再将重物撤离使小球恢复原形，观察两种情况下小球的变形情况。拍摄结果如图 1-50 所示，而小球的前后变形不明显。

(a) 重物施加

(b) 重物撤离

图 1-50　小球受重物静压变形

图 1-51 所示的是小球通过自由落体下降与桌面接触瞬间的变形情况，可以看出小球与桌面接触、接触变形、恢复过程十分明显。为了拍摄到较为明显的接触变形情况，相机的曝光时间设置为 0. 2ms，由于曝光时间较短，所需要的光线条件较为严格，其中左边的小球是为了捕捉光线而放置，右边的小球是试验对象。

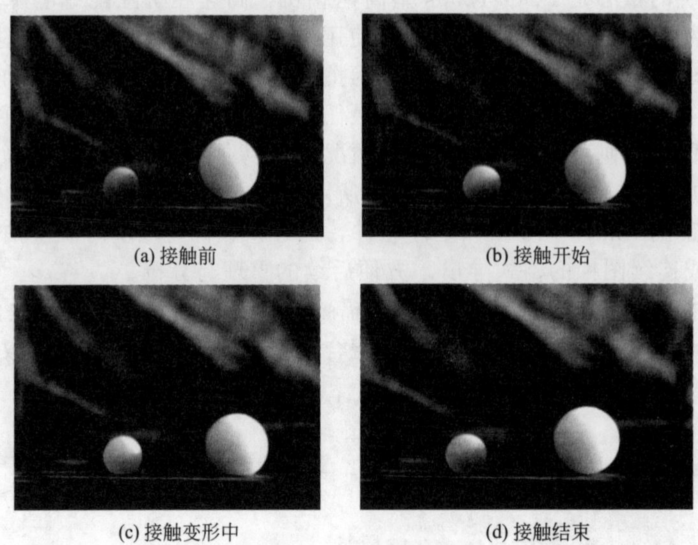

(a) 接触前　(b) 接触开始　(c) 接触变形中　(d) 接触结束

图 1-51　小球自由落体变形

小球自由落体过程中高速相机拍摄的视频将直接存储于计算机中，然后将相机拍摄的视频导入 Image-Pro 图像处理软件中进行速度提取，其结果显示如图 1-52、图 1-53 所示，图中 x 轴表示的是每帧图片所对应的时间，y 轴所表示的是小球在每时刻的相对速度。

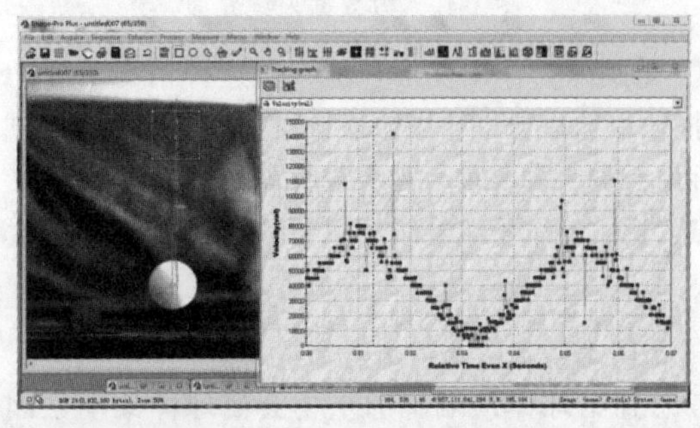

图 1-52　小球自由落体速度

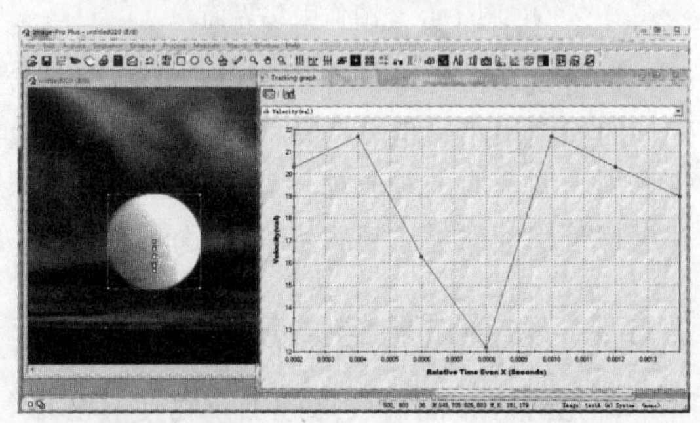

图 1-53　小球与桌面碰撞接触前后速度

如图 1-52 所示是小球与桌面碰撞接触两次过程的速度变化，其曲线变化过程与理论上小球做自由落体过程中的速度变化相符合；图 1-53 所示是截取小球第一次与桌面碰撞过程前后 7 帧图小球的相对速度，可以看出碰撞接触前后速度反向变化的过程，与碰撞理论中恢复系数的含义一致。

如图 1-54 所示，图（a）表示小球变形-时间曲线，是通过高速相机采集的图像处理得到的，从接触开始的 0 变形到接触变形最大，称为压缩过程；从接触变形最大开始到接触结束，称为回弹过程。接触结束时变形是否为零，表示是否产生了不可恢复的塑性变形。图（b）表示小球在整个接触过程中的接触力-时间曲线，当接触变形最大时接触力也最大。图（c）表示接触力-变形本构关系，可以根据该本构关系估计接触刚度。

由于接触时间很短，在接触过程采集的数据量不够充分，每次试验过程中取 5 个采样点，试验数据如表 1-7 所示。接触刚度的试验识别采用

$$k_n = F/x \tag{1-21}$$

另一方面采用 Hertz 理论计算接触刚度

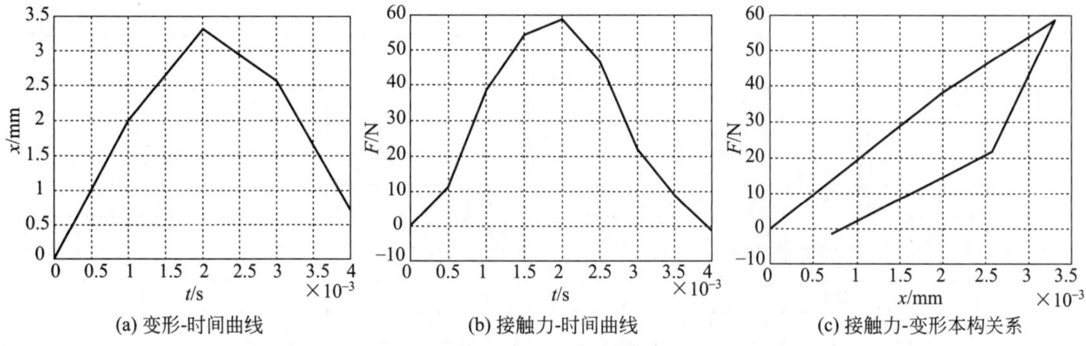

(a) 变形-时间曲线　(b) 接触力-时间曲线　(c) 接触力-变形本构关系

图 1-54　基于图像的微观接触模型

$$k_n=\left(\frac{2E\sqrt{2R}}{3(1-\upsilon)}\right)\sqrt{U_n} \tag{1-22}$$

式中，U_n 表示法向位移量（小球变形量 x）；R 表示小球的有效半径；E 表示小球材料的有效弹性模量；υ 表示小球材料的有效泊松比。

表 1-7　接触力-变形的 11 次试验数据

项目	F/N	t/ms	$\frac{F}{x}$/[(N/m)×10^4]
	0	0	0
	48.628	1.799	2.703
1	77.973	2.827	2.758
	36.890	1.927	1.914
	0	0.001	0
	0	0	0
	38.568	2.017	1.9121
2	58.69	3.314	1.7710
	21.799	2.579	0.8453
	0	0.701	0
	0	0	0
	51.144	2	2.557
3	76.296	3.143	2.427
	20.96	2.286	0.917
	0	0.281	0
	0	0	0
	54.497	1.983	2.748
4	117.379	3.399	3.453
	71.266	2.974	2.396
	0	1.416	0
	0	0	0
	41.934	1.676	2.502
5	75.870	2.654	2.859
	41.908	1.942	2.158
	0	0.399	0
	0	0	0
	59.528	1.966	3.028
6	96.418	3.792	2.543
	123.248	4.072	3.027
	72.104	2.948	2.446
	0	0.982	0

续表

项目	F/N	t/ms	$\frac{F}{x}$/[(N/m)×10^4]
7	0	0	0
	51.143	1.852	2.762
	85.519	3.134	2.729
	37.726	2.564	1.471
	0	0.855	0
8	0	0	0
	35.214	1.826	1.928
	65.394	3.371	1.940
	27.668	2.95	0.938
	0	1.265	0
9	0	0	0
	44.436	1.528	2.908
	79.65	2.639	3.018
	37.729	2.316	1.629
	0	0.827	0
10	0	0	0
	25.153	1.404	1.792
	41.921	2.668	1.571
	47.79	2.808	1.702
	24.314	1.965	1.237
	0	0.414	0
11	0	0	0
	46.113	1.693	2.724
	66.235	2.389	2.772
	29.345	1.553	1.890
	0	0.021	0

接触刚度的理论计算和试验识别结果比较如图 1-55 所示，分为压缩过程和回弹过程两个阶段，其中压缩阶段的变形较大，因此接触刚度较小；而回弹阶段由于不可恢复塑性变形的存在，接触刚度更大。这与前面静压破碎过程的试验结果相互验证。另外，试验识别得到的接触刚度与理论计算得到的接触刚度基本处于同一数量级，从而为后面刚散耦合数值分析提供了基础支持。

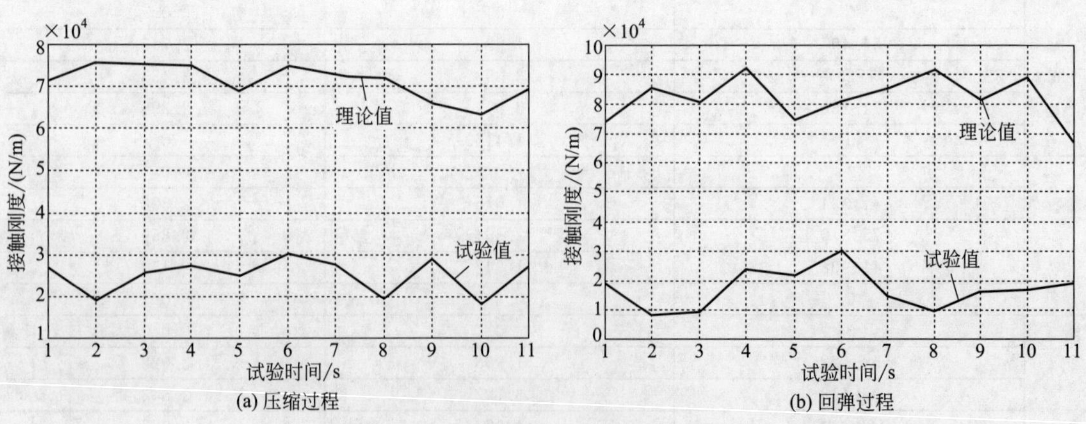

图 1-55 接触刚度的理论和试验比较

第2章 双腔颚式振动破碎机

在破碎磨碎作业中由于磨碎的单位能耗远远大于破碎作业，因此应尽量“多碎少磨”，即缩减磨碎作业的工作量，扩大破碎作业的工作量，减小破碎后产品也就是磨碎给料的粒度，以达到节约能量的目的。破碎作业产出约50的破碎比，能耗却仅占总能耗的10%，而磨碎作业的能耗占总能耗的90%，却仅产出了约200的破碎比。针对超细破碎设备的优点，经过多年的科研积累，本课题组提出了一类超细振动破碎机的设计构想，其中包括颚式振动破碎机、辊式振动破碎机和圆锥振动破碎机，几种破碎机的试验样机均已设计制造出来，在实际的试验研究过程中，表现出了优良的破碎性能。

2.1 双腔颚式振动破碎机工作原理

双腔颚式振动破碎机包括双腔四动颚式振动破碎机、双腔简摆颚式振动破碎机两种，工作原理如下。

2.1.1 双腔四动颚式振动破碎机

双腔四动颚式振动破碎机结构如图2-1所示，主要由主动颚、机体副动颚、偏心激振器、主振弹簧、隔振弹簧等组成，其工作机构主要由主动颚和机体副动颚两个刚体组成，两个刚体之间形成左、右两个破碎腔。主动颚通过8根主振弹簧悬挂于机体副动颚上，形成主动颚的全浮动弹性支承，而无刚性限制的特点，使主动颚容易获得理想的振动轨迹。同时主轴上装有偏心激振装置，整个机体通过橡胶隔振弹簧与地基相连。当电机带动偏心激振装置旋转时，产生的离心力促使主动颚和机体副动颚两刚体之间高频相对振动，对进入破碎腔的物料进行高频挤压冲击，破碎后的物料靠自重从排料口排出。

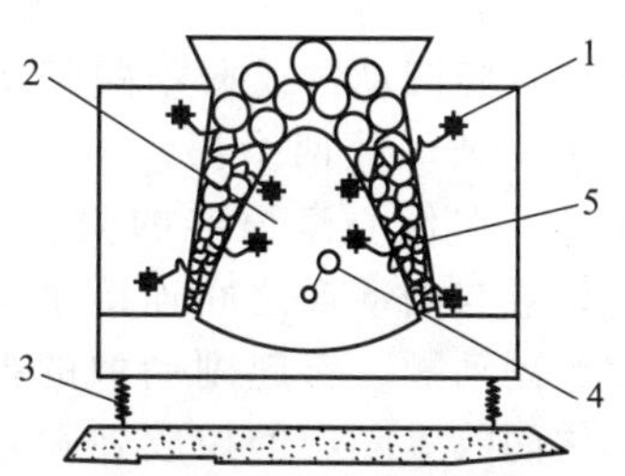

图2-1 双腔四动颚式振动破碎机结构示意图

1—机体副动颚；2—主动颚；3—隔振弹簧；4—偏心激振器；5—主振弹簧

2.1.2 双腔简摆颚式振动破碎机

双腔简摆颚式振动破碎机结构如图2-2所示，分为上铰支和下铰支两种形式，由机体副动颚、简摆动颚、偏心激振器、主振弹簧和隔振弹簧等部分组成。在简摆动颚的上部安装有心轴，心轴与机体副动颚相连接，同时在机体的四周安装有主振弹簧，主振弹簧的一端与机体相连接，另一端与简摆动颚相连接。由于简摆动颚上部与机体刚性或弹性铰接，而沿主破碎方向采用 8 根主振弹簧连接约束，可有效控制简摆的振动轨迹，使物料形成稳定密实的破碎层，对不同物料均可达到最佳的破碎效果，同时也显著地提高了能量利用率。

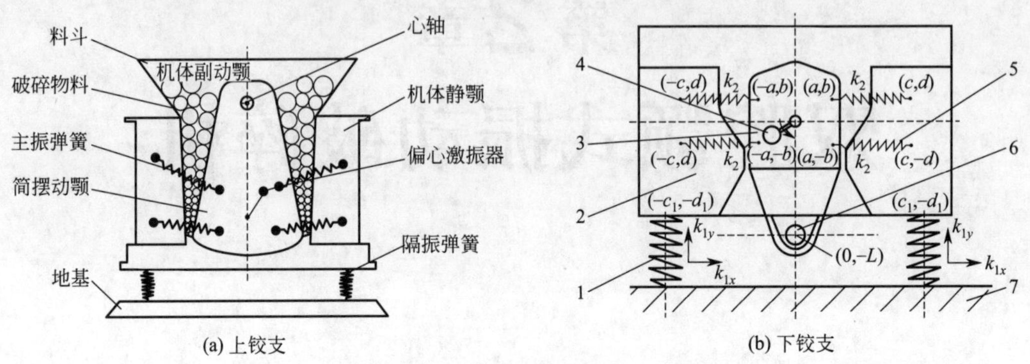

图 2-2　双腔简摆颚式振动破碎机结构示意图

1—隔振弹簧；2—机体副动颚；3—简摆动颚；4—激振器；5—主振弹簧；6—心轴；7—地基

在此类振动破碎机系统中，刚体是通过散体物料层发生碰撞的，刚体对腔内物料进行挤压冲击的同时，也会受到散体物料层的反力，因此散体物料层的力学特性不仅决定碰撞的时间、冲击力的大小和物料本身的破碎效果，同时还直接影响到破碎机刚体系统的固有特性、振幅、振动轨迹及其稳定性等，从而使该种系统成为一类特殊的刚散强耦合振动冲击系统。与一般的振动系统不同，该系统的非线性动力学性态更加复杂，稳定性问题更加突出，建模进行动力学分析的难度更大，必要性更突出。

2.2　双腔四动颚式振动破碎机动力学仿真分析

2.2.1　双腔四动颚式振动破碎机动力学建模

双腔四动颚式振动破碎机（简称四动颚）主要由主副动颚两个振动刚体和被破碎散体组成。主动颚在偏心激振器的激振作用下作强迫振动，主动颚与副动颚之间连接主振弹簧，将此振动传递给副动颚，引起副动颚的振动，在副动颚和地基之间放置隔振的橡胶弹簧，以减小振动对外界的传播，其动力学模型如图 2-3 所示。

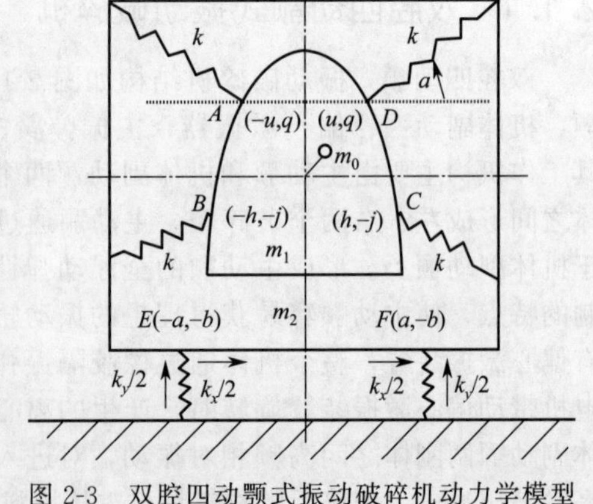

图 2-3　双腔四动颚式振动破碎机动力学模型

利用拉格朗日（Lagrange）方法来建立该系统的振动微分方程组，系统的振动方程可通过动能、势能加以表示，即

$$\frac{\mathrm{d}}{\mathrm{d}t}\left(\frac{\partial T}{\partial \dot{q}_i}\right)-\frac{\partial T}{\partial q_i}+\frac{\partial U}{\partial q_i}=f_i\ (i=1,2,\cdots,n) \tag{2-1}$$

式中　q_i，$\dot{q}_i$——广义坐标及广义速度；

t——时间；

T，U——系统的动能和势能；

f——广义干扰力。

主动颚可沿 x_1 方向和 y_1 方向振动，同时还绕其质心沿 θ_1 方向做摇摆振动，副动颚可沿 x_2 方向和 y_2 方向振动，同时绕其质心沿 θ_2 方向做摇摆振动。因此取 $q=(x_1,y_1,\theta_1,x_2,y_2,\theta_2)^{\mathrm{T}}$ 作为广义坐标，广义坐标下外力的分量为 $f=(f_1\ f_2\cdots f_6)^{\mathrm{T}}$。

(1) 系统的动能

系统的动能由偏心块动能、主动颚动能和副动颚动能三部分组成，可表示为：

$$\begin{aligned}T&=Tm_0+Tm_1+Tm_2\\&=\sum_{i=1}^{3}\left(\frac{1}{2}m_i\dot{x}_i^2+\frac{1}{2}m_i\dot{y}_i^2+\frac{1}{2}j_i\dot{\theta}_i^2\right)\\&=\frac{1}{2}\left\{\begin{matrix}m_0[(\dot{x}_1-e\omega\sin\omega t)^2+(\dot{y}_1+e\omega\cos\omega t)^2]+m_1(x_1^2+y_1^2)\\+(j_0+j_1)\dot{\theta}_1^2+m_2(x_2^2+y_2^2)+j_2\dot{\theta}_2^2\end{matrix}\right\}\end{aligned}\tag{2-2}$$

(2) 系统的势能

系统的势能由主振弹簧和隔振弹簧的变形势能组成，不包括重力势能和弹簧静变形的势能。

主振弹簧的势能计算如下：

$$\begin{bmatrix}x_i'\\y_i'\end{bmatrix}=\begin{bmatrix}x_1\\y_1\end{bmatrix}+\begin{bmatrix}\cos\theta_1 & -\sin\theta_1\\\sin\theta_1 & \cos\theta_1\end{bmatrix}\begin{bmatrix}x_i\\y_i\end{bmatrix}\quad (i=A,B,C,D)\tag{2-3}$$

i 点的变形为：

$$\begin{aligned}x_i''&=x_i'-x_i=x_i-(1-\cos\theta_1)\times x_i-(\sin\theta_1)\times y_i\\y_i''&=y_i'-y_i=y_i-(1-\cos\theta_1)\times y_i+(\sin\theta_1)\times x_i\end{aligned}\tag{2-4}$$

弹簧 i 的势能为：

$$U_i=\frac{1}{2}k(\cos\alpha)(x_i'')^2+\frac{1}{2}k(\sin\alpha)(y_i'')^2\tag{2-5}$$

式中，α 为弹簧轴线与 x 轴的夹角。

主振弹簧的总势能为：

$$U_z=\sum_{i=1}^{4}U_i\tag{2-6}$$

隔振弹簧的势能计算如下：

$$\begin{bmatrix}x_j'\\y_j'\end{bmatrix}=\begin{bmatrix}x_2\\y_2\end{bmatrix}+\begin{bmatrix}\cos\theta_2 & -\sin\theta_2\\\sin\theta_2 & \cos\theta_2\end{bmatrix}\begin{bmatrix}x_j\\y_j\end{bmatrix}\quad (j=E,F)\tag{2-7}$$

j 点的变形为：

$$\begin{aligned}x_j''&=x_j'-x_j=x_2-(1-\cos\theta_2)x_j-(\sin\theta_2)\times y_j\\y_j''&=y_j'-y_j=y_2-(1-\cos\theta_2)y_j+(\sin\theta_2)\times x_j\end{aligned}\tag{2-8}$$

弹簧 j 的势能为：

$$U_j=\frac{1}{4}k_x(x_j'')^2+\frac{1}{4}k_y(y_j'')^2\tag{2-9}$$

隔振弹簧的总势能为：

$$U_g=\sum_{i=1}^{2}U_j \tag{2-10}$$

系统的总势能可表示为：

$$U=U_z+U_g \tag{2-11}$$

(3) 广义干扰力

系统的广义干扰力为系统中的非理想约束的反力，即阻尼。求得系统的动能、势能和广义干扰力后，就可以按照拉格朗日方法建立系统的六自由度振动微分方程组，如式(2-12)所示。

$$\begin{cases}(m_0+m_1)\ddot{x}_1+4k(\cos\alpha)(x_1-x_2)+2k(\cos\alpha)(j-q)(\sin\theta_1-\sin\theta_2)-m_0e\omega^2\cos(\omega t)\\=-c_1(\dot{x}_1-\dot{x}_2)\\(m_0+m_1)\ddot{y}_1+4k(\sin\alpha)(y_1-y_2)-2k(\sin\alpha)(j-q)(\cos\theta_1-\cos\theta_2)-m_0e\omega^2\sin(\omega t)\\=-c_3(\dot{y}_1-\dot{y}_2)\\(j_0+j_1)\ddot{\theta}_1+2k(j-q)[\cos\alpha\cos\theta_1(x_1-x_2)+\sin\alpha\sin\theta_1(y_1-y_2)]+\\2k(j^2+q^2)[\cos\alpha\cos\theta_1(\sin\theta_1-\sin\theta_2)-\sin\alpha\sin\theta_1(\cos\theta_1-\cos\theta_2)]+\\2k(u^2+h^2)[\sin\alpha\cos\theta_1(\sin\theta_1-\sin\theta_2)-\cos\alpha\sin\theta_1(\cos\theta_1-\cos\theta_2)]\\=-c_5(\dot{\theta}_1-\dot{\theta}_2)\\m_2\ddot{x}_2+4k(\cos\alpha)(x_2-x_1)-2k(\cos\alpha)(j-q)(\sin\theta_1-\sin\theta_2)+k_x(x_2+b\sin\theta_2)\\=-c_1(\dot{x}_2-\dot{x}_1)-c_2\dot{x}_2\\m_2\ddot{y}_2+4k(\sin\alpha)(y_2-y_1)+2k(\sin\alpha)(j-q)(\cos\theta_1-\cos\theta_2)+k_y(y_2+b(1-\cos\theta_2))\\=-c_3(\dot{y}_2-\dot{y}_1)-c_4\dot{y}_2\\j_2\ddot{\theta}_2+2k(j-q)[\cos\alpha\cos\theta_2(x_2-x_1)+\sin\alpha\sin\theta_2(y_2-y_1)]+\\2k(j^2+q^2)[\cos\alpha\cos\theta_2(\sin\theta_2-\sin\theta_1)-\sin\alpha\sin\theta_2(\cos\theta_2-\cos\theta_1)]+\\2k(u^2+h^2)[\sin\alpha\cos\theta_2(\sin\theta_2-\sin\theta_1)-\cos\alpha\sin\theta_2(\cos\theta_2-\cos\theta_1)]+\\a^2[\frac{1}{2}k_y\sin(2\theta_2)+k_x(\sin\theta_2)(1-\cos\theta_2)]+b^2[\frac{1}{2}k_x\sin(2\theta_2)+k_y(\sin\theta_2)(1-\cos\theta_2)]+\\b(k_yy_2\sin\theta_2+k_xx_2\cos\theta_2)\\=-c_5(\dot{\theta}_2-\dot{\theta}_1)-c_6\dot{\theta}_2\end{cases} \tag{2-12}$$

2.2.2 双腔四动颚式振动破碎机动力学响应及振动轨迹分析

给定方程组中的参数如下所示：

$m_0=50.4\text{kg}$　$m_1=150\text{kg}$　$m_2=300\text{kg}$　$e=56.5\text{mm}$

$j_0=0.05\text{kg}\cdot\text{m}^2$　$j_1=4\text{kg}\cdot\text{m}^2$　$j_2=25\text{kg}\cdot\text{m}^2$

$k=4.6\times10^5\text{N/m}$　$k_x=8.1\times10^5\text{N/m}$　$k_y=3.2\times10^5\text{N/m}$

$j=0.124\text{m}$　$q=0.130\text{m}$　$u=0.023\text{m}$　$h=0.045\text{m}$　$a=0.305\text{m}$　$b=0.165\text{m}$

$\alpha=15^\circ$　$\xi_1=0.2$　$\xi_2=0.4$

$c_1=2\xi_1\sqrt{4k(\cos\alpha)(m_0+m_1)}$　$c_2=2\xi_2\sqrt{k_x(m_0+m_1+m_2)}$

$c_3=2\xi_1\sqrt{4k(\sin\alpha)(m_0+m_1)}$　　$c_4=2\xi_2\sqrt{k_y(m_0+m_1+m_2)}$

$c_5=2q\xi_1\sqrt{4k(\cos\alpha)(m_0+m_1)}+2u\xi_1\sqrt{4k(\sin\alpha)(m_0+m_1)}$

$c_6=2a\xi_2\sqrt{k_y(m_0+m_1+m_2)}+2b\xi_2\sqrt{k_x(m_0+m_1+m_2)}$

为了分析四动颚的运动行为，以及四动颚质心的振动轨迹，用 Range-Kutta 方法对方程组进行数值求解，得到主动颚和副动颚的水平共振时间响应，如图 2-4、图 2-5 所示。

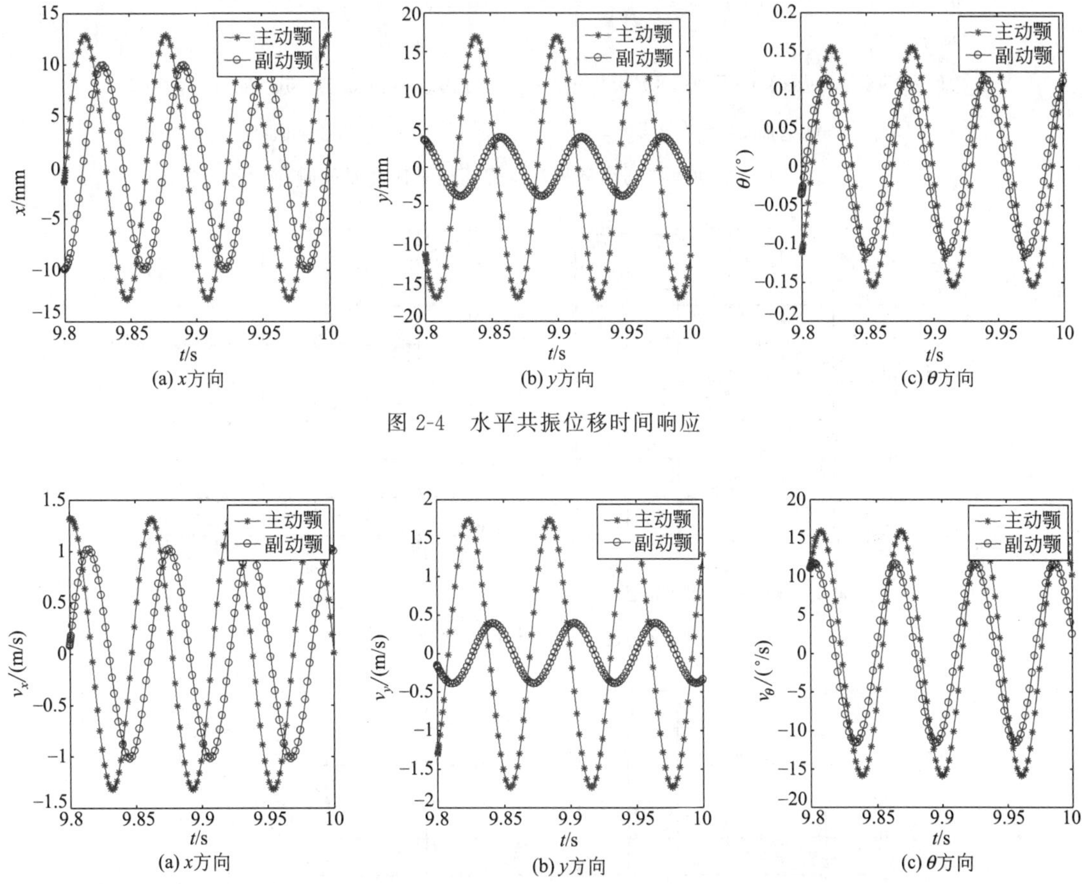

图 2-4　水平共振位移时间响应

图 2-5　水平共振速度时间响应

由图可见：①主动颚和副动颚的运动存在一定的相位差，为非同步振动；②主动颚的位移和速度都较大，在振动系统中起主导作用，振动破碎机主要靠主动颚的高频振动冲击来破碎物料。

接下来求解主动颚相对于副动颚的相对时间响应，如图 2-6 所示。由图得知，当主动颚发生水平共振时，垂直方向也有振幅还不算小的振动，但摆振动很小，这正是我们所希望的。

电机以转速 $n=980\text{r/min}$ 逆时针旋转得到的水平共振轨迹如图 2-7 所示，顺时针旋转得到的水平共振轨迹如图 2-8 所示。从图中可以看出，当电机的转向不同时，得到的轨迹图也不同，当逆时针旋转时，轨迹图长轴与 x 轴的夹角 α 满足 $\pi/2<\alpha<\pi$；当顺时针旋转时，轨迹图长轴与 x 轴的夹角 α 满足 $0<\alpha<\pi/2$。下面我们从理论上来说明这一点。

振动破碎机 x 方向和 y 方向的固有频率不相等，y 方向的固有频率小于 x 方向的固有频率，因此当电机以转速 $n=980\text{r/min}$ 旋转时，x 方向发生共振，y 方向是过共振。

当电机以转速 $n=980\text{r/min}$ 逆时针旋转时，x 方向和 y 方向的激振力分别为：

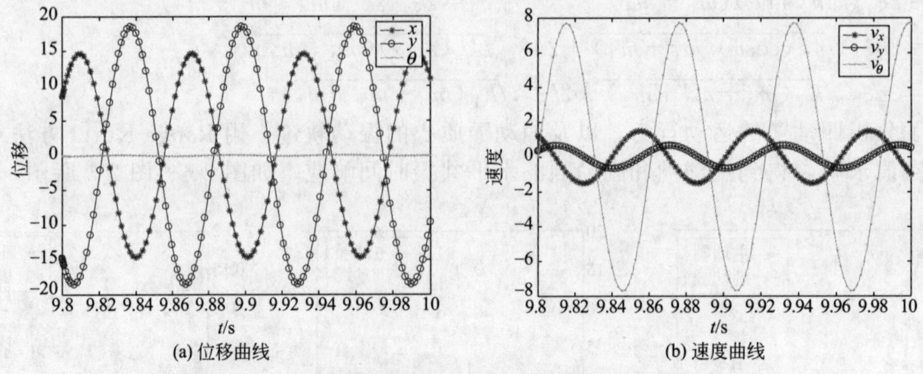

(a) 位移曲线　(b) 速度曲线

图 2-6　主动颚与副动颚相对位移、相对速度时间响应

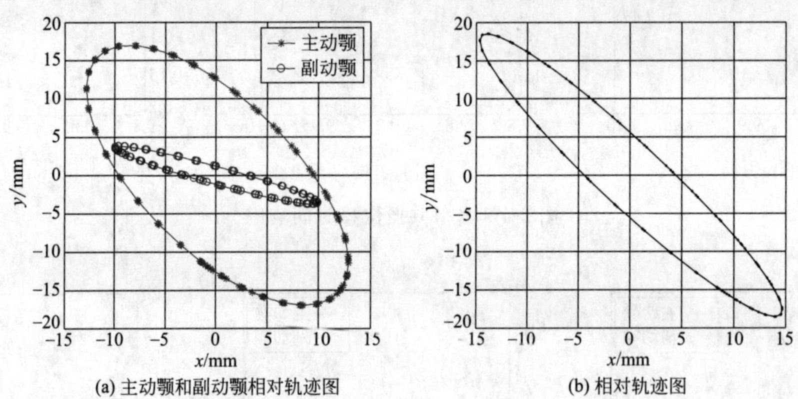

(a) 主动颚和副动颚相对轨迹图　(b) 相对轨迹图

图 2-7　逆时针水平共振轨迹图

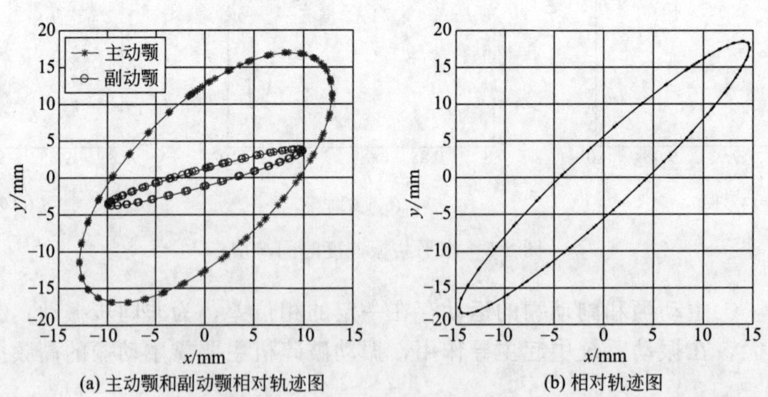

(a) 主动颚和副动颚相对轨迹图　(b) 相对轨迹图

图 2-8　顺时针水平共振轨迹图

$$
\begin{aligned}
F_x &= m_0 e\omega^2 \cos\omega t = m_0 e\omega^2 \sin\left(\omega t + \frac{\pi}{2}\right) \\
F_y &= m_0 e\omega^2 \sin(\omega t)
\end{aligned}
\tag{2-13}
$$

x 方向和 y 方向的强迫振动分别为：

$$
\begin{aligned}
x &= A_x \sin\left(\omega t + \frac{\pi}{2} - \varphi_1\right) \\
y &= A_y \sin(\omega t - \varphi_2)
\end{aligned}
\tag{2-14}
$$

此时 x 方向发生共振，$\varphi_1=\frac{\pi}{2}$；y 方向过共振，$\frac{\pi}{2}<\varphi_2<\pi$。

x 相位角 $\phi_x=\omega t$，y 相位角 ϕ_y 满足 $\omega t-\pi<\phi_y<\omega t-\frac{\pi}{2}$，即 x 和 y 的相位差满足 $\frac{\pi}{2}<|\phi_x-\phi_y|<\pi$。

所以轨迹图长轴与 x 轴的夹角 α 满足：$\frac{\pi}{2}<\alpha<\pi$。

当电机以转速 $n=980\text{r/min}$ 顺时针旋转时，x 方向和 y 方向的激振力分别为：

$$\begin{aligned} F_x&=m_0e\omega^2\cos\omega t=m_0e\omega^2\sin\left(\omega t+\frac{\pi}{2}\right)\\ F_y&=m_0e\omega^2\sin(\omega t+\pi) \end{aligned} \tag{2-15}$$

x 的相位角 $\phi_x=\omega t$，y 相位角 ϕ_y 满足 $\omega t<\phi_y<\omega t+\frac{\pi}{2}$，$x$ 和 y 的相位差满足 $0<|\phi_x-\phi_y|<\frac{\pi}{2}$。所以轨迹图长轴与 x 轴的夹角 α 满足 $0<\alpha<\frac{\pi}{2}$

当电机以转速 $n=325\text{r/min}$ 旋转时，y 方向发生共振，逆时针旋转得到的垂直振动轨迹如图 2-9 所示，顺时针旋转时得到的垂直振动轨迹如图 2-10 所示。

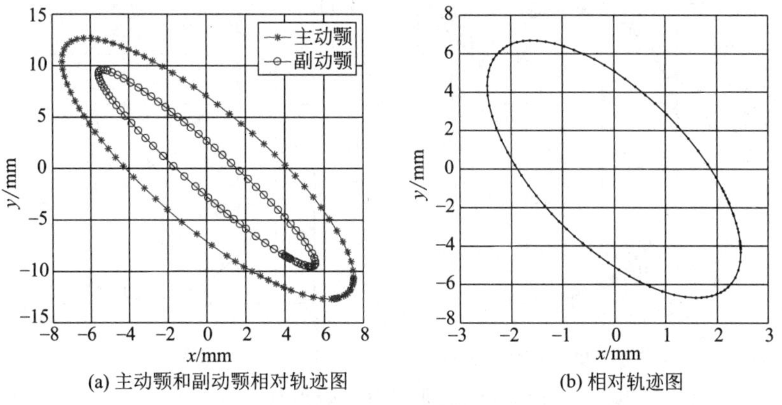

(a) 主动颚和副动颚相对轨迹图
(b) 相对轨迹图

图 2-9 逆时针垂直振动轨迹图

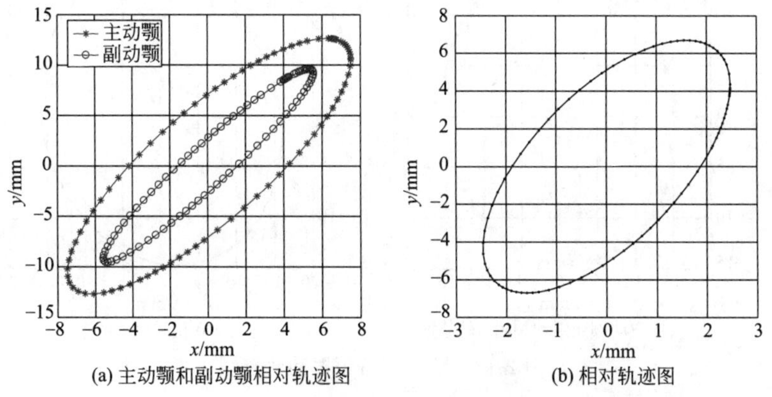

(a) 主动颚和副动颚相对轨迹图
(b) 相对轨迹图

图 2-10 顺时针垂直振动轨迹图

当电机以转速 $n=325\text{r/min}$ 逆时针旋转时，x 方向和 y 方向的激振力分别为：

$$
\begin{aligned}
F_x &= m_0 e\omega^2 \cos(\omega t) = m_0 e\omega^2 \sin\left(\omega t + \frac{\pi}{2}\right) \\
F_y &= m_0 e\omega^2 \sin(\omega t)
\end{aligned} \tag{2-16}
$$

y 的相位角 $\phi_y = \omega t - \frac{\pi}{2}$，$x$ 的相位角满足 $\omega t < \phi_x < \omega t + \frac{\pi}{2}$，因此 y 和 x 的相位差满足 $\frac{\pi}{2} < |\phi_y - \phi_x| < \pi$。

当顺时针旋转时，x 方向和 y 方向的激振力分别为：

$$
\begin{aligned}
F_x &= m_0 e\omega^2 \cos(\omega t) = m_0 e\omega^2 \sin\left(\omega t + \frac{\pi}{2}\right) \\
F_y &= m_0 e\omega^2 \sin(\omega t + \pi)
\end{aligned} \tag{2-17}
$$

y 的相位角 $\phi_y = \omega t + \pi - \frac{\pi}{2} = \omega t + \frac{\pi}{2}$，$x$ 的相位角 ϕ_x 满足 $\omega t < \phi_x < \omega t + \frac{\pi}{2}$，因此 y 和 x 的相位差满足 $0 < |\phi_y - \phi_x| < \frac{\pi}{2}$。

当电机以转速 $n = 3000\text{r/min}$ 逆时针旋转时得到的高频振动轨迹如图 2-11 所示，顺时针旋转时得到的高频振动轨迹如图 2-12 所示。

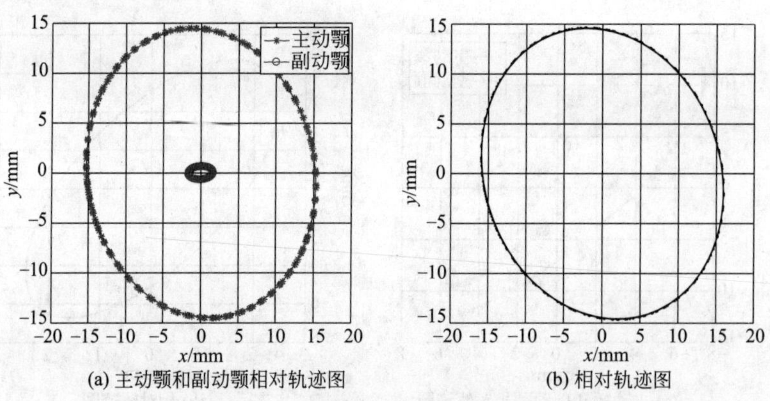

(a) 主动颚和副动颚相对轨迹图　(b) 相对轨迹图

图 2-11　逆时针高频振动轨迹图

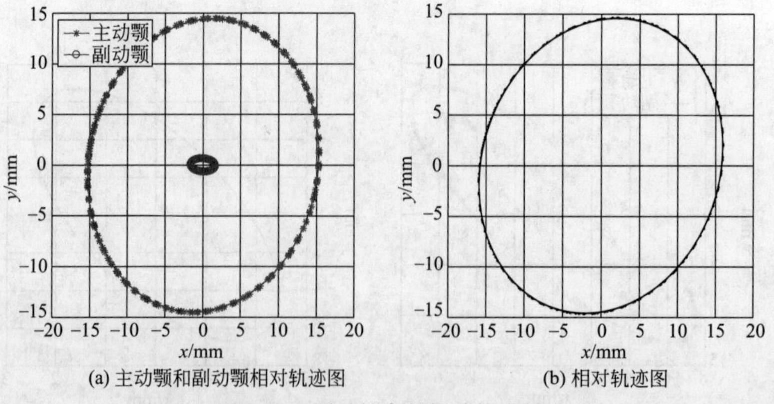

(a) 主动颚和副动颚相对轨迹图　(b) 相对轨迹图

图 2-12　顺时针高频振动轨迹图

当 x 方向和 y 方向都过共振时，x 方向和 y 方向的阻尼对轨迹图长轴与 x 轴的夹角有很大的影响。如果 x 方向阻尼大于等于 y 方向阻尼，逆时针旋转 $\frac{\pi}{2} < |\phi_y - \phi_x| < \pi$；顺时

针旋转 $0<|\phi_y-\phi_x|<\frac{\pi}{2}$。如果 y 方向阻尼远远大于 x 方向阻尼，则反之。当系统过共振时，阻尼对轨迹图的影响远大于固有频率的影响。

通过上述计算说明，主动颚和副主动颚振动轨迹的旋转方向同偏心块的旋转方向相同，因此后面只分析偏心块逆时针旋转的情况。破碎腔内主动颚和副动颚的振动轨迹决定了破碎产率和破碎效果，主动颚水平共振（$n=980$r/min）、主动颚垂直共振（$n=325$r/min）和主动颚高频振动（$n=3000$r/min）时，可以分别得到左右破碎腔内主动颚和副动颚的振动轨迹，如图 2-13～图 2-15 所示（里面的为主动颚，外面的为副动颚）。

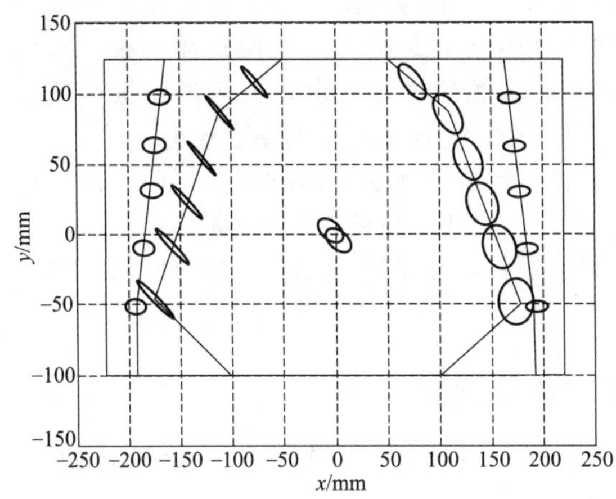

图 2-13　水平共振时左右腔内主动颚和副动颚的振动轨迹

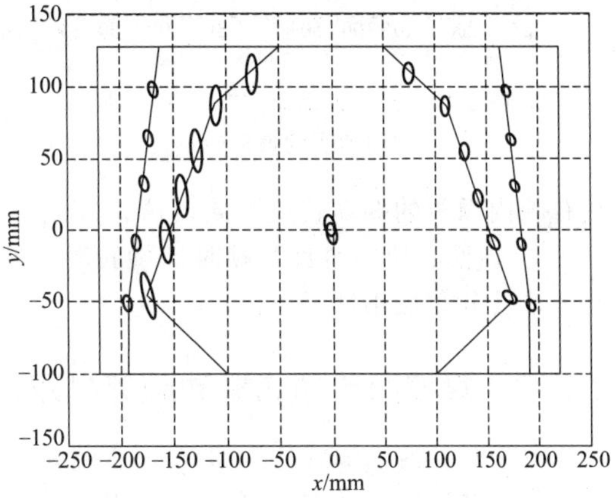

图 2-14　垂直共振时左右腔内主动颚和副动颚的振动轨迹

从图 2-13 中可以看出：

① 当主动颚水平共振时，主动颚的振动要大于副动颚的振动，同时左右破碎腔内主动颚和副动颚的振动轨迹均不同，主动颚的振动轨迹左右腔相差更多。

② 左腔内主动颚的振动轨迹呈扁扁的斜椭圆，右腔内的椭圆长短轴相差不大，右腔内主动颚水平方向的振动小于左腔内主动颚的水平振动。右腔内主动颚逆时针的近似圆的椭圆振动，一方面对被破碎物料有向上的作用力，阻碍物料顺利向下滑动，另一方面增加部分物料的被破碎次数；左腔主动颚近似直线的逆时针椭圆振动对物料的阻碍作用要小得多，物料能够顺利下滑，物料的被破碎次数要少。这样左腔的产率要大于右腔的产率，左腔的产品粒度分布也要优于右腔。

从图 2-14 中可以看出：

① 当主动颚垂直共振时，主动颚和副动颚的振动都远远小于水平共振时的振动。

② 左右腔内副动颚的振动轨迹相差不大，主动颚的振动轨迹都呈扁椭圆，但左腔内垂直方向的振动更大，有可能左腔的产率和粒度均优于右腔。

③ 由于垂直共振的振动频率和振动幅度均小于水平共振，因此产率也要小于水平共振。

从图 2-15 中可以得出：

① 当高频振动时，副动颚的振动很小，左右腔内主动颚的振动轨迹相同，均近似为正圆。

② 即使两腔的振动轨迹相同，两腔的产率也不会相同，因为左腔内轨迹逆时针的振动方向，有利于物料的向下滑动，右腔内轨迹逆时针的振动方向阻碍了物料的下移。

通过建立双腔四动颚振动破碎机的动力学模型和六自由度动力学方程，数值分析系统的动力学响应，发现了双边不对称冲击现象，并从理论上作出具体解释。

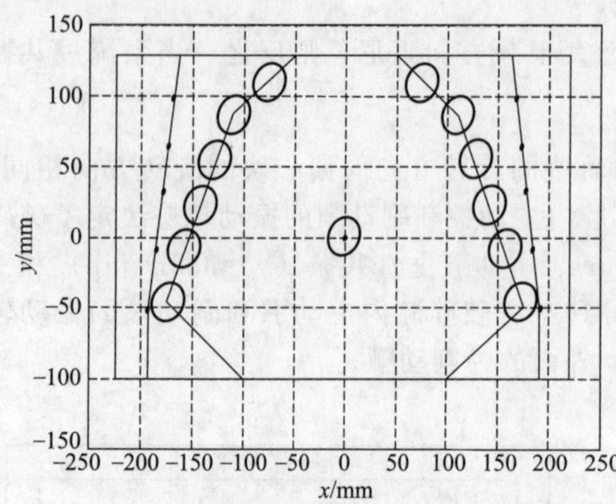

图 2-15 高频振动时左右腔内主动颚和副动颚的振动轨迹

① 主动颚和副动颚的振动轨迹均为椭圆，且长轴与 x 轴存在一个夹角，该夹角是由主副动颚 x 方向和 y 方向的固有频率不同所造成的，椭圆的形状由 x 方向和 y 方向的固有频率之比 P_x/P_y 决定，当 $P_x/P_y=1$ 时，其轨迹为正圆。

② 主动颚和副动颚的振动存在一定的相位差，为非同步振动，主动颚的位移和速度都较大，在振动系统中起主导作用，振动破碎机主要靠主动颚的高频振动冲击来破碎物料；副动颚的振动较弱，再经过隔振弹簧的减振作用，传递到地基的振动较小。

③ 当主动颚水平和垂直共振时，破碎机左右腔内颚板的振动轨迹不同，这就造成了左右腔的产率和产品粒度分布不同。

④ 当偏心块逆时针和顺时针旋转时，左右腔内颚板的振动轨迹相反，左右腔的产率和产品粒度分布也正好相反。

2.2.3 双腔四动颚式振动破碎机双边非对称现象研究

由于双腔四动颚式振动破碎机在结构上是双腔对称设计的，工作时也保证两侧间隙相等，因此这种非对称现象应该是在振动冲击破碎的动态过程中形成的。为了对这种现象进行深入分析，首先建立简化的动力学模型，针对主要动力学参数进行详细分析。

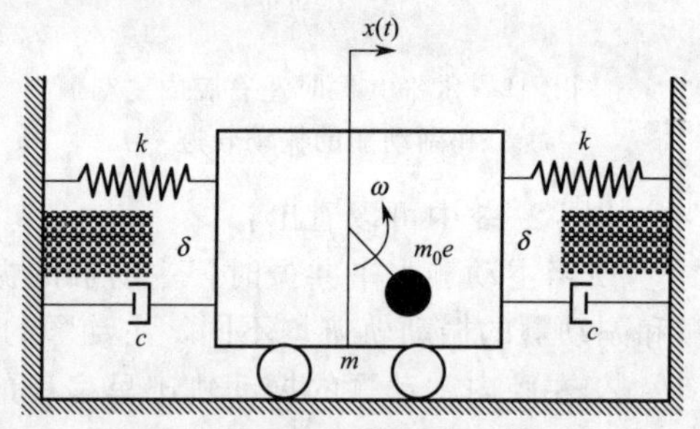

图 2-16 单自由度双边冲击模型

根据该机型的工作原理，在破碎腔主要工作方向上可以将其简化为一个两自由度振动系统，其中非线性力主要来源于双边冲击，即主副动颚之间相对运动时物料层的破碎。但实际工作时，由于偏心激励安装在主动颚上，外部机体的质量较大、振动较小，所以为了突出非线性因素、简化分析，将该双腔振动破碎机简化为一个单自由度振动系统，用双边冲击来模拟双腔破碎，如图 2-16 所示。

动力学方程为

$$m\ddot{x}+2c\dot{x}+2kx+f_n(x,\dot{x})=f_0(t) \tag{2-18}$$

其中 $f_0(t)=m_0e\omega^2\cos(\omega t-\pi/2)$ 表示偏心激励，安装在 m_2 上，ω 为激励频率（即电机转速），m_0e 为激励大小（即偏心质量和偏心距的乘积）。

该方程中仅有 $f_n(x,\dot{x})$ 是一个非线性力，用于表示两刚体之间对物料的冲击破碎，采用一个分段线性的接触模型

$$f_n(x,\dot{x})=\begin{cases} k_{n_1}(x-\sigma_1) & x\geqslant\sigma_1,\dot{x}\geqslant0 \\ k_{n_2}(x-\sigma_2) & x\geqslant\sigma_2,\dot{x}<0 \\ 0 & \text{其他} \\ k_{n_1}(x+\sigma_1) & x\leqslant-\sigma_1,\dot{x}\leqslant0 \\ k_{n_2}(x+\sigma_2) & x\leqslant-\sigma_2,\dot{x}>0 \end{cases} \tag{2-19}$$

在此，x，$\dot{x}$ 表示振子与固定面之间的相对位移和速度；k_{n_1}，k_{n_2} 为接触刚度；σ_1，σ_2 为接触条件；σ_m 为最大接触变形。通过引入恢复系数 e 来表示冲击过程中的能量损失，得出各参数之间的关系为 $k_{n_2}=k_{n_1}/e^2$，$\sigma_2=\sigma_m-e^2(\sigma_m-\sigma_1)$。

针对建立的单自由度双边冲击模型，给定系统参数为 $m=100\text{kg}$，$\omega_n=90\text{rad/s}$，$\xi=0.2$；冲击参数为 $k_{n_1}=55k$，$e=0.8$，$\sigma_1=\delta=1\text{mm}$。

为了表示双边振动的非对称现象，提出了双边幅值，右侧幅值和左侧幅值分别为

$$\begin{cases}A_+=\max[x(t)]\\A_-=\min[x(t)]\end{cases}\tag{2-20}$$

冲击系统中振动响应不是单一频率成分的，可能包含多种谐波成分，甚至出现混沌，从而无法像线性系统一样定义相位。在此将响应信号进行谐波分解，可以得出不同谐波分量的幅相频曲线。

$$\begin{aligned}x(t)&=\sum_{k=0}^{N}[a_k\cos(k\omega t)+b_k\sin(k\omega t)]\\&=\sum_{k=0}^{N}A_k\cos(k\omega t+P_k)\end{aligned}\tag{2-21}$$

$k\omega$，$k=0$，$1\cdots$，N 表示激励频率的谐波分量；A_k，P_k 是谐波分量的幅值和相位。

取激励幅值为 $m_0e/m=5\text{mm}$，令激励频率的变化范围为 $\eta=\omega/\omega_n=0.5\sim5$，可以得到冲击系统的幅相频曲线，如图 2-17 所示。从图中可以看出：

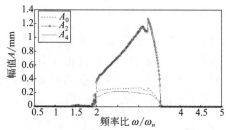

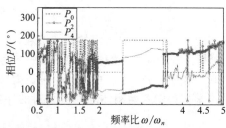

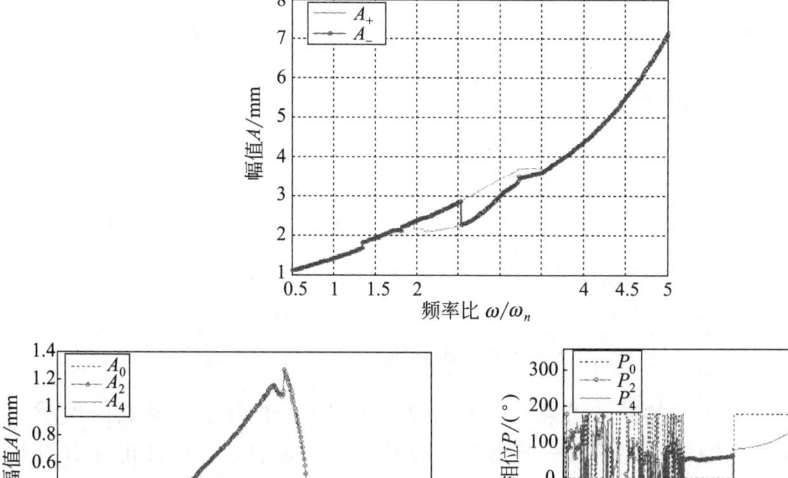

图 2-17　相对运动的幅相频曲线

① 在频率比为 2 ～ 3.5 的范围内存在严重的非对称现象，即两侧振幅不等，冲击不同，而在其余频率范围内则保持对称振动。

② 还存在一种非对称转换现象，即开始时左侧振幅大于右侧，而在大约 2.5 以后却转为了右侧振幅大于左侧。区间放大发现，在频率比为 2.31～2.32 的很小的变化范围内就发生了左右两侧非对称的突然转换。

③ 当系统出现非对称振动时，响应中出现了明显的偶数倍频分量（如 $k=0,2,4,\cdots$），幅值很大，相位保持常数；而当出现非对称转换现象时，偶数倍频分量的幅值上没有反映，

但相位发生了突变。

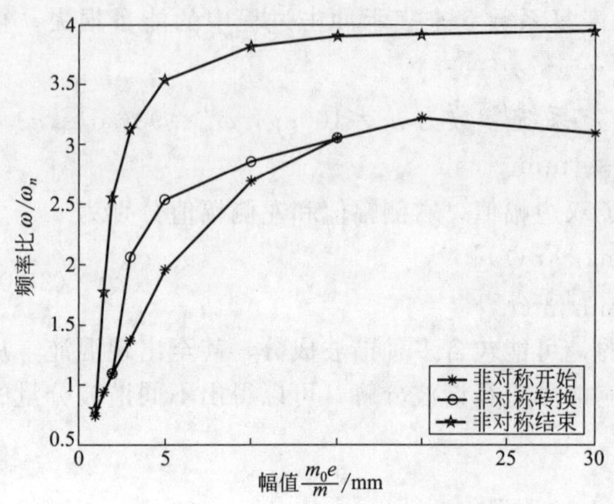

图 2-18　非对称现象与激励幅值、频率的关系

另外，通过组合变化激励频率和激励幅值，主要考虑非对称开始、转换、结束三个主要点，将激励参数平面划分为对称区和非对称区，如图 2-18 所示。从图中可以看出：随着激励幅值的增大，非对称开始和结束的频率增大，而非对称转换的频率却逐渐向非对称开始的频率靠近。总的来看，不论激励幅值如何，非对称现象基本只在约 1.0～4.0 倍固有频率频率范围内存在；且非对称随频率的转换现象存在的范围更小，且只在一定激励幅值下存在。

以上分析都默认偏心块逆时针转动，若在非对称区内某一激励频率下令偏心块反向（即顺时针转动），冲击力如图 2-19 所示，这与试验中观察到的现象基本一致。而上述提到的激励频率变化导致的非对称转换现象，其表现形式与此相同，但目前在试验中还没有观察到。

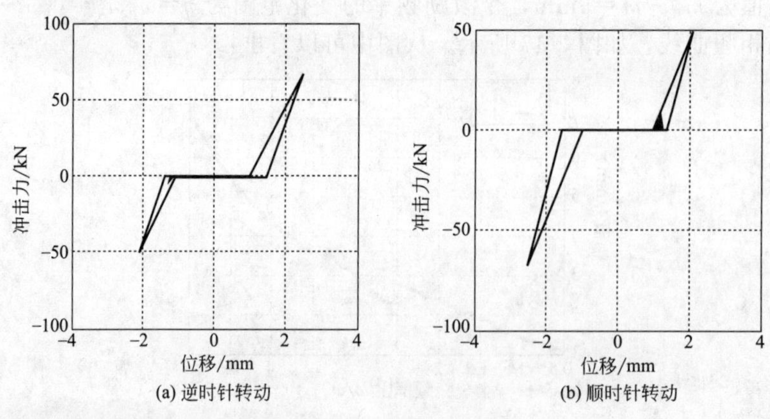

图 2-19　非对称转换现象

目前的分析都是针对给定的冲击参数，而冲击参数主要反映的是破碎物料的性质。为了更全面地分析系统的动力学特性，应该进一步考虑待破碎物料的影响，分析冲击参数对非对称现象的影响。这对于实际生产中用同一种机型破碎不同物料的情况，具有极强的现实指导意义。

动力学方程中若两刚体之间对物料的冲击破碎采用分段多项式的接触模型

$$f(x,\sigma)=\begin{cases} a_4(x-\delta)^4+a_3(x-\delta)^3+a_2(x-\delta)^2+a_1(x-\delta)+a_0 & x\geqslant\delta,\dot{x}\geqslant 0 \\ b_1(x-\delta)+b_0 & x\geqslant\delta,\dot{x}<0 \\ -a_4(x+\delta)^4+a_3(x+\delta)^3-a_2(x+\delta)^2+a_1(x+\delta)-a_0 & x\leqslant-\delta,\dot{x}\leqslant 0 \\ b_1(x+\delta)-b_0 & x\leqslant-\delta,\dot{x}>0 \\ 0 & |x|<\delta \end{cases} \tag{2-22}$$

数值求解系统的受迫振动，设偏心块逆时针旋转。图 2-20 所示分别是位移、速度的时间历程，可以看出：①两侧的振动幅值稍微不同，左侧的稍大于右侧的；两侧的振动速度也不同，其中左侧的振动速度显著地小于右侧的；②两侧冲击作用的时间不同，从位移时间历程和速度时间历程均可以判断出，左侧的冲击时间明显大于右侧的冲击时间。

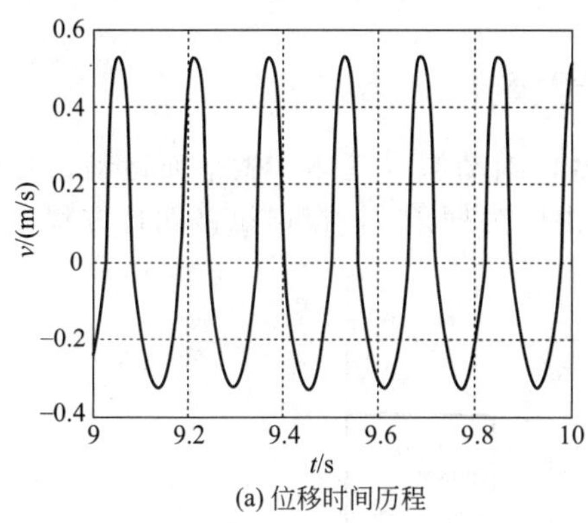

(a) 位移时间历程

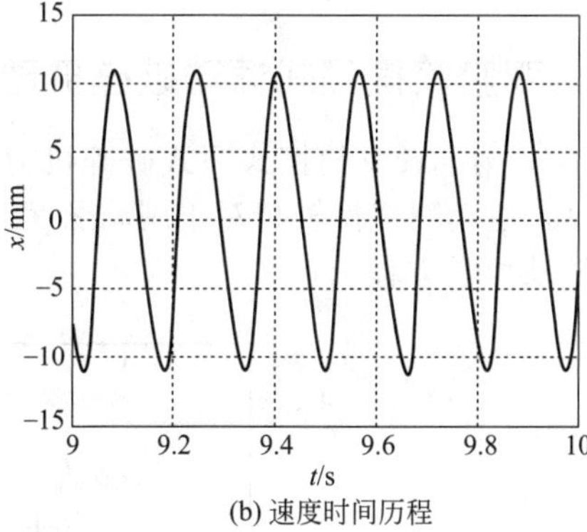

(b) 速度时间历程

图 2-20 振动响应曲线

激振频率和间隙对系统的动态响应有着明显的影响，为了得到激振频率和间隙对系统的影响规律，以频率比 X 为横坐标，以两侧的振动幅值为纵坐标，对不同的无量纲间隙 δ/B 作幅频曲线，如图 2-21 所示。可以看出，①由于散体物料的作用，系统的共振频率增大，间隙比越小，共振频率越大。当 $\delta=0.28$ 时，共振频率比 $\lambda=1.1$，而当 $\delta=0.14$ 时，共振频率比 $\lambda=1.26$。②受散体物料的影响，系统的共振振幅发生了变化，间隙比越小，共振振幅越小。③质量块两侧的振动幅值不完全相等，其不相等的程度受间隙比的影响，间隙比越小，不相等性表现得越大。④左右幅值的非对称性与偏心块的旋转方向有关，当偏心块逆时针旋转时，左侧的幅值略大于右侧的，反之亦然。

分析间隙比对滞回冲击力的影响，以频率比为横坐标，以两侧的滞回冲击力的最大值为纵坐标，对不同的无量纲间隙作图，如图 2-22 所示。由图可得：①系统共振时，质量块与散体间的滞回冲击力最大；②间隙比影响着质量块与散体间的滞回冲击力的大小，不是间隙比越小，滞回冲击力越大，也不是间隙比越大，滞回冲击力越大，只有当间隙比满足一定的条件时，滞回冲击力才能达到最大值，当间隙比为 0.04 时，冲击力达到 35kN，当间隙比为 0.14 时，冲击力达到 42kN，之后随着间隙比的增大，冲击力越来越小；③滞回冲击力曲线是非对称的，在相同的振动条件下，两侧滞回冲击力的大小是不相等的，其不等性受间隙比的影响，同时滞回冲击力存在的频率范围也受间隙比的影响；④冲击力的非对称性与偏心块的旋转方向有关，当偏心块逆时针旋转时，左侧的冲击力大于右侧的，反之亦然。

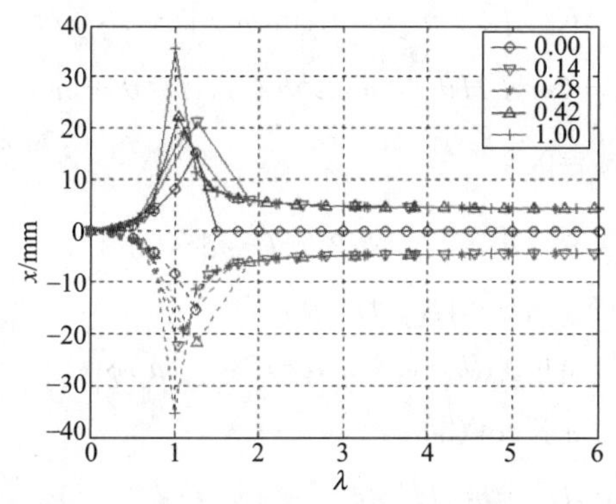

图 2-21 不同间隙比下的幅频曲线

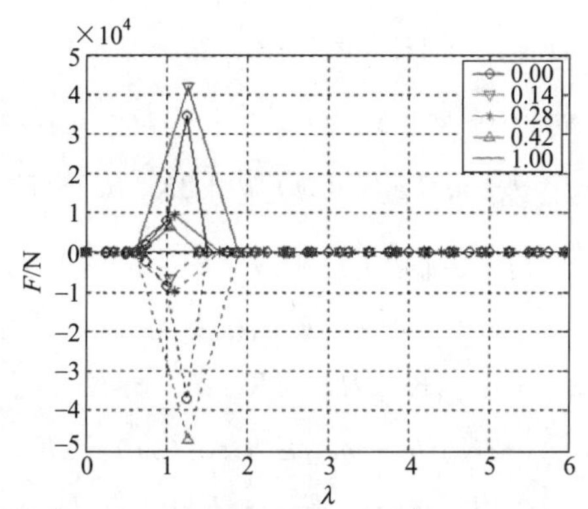

图 2-22 不同间隙比下的冲击力曲线

2.3 双腔简摆颚式振动破碎机动力学仿真分析

2.3.1 双腔简摆颚式振动破碎机动力学建模

图 2-23 为下铰支简摆式颚式破碎机力学模型，副动颚（机体）做平面运动，自由度为 x，y，ϕ，主动颚绕摆轴相对于副动颚摆动，自由度为摆角 θ，根据拉格朗日方程建立四自由度系统动力学方程。

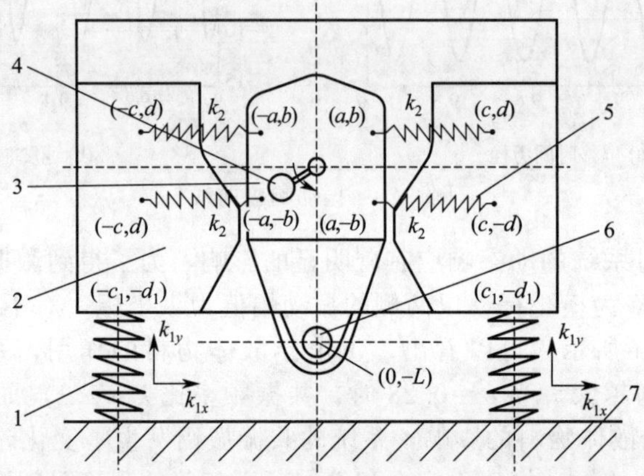

图 2-23 下铰支振动简摆颚式破碎机动力学模型

1—隔振弹簧；2—副动颚（机体）；3—主动颚；4—激振器；5—主振弹簧；6—摆轴；7—地基

$$(m_1+m_2+m_0)\ddot{x}+2K_{1x}x+[2K_{1x}d_1+m_0e\omega^2\sin(\omega t)]\phi-m_2H\ddot{\phi}-m_0e[\sin(\omega t)]\ddot{\phi}-m_2L\ddot{\phi}$$
$$+m_0e\omega^2[\sin(\omega t)]\theta-2m_0e\omega[\cos(\omega t)](\dot{\theta}+\dot{\phi})-m_0e[\sin(\omega t)]\ddot{\theta}-2m_2L\ddot{\theta}-m_0(L+H)\ddot{\theta}+c_x\dot{x}=$$
$$m_0e\omega^2\cos(\omega t)$$

$$(m_1+m_2+m_0)\ddot{y}+2K_{1y}y+m_0e[\cos(\omega t)]\ddot{\theta}+m_0e[\cos(\omega t)]\ddot{\phi}-m_0e\omega^2[\cos(\omega t)]\theta$$
$$-m_0e\omega^2[\cos(\omega t)]\phi-2m_0e\omega[\sin(\omega t)](\dot{\theta}+\dot{\phi})+c_x\dot{y}=m_0e\omega^2\cos(\omega t)$$

$$(m_0e^2+m_2L^2+m_2H^2+Ic+I_{c_2}+2m_2LH)\ddot{\phi}+(-4K_{2y}db-4K_{2y}ca-2K_{2x}ac+2K_{1y}c_1^2$$
$$+2K_{1x}d_1^2+4K_{2x}d^2+4K_{2y}c^2-4K_{2y}d^2-2K_{2x}c^2+4K_{2y}a^2+4K_{2x}b^2)\phi+[-2K_{2x}ac$$
$$+4K_{2y}a^2+4K_{2x}b^2-4K_{2x}db-2K_{2y}ca+4K_{2y}dL-4K_{2x}dL+m_0e\omega^2L\sin(\omega t)]\theta+2K_{2x}bc$$
$$+m_0e[\cos(\omega t)]\ddot{y}-m_0e[\sin(\omega t)]\ddot{x}-m_2H\ddot{x}-m_2L\ddot{x}+3m_2LH\ddot{\theta}+2m_2L^2\ddot{\theta}+m_2H^2\ddot{\theta}+m_0e^2\ddot{\theta}$$
$$+I_{c_2}\ddot{\theta}+m_0Le[\sin(\omega t)]\ddot{\theta}+2K_{2x}dc-4K_{2y}dc+cf1\dot{\phi}=0$$

$$(I_{c_2}+4m_2LH+m_0L^2+4m_2L^2+m_2H^2+m_0e^2)\ddot{\theta}+[c_{f_2}+2m_0Le\omega\cos(\omega t)]\dot{\theta}$$
$$+(4K_{2y}a^2+4K_{2y}dL+4K_{2x}b^2-2K_{2x}ac-4K_{2y}db+4K_{2x}L^2)\theta$$
$$+(-4K_{2x}dL+4K_{2y}dL+4K_{2x}b^2+4K_{2y}a^2-4K_{2y}db-2K_{2x}ac-2K_{2y}ca)\phi$$
$$+2K_{2x}bc+m_0e\omega^2L\cos(\omega t)-2K_{2x}Lc+2m_0Le\omega[\cos(\omega t)]\dot{\phi}$$
$$+(I_{c_2}+m_0e^2+3m_2LH+m_0Le\sin(\omega t)+2m_2L^2+m_2H^2)\ddot{\phi}$$
$$-2m_2L\ddot{x}-m_2H\ddot{x}-m_0e[\sin(\omega t)]\ddot{x}-m_0L\ddot{x}+m_0e[\cos(\omega t)]\ddot{y}=0 \tag{2-23}$$

2.3.2 双腔简摆颚式振动破碎机振动轨迹分析

当电机以转速 $n=980\text{r/min}$ 旋转时得到的振动轨迹如图 2-24 所示。从图中可以看出，当电机的转向不同时，得到的轨迹图也不同，当逆时针旋转时，轨迹图长轴与 x 轴的夹角 α 满足 $0<\alpha<\pi/2$；当顺时针旋转时，轨迹图长轴与 x 轴的夹角满足 $\pi/2<\alpha<\pi$。因此，振动破碎机的两侧破碎腔中，主动颚板与副动颚板的相对振动轨迹不同，对腔内的颗粒层施加的冲击载荷条件不同，粉碎效果也可能不同。

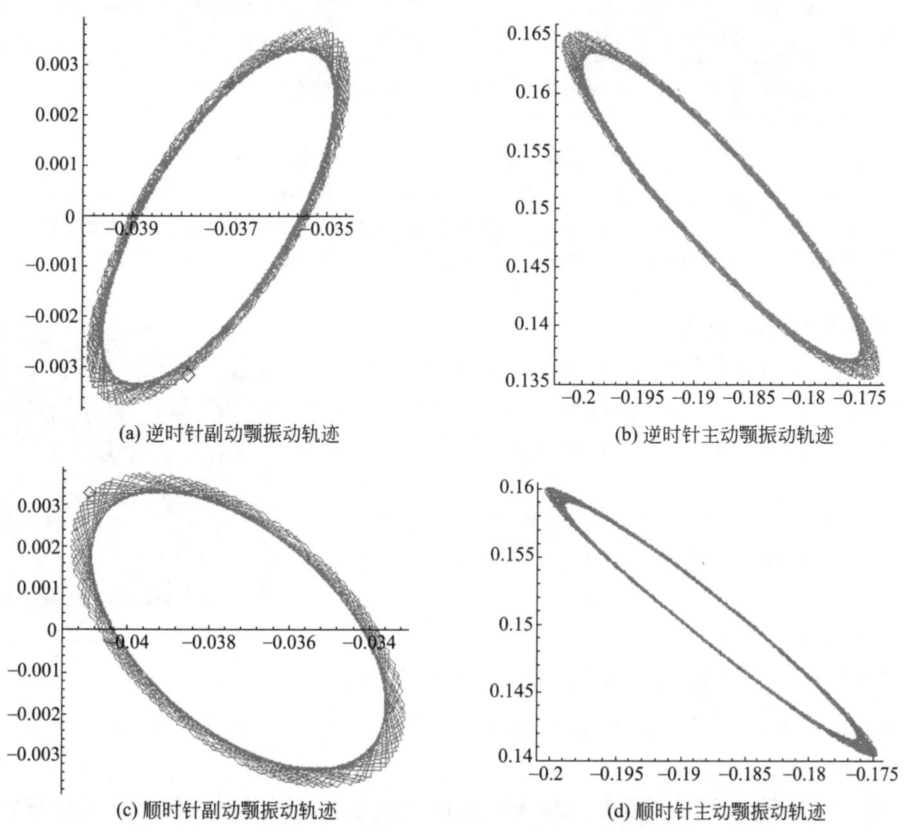

(a) 逆时针副动颚振动轨迹　(b) 逆时针主动颚振动轨迹

(c) 顺时针副动颚振动轨迹　(d) 顺时针主动颚振动轨迹

图 2-24　双腔简摆颚式振动破碎机振动轨迹

2.4 双腔四动颚式振动破碎机典型实例与性能试验

2.4.1 双腔四动颚式振动破碎机结构设计与试验样机

通过动力学分析，设计了如图 2-25 所示的双腔四动颚式振动破碎机，试验样机如图 2-26 所示。

2.4.2 双腔四动颚式振动破碎机试验过程

（1）偏心激振

该样机左侧装有一台振动电机，通过轮胎式联轴器将动力传给破碎机的主轴，主轴上装有两组偏心块，偏心量可调，满足试验过程中对不同偏心力大小的需求。

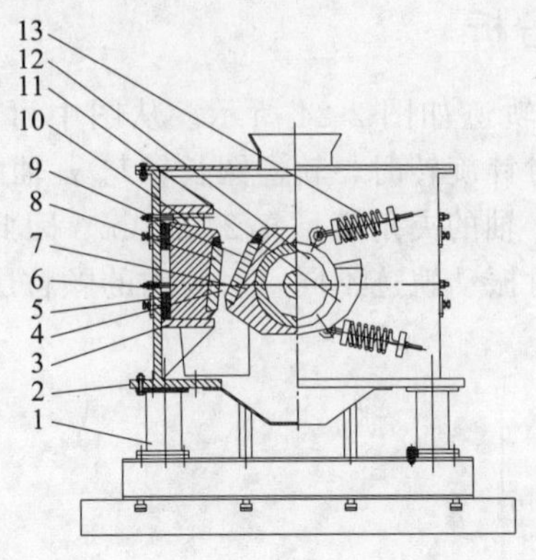

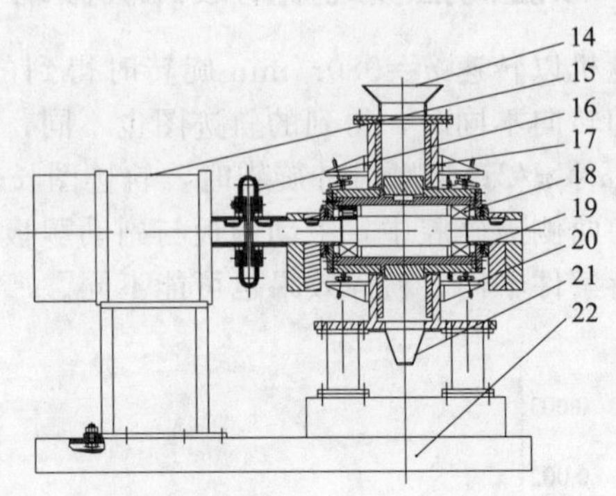

图 2-25　双腔四动颚式振动破碎机结构图

1—隔振弹簧；2—机体；3—支撑板；4—破碎腔；5—调整垫；6—拉紧螺栓；7 —主动颚；8—副动颚板；9—主动颚板；10—楔块；11—偏心块；12—主轴；13—主振弹簧；14—进料口；15—振动电机；16—联轴器；17—护板；18—轴承；19—密封圈；20—弹簧座；21—出料口；22—基座

(2) 振动的频率与幅值

该样机所装振动电机的转速为 980r/min（0～980r/min 可调），总激振力为 60000N，通过调节偏心块的偏心距和电机转速来调节激振力的大小，在样机性能试验中，电机均满转工作。

该样机的机体总质量为 450kg，系统固有频率为 900r/min，破碎机下面加减振弹簧后，100％激振力工作时振幅约为 9mm。

图 2-26　双腔四动颚式振动破碎机试验样机

(3) 试验材料

破碎物料为水泥熟料和石灰石，水泥熟料平均直径 20mm，堆密度为 1100～1500kg/m^3；石灰石平均直径 30mm，堆密度为 1600～2000kg/m^3。

(4) 工作方式

电机顺时针旋转，采用连续进料和连续出料工作方式，即出料口敞开，保持破碎腔中的物料平衡，每隔一段时间采样一次（等时间间隔）。

2.4.3　双腔四动颚式振动破碎机试验结果及分析

在上述试验条件及参数下，在破碎机样机上进行了物料破碎试验。经过对采样样品进行分析，对于振动破碎性能的几个关键指标，产量、功耗、出料粒度、振动强度，与传统惯性圆锥破碎机进行了分析对照，其结果见表 2-1。

表 2-1　试验样机与传统破碎机的性能对比

	最大给料粒度/mm	生产率/(t/h)	平均粒度/mm	驱动功率/kW	功耗/(kWh/t)	外形尺寸（长×宽×高）(mm×mm×mm)	质量/t
惯性圆锥破碎机 KID-300	20	1.6	2	10	6.7	1300×800×1450	1
试验样机	40	0.74	3	2.2	2.88	680×800×960	0.45

在该组试验中，采用连续出料工作方式，破碎入料为平均粒径为 30mm 的石灰石，偏

心块的偏心量为 30%，排料口尺寸为 15mm，试验表明：试验样机的生产率是传统惯性圆锥破碎机的 50%，但是其驱动功率和单位功耗只是传统破碎机的 22%和 43%。

在进行物料破碎试验过程中发现样机两侧的出料明显不一致，因此将样机左右两腔的出料分别进行了收集，单独进行产量测算和粒度分析。破碎机破碎 5min 后，分别对其左右两腔的出料进行采样粒度分析，粒度分析筛❶采用 28 目、42 目、65 目、115 目、150 目、200 目、325 目、400 目系列，筛孔尺寸为 0.589mm、0.351mm、0.208mm、0.124mm、0.104mm、0.074mm、0.043mm、0.038mm。粒度分析见图 2-27，左右腔作业产量见表 2-2（图 2-25 主视图中，主轴转速为顺时针方向，左边为左腔，右边为右腔）。

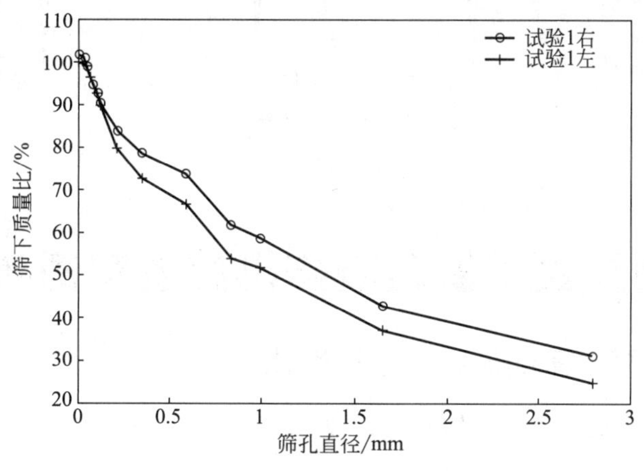

图 2-27　采样样品粒度分析

表 2-2　产量分析

旋转方向	破碎腔	生产率/(kg/min)	总生产率/(kg/min)
顺时针	左	3.2	12.4
	右	9.2	

从表 2-2 中可以看出，右腔的出料产量要远大于左腔，而且产品粒度也比左腔更细。另外，在试验过程中调节电机转速，非对称现象依然存在，而当电机反向转动后两侧的出料却相应发生了反转。

在进行破碎试验时，为了对机器的工作状况有更多的了解，在机器左侧安装了一个压电加速度传感器，用以测量工作过程中机体上的振动加速度。测量得到的加速度波形如图 2-28 所示，从图中也能看出两侧幅值不同，即右腔破碎时的冲击力大。

试验表明：

① 双腔四动颚式振动破碎机样机的生产率是传统惯性圆锥破碎机的 50%，但是其驱动功率和单位功耗只是传统破碎机的 22%和 43%，当适当加大装机功率，双腔四动颚式振动破碎机的各项指标，将明显优于传统惯性圆锥破碎机。

② 通过双腔四动颚式振动破碎机样机的性能试验，通过左右腔的产量和粒度分析，验证了双腔四动颚式振动破碎机建模过程中通过数值分析发现系统存在的左右腔不对称冲击破碎现象，以及旋转方向对生产率的影响。这种现象是由破碎机主动颚和副动颚的结构以及破碎机的运动模态造成的，如想得到更好的破碎效果，应将破碎机主动颚和副动颚的左右结构做成异型，同时应优化破碎机的运动模态。

---

❶ 本文中采用的分析筛均为泰勒标准筛，方筛孔。

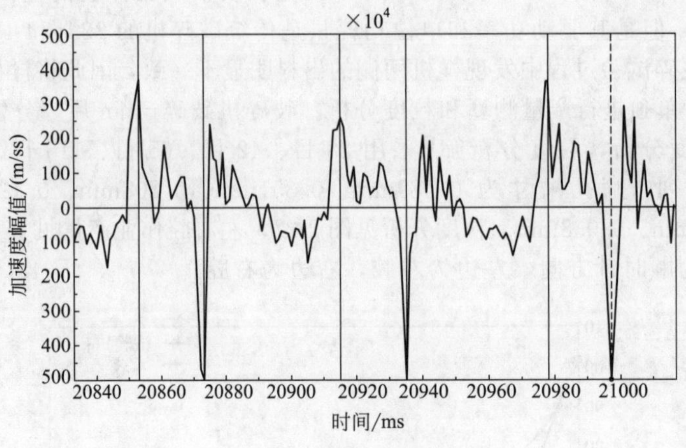

图 2-28 振动信号测试

2.5 双腔简摆颚式振动破碎机典型实例与性能试验

2.5.1 双腔简摆颚式振动破碎机结构设计

双腔简摆颚式振动破碎机结构如图 2-29 所示。

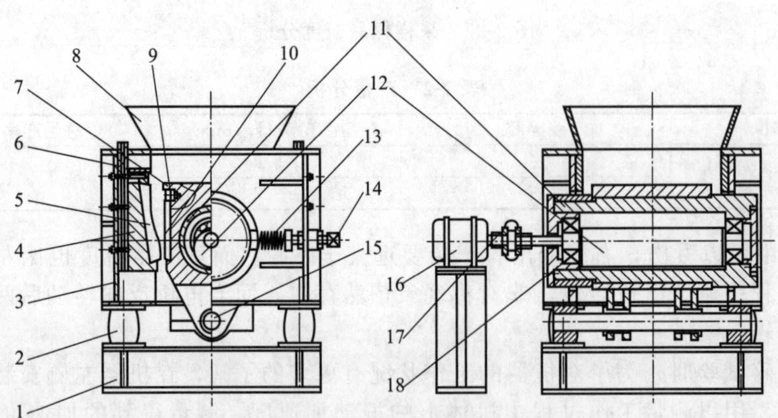

图 2-29 下铰支双腔简摆颚式振动破碎机

1—基础；2—隔振弹簧；3—机体；4—副动颚座；5—副动颚衬板；6—压块Ⅰ；7—主动颚主体；8—进料口；9—压块Ⅱ；10—主动颚衬板；11—主动颚轴套；12—偏心主轴；13—主振弹簧；14—调整螺旋；15—摆轴；16—电动机；17—弹性联轴器；18—轴承

2.5.2 双腔简摆颚式振动破碎机试验过程

（1）偏心激振

该样机左侧装有一台电机，通过轮胎式联轴器将动力传给破碎机的主轴，主轴上装有两组偏心块，偏心量可调，满足试验过程中对不同偏心力大小的需求。

（2）振动的频率与幅值

该样机所装振动电机的转速为 980r/min（0～980r/min 可调），总激振力通过调节偏心块的偏心距来调节，最大激振力为 30000N（0～100%可调）。在该性能试验中，电机均满转工作。

该样机的机体总质量为 1000 kg，系统固有频率为 286r/min，破碎机下面加减振弹簧后，100%激振力副动颚工作时振幅约为 3mm。

（3）试验材料

破碎物料为水泥熟料和石灰石，水泥熟料平均直径 20mm，堆密度为 1100～1500kg/m^3；石灰石平均直径 30mm，堆密度为 1600～2000kg/m^3。

（4）工作方式

采用连续进料和连续出料工作方式，即出料口敞开，保持破碎腔中的物料平衡，每隔一段时间采样一次（等时间间隔）。

2.5.3　双腔简摆颚式振动破碎机试验结果及分析

在上述试验条件及参数下，在破碎机样机上进行了物料破碎试验。

对采样样品进行分析，对于振动破碎性能的几个关键指标，产量、功耗、出料粒度、振动强度，与传统破碎机进行了分析对照，其结果见表 2-3。在该组试验中，采用连续出料工作方式，破碎物料为平均粒径为 10mm 的石灰石，偏心块的偏心量为 100%，排料口尺寸为 15mm。试验表明：下铰支双腔简摆颚式振动破碎机样机的出料细而且均匀，平均粒径为 0.88mm，明显小于传统破碎机，生产率为传统破碎机的 3.125 倍，单位功耗只是传统破碎机的 47.7%。

表 2-3　试验样机与传统破碎机的性能对比

	最大给料粒度/mm	生产率/(t/h)	平均粒度/mm	驱动功率/kW	比功耗/(kWh/t)	外形尺寸（长×宽×高）(mm×mm×mm)	质量/t
惯性圆锥破碎机 KID-300	20	1.6	2	10	6.7	1300×800×1450	1
立轴破碎机	40	25	2	90	3.6	1200×1000×1450	1.5
试验样机	80	5	0.88	15	3	820×880×1200	1

该破碎机在石家庄东生石料厂进行了连续工作试验，并由河北省矿山机械产品质量监督检验站现场监督测试，实测产量 5.1 t/h。通过试验得到如下结论：采用平面双刚体耦合振动系统，可使主动颚板和从动颚板反向相对耦合振动，增大了颚板冲击的速度，提高了能量利用率；下部铰接的双刚体振动和左右对称上大下小的双破碎腔结构，保证了物料受到正向挤压冲击载荷，衬板磨损小、入料粒度大而产品粒度小、破碎比大、粒形好、粉碎效率高。

以上超细振动破碎机型均表现出较其他形式破碎机更加优异的破碎性能，是一种产品粒度小、粒形好、破碎效率高、衬板磨损率低的超细破碎设备。在试验过程中表现出了破碎比大、能耗低、产量高等优点，达到了课题组设计研究的初始目的，但其存在两腔不对称冲击的现象，从而引起左、右两腔产量和产品粒度分布不均。通过对振动破碎系统的刚散耦合非线性动力学问题进行的深入研究，发现了刚散耦合非对称碰撞、刚散耦合混沌、超低频振动等新现象，初步建立了振动破碎机的设计理论。进一步优化各种破碎机参数，以发挥振动破碎机的最佳性能，并优化机械结构得到最优工业化机型。

第3章 双腔辊式振动破碎机

3.1 双腔辊式振动破碎机工作原理

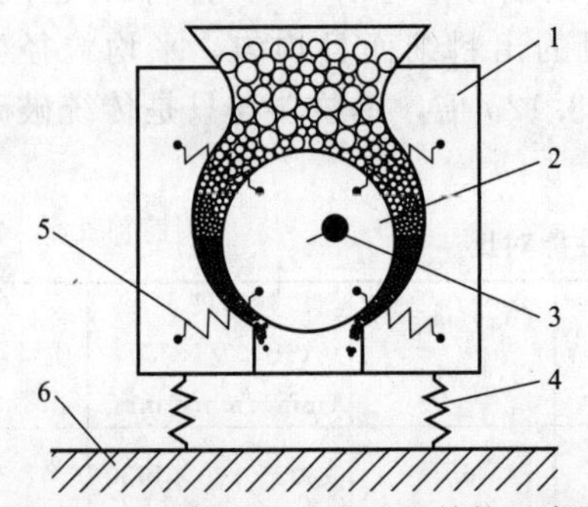

图 3-1 双腔辊式振动破碎机结构示意图
1—机体；2—中心辊子；3—可调偏心装置；4—隔振弹簧；5—主振弹簧；6—地基

双腔辊式振动破碎机主要由机体、中心辊子、可调偏心装置、主振弹簧和隔振弹簧等部分组成，其中机体由橡胶隔振弹簧支撑在地基上，中心辊子通过主振弹簧悬挂在机体上，其结构示意如图 3-1 所示。

其工作原理是电机带动可调偏心装置产生惯性离心力，在惯性离心力的驱使下，中心辊子沿着机体内表面滚动，并且产生一定频率的振动冲击，物料则在机体和中心辊子两个刚体之间形成的左右两个破碎腔内被破碎。

3.2 双腔辊式振动破碎机动力学仿真分析

将双腔辊式振动破碎机在偏心激振下简化为双刚体六自由度的平面运动系统，运用拉格朗日方法建立系统的微分方程，并用数值方法对其求解。

3.2.1 双腔辊式振动破碎机动力学建模

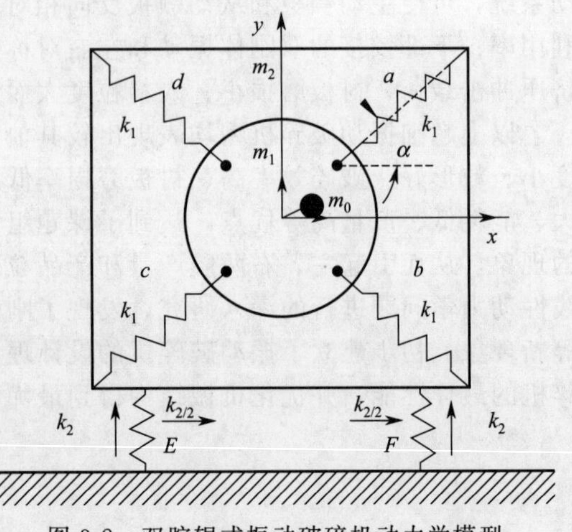

图 3-2 双腔辊式振动破碎机动力学模型

双腔辊式振动破碎机是由两个刚体以及两刚体之间的破碎物料组成的振动系统，是一种典型的刚散耦合且具有强非线性的动力学系统，其动力学特征非常复杂。当破碎机在偏心激励的带动下运动时，实际上两个刚体在空间内具有 12 个自由度，但影响破碎机工作的主要动力学问题在垂直于中心辊子轴线的平面内，即两个刚体各自的平动与绕其各自质心转动的 6 个自由度运动，破碎机在正常工作时，也主要是以上 6 个自由度的运动，其余平面内的动力学问题不是很突出。因此，将该系统简化为垂直面内的六自由度平面运动系统是比较合理的，这样既抓住了系统的主要矛盾，而又不至于系统分析求解过于复杂。建立的双腔辊式振动破碎机的动力学模型如图 3-2 所示。

按照拉格朗日方法建立系统的六自由度振动微分方程，将系统总动能，总势能对各个自由度求导数，代入拉格朗日方程，经整理得到由下列 6 个方程组成的微分方程组：

$$\left\{\begin{aligned}
&(m_0+m_1)\ddot{x}_1+m_0x_2-\ddot{m}_0e\omega^2\cos(\omega t)+m_1\ddot{x}_2+4k_1(\cos\alpha)x_1-k_1(\cos\alpha)x_a\\
&+k_1(\cos\alpha)x_a\cos\theta_1-k_1(\cos\alpha)(\sin\theta_1)y_a-k_1(\cos\alpha)x_b+k_1(\cos\alpha)x_b\cos\theta_1\\
&-k_1(\cos\alpha)(\sin\theta_1)y_b-k_1(\cos\alpha)x_c+k_1(\cos\alpha)x_c\cos\theta_1-k_1(\cos\alpha)(\sin\theta_1)y_c\\
&-k_1(\cos\alpha)x_d+k_1(\cos\alpha)x_d\cos\theta_1-k_1(\cos\alpha)(\sin\theta_1)y_d=-c_1(x_1-x_2)\\
&(m_0+m_1)\ddot{y}_1+m_0y_2-\ddot{m}_0e\omega^2\cos(\omega t)+m_1\ddot{y}_2+4k_1\sin(\alpha)y_1-k_1\sin(\alpha)y_a\\
&+k_1(\sin\alpha)y_a\cos\theta_1+k_1(\sin\alpha)(\sin\theta_1)x_a-k_1(\sin\alpha)y_b+k_1(\sin\alpha)y_b\cos\theta_1\\
&+k_1(\sin\alpha)(\sin\theta_1)x_b-k_1(\sin\alpha)y_c+k_1(\sin\alpha)y_c\cos\theta_1+k_1(\sin\alpha)(\sin\theta_1)x_c\\
&-k_1(\sin\alpha)y_d+k_1(\sin\alpha)y_d\cos\theta_1+k_1(\sin\alpha)(\sin\theta_1)x_d=-c_3(y_1-y_2)\\
&j_0(\dot{\theta}_1+\dot{\theta}_2)+k_1(\cos\alpha)(\sin\theta_1)x_a^2+k_1(\sin\alpha)(\sin\theta_1)y_a^2+k_1(\cos\alpha)(\sin\theta_1)x_b^2\\
&+k_1(\sin\alpha)(\sin\theta_1)y_b^2+k_1(\cos\alpha)(\sin\theta_1)x_c^2+k_1(\sin\alpha)(\sin\theta_1)y_c^2+k_1(\cos\alpha)(\sin\theta_1)x_d^2\\
&+k_1(\sin\alpha)(\sin\theta_1)y_d^2-k_1(\cos\alpha)x_1(\sin\theta_1)x_a-k_1(\cos\alpha)x_1y_a\cos\theta_1\\
&+k_1(\cos\alpha)x_ay_a\cos\theta_1-k_1(\cos\alpha)(\cos\theta_1)x_a^2\sin\theta_1-2k_1(\cos\alpha)(\cos\theta_1)^2x_ay_a\\
&+k_1(\cos\alpha)(\sin\theta_1)y_a^2\cos\theta_1-k_1(\sin\alpha)y_1(\sin\theta_1)y_a+k_1(\sin\alpha)y_1(\cos\theta_1)x_a\\
&-k_1(\sin\alpha)x_ay_a\cos\theta_1-k_1(\sin\alpha)(\sin\theta_1)y_a^2\cos\theta_1+2k_1(\sin\alpha)(\cos\theta_1)^2x_ay_a\\
&+k_1(\sin\alpha)(\cos\theta_1)x_a^2\sin\theta_1-k_1(\cos\alpha)x_1(\sin\theta_1)x_b-k_1(\cos\alpha)x_1y_b\cos\theta_1\\
&+k_1(\cos\alpha)x_by_b\cos\theta_1-k_1(\cos\alpha)(\cos\theta_1)x_b^2\sin\theta_1-2k_1(\cos\alpha)(\cos\theta_1)^2x_by_b\\
&+k_1(\cos\alpha)(\sin\theta_1)y_b^2\cos\theta_1-k_1(\sin\alpha)y_1(\sin\theta_1)y_b+k_1(\sin\alpha)y_1(\cos\theta_1)x_b\\
&-k_1(\sin\alpha)x_by_b\cos\theta_1-k_1(\sin\alpha)(\sin\theta_1)y_b^2\cos\theta_1+2k_1(\sin\alpha)(\cos\theta_1)^2x_by_b\\
&+k_1(\sin\alpha)(\cos\theta_1)x_b^2\sin\theta_1-k_1(\cos\alpha)x_1(\sin\theta_1)x_c-k_1(\cos\alpha)x_1y_c\cos\theta_1\\
&+k_1(\cos\alpha)x_cy_c\cos\theta_1-k_1(\cos\alpha)(\cos\theta_1)x_c^2\sin\theta_1-2k_1(\cos\alpha)(\cos\theta_1)^2x_cy_c\\
&+k_1(\cos\alpha)(\sin\theta_1)y_c^2\cos\theta_1-k_1(\sin\alpha)y_1(\sin\theta_1)y_c+k_1(\sin\alpha)y_1(\cos\theta_1)x_c\\
&-k_1(\sin\alpha)x_cy_c\cos\theta_1-k_1(\sin\alpha)(\sin\theta_1)y_c^2\cos\theta_1+2k_1(\sin\alpha)(\cos\theta_1)^2x_cy_c\\
&+k_1(\sin\alpha)(\cos\theta_1)x_c^2\sin\theta_1-k_1(\cos\alpha)x_1(\sin\theta_1)x_d-k_1(\cos\alpha)x_1y_d\cos\theta_1\\
&+k_1(\cos\alpha)x_dy_d\cos\theta_1-k_1(\cos\alpha)(\cos\theta_1)x_d^2\sin\theta_1-2k_1(\cos\alpha)(\cos\theta_1)^2x_dy_d\\
&+k_1(\cos\alpha)(\sin\theta_1)y_d^2\cos\theta_1-k_1(\sin\alpha)y_1(\sin\theta_1)y_d+k_1(\sin\alpha)y_1(\cos\theta_1)x_d\\
&+k_1(\cos\alpha)(\sin\theta_1)y_d^2\cos\theta_1-k_1(\sin\alpha)y_1(\sin\theta_1)y_d+k_1(\sin\alpha)y_1(\cos\theta_1)x_d\\
&-k_1(\sin\alpha)x_dy_d(\cos\theta_1)-k_1(\sin\alpha)(\sin\theta_1)y_d^2\cos\theta_1+2k_1(\sin\alpha)(\cos\theta_1)^2x_dy_d\\
&+k_1(\sin\alpha)(\cos\theta_1)x_d^2\sin\theta_1=-c_5(\theta_1-\theta_2)\\
&m_0[\ddot{x}_1+\ddot{x}_2-e\omega^2\cos(\omega t)]+m_1(\ddot{x}_1+\ddot{x}_2)+m_2\ddot{x}_2\ \frac{1}{2}k_2[x_2-(1-\cos\theta_2x_e-\sin\theta_2y_e]\\
&+\frac{1}{2}k_2[x_2-(1-\cos\theta_2)x_f-(\sin\theta_2)y_f]=-c_1(\dot{x}_2-\dot{x}_1)-c_3\dot{x}_2
\end{aligned}\right.\tag{3-1}$$

$$
\begin{cases}
m_0[\ddot{y}_1+\ddot{y}_2-e\omega^2\sin(\omega t)]+m_1(\ddot{y}_1+\ddot{y}_2)+m_2\ddot{y}_2+k_2[x_2-(1-\cos\theta_2)y_e+(\sin\theta_2)x_e] \\
+k_2[y_2-(1-\cos\theta_2)y_f+(\sin\theta_2)x_f]=-c_3(\dot{y}_2-\dot{y}_1)-c_4\dot{y}_2 \\
j_1(\ddot{\theta}_1+\ddot{\theta}_2)+j_2\ddot{\theta}_2-\frac{1}{2}k_2x_ey_e-\frac{1}{2}k_2x_fy_f+\frac{1}{2}k_2(\sin\theta_2)x_e^2+\frac{1}{2}k_2(\sin\theta_2)x_f^2+k_2(\sin\theta_2)y_f^2 \\
+k_2(\sin\theta_2)y_e^2+k_2(\sin\theta_2)y_e^2-\frac{1}{2}k_2x_2(\sin\theta_2)x_e+k_3(\cos\theta_2)^2y_ex_e-\frac{1}{2}k_2x_2(\cos\theta_2)y_e \\
-k_2y_2(\sin\theta_2)y_e+k_2y_2(\cos\theta_2)x_e-\frac{1}{2}k_2x_e(\cos\theta_2)y_e+\frac{1}{2}k_2(\cos\theta_2)x_e^2+\sin\theta_2 \\
-\frac{1}{2}k_2(\sin\theta_2)y_e^2(\cos\theta_2)-\frac{1}{2}k_2x_2\cos(\theta_2)y_f-\frac{1}{2}k_2(\sin\theta_2)y_f^2c=-c_5(\dot{\theta}_2-\dot{\theta}_1)-c_6\dot{\theta}_2
\end{cases}
$$

在上面方程组中，ω 为破碎机工作时的角频率，rad/s；m_0、m_1、m_2 分别为偏心块、破碎机中心辊子、机体的质量，kg；j_1、j_2 分别为绕各自质心的转动惯量，kg·m^2；k_1、k_2 分别为中心辊子悬挂钢弹簧、机体的隔振橡胶弹簧的刚度，N/m；e 为偏心块的回转半径，m；x_a、x_b、x_c、x_d、x_e、x_f、y_a、y_b、y_c、y_d、y_e、y_f 为破碎机的结构参数，m；ξ_1、ξ_2 为破碎机中心辊子和机体的阻尼比；c_1、c_2、c_3、c_4 为相应的黏性阻尼系数。

3.2.2 双腔辊式振动破碎机动力学响应及振动轨迹分析

双腔辊式振动破碎机的破碎腔由中心辊子和机体之间的空腔构成，并生成了左右对称的两个破碎腔，因此，在破碎机的整个破碎流程中（进料—挤压、冲击破碎物料—排料），物料的运动形式受中心辊子、机体以及两者之间相对运动形式的影响，中心辊子、机体的动力学响应和破碎机的产量、生产效率、功耗等性能指标有直接关系。

方程组(3-1) 中各动力学参数设置如下所示：

$$
\begin{aligned}
&m_0=42\text{kg}\quad m_1=142\text{kg}\quad m_2=527\text{kg}\quad e=0.033\text{m}\\
&j_1=3.9\text{kg}\cdot\text{m}^2\quad j_2=40\text{kg}\cdot\text{m}^2\\
&k_1=3.0\times10^5\text{N/m}\quad k_2=3.6\times10^5\text{N/m}\\
&(x_a,y_a)=(0.08,0.08)\quad (x_b,y_b)=(0.08,-0.08)\\
&(x_c,y_c)=(-0.08,-0.08)\quad (x_d,y_d)=(-0.08,0.08)\\
&(x_e,y_e)=(-0.30,-0.33)\quad (x_f,y_f)=(0.30,-0.33)\\
&\alpha=24.4^\circ\quad \xi_1=0.2\quad \xi_2=0.4\quad q=0.12\text{m}\quad a=0.35\text{m}\quad b=0.3\text{m}\\
&c_1=2\xi_1\sqrt{4k(\cos\alpha)(m_0+m_1)}\quad c_2=2\xi_2\sqrt{k_x(m_0+m_1+m_2)}\\
&c_3=2\xi_1\sqrt{4k(\sin\alpha)(m_0+m_1)}\quad c_4=2\xi_2\sqrt{k_y(m_0+m_1+m_2)}\\
&c_5=2q\xi_1\sqrt{4k(\cos\alpha)(m_0+m_1)}+2q\xi_1\sqrt{4k(\sin\alpha)(m_0+m_1)}\\
&c_6=2a\xi_2\sqrt{k_y(m_0+m_1+m_2)}+2b\xi_2\sqrt{k_x(m_0+m_1+m_2)}
\end{aligned}
\tag{3-2}
$$

为了求得双腔辊式振动破碎机的双刚体系统在水平 x 方向和竖直 y 方向的固有频率，可令所对应方程组中的等号右侧全部为 0，则式(3-1) 由非齐次方程组变成齐次方程组。设 x_1、x_2、y_1、y_2 4 个自由度的位移依次为 $A_i\sin(\omega t)$，$i=1,2,3,4$，依次将其代入齐次方程组中进行整理，可解得系统的频率方程，将样机参数代入方程中可得到系统在 x、y 两个方向上的 4 个固有频率，依次为：6.09Hz、15.9Hz、5.01Hz、11.01Hz。

为了研究中心辊子和机体的运动学行为，以及它们的质心振动轨迹，可以用数值求解的方法得到中心辊子和机体质心的速度时间响应和位移时间响应曲线，如图 3-3 和图 3-4 所示。

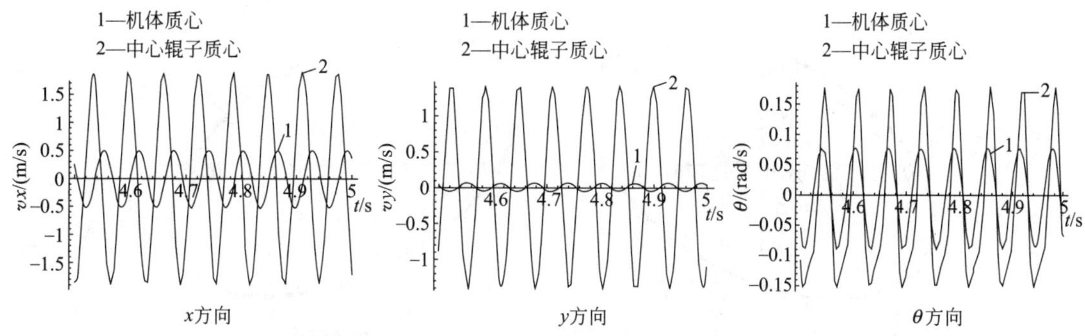

图 3-3　中心辊子质心和机体质心速度时间响应曲线

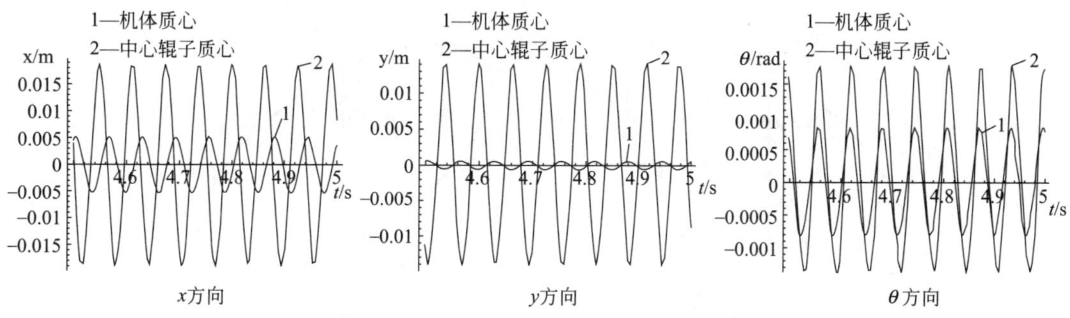

图 3-4　中心辊子质心和机体质心位移时间响应曲线

由图 3-3、图 3-4 可见：

① 中心辊子和机体的运动均为简谐振动，但两者之间的振动存在一定的相位差，是非同步振动。

② 中心辊子的位移和速度都较大，在振动系统中起主导作用，振动破碎机主要由中心辊子的高频振动冲击来破碎物料。

由此得知，双腔辊式振动破碎机在工作状态时，中心辊子的位移与速度等参数均远大于机体的相应参数，这正是破碎机参数设计的目的。

经计算得知机体和中心辊子的水平 x 方向的固有频率为 6.09Hz、15.9Hz，竖直 y 方向的固有频率为 5.01Hz、11.01Hz。运用变频器调频，当给定电机分别以转速 $n=954\text{r/min}$ 顺时针旋转和逆时针旋转时，得到中心辊子质心和机体质心水平共振轨迹如图 3-5 所示，水平共振相对轨迹如图 3-6 所示。由此可以看出，当电机的转向不同时，得到的轨迹图也不同。此时 x 方向共振，y 方向过共振，当偏心块顺时针旋转时，轨迹图长轴与 x 轴的夹角 α 满足 $0<\alpha<\pi/2$；而当偏心块逆时针旋转时，轨迹图长轴与 x 轴的夹角满足 $\pi/2<\alpha<\pi$。

双腔辊式振动破碎机水平 x 方向和竖直 y 方向的固有频率是不同的，y 方向的固有频率小于 x 方向的固有频率，所以当电机以转速 $n=954\text{r/min}$ 旋转时，x 方向发生共振，y 向是过共振。

当电机分别以转速 $n=325\text{r/min}$ 顺时针旋转和逆时针旋转时得到的两刚体质心在垂直方向的绝对振动轨迹和相对振动轨迹曲线分别如图 3-7 和图 3-8 所示。经分析得知，此时 x 方向还未达到共振，y 方向共振，电机顺时针旋转时轨迹图长轴与 x 轴的夹角 α 满足 $0<\alpha<\pi/2$，电机以逆时针旋转时轨迹图长轴与 x 轴的夹角 α 满足 $\pi/2<\alpha<\pi$，这从振动轨迹图上可以明显看出。

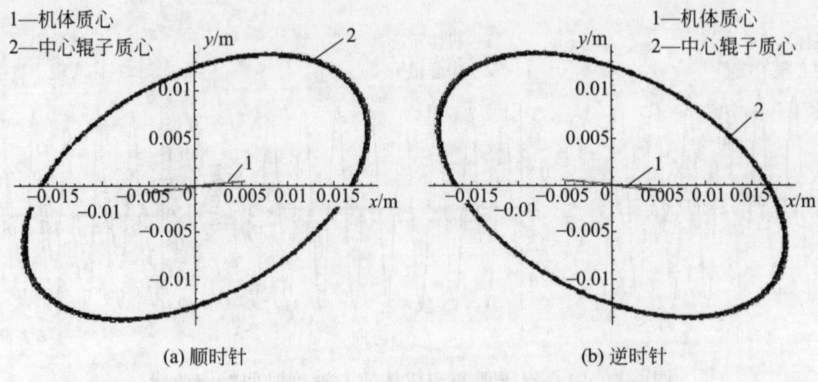

图 3-5 中心辊子质心与机体质心水平共振轨迹

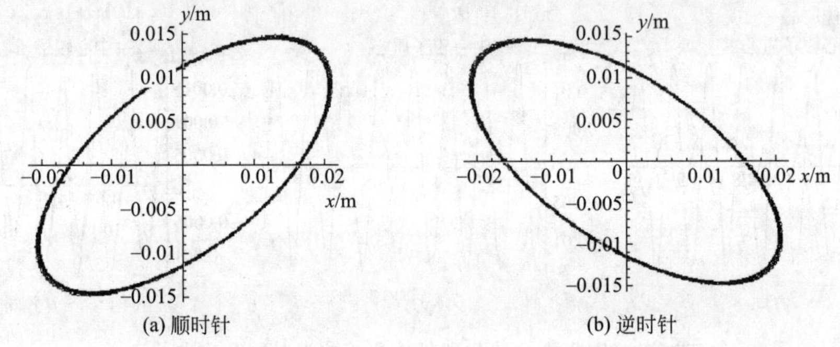

图 3-6 中心辊子质心与机体质心水平共振相对轨迹

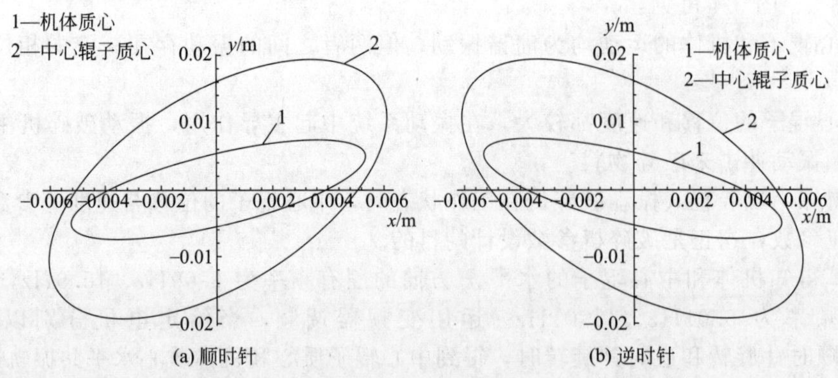

图 3-7 中心辊子质心与机体质心垂直共振轨迹

当电机分别以转速 $n=3000\mathrm{r/min}$ 顺时针和逆时针旋转时，得到的高频振动中心辊子质心和机体质心轨迹曲线分别如图 3-9 和图 3-10 所示。

当 x 方向和 y 方向都过共振时，x 方向和 y 方向的阻尼对于质心轨迹图长轴与 x 轴的夹角有很大的影响。如果 x 方向阻尼大于等于 y 方向阻尼，逆时针旋转，$\frac{\pi}{2}<|\phi_y-\phi_x|<\pi$；顺时针旋转 $0<|\phi_y-\phi_x|<\frac{\pi}{2}$。如果 y 方向阻尼远远大于 x 方向阻尼，则反之。当系统过共振时，阻尼对轨迹图的影响远大于固有频率的影响。

当电机顺时针和逆时针旋转时，中心辊子边缘上的点和机体上点的绝对振动轨迹如图 3-11 所示。破碎腔内侧边缘上的点相对于机体的振动轨迹如图 3-12 所示。

由此可见，中心辊子两侧破碎腔中物料的受力状态是不对称的，电机顺时针旋转时，左

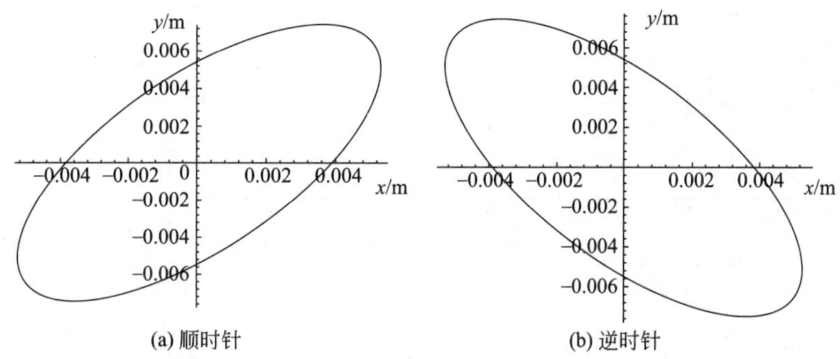

图 3-8 中心辊子质心与机体质心垂直共振相对轨迹

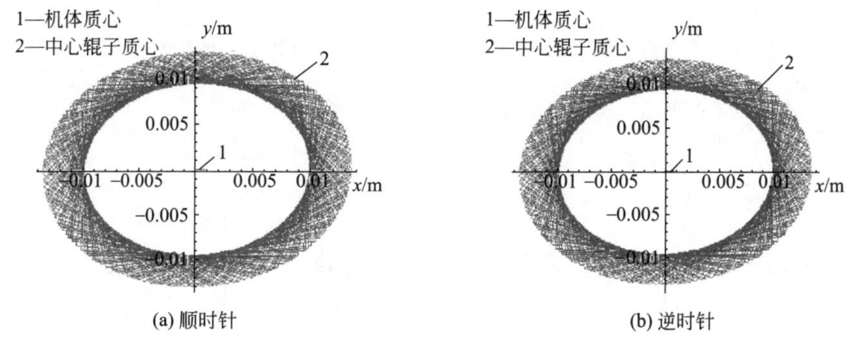

图 3-9 高频振动中心辊子质心和机体质心轨迹

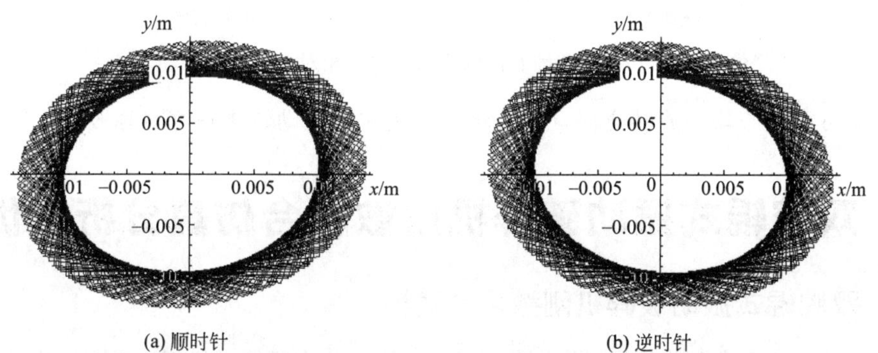

图 3-10 高频振动中心辊子质心和机体两质心相对振动轨迹

腔中的物料受到中心辊子对其向上“兜”的作用，不能顺利向下滑动，这样左腔的物料在腔中停留的时间延长，受到中心辊子的打击次数会加大，因此，左腔的产量相对右腔要小，而且左腔的过粉碎现象相对右腔要严重，其产品粒度分散；而右腔中的物料受力状况则明显不同于左腔，物料不仅能顺利下滑，而且还会受到中心辊子向下“搓”的作用，这样物料在破碎腔中停留的时间缩短，受到中心辊子的打击次数减少，因此，右腔的产量相对左腔要大，而右腔的过粉碎现象相对左腔要轻，其产品粒度分布集中。

建立双腔辊式振动破碎机的动力学模型和动力学方程，用数值仿真的方法计算模拟系统的动力学响应，从理论上解释双边不对称冲击现象，结论如下：①中心辊子和机体的振动轨迹均为斜椭圆，这是由两刚体水平方向和垂直方向固有频率的不同造成的；②由于刚体的振动轨迹不对称，导致破碎机两侧破碎腔的不对称，从而使得两腔的产量和产品的粒度特性不

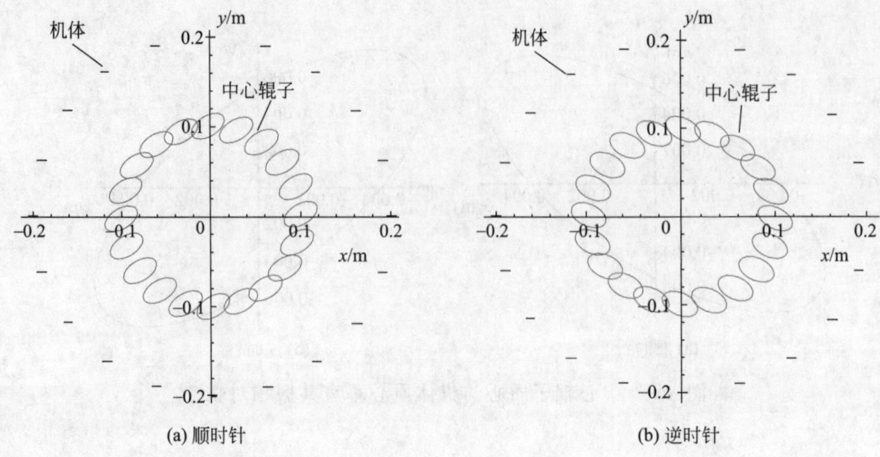

图 3-11 工作状态破碎腔中心辊子边缘上的点和机体上点的绝对振动轨迹

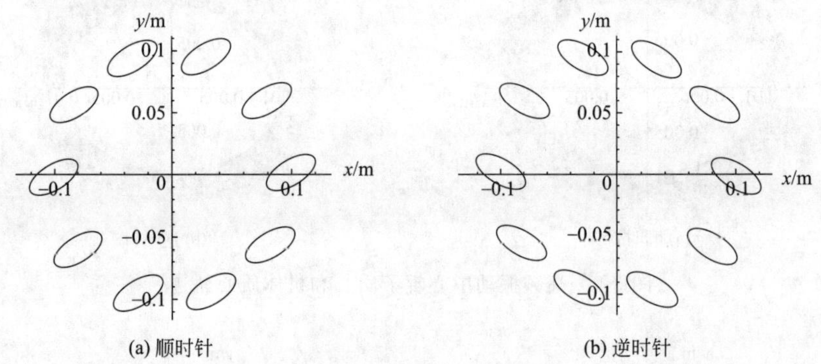

图 3-12 工作状态破碎腔内侧边缘上的点相对于机体的振动轨迹

同；③改变可调偏心块的旋转方向，中心辊子和机体的振动轨迹正好对称改变。

3.3 双腔辊式振动破碎机刚散耦合仿真分析与优化

3.3.1 双腔辊式振动破碎机刚散耦合建模

为了研究双腔辊式振动破碎机物料破碎过程中颗粒的宏观输送机理、微观结构特征和变化情况以及不同振动参数对散体物料颗粒定向性、流动性的影响，需要建立一个基于实际破碎过程的刚散耦合振动模型。模型中刚体的激振力大小、振动频率、弹簧刚度可以根据具体需要进行调整；颗粒参数（例如形状参数、密度、摩擦系数、刚度等）能够调节，使仿真的颗粒群能体现破碎机内部散体物料的基本构造形式；边界条件、初始条件和实际情况基本符合。

在动态的模拟过程中，可以观察颗粒流动速度场、位移场、力场等宏观态势，且仿真中产生的数据可以导出，涉及宏微观观察的部分可以视频的形式保存下来，便于分析研究。

在 PFC3D 软件中，其刚体的表现形式为 wall。通过内置的 FISH 编程语言可以设定所需要的 wall，且可以为 wall 设定相应的物理参数、状态参数等。

双腔辊式振动破碎机建模的难点在于破碎腔腔型复杂，难以一次成型。PFC3D 内置 wall 的形状主要表现形式为平面、柱面、锥面、螺旋面等，对于像双腔辊式振动破碎机的类弧线形的腔型，只能在二次开发的情况下将外部图形导入，亦或用多平面的叠加来形成近似的弧线形腔型。前者导入的模型在 PFC3D 内部被认为是单一的 wall，因此为其设定唯一的 ID。而后者由于是由多个 wall 形成的腔型，所以一些宏、微观参数（例如破碎腔纵向受力分布情况）可以很方便地提取出来，通过内置的 FISH 语言可以控制其受力、加速度、速度、位移等，进而控制 wall 发生复杂的运动形式：平动和转动。

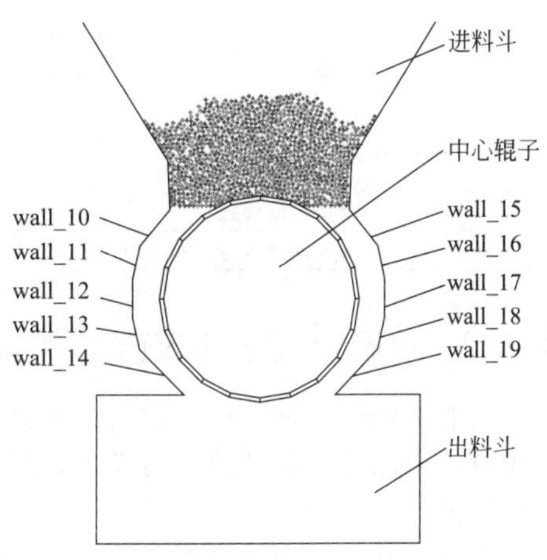

图 3-13　辊式破碎机的简化模型

辊式破碎机的简化模型和在 PFC3D 软件中的模型如图 3-13 所示。模型中除了中心辊子采用柱面形的 wall 之外，进料斗、出料斗、破碎腔等均采用平面 wall。需要指出的是破碎腔两个刚体弧面的 wall 采用多个 wall 平面组合而成，全刚体一共采用了 26 个 wall。其中的模型尺寸按实际刚体尺寸 1∶1 设置。

散体物料主要表现形式为 ball，通过内置的 FISH 编程语言可以设定所需要的 ball，在 PFC3D 的进料斗生成后，随之在进料斗的有限空间内生成指定形状、大小和分布规律的 ball 单元。为了减少计算机的计算量、计算时间，采用不同大小的不可破碎圆形颗粒来模拟实际破碎机中的散体物料。

运用 PFC3D 中 generate 命令按照高斯分布规律生成一定量的初始 ball，在颗粒的生成过程中，颗粒的质心坐标是随机的，然后运用颗粒半径扩大法将颗粒的半径扩大到实际的尺寸，这时，将会有部分颗粒重叠的现象出现，因此，需要在所有的颗粒生成之后，通过颗粒之间的接触力来平衡循环消除颗粒的初始能量，并且在重力的影响下，颗粒群会趋于实际的接触状态。刚刚生成的颗粒群如图 3-14 所示，平衡之后的颗粒群如图 3-15 所示。

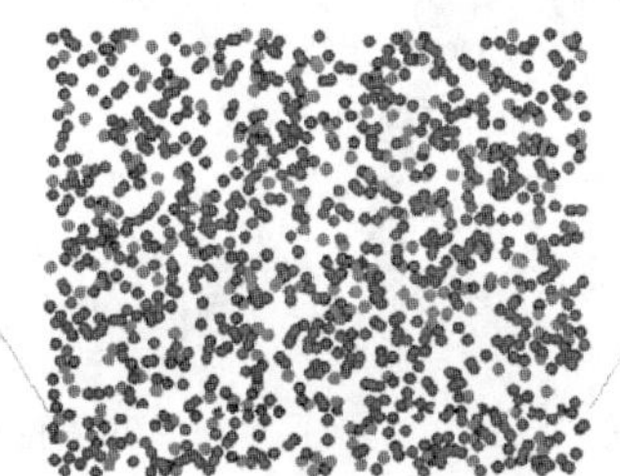
图 3-14　刚生成的颗粒群

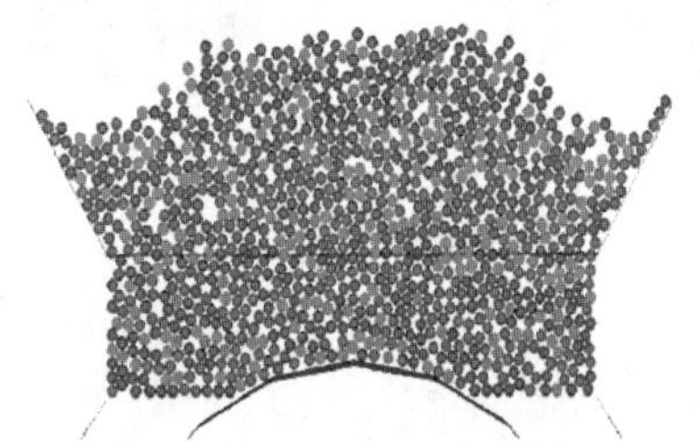
图 3-15　平衡后的颗粒群

双腔辊式振动破碎机的机械结构设计参数如表 3-1 所示。

表 3-1　结构参数

参数	数值	参数	数值
水平弹簧刚度 k_x/(N/m)	1.44×10^6	中心辊子质量 M/kg	184
竖直弹簧刚度 k_y/(N/m)	1.0×10^6	中心辊子直径 A/mm	270
出料口大小 σ/mm	15	激振力工作频率 w/Hz	16
进料口大小 B/mm	260	激振力大小 F/N	1.4×10^4

仿真模型中 wall 和 ball 的物理参数设置如表 3-2 所示。

表 3-2　模型物理参数

参数	破碎腔壁	散体颗粒物料
法向接触刚度 k_n/(N/m)	1×10^{15}	1×10^7
切向接触刚度 k_s/(N/m)	1×10^{15}	1×10^7

续表

参数	破碎腔壁	散体颗粒物料
密度 $\rho/(\mathrm{kg/m^3})$		3200
颗粒半径 r/mm		2.5～5
摩擦系数 μ	0.15	0.25
泊松比 ν		0.25
重力加速度 $g/(\mathrm{m/s^2})$		9.8

3.3.2 双腔辊式振动破碎机刚散耦合仿真分析

当电机顺时针旋转时，左右破碎腔中的散体物料的受力状态如图 3-16 所示，图中黑色短线条的粗细代表物料的受力大小，其延展方向代表物料群体的力链。通过分析图中的受力可以得出：

① 左腔力链的延伸方向沿中心辊子边缘的法向有向上"兜"的趋势，这与刚体动力学分析时中心辊子与机体的相对振动轨迹是一个倾斜的椭圆相对应，导致左腔的物料受到向上"兜"的作用。

② 右腔力链的延伸方向沿中心辊子边缘的法向有向下"搓"的趋势，这与刚体动力学分析时中心辊子与机体的相对振动轨迹是一个倾斜的椭圆相对应，导致右腔的物料受到向下"搓"的作用。

如果将偏心激振力的旋转方向改为逆时针，则左右两个破碎腔中散体物料的受力状态如图 3-17 所示。由此可见，当偏心激振力逆时针旋转时，左右两腔中散体物料的力链图与顺时针时的状态是正好对称的。所以说，当逆时针旋转时，左腔物料受到向下"搓"的作用，而右腔受到向上"兜"的作用。

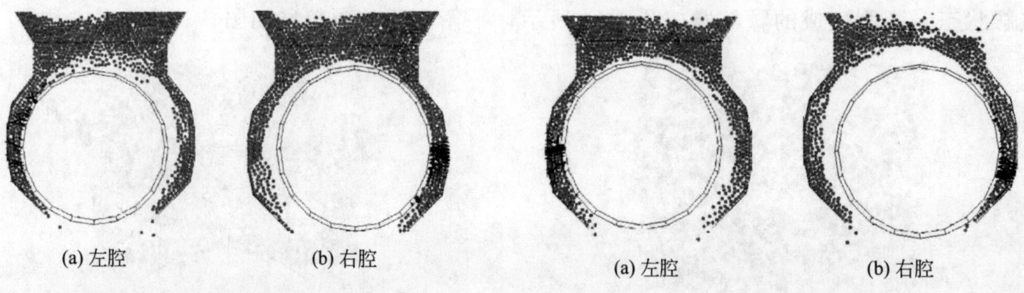

(a) 左腔　(b) 右腔

图 3-16　顺时针时物料力链图

(a) 左腔　(b) 右腔

图 3-17　逆时针时物料力链图

仿真运动开始前，通过内部 FISH 语言程序可以统计出分布于包含机体中心轴的竖直面左右两侧的 ball 的数量，为左：右＝742：726，左右两侧的物料分布是很对称的。

中心辊子的运动一开始，左右两腔的不对称现象便已经开始出现：首先，料斗内的物料分布已经有了不对称的趋势；其次，左右两腔的产量也有不对称。顺时针和逆时针旋转时破碎机的瞬时产量如图 3-18 所示。

仿真完毕后，左右两腔的产量对比如图 3-19 所示。图 3-19(a) 为偏心激振力顺时针旋转，左腔产量：右腔产量＝635：833。图 3-19(b) 为偏心激振力逆时针旋转，左腔产量：右腔产量＝841：627。由此可见，双腔辊式振动破碎机存在着双边产量不对称现象。当顺时针方向旋转时，右腔产量大于左腔；而逆时针时，左腔产量大于右腔。

为了了解辊式破碎机中各种现象的存在机制、破碎机破碎腔内部的散体物料的破碎机理和输送机理，有必要对其腔内散体物料的速度矢量分布进行研究。仿真模型中散体物料的速度矢量如图 3-20 和图 3-21 所示，图中箭头表示速度方向，其长度反映速度大小的相对量。

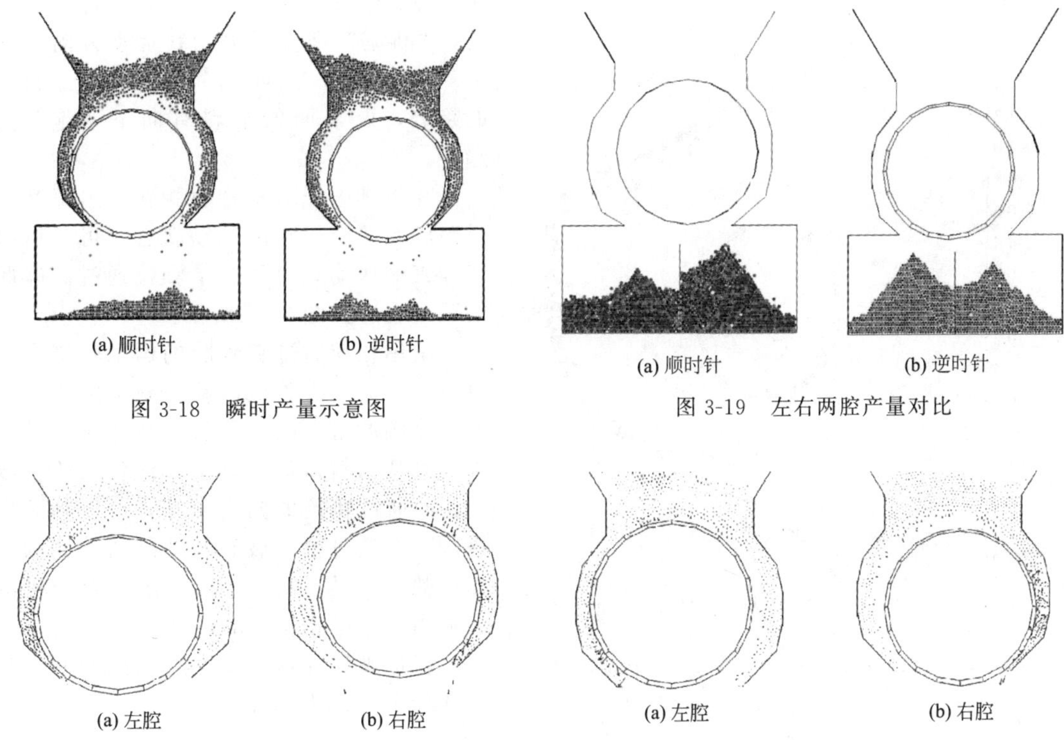

(a) 顺时针　(b) 逆时针

图 3-18　瞬时产量示意图

(a) 顺时针　(b) 逆时针

图 3-19　左右两腔产量对比

(a) 左腔　(b) 右腔

图 3-20　顺时针时散体物料速度矢量图

(a) 左腔　(b) 右腔

图 3-21　逆时针时散体物料速度矢量图

从破碎腔中物料的速度矢量图，可以看出：①破碎腔中物料受到中心辊子的作用影响非常大，中心辊子对物料的向下“搓”和向上“兜”的趋势非常明显；②中心辊子压紧物料时，辊子边缘上的物料运动速度最大，而紧贴机体侧破碎壁的物料则相对运动不大；③接触到中心辊子的物料的运动趋势主要取决于中心辊子的运动趋势，而远离辊子侧的物料则在重力作用下向下运动。

仿真中还发现了一个有趣的“断流”现象。如图 3-22 所示，当电机顺时针旋转时，右破碎腔右上部位的物料受到中心辊子的冲击非常大，以至于在此难以形成稳定的物料层。与左腔左上部位形成的很厚很稳定的物料层相比，右腔右上部位只有很薄的一层物料介于辊子与机体之间，而且该物料层极为不稳定，物料层的不稳定则会引起上面的物料不能顺利下落，而其下面的物料则因为没有紧跟物料的推挤而不能及时进入破碎腔狭小的破碎段，因此形成了破碎腔内的“断流”现象。

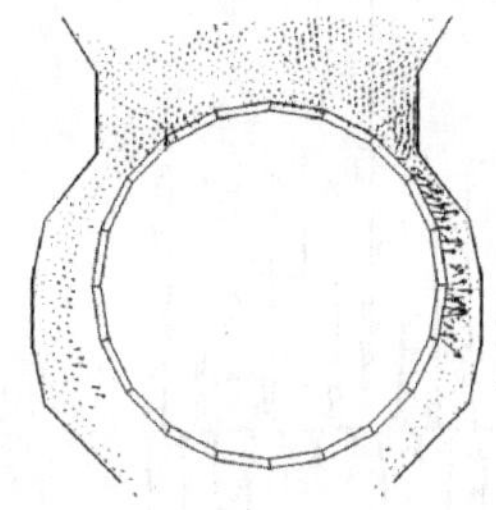

图 3-22　顺时针时右腔断流现象

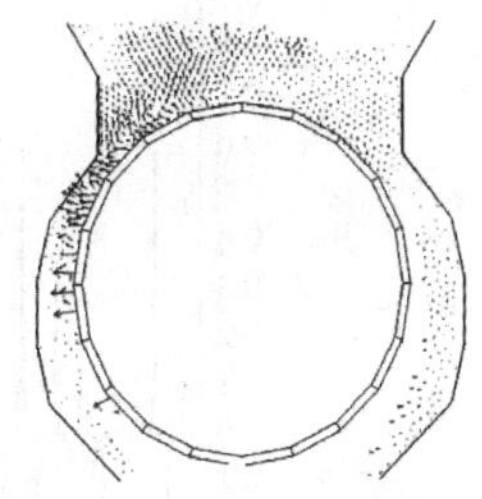

图 3-23　逆时针时左腔断流现象

如图 3-23 所示，当电机逆时针旋转时，则发生“断流”的部位正好对调。“断流”现象

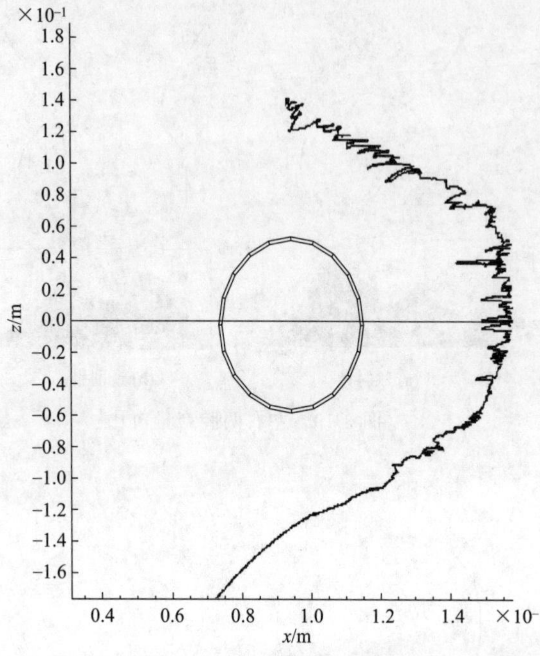

图 3-24　单颗粒通过破碎腔（右腔）的运动轨迹图

无论在顺时针还是逆时针旋转时都是存在的，“断流”部位成为物料运动方向的一个“分水岭”，上面的物料有向上“跑”的趋势，而下面的物料有向下“跑”的趋势。

在仿真中任取一物料颗粒，追踪其通过破碎腔整个过程的运动轨迹，可分析物料详细输送动态过程。单颗粒通过破碎腔的运动轨迹如图 3-24 所示：

由单颗粒通过破碎腔的运动轨迹图可以看出，振动破碎机破碎力施加的方式主要为高频冲击。图示颗粒由料斗进入破碎腔直到从出料口流出，整个流程大约持续 2s，而通过轨迹的曲折个数，可以判断出该颗粒在通过整个破碎腔期间所受到的冲击次数大约为 30 次，这与振动破碎机的激振力频率是相符合的。

机体破碎腔壁上水平受力随时间变化曲线如图 3-25 所示。

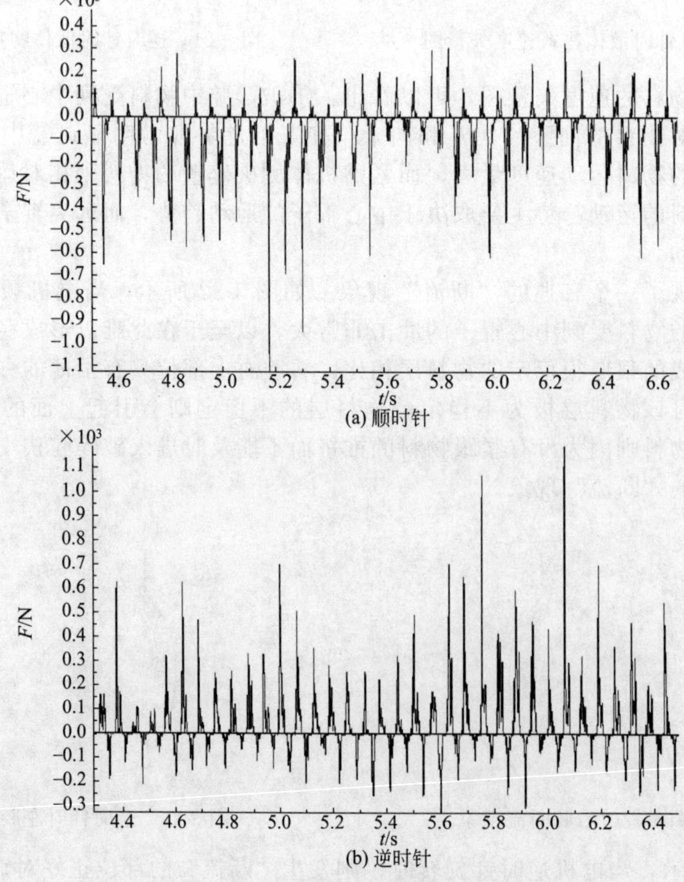

图 3-25　机体水平方向受力时域图

从图中可以看出，水平作用力正方向和负方向是不对称的，顺时针旋转，负向的峰值大约是正向峰值的 2～3 倍，逆时针旋转，转化为正向峰值要大于负向峰值的状态。

对机体水平方向的受力分析指的是在水平方向的总受力，虽然能反映机体水平方向的宏观动力学行为，但不能揭示破碎腔内部的受力分布状况等微观信息。破碎腔的 PFC3D 仿真模型中将破碎腔化整为零分为不同 wall 组合的设计方法，使得了解破碎腔内部受力分布状况成为可能。下面将分块对仿真中取得的数据、曲线等信息进行归纳分析。

顺时针旋转时，左右腔各个部位的受力时域图如图 3-26 所示。通过取破碎腔壁在水平方向的受力记录数据，可以绘制出如图 3-27 所示的左右两个破碎腔的腔壁纵向分布的 5 个 wall 所受到物料对其水平方向上压力大小对比示意图。由顺时针时左右两腔的受力分布对比图可以看出，左腔的腔壁受力比较集中，主要受力区集中在靠近出料口的部分。而右腔的腔壁受力比较均匀，主要受力区集中在破碎腔的中部。

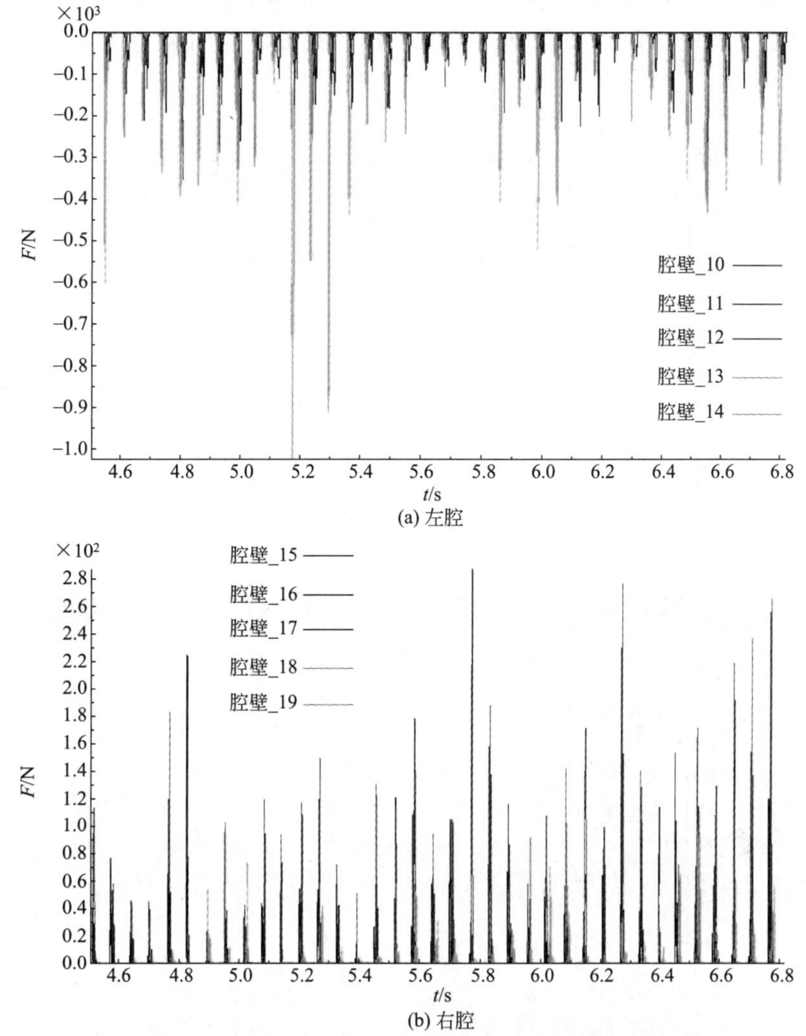

(a) 左腔

(b) 右腔

图 3-26 顺时针旋转时左右腔各部位受力时域图

逆时针旋转时，左右腔各个部位的受力时域图如图 3-28 所示。通过取破碎腔壁在水平方向的受力记录数据，可以绘制出如图 3-29 所示的左右两个破碎腔的腔壁纵向分布的

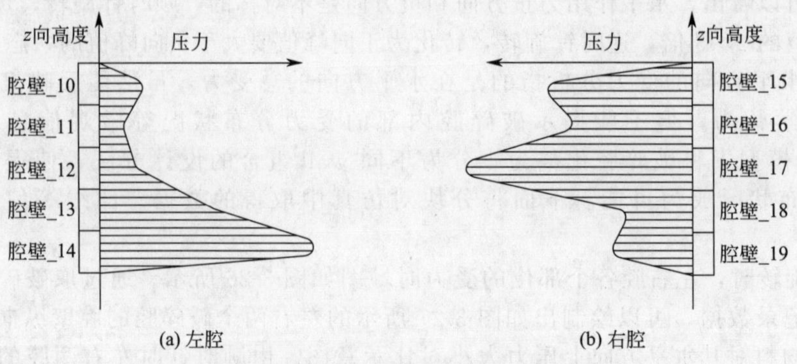

(a) 左腔　　(b) 右腔

图 3-27　顺时针时破碎腔壁水平受力分布

5 个 wall 所受到物料对其水平方向上压力大小对比示意图。由逆时针时左右两腔的受力分布对比图可以看出，右腔的腔壁受力比较集中，主要受力区集中在靠近出料口的部分，而左腔的腔壁受力比较均匀。破碎腔的受力分布图对破碎腔的腔型优化设计有着十分重要的作用。

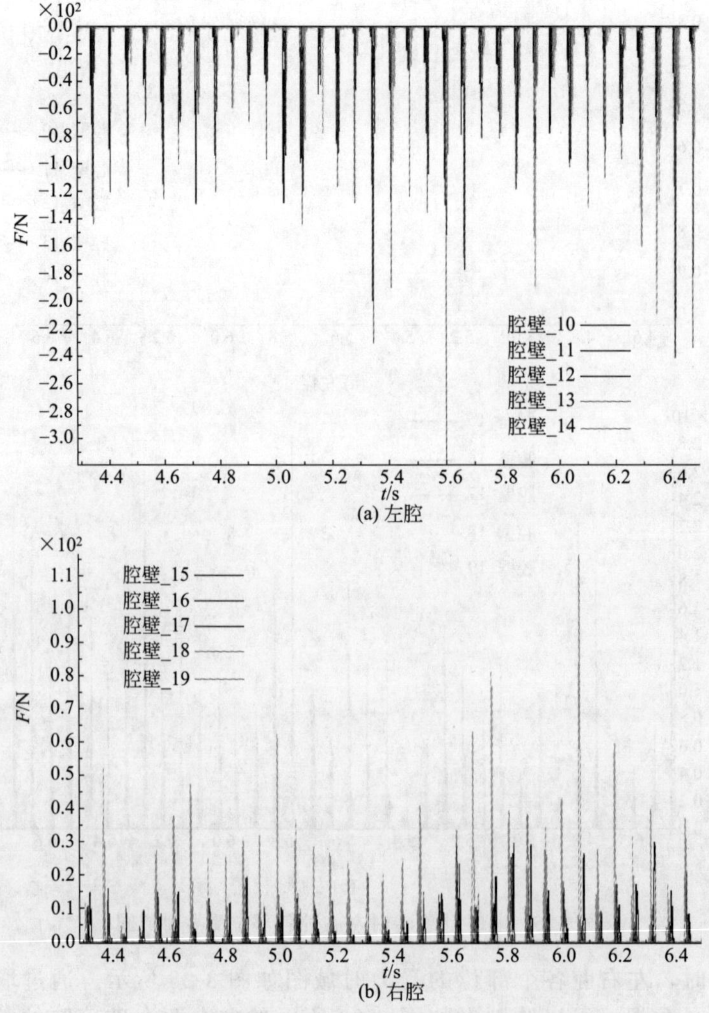

(a) 左腔

(b) 右腔

图 3-28　逆时针旋转时左右腔各部位受力时域图

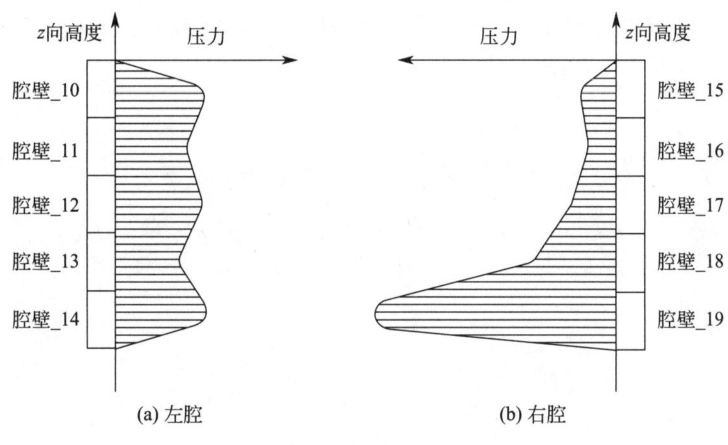

图 3-29 逆时针时破碎腔壁水平受力分布

3.3.3 双腔辊式振动破碎机腔型设计优化

腔型与破碎机的生产能力、能耗比、颚板使用寿命以及产品粒度分布特性、产品粒形等息息相关，腔型的优化设计包括破碎腔的形状、进出料口尺寸等。

双腔辊式振动破碎机样机的破碎腔是由中心辊子、两侧的机体静颚板以及前后耐磨衬板组成的封闭空间。本样机的腔型特点为：腔型两侧静颚板的位置可以调节，进而控制出料口大小。初期设计时，为了加工方便以及降低加工成本，静颚板的圆弧面采用了多条折平面连接组成“类弧面”来代替光滑圆弧面。但是通过仿真分析，发现了样机现有腔型设计中存在的一些问题，比较突出的是“断流”现象。该问题产生的原因在于进料口过于狭小，破碎腔的啮角几乎为零，而中心辊子的振动轨迹又是一倾斜椭圆。“断流现象”的出现会严重影响破碎机的生产效率。因此，需要改进破碎机的进料口尺寸，将破碎机啮角调大，以增大样机的生产效率。

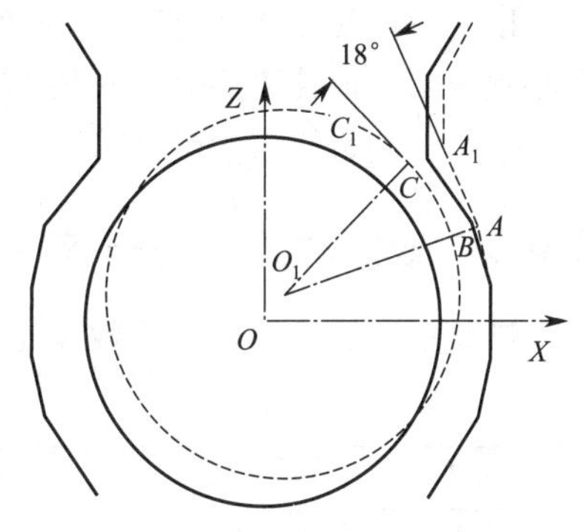

图 3-30 腔型优化方案

具体的腔型优化方案如图 3-30 所示，原腔型为实线表示，新的破碎腔截面线如虚线所示。以 O 点为中心辊子的初始位置，O_1 点为中心辊子运动到破碎腔右上部分极限位置，当中心辊子运动到 O_1 点时，可以看到，中心辊子与静颚板之间的啮角为负角，结果是进料口小，而破碎腔大，有“口小肚大”的现象，导致“断流”问题出现。可见解决此问题的关键在于增大破碎机的啮角，增大进料口，适当延长进料口预破碎腔长度。具体措施：先确定 C 点，在 C 点作中心辊子边缘切线 CC_1，C 点为 OO_1 延长线与中心辊子边缘交叉点，在 C 点作中心辊子边缘切线 CC_1，然后从 C 点沿辊子边缘顺时针截取弧线 $CB\approx 50$mm 确定 B 点，连接 O_1B 并延长 30mm（确保 BC 段破碎腔内沿辊子径向能形成一定厚度的稳定料层）至 A，再从 A 作与切线 CC_1 夹角为 18°的线段 $AA_1\approx 50$mm（确保 BC 段破碎腔内竖直方向能形成一定厚度的稳定料层）。这样新的破碎腔进料口最大啮角为 18°。

腔型优化前的“断流”现象对比如图 3-31 所示，优化前（a）圆圈处没有形成具有一定厚度的稳定料层，而优化后（b）圆圈处料层的厚度有了明显增加。优化前后破碎腔内散体物料的速度矢量如图 3-32 所示。

优化前“断流”处散体颗粒运动趋势杂乱无章，料层很薄、且不稳定，有明显的速度

“分水岭”。而优化后该处形成了具有一定厚度的料层，散体物料的运动趋势比较一致，料层基本稳定。由此可以推断：优化是成功的，可以付诸实践。

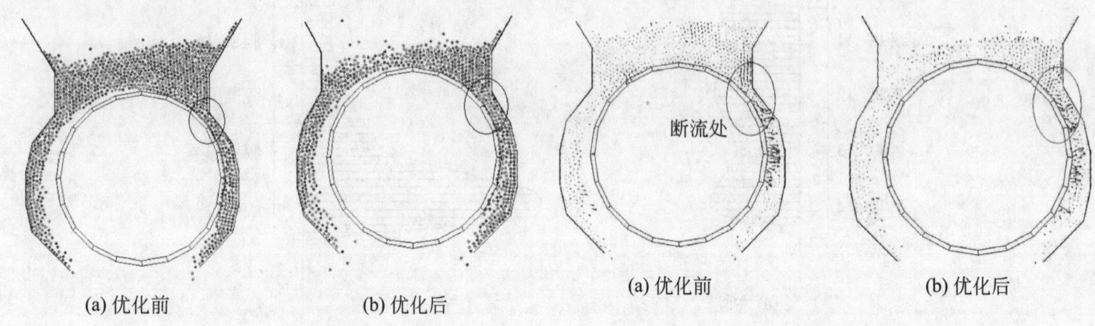

图 3-31 “断流”现象对比　　图 3-32 破碎腔内散体物料的速度矢量对比

3.4 双腔辊式振动破碎机典型实例与性能试验

3.4.1 双腔辊式振动破碎机试验样机

试验样机如图 3-33 所示。可调偏心装置在普通三相异步电机带动下产生惯性离心力，中心辊子则在惯性离心力的驱使下，沿着机体滚动，并产生一定频率的振动冲击力，物料则在中心辊子和机体两个刚体之间形成的破碎腔内被破碎。

3.4.2 双腔辊式振动破碎机试验过程

试验中，试验条件及参数设定如表 3-3 所示。

表 3-3 样机性能试验条件

岩石种类	出料口间隙	给料粒度	电机转速	激振力	电机功率	处理能力
石灰石	5mm	20～40mm	980r/min	14000N	2.2kW	0.24t/h

驱动电机为 2.2kW 的普通三相异步电机，电机转速 0～980r/min 可调，主轴上装有两组偏心块，其偏心量可调，偏心激振力 0～27000N，因此可满足试验过程中的不同要求。在本试验中，电机转速满转速 980r/min 运转，偏心激振力调节为 14000N。

图 3-33 双腔辊式振动破碎机试验样机

该破碎机以增减不同厚度垫片的方式实现出料口的调节。垫片放置于静颚与机体之间，即调节静颚的前后位置。

破碎物料选用优质石灰石，粒度 20～40mm 均布，堆密度为 1600～2000kg/m^3。

电机功率保持在 2.2kW，采用连续供料、连续出料即出料口敞开的工作方式，始终保持破碎腔中的物料充实平衡，在一段工作时间内持续工作。

3.4.3 双腔辊式振动破碎机试验结果分析

电机顺时针旋转时，两腔产量有明显不同，右腔产量远远大于左腔，由数据可计算出，右腔产量约是左腔产量的 5.32～7.73 倍，如表 3-4 所示。而当电机逆时针旋转时，左右两腔的产量大小则明显对调，左腔产量大于右腔，由数据可计算出，左腔产量约是右腔产量的 3.1～4.1 倍，如表 3-5 所示。

表 3-4　电机顺时针旋转时试验数据

试验次数	左腔产量/g	右腔产量/g	左∶右
1	505	2824	1∶5.9
2	632	3362	1∶5.3
3	496	3834	1∶7.7

表 3-5　电机逆时针旋转时试验数据

试验次数	左腔产量/g	右腔产量/g	左∶右
1	2297	621	1∶3.7
2	1894	611	1∶3.1
3	3378	824	1∶4.1

为了搞清楚左右两腔的产品粒度特性，深入分析研究该新型破碎机的各项性能特点，对电机顺时针旋转时左右两腔的产品进行了取样分析，粒度分析筛采用泰勒标准筛 6 目、10 目、14 目、20 目、30 目、40 目、60 目、80 目、100 目、140 目、200 目系列，筛孔尺寸为 3.350mm、1.700mm、1.180mm、0.850mm、0.560mm、0.380mm、0.250mm、0.180mm、0.150mm、0.109mm、0.074mm。共取样 500g，粒度分析见表 3-6。

表 3-6　电机顺时针旋转时左右两腔产品粒度分析

粒度分析/目	左腔/g	右腔/g	粒度分析/目	左腔/g	右腔/g
6<	70	72	>40～60	56	31
6～10	48	109	>60～80	31	16
>10～14	40	74	>80～100	10	6
>14～20	45	54	>100～140	13	9
>20～30	86	62	>140～200	17	11
>30～40	26	16	>200	54	36

由表 3-6 的数据可以得到左右两腔产品粒度分布对比图，如图 3-34 所示，左右两腔产品筛上累计量对比如图 3-35 所示。根据顺时针时左右腔的产品粒度分布分析，可以发现右腔的产品粒度分布比较集中，10～40 目之间分布的产品约占总产量的 70%，而左腔的产品粒度分布比较发散，约 50%分布在 40～200 目之间，且过粉碎比右腔严重。

通过该样机试验可以得到以下结论：①破碎机在物料破碎的过程中存在严重的双腔不对称冲击现象，两腔产量不对称；②左右两腔的产品粒度分布特性不对称，这是由左右两侧的破碎力不对称造成的；③改变可调偏心块的旋转方向，两破碎腔的产量和产品粒度特性等也随之改变；④该型破碎机的破碎比可达 20～40，且产品粒度好，生产效率高，磨损小，是一种具有超细粉碎功能的节能型设备。

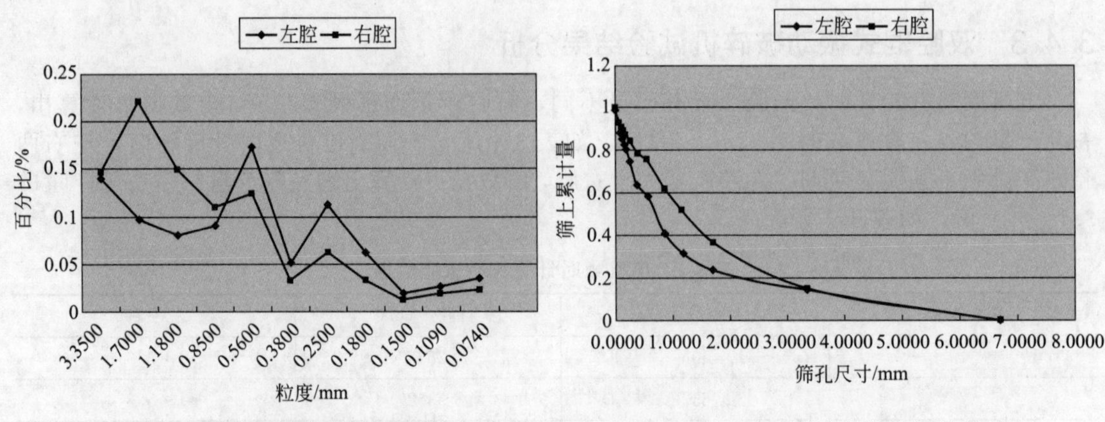

图 3-34　左右两腔粒度分布对比

图 3-35　左右两腔产品筛上累计量对比

3.4.4　双腔辊式振动破碎机振动测试试验

双腔辊式振动破碎机是在中心辊子与机体这两个刚体的相互作用下实现物料破碎的，两刚体的相对运动状态对样机的生产效率、功率消耗以及产品的粒度特性等有直接的影响。样机破碎性能试验研究表明该机型存在着双腔产量不对称、双腔产品粒度分布不对称等一系列问题，而这些问题与破碎机的实际动力学行为有着直接的联系。为了能了解样机在实际破碎工作状态下的动力学行为，我们选取样机的部分参数进行了测试。

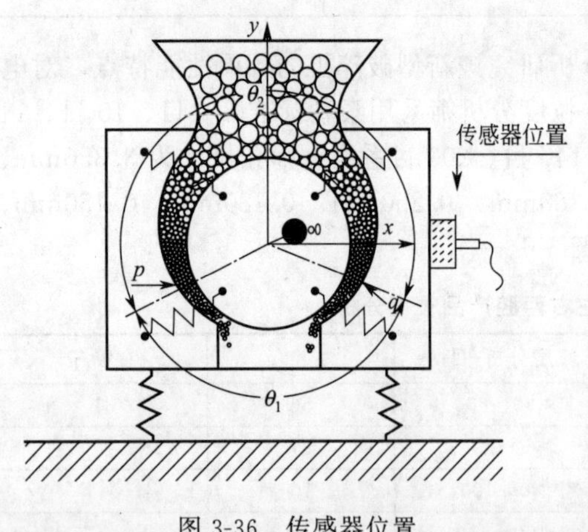

图 3-36　传感器位置

破碎过程是刚体与散体相互耦合作用的过程，其中有很强的非线性动力学问题。双腔辊式振动破碎机的特点在于利用中心辊子与机体两个刚体的高频冲击来工作，其主要参数有位移、速度、加速度、激振力、振动频率和振幅等。由于双腔辊式振动破碎机主要由水平左右两个破碎腔来实现物料的输送与破碎，且破碎力的强度和频率与组成两破碎腔的刚体运动状态有直接关系，因此，本测试选取机体水平方向（即 x 方向）的加速度信号 a 为研究对象。测试位置如图 3-36 所示。

测试对象：机体水平方向（即 x 方向）加速度 a（以 g 为单位，$g=9.8\text{m/s}^2$）；测试状态：偏心块顺时针旋转，样机稳定工作；测试时间：每次 30s；测试仪器：压电式加速度传感器一套，HEAD Analysis Artemis 分析软件；传感器位置：机体右侧中心位置水平放置（如图 3-36 所示），在每次测试的时候，都选择随机采样。

在测试中进行了多项取样测试，在此任取 2 次实测信号进行分析说明。测得机体水平 x 方向的加速度信号时域波形和频谱如图 3-37 所示。

① 机体在 x 轴上正向和反向加速度的最大值是不同的，说明机体在 x 轴向所受正反方向的合外力是不对称的，即左右两个破碎腔的破碎力是不对称的，而且由加速度 a 的方向可判定左腔的破碎力大于右腔，且左腔的峰值约是右腔峰值的 2 倍。其结果是，左腔的产品粒度要比右腔的产品粒度小，这已经在左右腔的产品粒度分布分析中得到验证。

② 一个周期内，中心辊子与机体发生两次碰撞，且两次碰撞的时间间隔不均等。设中心辊子与机体左右两侧的碰撞点分别为 p、q，两点与机体质心连线所形成的两个角度为

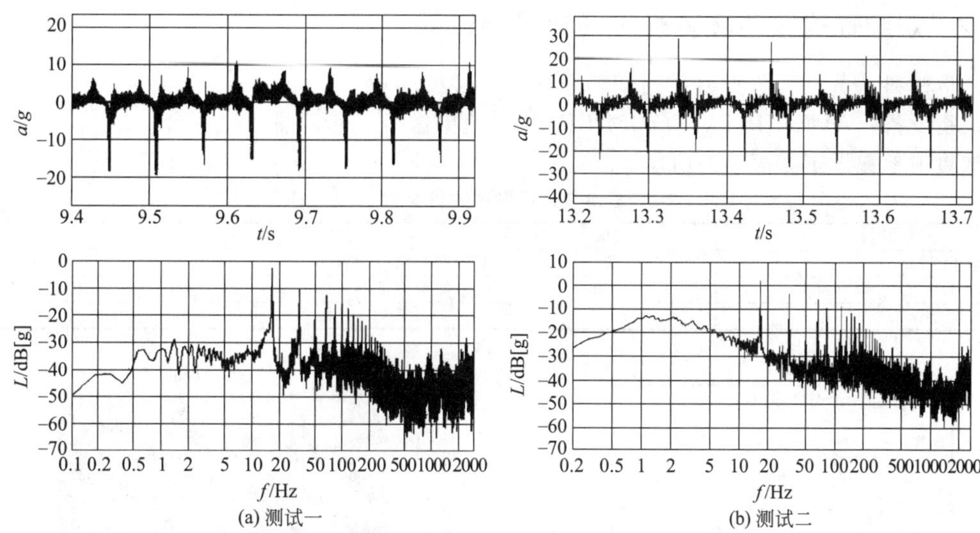

图 3-37　机体水平方向加速度信号时域波形和频谱

θ_1、θ_2，则 θ_1 与 θ_2 的比值即为两次碰撞的时间间隔的比值，测得 $\theta_1:\theta_2\approx5.3:9.8$。

③ 振动信号中主要频率成分为偏心块的激振力频率 16.3Hz，其它的主要是激振力频率的倍频成分。

3.5 双腔辊式振动破碎机可视化试验研究

为了观察双腔辊式振动破碎机内部物料的运动情况，利用高速相机和透明观察窗进行可视化试验研究，初步分析试验的难点有以下几点：

① 现有衬板为高锰钢，即使在机体外壁开取了观察窗，仍然无法直接观察腔内情况，如果去掉衬板，则破碎腔不能形成封闭空间，物料的破碎、输送都无法完成。故需要采用透明材料有机玻璃板来代替高锰钢衬板置于观察窗的机体壁与破碎腔之间，这样既能形成封闭的破碎腔，又能有效地观察腔内物料的运动状态。

② 振动破碎机采用的是高频冲击的形式破碎物料，频率比较高，普通相机难以捕捉腔内物料的运动轨迹，必须采用高速摄像机进行拍摄，但是高速摄像机对光线的要求比较高，所以只能对腔内局部的物料进行采集，无法实现总体的观察研究。

③ 高速摄像采样时间间隔很短，而且不能长时间连续采样，因此，破碎腔内物料可视化的试验需要重复、多次取样。

④ 普通的石灰石材料质地坚硬、磨蚀性很强，磨损有机玻璃，对有机玻璃板的寿命有很大影响。并且普通的石灰石形状各异、大小不均，在高速摄像的取样观察中对比性很差、区别不明显，因此，必须选用合适的材料以便适应试验的重复性、易观察性等要求。

3.5.1 双腔辊式振动破碎机可视化试验装置

物料破碎是在封闭的破碎腔内进行的，但是现有的设备还无法直接深入破碎腔内部对物料的破碎过程直接拍摄，结合双腔辊式振动破碎机的结构特点，我们采取了观察窗的方案。为了能有好的观察视角，在样机机体主平面内开取了如图 3-38 和图 3-39 所示的观察窗口。

3.5.2 双腔辊式振动破碎机可视化试验过程

试验材料：黄豆、亚克力系列塑料彩球共 20kg。

试验设备：AVENIR TV ZOOM LENS 高速摄像机一套，照明灯一台。

试验中参数设定如表 3-7 所示。

表 3-7 可视化试验参数

参数	数值	参数	数值
激振频率/Hz	16	主振弹簧刚度/(N/m)	1.80×10^5
激振力/N	2903	隔振弹簧刚度/(N/m)	1.50×10^5
给料粒度/mm	5～15		

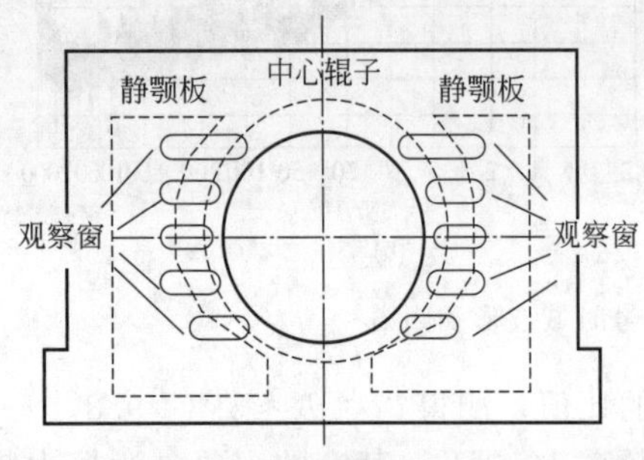

图 3-38 样机观察窗口示意图

图 3-39 试验样机实物

3.5.3 双腔辊式振动破碎机可视化试验结果与分析

在电机顺时针旋转情况下，对双腔辊式振动破碎机的左腔进行了多次拍摄。破碎腔中的物料运动趋势可以通过跟踪其中一个或者多个典型位置的小球在连续时间段内的振动轨迹来加以说明。当观察左腔的物料时，腔中物料的左侧为机体的静颚板，而右侧为中心辊子，物料右侧为主动刚体、左侧为被动刚体，通过对拍摄出来的系列照片进行筛选，择取了如图 3-40 所示的系列照片来进行说明（T_0 时刻为起始时刻，依次累加 20ms）。

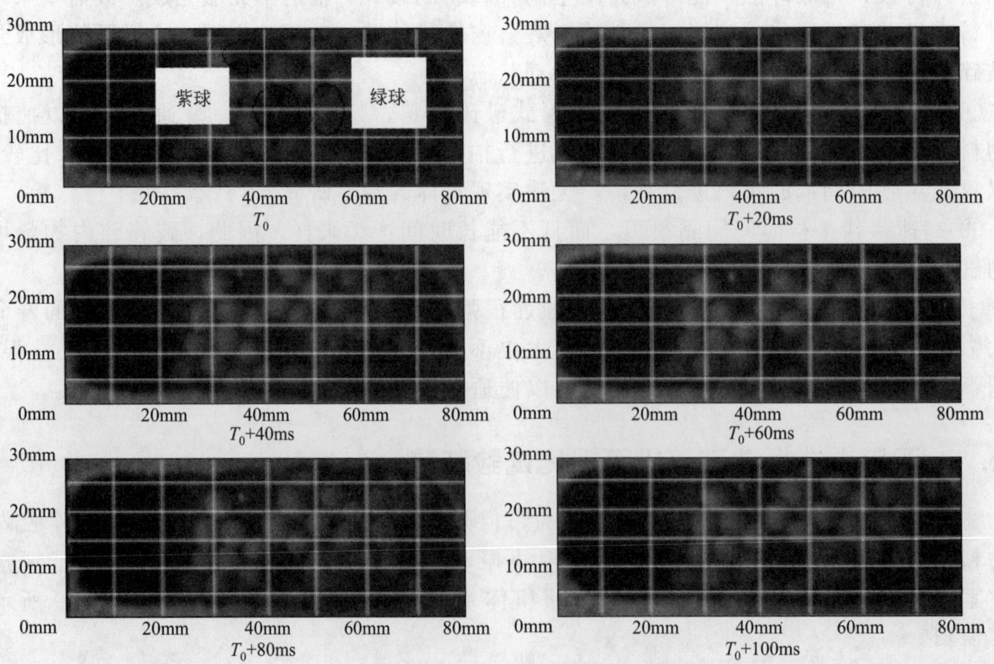

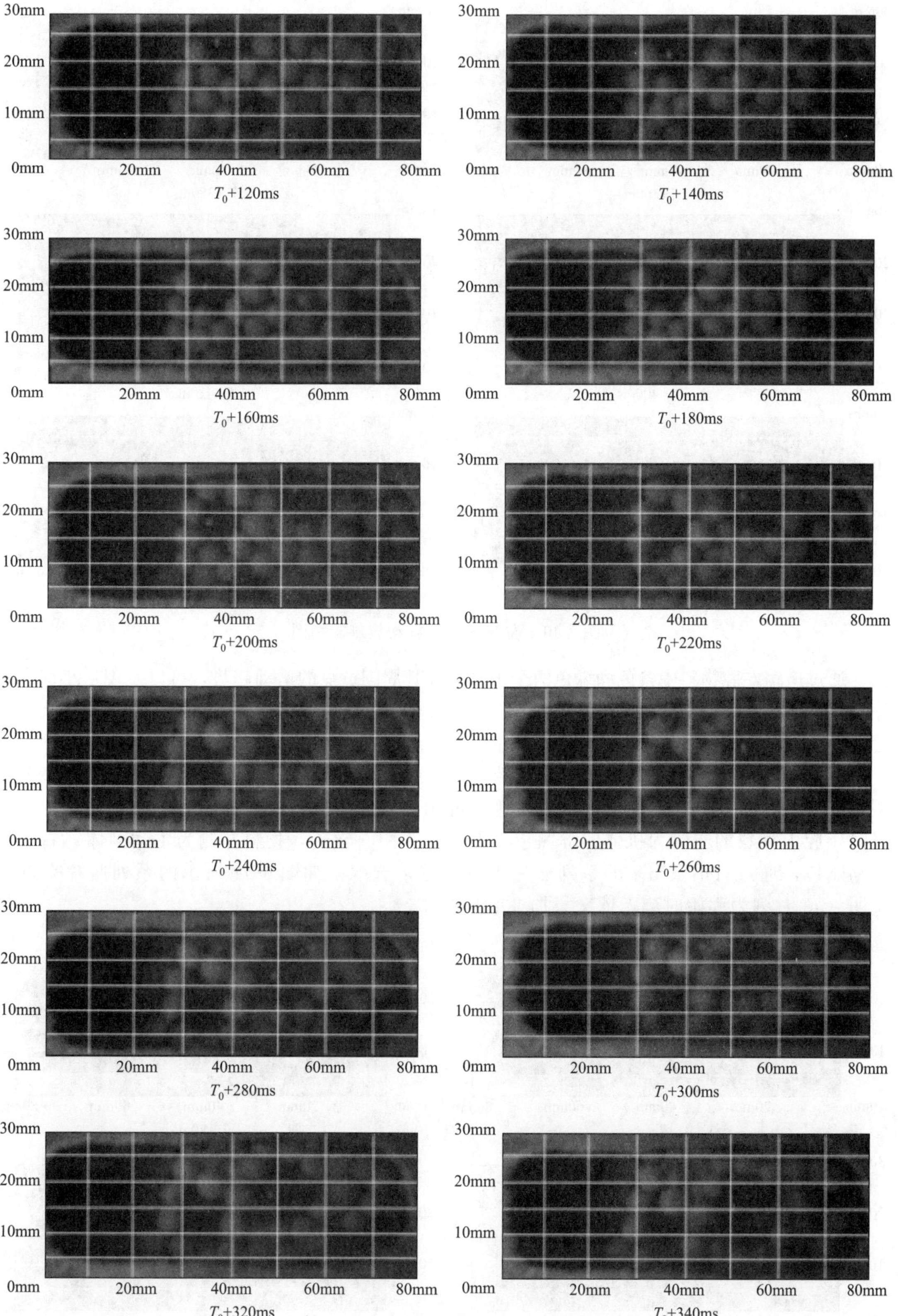
30mm
20mm
10mm
0mm
20mm
40mm
60mm
80mm
T_0+120ms
T_0+140ms
T_0+160ms
T_0+180ms
T_0+200ms
T_0+220ms
T_0+240ms
T_0+260ms
T_0+280ms
T_0+300ms
T_0+320ms
T_0+340ms

图 3-40

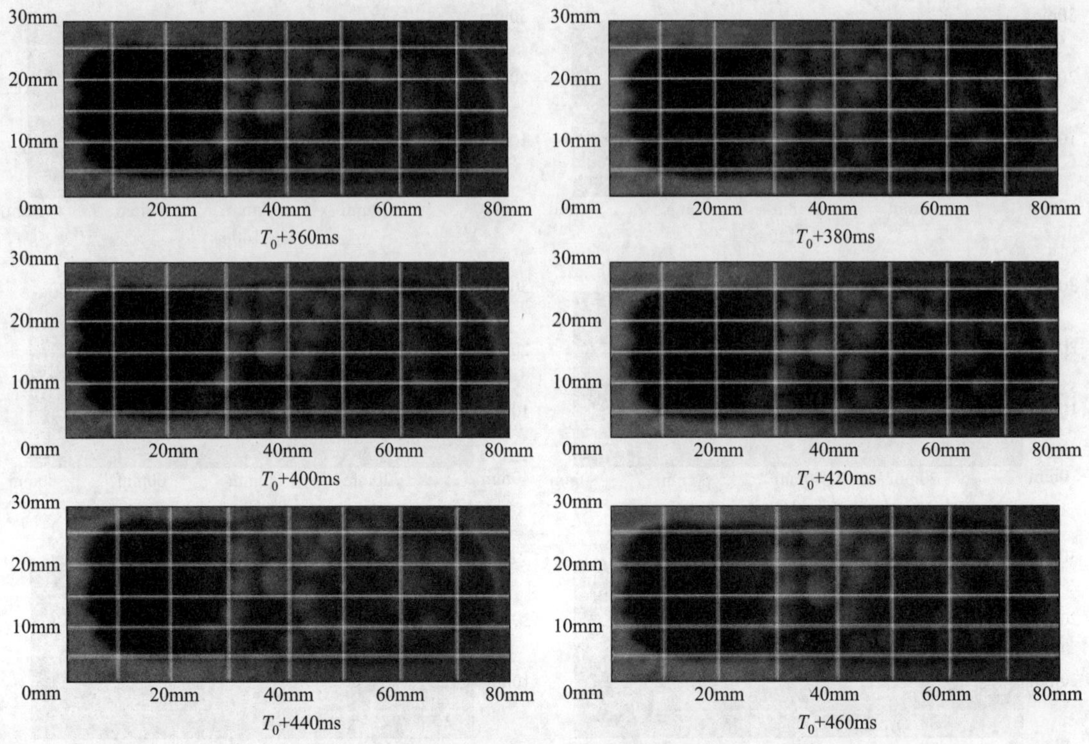

图 3-40　左腔中小球振动轨迹实物图

通过追踪左腔物料中紫色和绿色两个小球以及其周围黄豆的运动趋势，可以发现：小球在破碎腔的轨迹是反复的曲折运动，每一次中心辊子对料层的挤压都会造成物料剧烈的横向运动；靠近右侧（即中心辊子侧）的物料要比靠近左侧（即机体静颚板侧）的物料运动程度激烈。

在电机顺时针旋转情况下，又对右腔进行了拍摄。同样，通过跟踪其中一个或者多个典型位置的小球在连续时间段内的振动轨迹来说明破碎腔中的物料运动趋势。当观察右腔的物料时，腔中物料的右侧为机体的静颚板，而左侧为中心辊子，物料左侧为主动刚体、右侧为被动刚体，通过对拍摄出来的系列照片进行筛选，选取了如图 3-41 所示的系列照片来进行说明（T_0时刻为起始时刻，依次累加 20ms）。

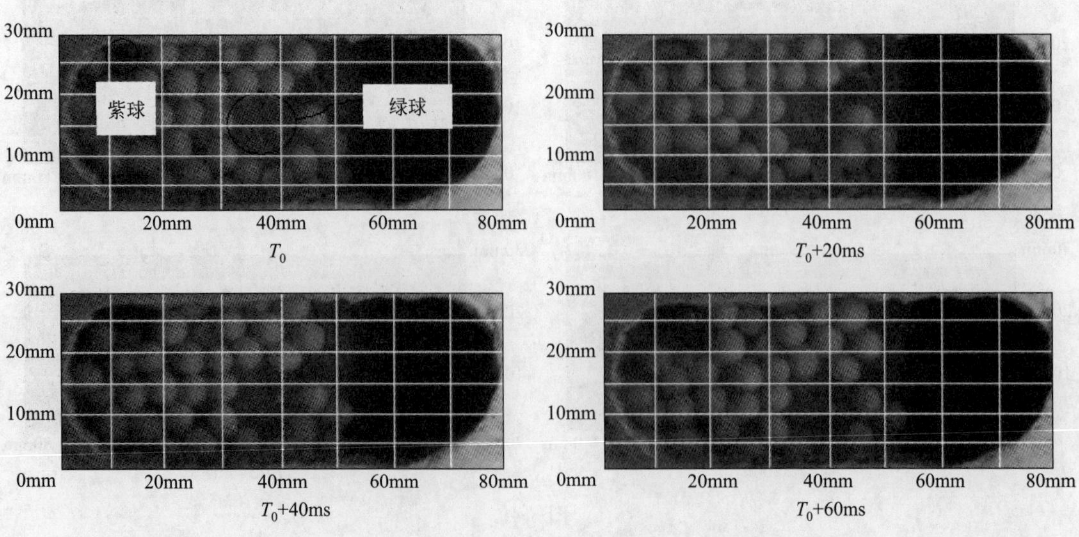

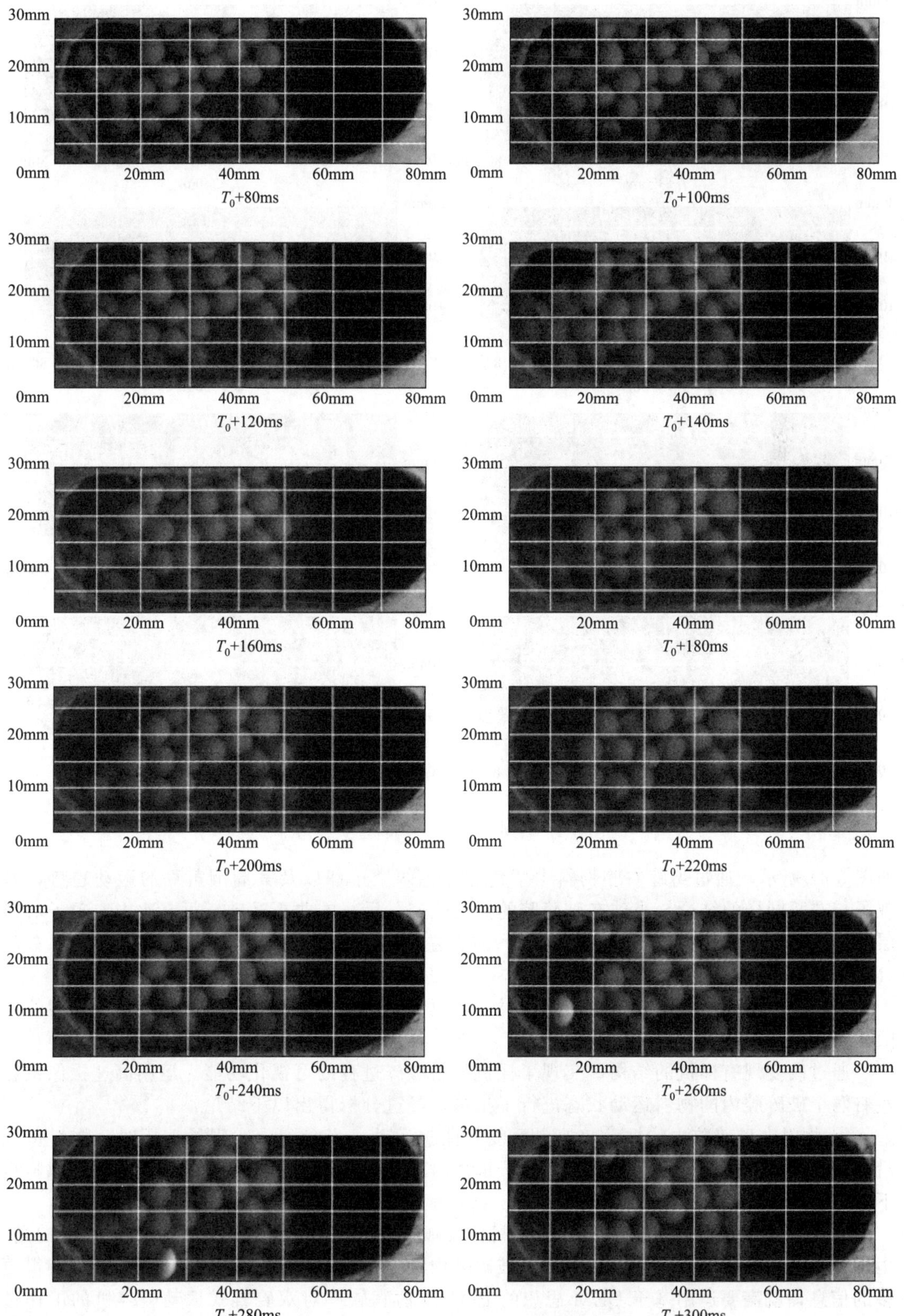
30mm
20mm
10mm
0mm
20mm
40mm
60mm
80mm
T_0+80ms
T_0+100ms
T_0+120ms
T_0+140ms
T_0+160ms
T_0+180ms
T_0+200ms
T_0+220ms
T_0+240ms
T_0+260ms
T_0+280ms
T_0+300ms

图 3-41

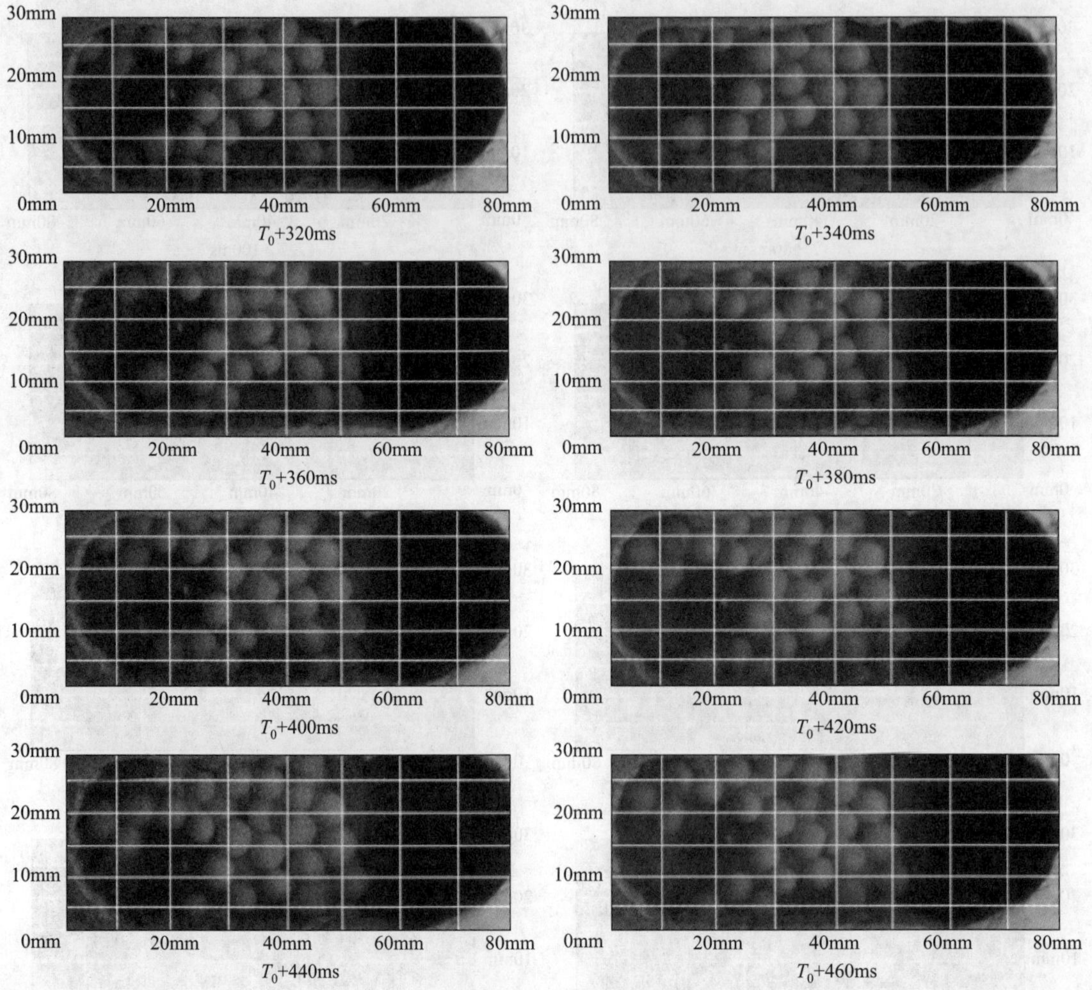

图 3-41 右腔中小球振动轨迹实物图

如图 3-41 所示，通过追踪右腔物料中紫色和绿色两个小球以及其周围黄豆的运动趋势，发现了与左腔同样的结论：小球在破碎腔的振动轨迹是反复的曲折运动，每一次中心辊子对料层的挤压都会造成物料剧烈的横向运动；靠近左侧（即中心辊子侧）的物料要比靠近右侧（即机体静颚板侧）的运动程度激烈。

之后，改变偏心块的旋转方向为逆时针，也得到了同样的结论。但是鉴于设备性能的局限性，还不能观察到更为细致的信息。

通过改变现有样机的结构，实现了样机物料破碎过程的可视化功能。运用高速摄像机对左右两个破碎腔内的物料运动状态进行了拍摄，经过分析得出以下结论：

ⓐ 物料在破碎腔内的振动轨迹是反复的曲折运动，当受到中心辊子挤压时，物料呈现沿辊子径向相互挤压的运动形式；当辊子远离时，物料在重力作用下疏散、并呈现近似竖直下落的运动形式。

ⓑ 靠近中心辊子侧的物料要比靠近机体静颚板侧的物料运动程度激烈。必须指出的是，由于设备的性能限制，还不能得到样机破碎腔内物料输送过程更加细致的信息。要想获得更多的信息，就需要运用基于 DEM 思想的 PFC3D 仿真软件对双腔辊式振动破碎机的工作过程进行仿真。

第4章 圆锥式振动破碎机

4.1 圆锥式振动破碎机工作原理

双腔颚式振动破碎机和双腔辊式振动破碎机属于间断工作，冲击强、噪声大、产量较低，而且由于两颚板之间切向相对速度较大，不仅使颚板的磨损速度大、寿命低，同时产品颗粒的立方性也会较差。圆锥破碎机相当于连续工作的简摆颚式振动破碎机，冲击小、噪声低，而且因定、动锥之间主要是法向运动，相对搓动的速度较小，衬板的磨损率低，产品粒形好，特别适合制砂等对颗粒的立方性有较高要求的行业，是一个更为理想的机型。在传统惯性圆锥破碎机中，动锥与机架间通过球面轴承连接，对材料和制造水平要求很高。借鉴开发颚式振动破碎机的经验，用一组弹簧代替了球面轴承，开发出了圆锥式振动破碎机，圆锥式振动破碎机属于一类特殊的多自由度非线性振动系统，属于刚体的空间运动，刚体运动的自由度增加，系统的运动过程和动力学更加复杂。激振器旋转产生惯性力，当破碎腔内有物料时，使动锥沿料层滚动，料层在动锥和外锥之间受到挤压，同时伴有强烈脉动冲击，从而对物料进行破碎。

课题组在如图 4-1 所示的传统惯性圆锥破碎机基础上进行改进，设计了圆锥式振动破碎机。圆锥式振动破碎机的工作原理示意图如图 4-2 所示。电机通过联轴器驱动偏心激振器绕竖直回转轴高速旋转，偏心激振器在高速旋转过程中产生水平面内的惯性离心力，驱使动锥体在定锥体内部并沿着定锥体的内表面做高速回转运动；当待破碎的物料落入由定锥体内表面和动锥体外表面所围成的破碎腔时，被动锥体与定锥体间的高频冲击、碾压剪切等作用力粉碎，并依靠物料自身的重力实现物料的下落。

圆锥式振动破碎机由动锥 5 和定锥 4 形成破碎腔，动锥 5 通过主振弹簧 2 与定锥 4 相连，定锥 4 通过隔振弹簧 3 与地基相连。电机轴 1 旋转，通过挠性联轴器 9 带动主轴 7 运动，主轴上装有偏心块 6，主轴 7 运动带动偏心块 6 旋转，偏心块 6 旋转产生激振力，带动动锥 5 运动，通过主振弹簧 2 和物料的传递把运动传递给定锥 4，定锥 4 和动锥 5 两个刚体均做空间自由运动。

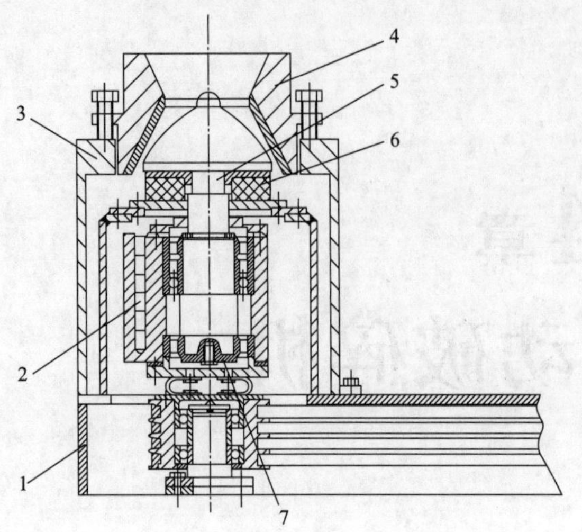

图 4-1 传统惯性圆锥破碎机

1—底架；2—激振器；3—外壳；4—定锥；5—动锥；6—弹性元件轮；7—轴承挡盖

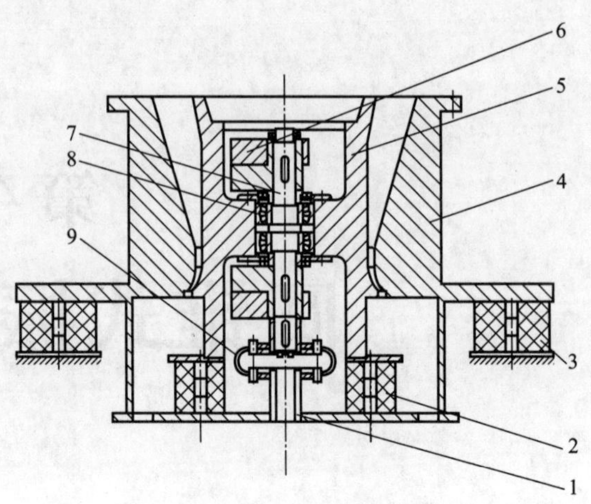

图 4-2 圆锥式振动破碎机

1—电机轴；2—主振弹簧；3—隔振弹簧；4—定锥；5—动锥；6—偏心块；7—主轴；8—轴承；9—挠性联轴器

4.2 圆锥式振动破碎机 12 自由度动力学仿真分析

4.2.1 圆锥式振动破碎机 12 自由度力学建模

圆锥式振动破碎机刚体运动的自由度增加，系统的动力学更加复杂。12 自由度圆锥式振动破碎机的简化力学模型如图 4-3 所示，圆锥式振动破碎机主要由动锥和定锥组成，动锥通过主振弹簧（k_1）与定锥相连，定锥通过隔振弹簧（k_2）与地基相连，动锥和定锥两个刚体均做空间运动，x、y、z 方向的平动和绕 x、y、z 方向的转动，各有 6 个自由度，分别为 x_1、y_1、z_1、α_1、β_1、γ_1 和 x_2、y_2、z_2、α_2、β_2、γ_2，利用拉格朗日方法分析建立出系统的动力学方程。

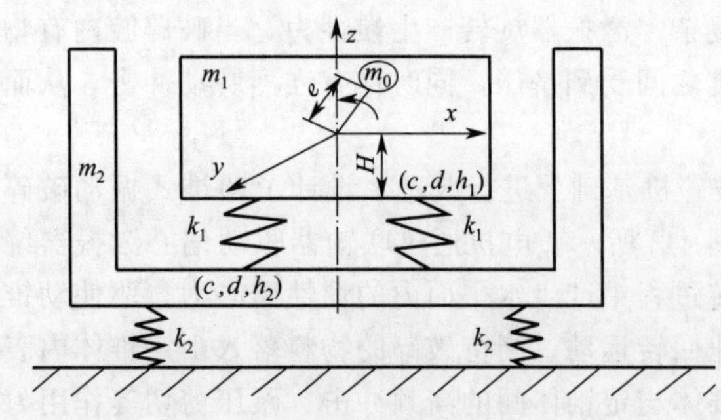

图 4-3 12 自由度振动系统的简化力学模型

求得系统的动能、势能和广义干扰力后，就可以按照拉格朗日方法建立系统的 12 自由度振动微分方程组，其中含有三角函数项，这给方程组的求解带来很大的不便，但转角摆动是一个很小的量，设

$$\sin\alpha_i=\alpha_i \quad \cos\alpha_i=1 \quad \sin\beta_i=\beta_i$$

$$\cos\beta_i=1 \quad \sin\gamma_i=\gamma_i \quad \cos\gamma_i=1 \quad (i=1,2)$$

化简得到系统的动力学方程组为：

$$-4k_{x_1}h_1\beta_1+m_0e[\sin(\omega t)]\omega^2\gamma_1+4k_{x_1}h_2\beta_2+4k_{x_1}x_1+(m_1+m_0)\ddot{x}_1-4k_{x_1}x_2$$

$$-m_0e[\sin(\omega t)]\ddot{\gamma}_1-m_0e\omega^2\cos(\omega t)-2m_0e\omega[\cos(\omega t)]\ddot{\gamma}_1-m_0H\ddot{\beta}_1=-c_{x_1}(\dot{x}_1-\dot{x}_2)$$

$$
\begin{cases}
4k_{y_1}h_1\alpha_1-m_0e\omega^2[\cos(\omega t)]\gamma_1-4k_{y_1}h_2\alpha_2+4k_{y_1}(y_1-y_2)-m_0e\omega^2\sin(\omega t)\\
+m_0e[\cos(\omega t)]\ddot{\gamma}_1-2m_0e\omega[\sin(\omega t)]\dot{\gamma}_1+(m_0+m_1)\ddot{y}_1+m_0H\ddot{\alpha}_1=-c_{y_1}(\dot{y}_1-\dot{y}_2)\\
-m_0e[\cos(\omega t)]\ddot{\beta}_1+m_0e[\sin(\omega t)]\ddot{\alpha}_1+4k_{z_1}z_1+(m_0+m_1)g+2m_0e\omega[\cos(\omega t)]\dot{\alpha}_1\\
+2m_0e\omega[\sin(\omega t)]\dot{\beta}_1+m_0e\omega^2[\cos(\omega t)]\beta_1-m_0e\omega^2[\sin(\omega t)]\alpha_1-4k_{z_1}z_2+(m_0+m_1)\ddot{z}_1\\
=-c_{z_1}(\dot{z}_1-\dot{z}_2)(4k_{z_1}d^2+4k_{y_1}h_1^2+m_0gH)\alpha_1+[m_0ge\cos(\omega t)-m_0e\omega^2H\cos(\omega t)]\gamma_1\\
-(4k_{z_1}d^2+4k_{y_1}h_1h_2)\alpha_2+m_0eH[\cos(\omega t)]\ddot{\gamma}_1+[m_0e^2\sin^2(\omega t)+m_0H^2+I_{x_1}]\ddot{\alpha}_1\\
-2m_0He\omega[\sin(\omega t)]\dot{\gamma}_1-4k_{y_1}h_1(y_2-y_1)+2m_0e^2\omega[\sin^2(\omega t)]\dot{\beta}_1+m_0ge\sin(\omega t)\\
+m_0H\ddot{y}_1-m_0e\omega^2H\sin(\omega t)+m_0e[\sin(\omega t)]\ddot{z}_1-\frac{1}{2}m_0e^2[\sin(2\omega t)]\ddot{\beta}_1+m_0e^2\omega[\sin(2\omega t)]\dot{\alpha}_1\\
=-c_{f_1}(\dot{\alpha}_1-\dot{\alpha}_2)\\
(4k_{z_1}c^2+4k_{x_1}h_1^2+m_0gH)\beta_1+[m_0ge\sin(\omega t)-m_0e\omega^2H\sin(\omega t)]\gamma_1-(4k_{z_1}c^2+4k_{x_1}h_1h_2)\beta_2\\
-m_0e[\cos(\omega t)]\ddot{z}_1+[m_0e^2\cos^2(\omega t)+m_0H^2+I_{y_1}]\ddot{\beta}_1-m_0H\ddot{x}_1-4k_{x_1}h_1x_1-m_0ge\cos(\omega t)\\
+m_0e\omega^2H\cos(\omega t)-2m_0e^2\omega[\cos^2(\omega t)]\dot{\alpha}_1+m_0He[\sin(\omega t)]\ddot{\gamma}_1+2m_0e\omega H[\cos(\omega t)]\dot{\gamma}_1\\
-\frac{1}{2}m_0e^2[\sin(2\omega t)]\ddot{\alpha}_1-m_0e^2\omega[\sin(2\omega t)]\dot{\beta}_1+4k_{x_1}x_2h_1=-c_{p_1}(\dot{\beta}_1-\dot{\beta}_2)\\
m_0ge[\cos(\omega t)]\alpha_1+m_0ge[\sin(\omega t)]\beta_1+(4k_{y_1}c^2+4k_{x_1}d^2)\gamma_1+m_0e[\cos^2(\omega t)]\ddot{y}_1\\
-(4k_{y_1}c^2+4k_{x_1}d^2)\gamma_2-m_0e[\sin(\omega t)]\ddot{x}_1+(m_0e^2+I_{z_1})\ddot{\gamma}_1+m_0He[\sin(\omega t)]\ddot{\beta}_1\\
+m_0He[\cos(\omega t)]\ddot{\alpha}_1=-c_{q_1}(\dot{\gamma}_1-\dot{\gamma}_2)\\
4k_{x_1}h_1\beta_1-(4k_{x_1}h_2+4k_{x_2}h_2)\beta_2-4k_{x_1}x_1+m_2\ddot{x}_2+(4k_{x_1}+4k_{x_2})x_2=-c_{x_2}\dot{x}_2-c_{x_1}(\dot{x}_2-\dot{x}_1)\\
-4k_{y_1}h_1\alpha_1+(4k_{y_2}h_2+4k_{y_1}h_2)\alpha_2-4k_{y_1}y_1+m_2\ddot{y}_2+(4k_{y_1}+4k_{y_2})y_2=-c_{y_2}\dot{y}_2-c_{y_1}(\dot{y}_2-\dot{y}_1)\\
-4k_{z_1}z_1+m_2\ddot{z}_2+(4k_{z_2}+4k_{z_1})z_2+m_2g=-c_{z_2}\dot{z}_2-c_{z_1}(\dot{z}_2-\dot{z}_1)\\
-(4k_{z_1}d^2+4k_{y_1}h_1h_2)\alpha_1+I_{x_2}\ddot{\alpha}_2+(4k_{z_2}s^2+4k_{z_1}d^2+4k_{y_1}h_2^2+4k_{y_2}h_2^2)\alpha_2\\
-4k_{y_1}h_2y_1+(4k_{y_1}+4k_{y_2})h_2y_2=-c_{f_2}\dot{\alpha}_2-c_{f_1}(\dot{\alpha}_2-\dot{\alpha}_1)\\
-(4k_{z_1}c^2+4k_{x_1}h_1h_2)\beta_1-4k_{x_2}h_2x_2+(4k_{z_1}c^2+4k_{z_2}r^2+4k_{x_2}h_2^2+4k_{x_1}h_2^2)\beta_2\\
-4k_{x_1}h_2x_2+4k_{x_1}h_2x_1+I_{y_2}\ddot{\beta}_2=-c_{p_2}\dot{\beta}_2-c_{p_1}(\dot{\beta}_2-\dot{\beta}_1)\\
-(4k_{y_1}c^2+4k_{x_1}d^2)\gamma_1+I_{z_2}\ddot{\gamma}_2+(4k_{x_2}s^2+4k_{y_2}r^2+4k_{y_1}c^2+4k_{x_1}d^2)\gamma_2\\
=-c_{q_2}\dot{\gamma}_2-c_{q_1}(\dot{\gamma}_2-\dot{\gamma}_1)
\end{cases}
\tag{4-1}
$$

4.2.2 圆锥式振动破碎机 12 自由度动力学响应

在不考虑物料的破碎力的情况下，空载状态下圆锥式振动破碎机的动力学方程已经建立，从方程(4-1) 可以看出，微分方程组中的矩阵是关于时间 t 变化的，因此不能用传统龙格-库塔法（Runge-Kutta method）去求，需要用求解刚性方程的方法求解。给定方程组中的参数，就可求得系统的动力学响应。参数如下所示：

$$m_0=50\text{kg}\quad m_1=100\text{kg}\quad m_2=420\text{kg}$$

$$e=20\text{mm}\quad I_{x_1}=5.56\text{kg}\cdot\text{m}^2\quad I_{y_1}=5.56\text{kg}\cdot\text{m}^2$$

$$I_{z_1}=9.62\text{kg}\cdot\text{m}^2\quad I_{x_2}=43.66\text{kg}\cdot\text{m}^2$$

$$I_{y_2}=43.66\text{kg}\cdot\text{m}^2\quad I_{z_2}=76.13\text{kg}\cdot\text{m}^2$$

$$k_{x_1}=4\times10^4\text{N/m}\quad k_{y_1}=4\times10^4\text{N/m}$$

$$k_{z_1}=8\times10^4\text{N/m}\quad k_{x_2}=6\times10^4\text{N/m}$$

$$k_{y_2}=6\times10^4\text{N/m}\quad k_{z_2}=12\times10^4\text{N/m}$$

为了分析定锥、动锥的运动行为，以及二者质心的运动轨迹，我们用 MAPLE 中的刚性吉尔法对方程组进行数值求解，得到动锥和定锥的时间响应如图 4-4～图 4-9 所示。

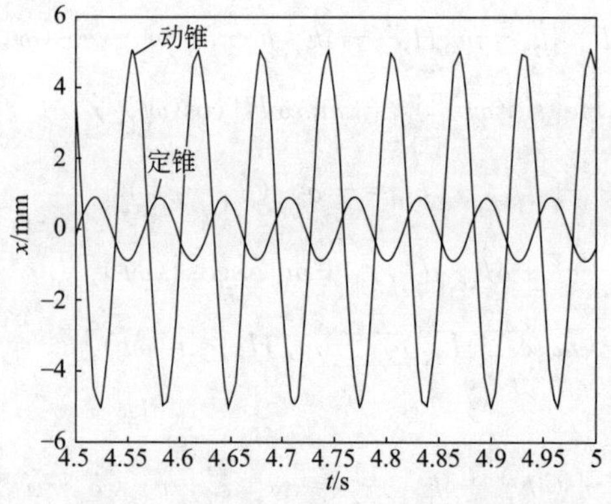

图 4-4　动锥和定锥 x 方向时间历程

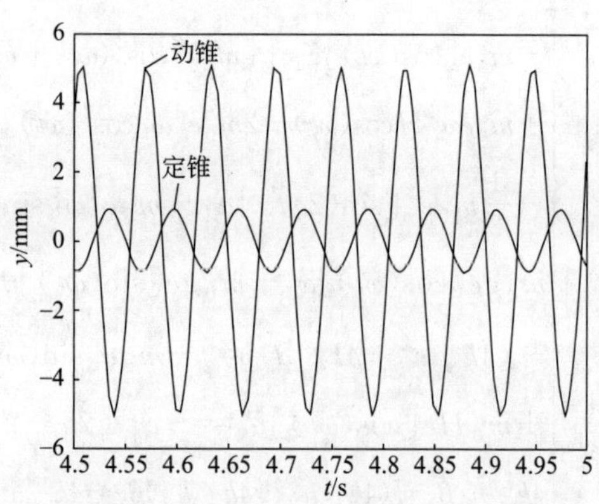

图 4-5　动锥和定锥 y 方向时间历程

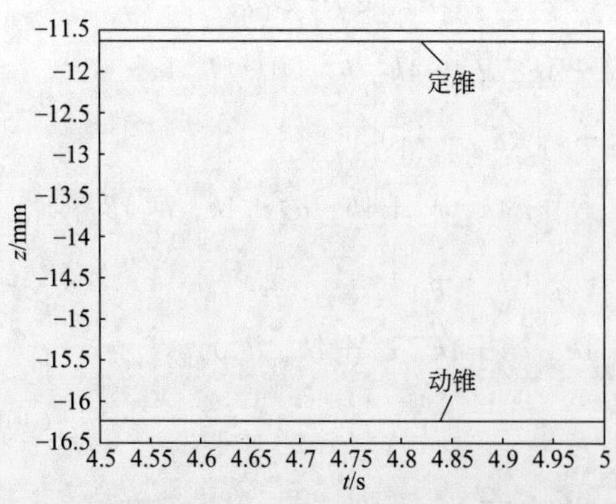

图 4-6　动锥和定锥 z 方向时间历程

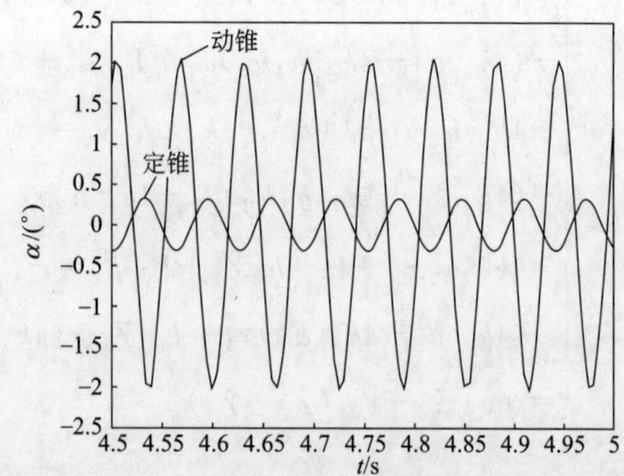

图 4-7　动锥和定锥 α 方向时间历程

分析得出以下结果：①动锥和定锥的运动均为简谐振动，但二者的振动存在一定的相位差，为非同步振动；②动锥的位移和速度都较大，在振动系统中起主导作用，振动破碎机主要靠动锥的碾压和碾压冲击来破碎物料；③系统在垂直的 z 方向和绕 z 轴的转角几乎是在某一平衡位置不动的，水平面的振动为系统的主要振动。

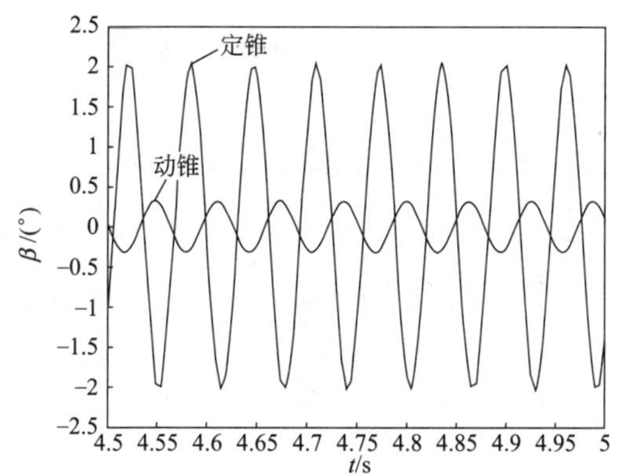

图 4-8 动锥和定锥 β 方向时间历程

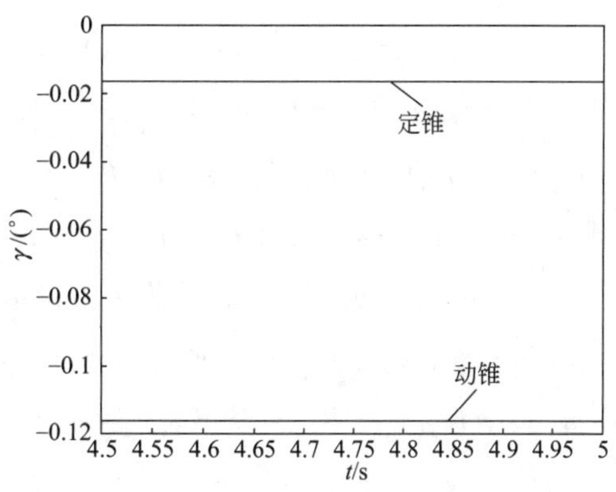

图 4-9 动锥和定锥 γ 方向时间历程

定锥和动锥水平面的质心轨迹如图 4-10 所示，可以看出不考虑物料的作用，系统运动轨迹为水平面圆运动，这为简化系统提供了依据。

进一步分析得到如下结论：①动锥振幅是定锥振幅的将近 10 倍，激振力主要用于物料的破碎；②动锥和定锥的转角近似一个恒定值，因此系统稳定工作在一个平衡位置；③动锥和定锥的振幅随时间变化，出现类似驻波现象，目前初步认为这是由物料和动锥与定锥的刚散耦合作用导致的。

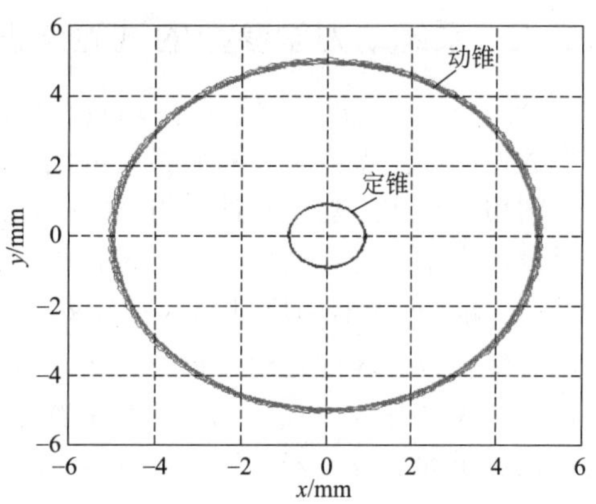

图 4-10 动锥和定锥质心轨迹图

4.3 动锥和定锥六自由度动力学仿真分析

4.3.1 圆锥式振动破碎机六自由度动力学建模

圆锥式振动破碎机是实现“以碎代磨”“多碎少磨”的理想超细破碎设备。该类型破碎机通过动锥体与定锥体之间的碾压和剪切等作用力对位于破碎腔内部的散体物料层进行破碎。由于动锥体与定锥体在水平面内的相对运动对散体物料的破碎起关键作用，所以为了简化分析、突出主要矛盾，更好地分析振动破碎机的运动过程，通过以 12 个自由度系统分析为依据，对圆锥式振动破碎机在水平面内的刚体动力学特性进行研究，简化的仿真模型如图 4-11 所示。该模型具有 6 个自由度：动锥体沿 x 方向和 y 方向上的平动以及绕其轴线的转动，定锥体沿 x 方向和 y 方向上的平动以及绕其轴线的转动。

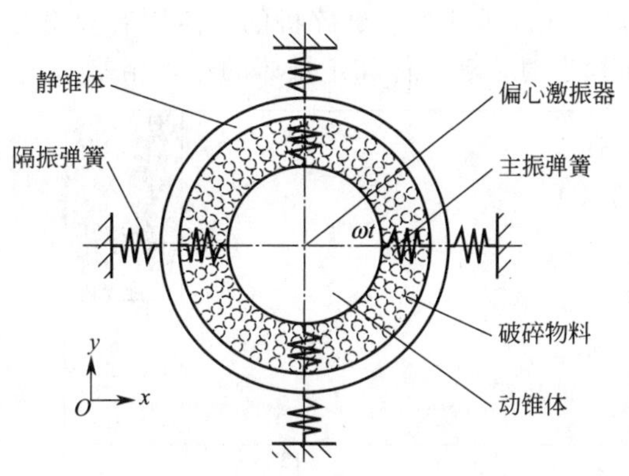

图 4-11 圆锥式振动破碎机的简化动力学模型

按照拉格朗日方法可以得到圆锥式振动破碎机系统的六自由度非线性动力学方程

$$
\begin{cases}
m_1\ddot{x}_1+m_0\ddot{x}_1-m_0e\ddot{\theta}_1\sin(\omega t+\theta_1)-m_0e\cos(\omega t+\theta_1)\omega^2-2m_0e\cos(\omega t+\theta_1)\omega\dot{\theta}_1 \\
\quad -m_0e\cos(\omega t+\theta_1)\dot{\theta}_1^2+K_{1x}x_1-K_{1x}x_2=-c_{1x}\dot{x}_1 \\
m_1\ddot{y}_1+m_0\ddot{y}_1+m_0e\ddot{\theta}_1\cos(\omega t+\theta_1)-m_0e\sin(\omega t+\theta_1)\omega^2-2m_0e\sin(\omega t+\theta_1)\omega\ddot{\theta}_1 \\
\quad -m_0e\sin(\omega t+\theta_1)\ddot{\theta}_1^2+K_{1y}y_1-K_{1y}y_2=-c_{1y}\dot{y}_1 \\
-m_0e\sin(\omega t+\theta_1)\ddot{x}_1+m_0e^2\ddot{\theta}_1+m_0e\cos(\omega t+\theta_1)\ddot{y}_1+J_1\ddot{\theta}_1+K_{1\theta}\theta_1-K_{1\theta}\theta_2=-c_{1\theta}\dot{\theta}_1 \\
m_2\ddot{x}_2-K_{1x}x_1+K_{1x}x_2+K_{2x}x_2=-c_{2x}\dot{x}_2 \\
m_2\ddot{y}_2-K_{1y}y_1+K_{1y}y_2+K_{2y}y_2=-c_{2y}\dot{y}_2 \\
m_2\ddot{\theta}_2-K_{1\theta}\theta_1+K_{1\theta}\theta_2+K_{2\theta}\theta_2=-c_{2\theta}\dot{\theta}_2
\end{cases}
\tag{4-2}
$$

4.3.2 系统动力学参数的试验辨识

公式(4-2) 给出了圆锥式振动破碎机的六自由度动力学方程，在该方程中存在许多的待定参数，例如主振弹簧和隔振弹簧的刚度、动锥体和定锥体的质量、阻尼系数等。

利用三维实体建模软件 SolidWorks 建立圆锥式振动破碎机的三维实体模型，根据实际情况设定模型的材料属性，然后统计得到定锥体的质量 m_2 为 1200kg，动锥体的质量 m_1 为 420kg，偏心激振器的质量 m_0 为 50kg。根据动锥体和定锥体的质量特性和几何特征可以计算出其绕轴线旋转的转动惯量分别为 250kg·m^2 和 450kg·m^2，根据偏心激振器的几何特征计算其偏心距 e 为 0.046m。由于圆锥式振动破碎机所选用的电机的转速为 1460r/min，故可以算出偏心激振器旋转的角速度

$$\omega=2\pi\times\frac{1460}{60}=153(\text{rad/s}) \tag{4-3}$$

由于橡胶弹簧的设计刚度与实际刚度相差较大，所以为了获得更加精确的弹簧刚度，采用试验的方法确定系统的主振弹簧和隔振弹簧的刚度。

对圆锥式振动破碎机进行激振，激振频率由低到高变化，利用江苏东华测试有限公司的 DH5922 振动测试系统得到系统的幅频特性曲线，如图 4-12 所示。由图可知，系统的一阶固有频率为 $p_1=1.5$Hz，二阶固有频率为 $p_2=3.8$Hz。对系统进行激振，激振频率分别为 1.5Hz 和 3.8Hz，然后撤销激振力，使得系统做自由衰减运动，测得动锥体和定锥体在 x 方向上的加速度曲线，如图 4-13 所示。由图可知，在圆锥式振动破碎机的一阶固有频率时，动锥体和定锥体的运动趋势完全一致；而在二阶模态时，动锥体和定锥体的运动相差 180°。

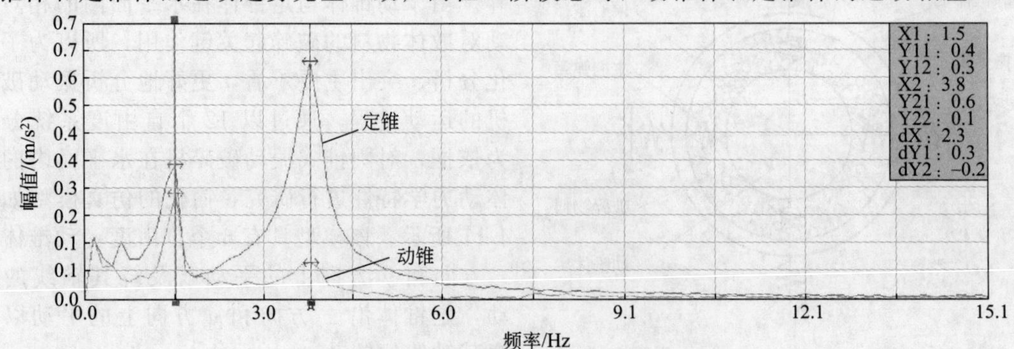

图 4-12 圆锥式振动破碎机的幅频特性曲线

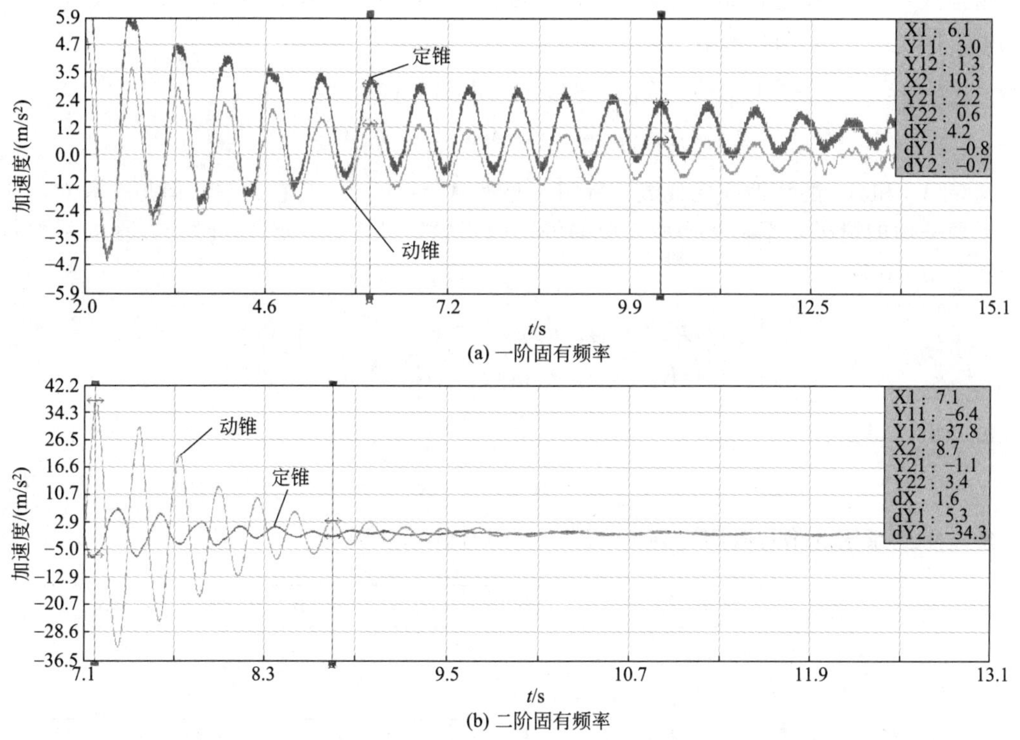

图 4-13　一阶和二阶固有频率下动锥体和定锥体的加速度自由衰减曲线

在 x 方向上，圆锥式振动破碎机可以简化为图 4-14 所示的两自由度动力学模型。忽略系统阻尼的影响，根据牛顿运动定律，可以得到动锥体和定锥体的振动微分方程

$$\begin{cases} m_1\ddot{x}_1+K_{1x}x_1-K_{1x}x_2=0 \\ m_2\ddot{x}_2-K_{1x}(x_1-x_2)+K_{2x}x_2=0 \end{cases} \tag{4-4}$$

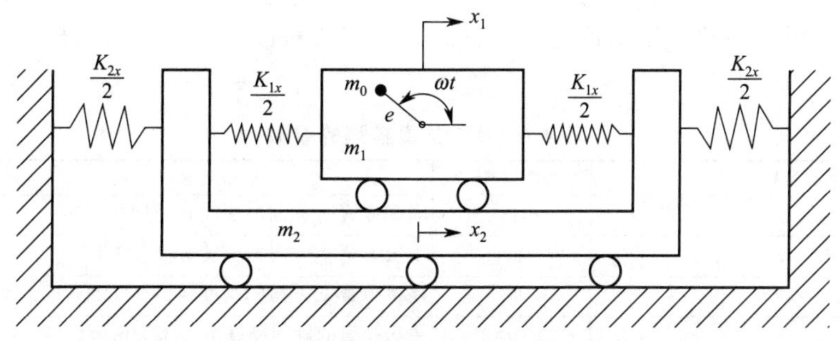

图 4-14　圆锥式振动破碎机在水平面内简化动力学模型

假设在振动时，动锥体和定锥体按照同样的频率和相位做简谐振动，因此可以令方程组的解为：

$$\begin{cases} x_1=A_1\sin(pt) \\ x_2=A_2\sin(pt) \end{cases} \tag{4-5}$$

将式(4-5) 代入式(4-4)，有：

$$\begin{cases} (-m_1A_1p^2+K_{1x}A_1-K_{1x}A_2)\sin(pt)=0 \\ (-m_2A_2p^2-K_{1x}A_1+K_{1x}A_2+K_{2x}A_2)\sin(pt)=0 \end{cases} \tag{4-6}$$

倘若式(4-5)为方程组(4-4)的解，则式(4-6)在任何的瞬时都应该成立。由于 $\sin(pt)$ 不恒等于0，所以有：

$$\begin{cases}-m_1A_1p^2+k_1A_1-k_1A_2=0\\-m_2A_2p^2-k_1A_1+k_1A_2+k_2A_2=0\end{cases} \tag{4-7}$$

这是 A_1 和 A_2 的线性齐次代数方程组。显然 $A_1=A_2=0$ 是它的解，但是这只对应于系统处于静平衡的情况，不是我们所需要的解；而当 A_1 和 A_2 不全为0时，方程的系数行列式必须等于0，即：

$$\begin{vmatrix}-m_1p^2+K_{1x} & -K_{1x}\\-K_{1x} & -m_2p^2+K_{1x}+K_{2x}\end{vmatrix}=0 \tag{4-8}$$

展开后，得到：

$$m_1m_2p^4-(m_1K_{1x}+m_1K_{2x}+m_2K_{1x})p^2+K_{1x}K_{2x}=0 \tag{4-9}$$

解之得到系统的第一阶固有频率和第二阶固有频率分别为：

$$\begin{aligned}p_1^2&=\frac{m_1K_{1x}+m_1K_{2x}+m_2K_{1x}-\sqrt{(m_1K_{1x}+m_1K_{2x}+m_2K_{1x})^2-4m_1m_2K_{1x}K_{2x}}}{2m_1m_2}\\p_2^2&=\frac{m_1K_{1x}+m_1K_{2x}+m_2K_{1x}+\sqrt{(m_1K_{1x}+m_1K_{2x}+m_2K_{1x})^2-4m_1m_2K_{1x}K_{2x}}}{2m_1m_2}\end{aligned} \tag{4-10}$$

将动锥体、定锥体和偏心激振器的质量以及通过试验测试所得到的系统的第一阶固有频率和第二阶固有频率代入式(4-10)，可以求得主振弹簧和隔振弹簧的刚度。然后，动锥体绕其轴线的旋转刚度 $K_{1\theta}$ 是由 x 方向的主振弹簧在 y 方向上的刚度、y 方向的主振弹簧在 x 方向上的刚度以及主振弹簧距动锥体轴线的距离求出的。对于系统阻尼力的选取，为了简化分析，一般将系统的阻尼理想化为黏弹性阻尼，并根据经验选取阻尼比为0.2，可求出圆锥式振动破碎机的阻尼系数。综上所述，圆锥式振动破碎机刚体动力学仿真模型参数的选取如表4-1所示。

表 4-1 系统仿真模型的参数

变量名称	参数取值	变量名称	参数取值
动锥体的质量 m_1/kg	420	隔振弹簧 x 方向的刚度 K_{2x}/(N/m)	165000
定锥体的质量 m_2/kg	1200	主振弹簧 y 方向的刚度 K_{1y}/(N/m)	180000
偏心激振器的质量 m_0/kg	50	隔振弹簧 y 方向的刚度 K_{2y}/(N/m)	165000
偏心距 e/mm	0.046	主振弹簧的旋转刚度 $K_{1\theta}$/(N/m)	54000
激振器旋转的角速度 ω/(rad/s)	153	隔振弹簧的旋转刚度 $K_{2\theta}$/(N/m)	82500
主振弹簧 x 方向的刚度 K_{1x}/(N/m)	180000	阻尼比	0.2

4.3.3 无物料六自由度动力学响应

将表4-1给出的模型参数代入到圆锥式振动破碎机的六自由度非线性动力学方程组中，并利用龙格-库塔方法对方程组进行数值求解，可以得到系统的动力学响应。

图4-15和图4-16分别为从开机到达稳态时动锥体和定锥体的加速度时间历程，与现场测试所得到的动锥体和定锥体的加速度时间历程进行对比可知，动力学仿真结果与试验现场

测试结果一致：加速度振动幅值相近，振动频率相同，均为外界激振力的振动频率。这表明圆锥式振动破碎机的动力学模型简化合理、数学模型正确且所选择的仿真参数接近系统的真实参数，系统的动力学仿真结果真实、可信。

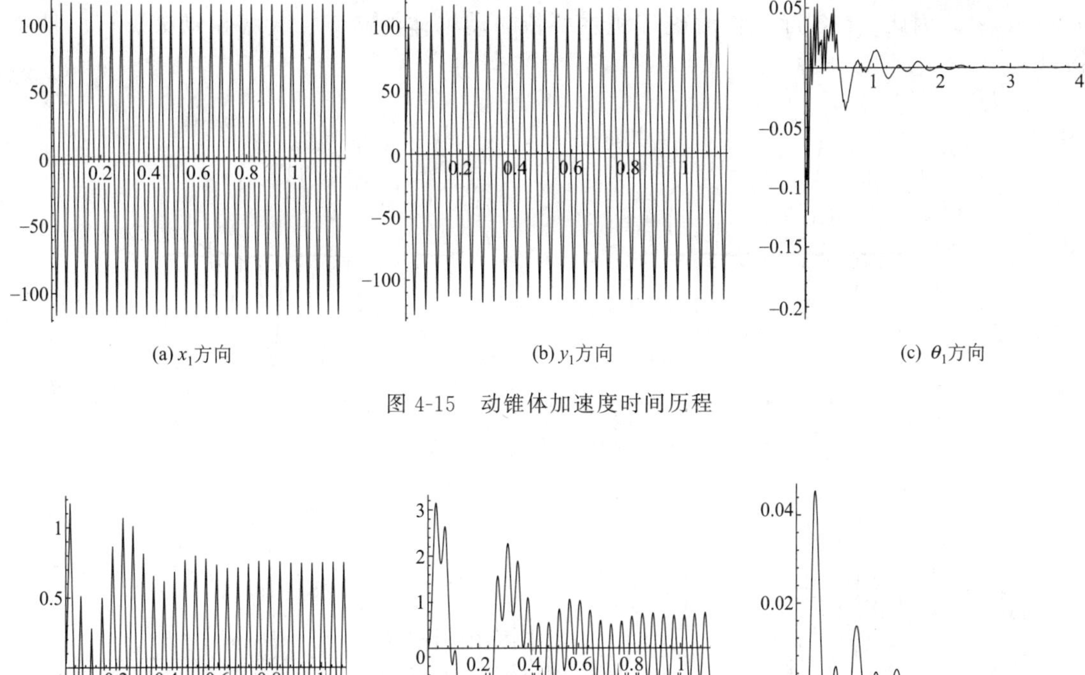

(a) x_1方向　(b) y_1方向　(c) θ_1方向

图 4-15　动锥体加速度时间历程

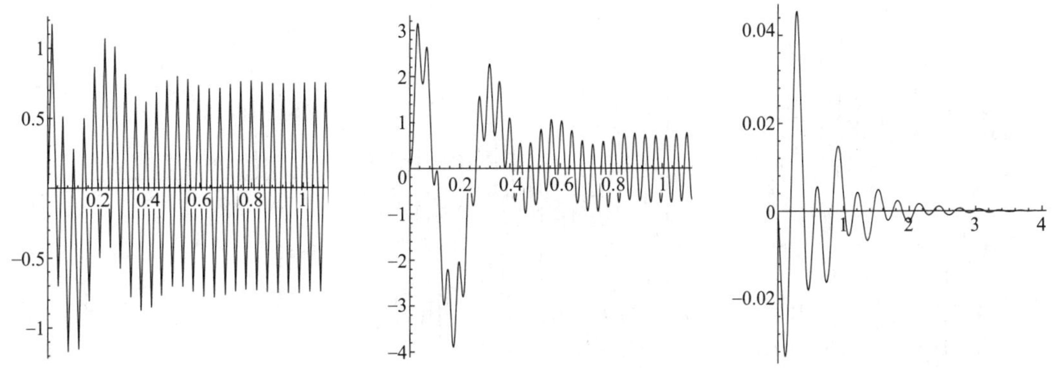

(a) x_2方向　(b) y_2方向　(c) θ_2方向

图 4-16　定锥体加速度时间历程

圆锥式振动破碎机利用动锥体与定锥体间的碾压、剪切等作用力对位于其间（破碎腔内）的颗粒物料进行破碎，因此动锥体与定锥体之间的相对运动规律对颗粒物料的破碎至关重要。对比图 4-15 和图 4-16 可知，动锥体的平动加速度较高，稳态时可以达到 120.0m/s^2 以上，对颗粒物料的破碎起主要的作用；而定锥体的平动加速度则非常低，稳态时甚至小于 1.0m/s^2。

此外，通过对比图 4-15 和图 4-16 中的图（c）还可以发现，由于没有待破碎的物料，动锥体和定锥体始终脱离接触，因此它们绕其自身竖直轴的转动在初始扰动下逐渐趋于零。故此，在圆锥式振动破碎机的动力学建模中倘若不考虑颗粒物料，则动锥体和定锥体的转动运动将体现不出来。

图 4-17 为系统达到稳态后，动锥体与定锥体的平动加速度曲线。由图可知，空载时动锥体和定锥体的加速度相位差几乎达到 180°。这表明在实际工作时，当破碎腔内填充有待破碎的颗粒物料时，动锥体和定锥体间的碾压破碎作用将非常突出。倘若定锥体的质量足够大，可以为颗粒物料的破碎提供足够的惯性力的话，系统的破碎作用将十分显著。

图 4-18 和图 4-19 分别为圆锥式振动破碎机从开机到达稳态时动锥体和定锥体的速度时间历程。图 4-20 为系统达到稳态后，动锥体与定锥体的平动速度曲线。从图中可以看出，动锥体和定锥体均做频率为 25.0Hz 的简谐振动，且二者间存在将近 180°的相位差，为非同步振动。此外，稳态时动锥体的运动加速度较高，达到 0.75m/s^2，而定锥体的较小，仅为 0.005m/s^2。因此，在实际工作时破碎机主要依靠动锥体的高频、大幅振动来碾压、粉碎物料。

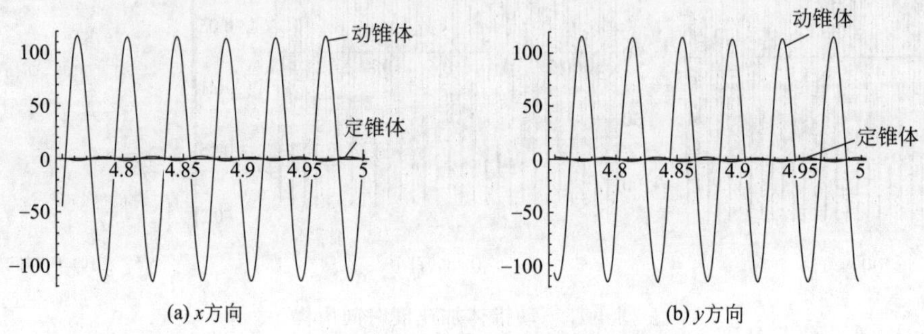

图 4-17 稳态时动、定锥体平动加速度曲线

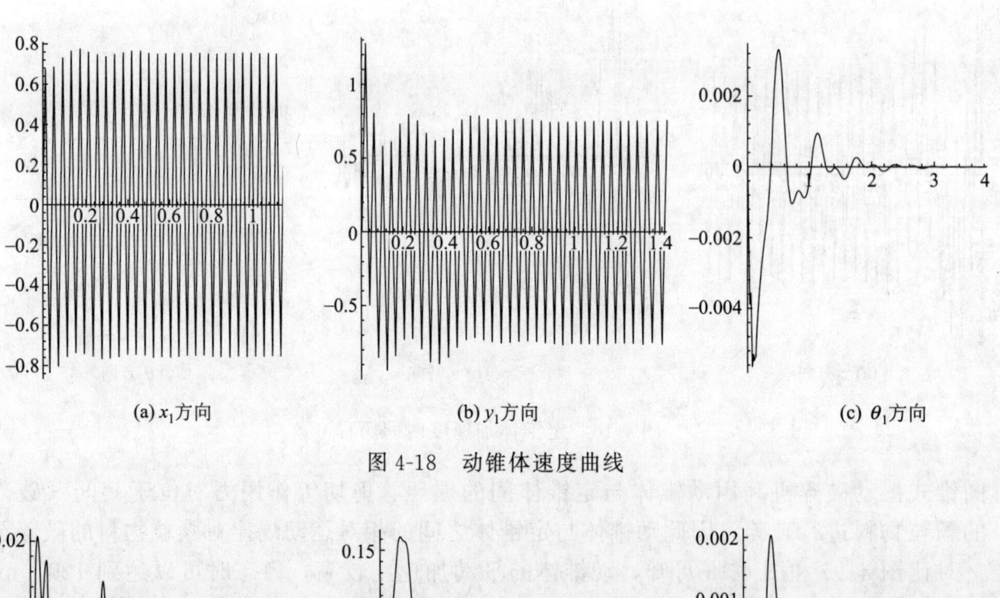

图 4-18 动锥体速度曲线

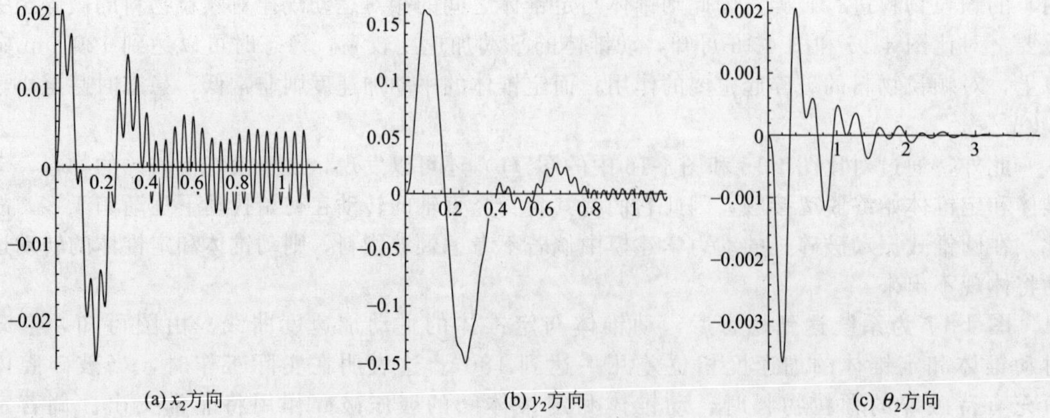

图 4-19 定锥体速度曲线

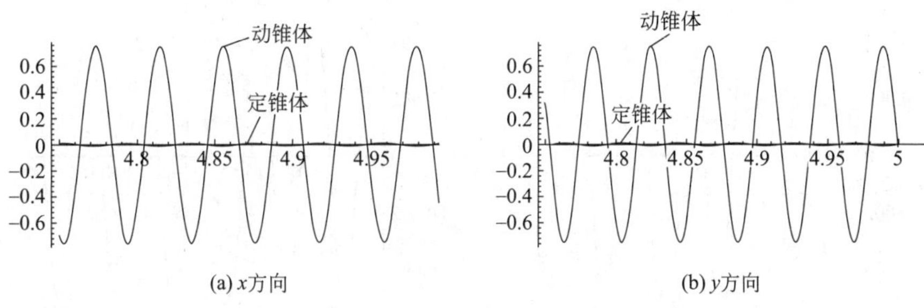

图 4-20　稳态时动、定锥体平动速度曲线

图 4-21 和图 4-22 分别为圆锥式振动破碎机从开机到达稳态时动锥体和定锥体的位移时间历程，图 4-23 为系统达到稳态后，动锥体与定锥体的平动位移曲线。从图中可以看出，稳态时动锥体的位移振动幅值较大，达到 0.005m；而定锥体的振动位移幅值则比较小，为 3.2×10^{-5}m，仅为动锥体的 1/150。因此，在实际工作时破碎机主要依靠动锥体的高频、大幅振动来碾压、粉碎物料。

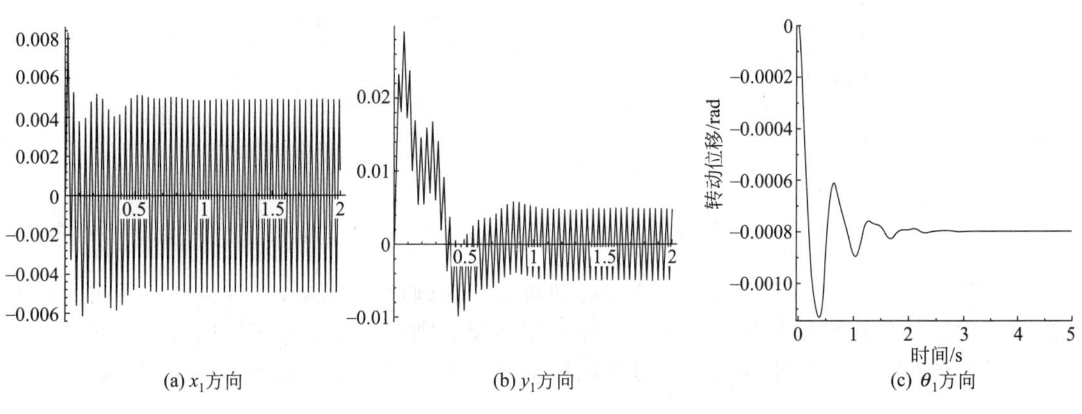

图 4-21　动锥体位移仿真曲线

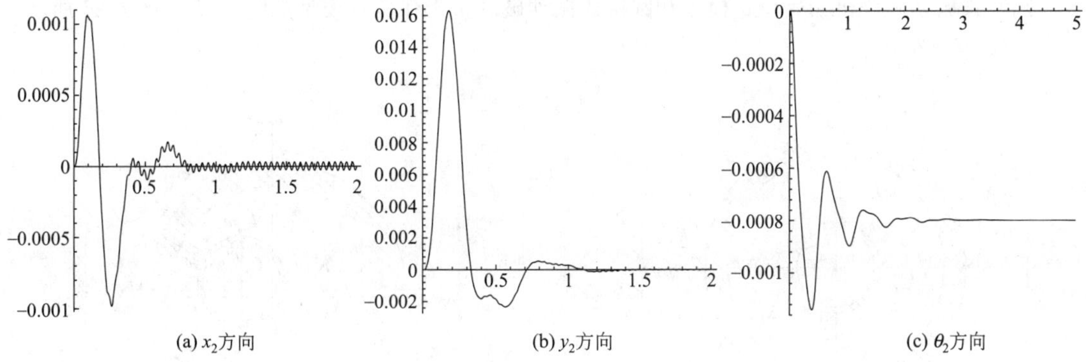

图 4-22　定锥体位移仿真曲线

故此，在实际工作时，定锥体几乎不动，而动锥体则沿着定锥体的内表面做碾压运动，以实现物料的破碎。利用动锥体和定锥体在 x 方向上和 y 方向上的位移曲线分别可以得到动锥体和定锥体的运动轨迹，分别如图 4-24 所示。

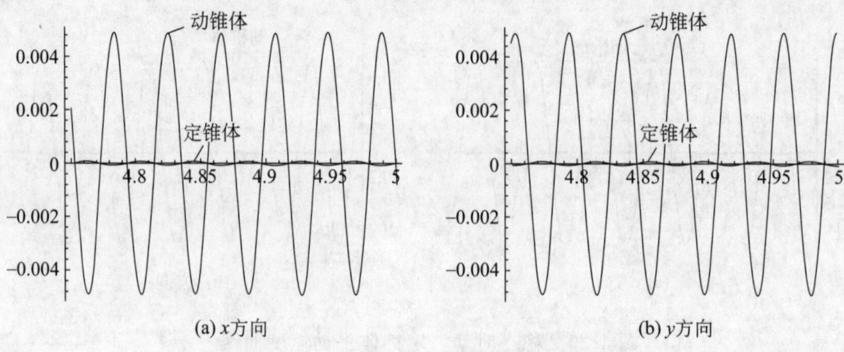

图 4-23　稳态时动、定锥体平动位移曲线

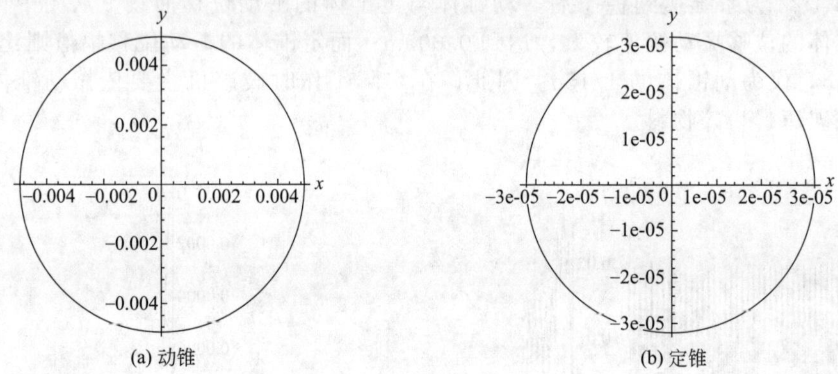

图 4-24　动定锥体运动轨迹

系统达到稳态后，动锥体和定锥体的运动轨迹均为圆形。虽然圆锥式振动破碎机在达到稳态后，动锥体的振动幅值较大，而定锥体的振动幅值则要相对小得多，但是系统在从启动至到达稳态的过程中，动锥体的运动过渡比较平缓，而定锥体运动过渡得则比较剧烈。

4.3.4　有物料六自由度动力学响应

圆锥式振动破碎机初始位置模型和圆锥式振动破碎机工作位置模型如图 4-25 和图 4-26 所示。

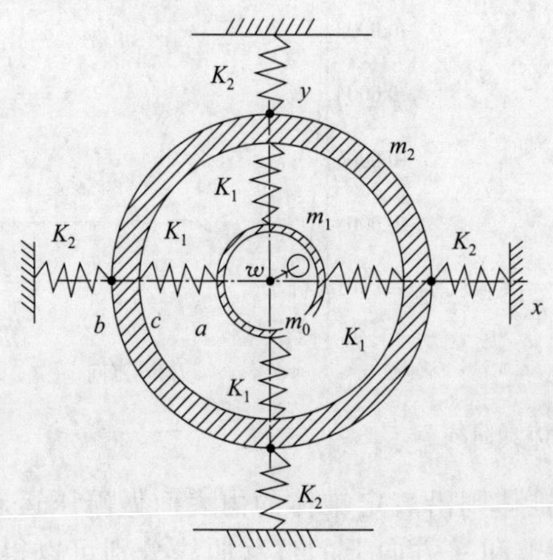

图 4-25　圆锥式振动破碎机初始位置

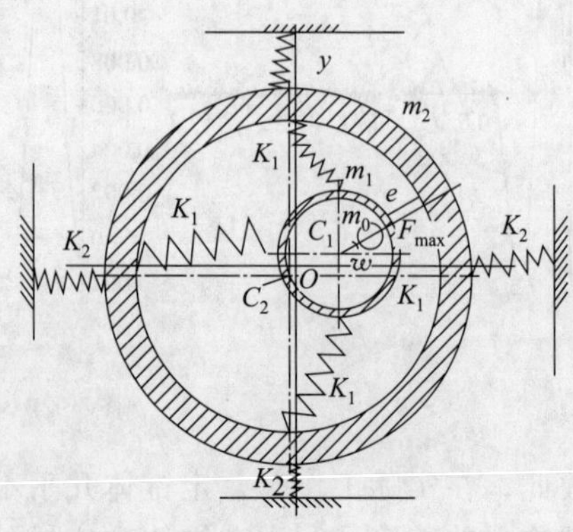

图 4-26　圆锥式振动破碎机工作位置

利用拉格朗日方程建立的动力学方程如下所示，物料的作用力考虑为广义力。

$$\begin{cases}(4K_{x_1}+4K_{x_2})x_1+(m_0+m_1)\ddot{x}_1-m_0e[\sin(\omega t)]\ddot{\theta}_1-2m_0e\omega[\cos(\omega t)]\dot{\theta}_1\\ +m_0e[\sin(\omega t)]\omega^2\theta_1-4K_{x_2}x_2-m_0e\omega^2\cos(\omega t)=-cx_1\dot{x}_1+cx_1\dot{x}_2-F\cos(\omega t)\\ (4K_{y_1}+4K_{y_2})y_1+(m_0+m_1)\ddot{y}_1-m_0e\cos(\omega t)\ddot{\theta}_1-2m_0e\omega[\sin(\omega t)]\dot{\theta}_1\\ -m_0e[\cos(\omega t)]\omega^2\theta_1-4K_{y_2}y_2-m_0e\omega^2\sin(\omega t)=-cy_1\dot{y}_1+cy_1\dot{y}_2-F\sin(\omega t)\\ (2K_{x_2}a^2+2K_{y_2}a^2)\theta_1-(2K_{x_2}ac+2K_{y_2}ac)\theta_2-m_0e[\sin(\omega t)]\ddot{x}_1\\ +m_0e[\cos(\omega t)]\ddot{y}_1+m_0e^2\ddot{\theta}_1+I_{x_1}\ddot{\theta}_1=-cf_1\dot{\theta}_1+cf_1\dot{\theta}_2\\ m_2\ddot{x}_2+4K_{x_2}x_2-4K_{x_2}x_1=cx_1\dot{x}_1-(cx_2+cx_1)\dot{x}_2+F\cos(\omega t)\\ m_2\ddot{y}_2-4K_{y_2}y_1+4K_{y_2}y_2=cy_1\dot{y}_1-(cy_2+cy_1)\dot{y}_2+F\sin(\omega t)\\ -(2K_{y_2}ac+2K_{x_2}ac)\theta_1+(2K_{y_2}c^2+2K_{x_2}c^2+2K_{x_1}b^2+2K_{y_1}b^2)\theta_2+I_{x_2}\ddot{\theta}_2\\ =cf_1\dot{\theta}_1-(cf_2+cf_1)\dot{\theta}_2\end{cases} \tag{4-11}$$

其中破碎力：

$$F=a_4(\sqrt{x_1^2+y_1^2}-\sqrt{x_2^2+y_2^2}-\delta)^4+a_3(\sqrt{x_1^2+y_1^2}-\sqrt{x_2^2+y_2^2}-\delta)^3+$$
$$a_2(\sqrt{x_1^2+y_1^2}-\sqrt{x_2^2+y_2^2}-\delta)^2+a_1(\sqrt{x_1^2+y_1^2}-\sqrt{x_2^2+y_2^2}-\delta)+a_0$$

系统稳定后，动锥和定锥的 x 方向、y 方向以及转角的位移随时间的变化规律分别如图 4-27～图 4-29 所示。动锥和定锥轨迹图如图 4-30 所示。

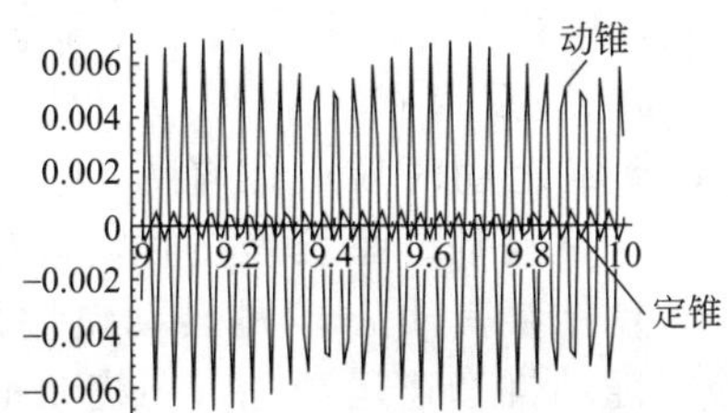

图 4-27　动锥和定锥 x 方向位移

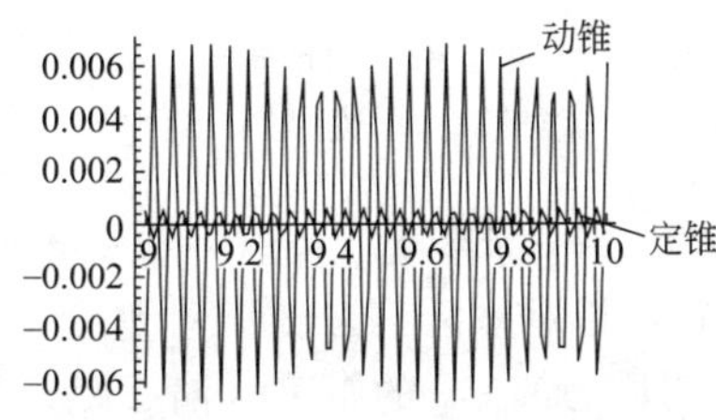

图 4-28　动锥和定锥 y 方向位移

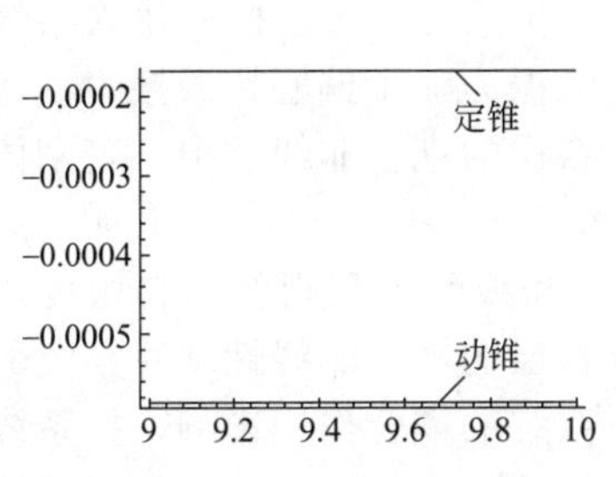

图 4-29　动锥和定锥转角位移

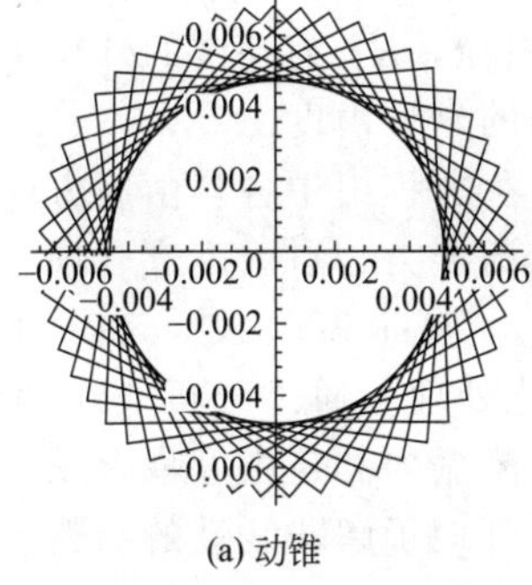

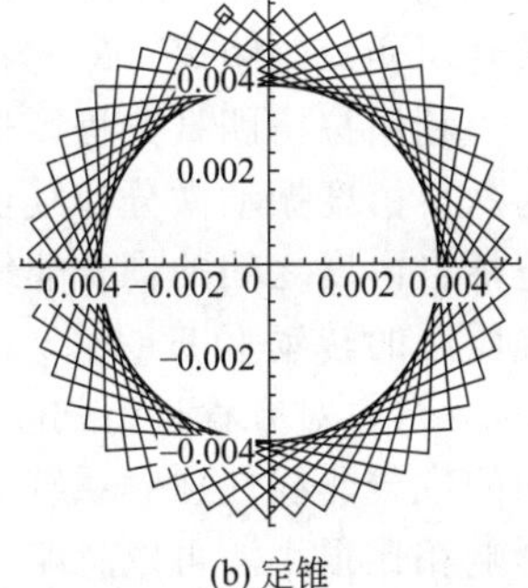

图 4-30　动、定锥质心运动轨迹图

从图中可以看出，①动锥振幅是定锥振幅的将近10倍，激振力主要用于物料的破碎；②动锥和定锥的转角近似一个恒定值，因此系统稳定工作在一个平衡位置；③动锥和定锥的振幅随时间变化，出现类似驻波现象，初步认为是由物料和动锥与定锥的刚散耦合作用导致的。

4.4 单动锥六自由度动力学仿真分析

4.4.1 单动锥六自由度动力学建模

圆锥式振动破碎机主要由动锥和定锥组成，动锥通过主振弹簧与定锥相连，定锥通过隔振弹簧与地基相连，动锥上有偏心块，偏心块旋转产生激振力，带动定锥和动锥两个刚体做空间运动，其各有6个自由度，x、y、z方向的平动和绕x、y、z方向的转动。物料层填充在动锥和定锥之间，动锥运动对物料层产生挤压冲击破碎，物料层对动锥施加反作用力。通过分析得知，由于偏心块产生的激振力主要作用于动锥，动锥的运动幅度比定锥大5倍以上，因此圆锥破碎机的主要运动是动锥的运动。为了简化分析，假设定锥静止不动，建立考虑物料层作用的刚散耦合六自由度系统进行研究。

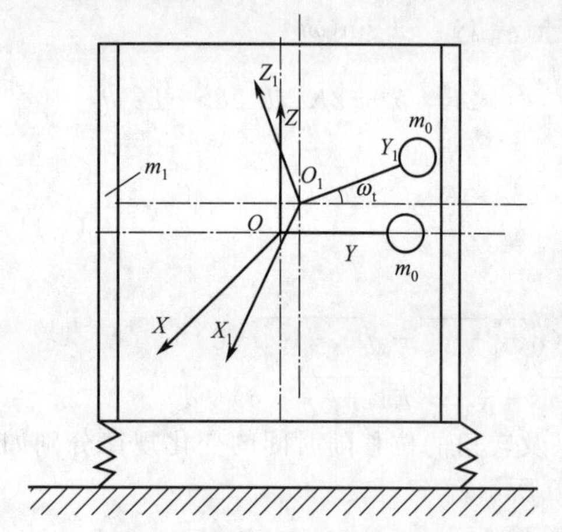

图4-31 六自由度圆锥式振动破碎机动力学模型图

图4-31为圆锥式振动破碎机的动力学模型。动锥刚体做空间运动，具有6个自由度，质心O坐标(x,y,z)，绕三个轴的转角为ϕ、θ、ψ。偏心块质量为m_0，连接在动锥上，偏心块看作质点。动锥静止时其质心位置为O点，在O点建立绝对坐标系XOY，动锥运动时质心位置为O_1点，在O_1建立相对坐标系$X_1O_1Y_1$，坐标系固连在动锥上，随动锥运动。系统静止时，绝对坐标系XOY和相对坐标系$X_1O_1Y_1$重合。动锥质量为m_1，动锥绕其质心O的转动惯量为I_o。偏心块的质心离O_1的距离（偏心距）为e。偏心块除了随动锥牵连运动外，还绕动锥质心O做转动角速度为ω的相对运动。动锥和定锥之间共有4个主振弹簧（橡胶弹簧）沿圆周方向均匀分布，弹簧与动锥连接点A_i（$i=1,2,3,4$），弹簧的刚度为k，在x、y方向上的刚度分别用k_x、k_y表示。动锥和定锥之间填充有物料层，设δ为物料可压缩（从初始装入松散到压实）的距离，R_1为动锥的内径，R_2为动锥的外径。

利用拉格朗日方程，选取动锥的六自由度x、y、z、ϕ、θ、ψ作为广义坐标，建立系统的六自由度振动微分非线性方程组。方程组中各自由度方向的激振力除了偏心块激振力，还包括自由度之间的耦合非线性项、激振力与自由度耦合项、物料层的耦合非线性项。若刚体绕质心的转动角度ϕ、θ、ψ很小，令$\sin\phi\approx\phi$，$\cos\phi\approx1$，$\sin\theta\approx\theta$，$\cos\theta\approx1$，$\sin\psi\approx\psi$，$\cos\psi\approx1$，对方程进行初步的线性化处理。通过分析非线性方程和线性方程得知，自由度之间的耦合非线性项对系统的影响与激振力和自由度耦合项、物料层的耦合非线性项对系统的影响相比很小，可以忽略。为了更好地了解非线性的物料层对系统的耦合作用影响，把系统化为线性化方程进行进一步求解。去除自由度之间的耦合非线性项（此项比较多，但对系统影响不大），得到式(4-12)，如下所示。

$$\begin{cases}(m_0+m_1)\ddot{x}+cx\dot{x}+4k_x x=4k_x\theta m-F(r)\cos(\omega t+\alpha)+m_0e\omega^2\cos(\omega t+\alpha)\\(m_0+m_1)\ddot{y}+cy\dot{y}+4k_y y=4k_y\phi m-F(r)\sin(\omega t+\alpha)+m_0e\omega^2\sin(\omega t+\alpha)\\(m_0+m_1)\ddot{z}+cz\dot{z}+4k_z z=-F(r)\psi-(m_0+m_1)g\\(I_x+m_0e^2)\ddot{\phi}+c_{f_1}\dot{\phi}+(4k_zs^2+4k_ym^2)\phi=4k_yym+2m_0e\omega^2\dot{\theta}-m_0ge\sin(\omega t+\alpha)-\xi F(r)R_1\\I_y\ddot{\theta}+c_{f_2}\dot{\theta}+(4k_zr^2+4k_xm^2)\theta=4k_xxm-m_0ge\cos(\omega t+\alpha)-\xi F(r)R_1\\(I_z+m_0e^2)\ddot{\psi}+c_{f_3}\dot{\psi}+(4k_xr^2+4k_xs^2)\psi=-F(r)R_1\end{cases}\tag{4-12}$$

从式(4-12) 中可以看出，如果不考虑物料层的影响 $F(r)$，方程是 1 组线性方程组，除了 x、y 方向上有偏心块激振力外，其余几个变量偏心块没有直接的激振力，重力势能和激振力与自由度之间的耦合所产生的力起到激振力作用。

4.4.2 单动锥六自由度动力学响应

利用 Matlab 数学软件，采用龙格-库塔法求解微分方程，进行数值仿真。根据试制的样机，给出圆锥式振动破碎机系统结构参数和几何参数的值：$m_0=50\text{kg}$，$m_1=300\text{kg}$，$e=0.05\text{m}$，$R_1=0.15\text{m}$，物料与动锥接触刚度 $k_{n_1}=4\times10^5\text{N/m}$，$k_{n_2}=6\times10^5\text{N/m}$，主振弹簧刚度 $k_x=k_y=5\times10^4\text{N/m}$，$k_z=8\times10^4\text{N/m}$。在不同的激振频率下，对系统进行仿真分析。得到激振频率 $\omega_0=50\text{rad/s}$、100rad/s、150rad/s 时动锥 6 个自由度的时间历程、频谱图、相图及 poincare 截面，如图 4-32～图 4-40 所示。

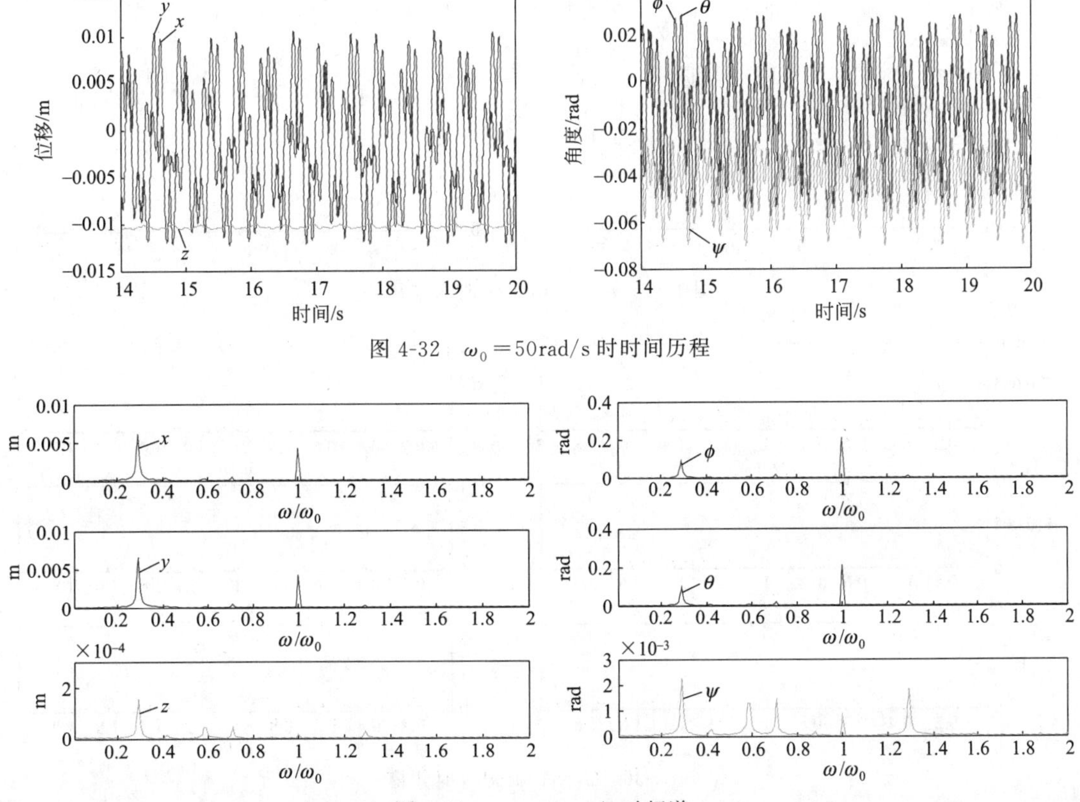

图 4-32　$\omega_0=50\text{rad/s}$ 时时间历程

图 4-33　$\omega_0=50\text{rad/s}$ 时频谱

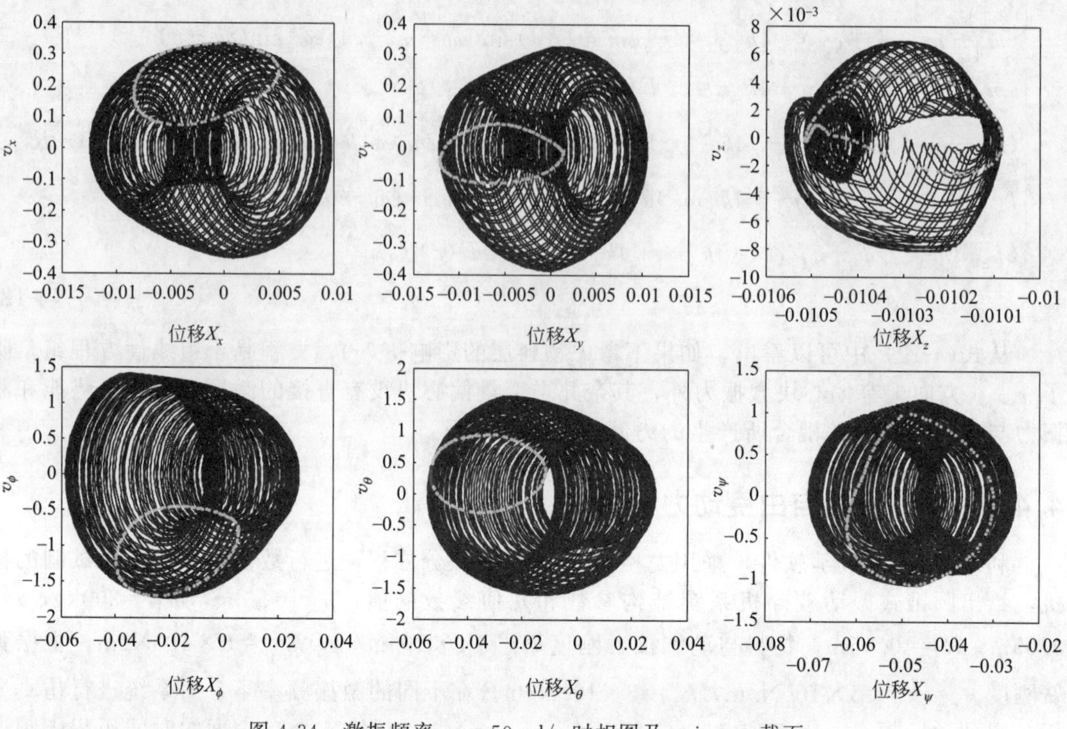

图 4-34　激振频率 $\omega_0=50$rad/s 时相图及 poincare 截面

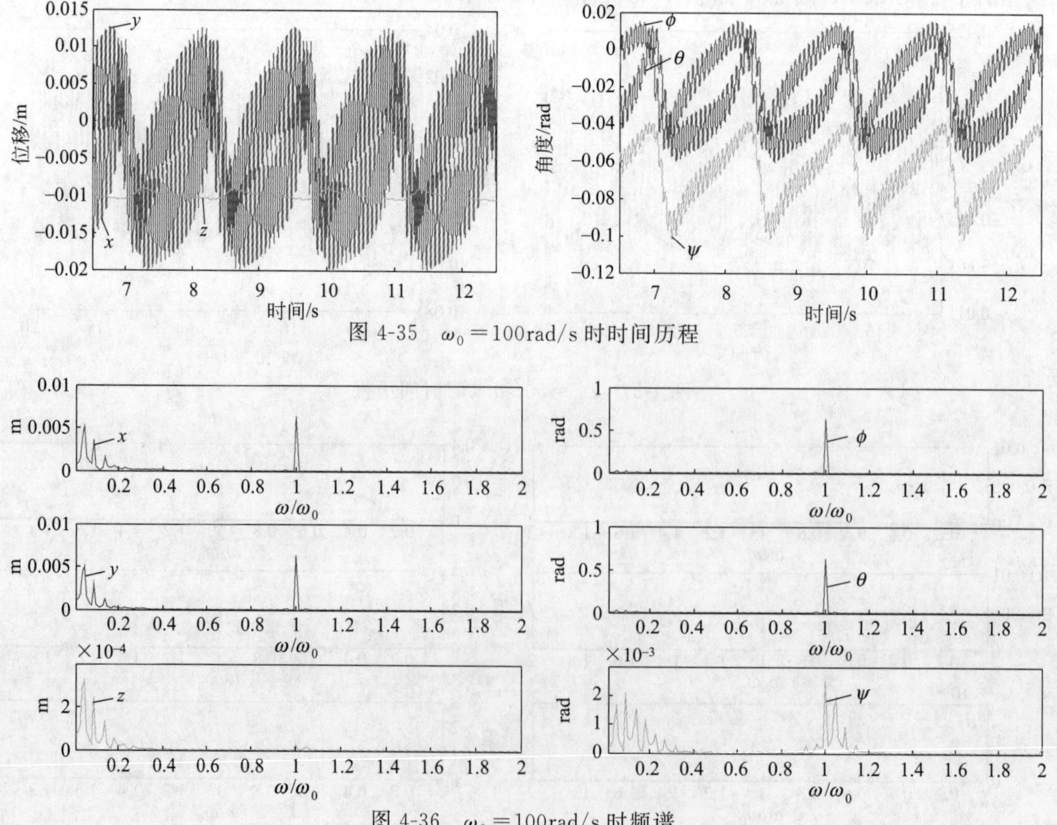

图 4-35　$\omega_0=100$rad/s 时时间历程

图 4-36　$\omega_0=100$rad/s 时频谱

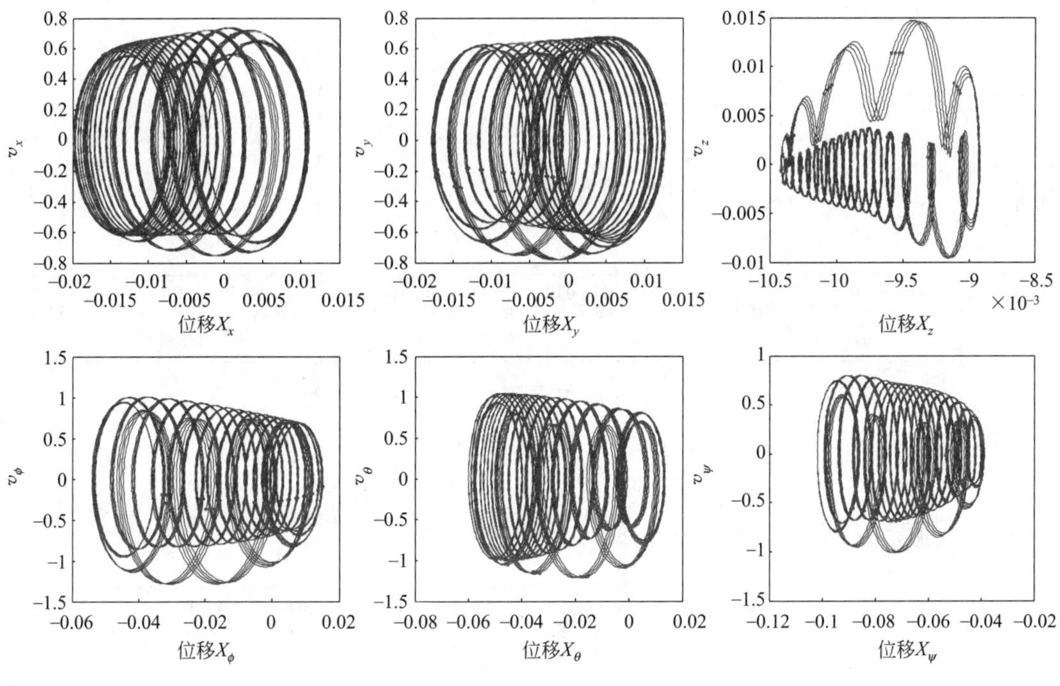

图 4-37　激振频率 ω_0 = 100rad/s 时相图及 poincare 截面

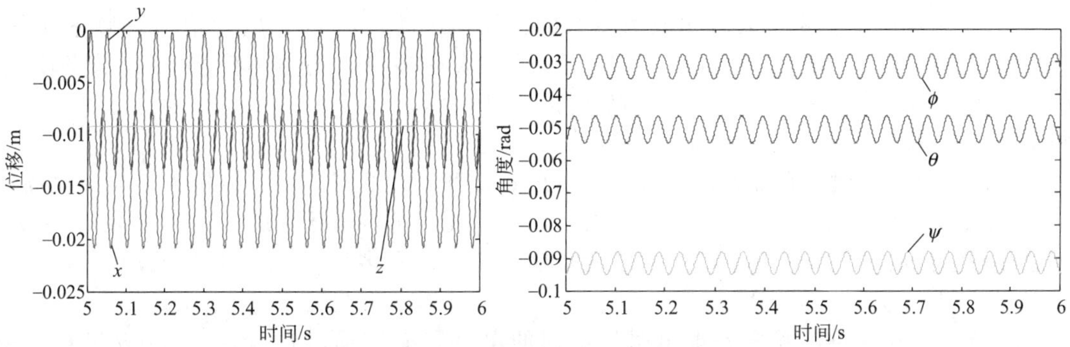

图 4-38　激振频率 ω_0 = 150rad/s 时时间历程

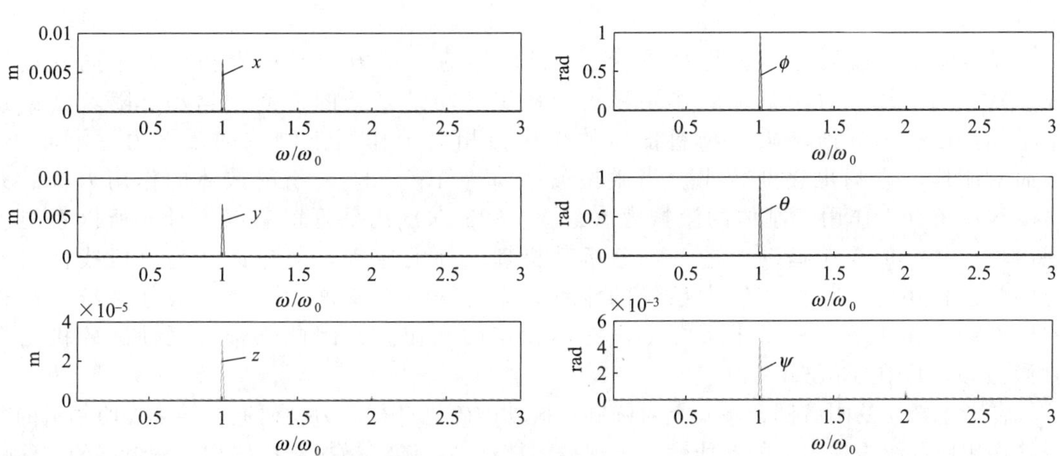

图 4-39　激振频率 ω_0 = 150rad/s 时频谱图

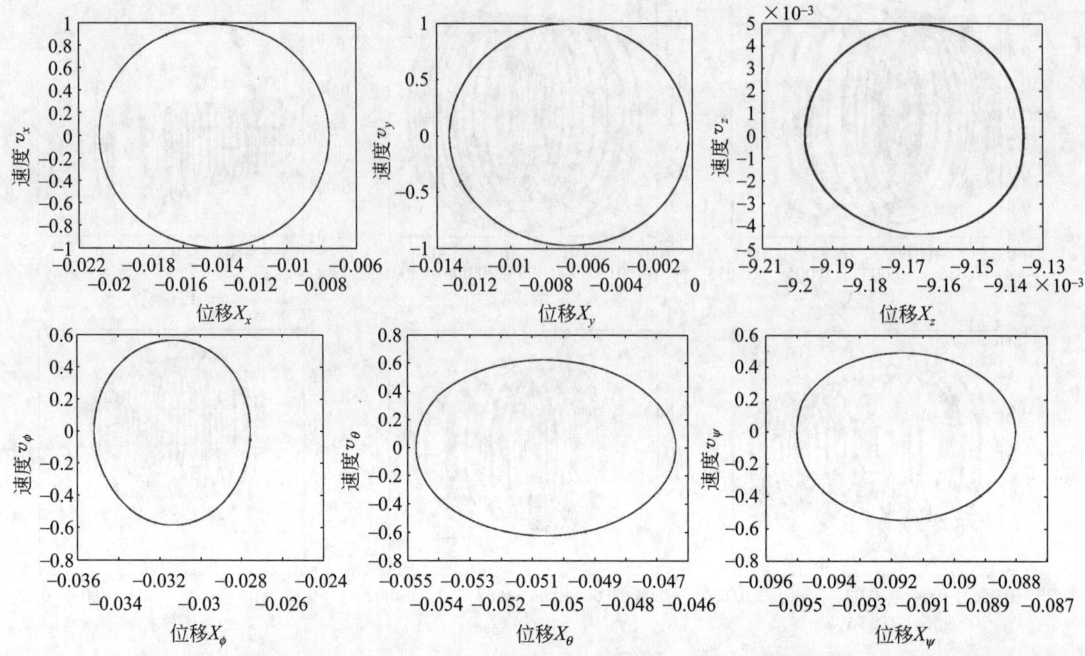

图 4-40 激振频率 $\omega_0=150$rad/s 时相图及 poincare 截面

$\omega_0=50$rad/s 时，系统表现出较为复杂的概周期运动，x、y、ϕ、θ 有 2 种频率成分，分别是激振频率 ω_0 和近似 $0.3\omega_0$。z 方向低频分量比较多，ω_0 分量不存，$0.3\omega_0$ 分量较大；ψ 有多种频率成分被激发出来，比较明显的是近似 $0.3\omega_0$、$0.6\omega_0$、$0.7\omega_0$、ω_0、$1.3\omega_0$。ω_0 频率上振动幅度不大，$0.3\omega_0$ 低频成分和 $1.3\omega_0$ 更明显。

$\omega_0=100$rad/s 时，系统表现出与 $\omega_0=50$rad/s 明显的不同，但仍为较为复杂的概周期运动，x、y 低频率成分增多，激振频率 ω_0 仍是主要成分，z 低频成分分量比 ω_0 分量大，但总体振幅比很 x、y 小。ϕ、θ 主要是激振频率 ω_0，ψ 有多种频率成分被激发出来，主要是 $0.3\omega_0$ 和 ω_0 附近的频率成分。

$\omega_0=150$rad/s 时，系统表现出明显不同的单一周期运动，x、y、z、ϕ、θ 激振频率 ω_0 是主要成分，z 方向振荡幅度很小。ψ 是两种频率成分 ω_0 和 $2\omega_0$ 的叠加，但 $2\omega_0$ 成分很小。

当激振频率较低时，激振力较小，物料散体的作用力和激振力相比处于同一数量级，物料的非线性力对系统的作用显著，系统运动是复杂的概周期运动。随着激振频率增加，激振力逐渐增大，物料散体的作用力相对于作用于刚体的激振力逐渐较小，因而对刚体的影响也逐渐较小。当激振频率 $\omega_0=150$rad/s，物料散体的作用力（最大 7200N）相对于作用于刚体的激振力（最大 56250N）几乎可以忽略不计，所以系统表现出单一频率的简谐运动。进一步分析其机理方面的原因，当考虑作为分段线性接触力的料层作用时，相当于增大系统的刚度，系统固有频率增大，类比线性系统，在相同激励频率作用下，相当于系统工作在不稳定的工作区。因此圆锥式振动破碎机工作时激振频率应在 150rad/s 以上。

在考虑料层的刚散耦合基础上对圆锥式振动破碎机进行动力学研究，结果表明物料的非线性作用使系统表现出强的非线性，出现概周期运动。随着激振频率增加，物料层的非线性作用逐渐减弱直至消失。

4.5 圆锥式振动破碎机刚散耦合仿真分析

为了更详细分析圆锥式振动破碎机的破碎机理，利用刚散耦合对系统进行分析。首先进行刚散耦合动力学建模。在应用基于离散单元法基本思想的商业软件 PFC3D 对圆锥式振动破碎机的刚散耦合振动过程进行动态仿真研究时，其自身所携带的命令只可以为机械振动系统中的刚体设定一个固定不变的运动速度，该速度不受刚体所受到的合外力的任何影响，然后在此基础上研究散体系统的微观机理和宏观特性。

利用 PFC3D 软件内嵌的 FISH 语言或者 C 语言编制机械振动系统运动子程序，赋予机械振动系统刚体质量属性，并根据刚体所受到的合外力大小更新其速度和位置，使得仿真程序可以对系统的刚散耦合特性进行研究。该类系统仿真的具体实现过程如下：①在主程序的每一次循环迭代之前调用刚体速度调节子程序，以便及时更新刚体的运动速度；②在刚体速度调节子程序中根据刚体所受到的合外力的大小计算其运动加速度，并假设刚体的加速度在当前时步内保持不变；③根据刚体在前一个时步的运动状态以及当前时步内的运动加速度计算刚体在当前时步内的运动速度以及位移；④根据所得到的刚体位移更新刚体的位置。

4.5.1 圆锥式振动破碎机刚散耦合建模

建立的刚散耦合模型如图 4-41 所示，应用内嵌于 PFC3D 软件中的高级编程语言 FISH 语言编写系统的刚散多尺度耦合仿真程序，以便对刚散耦合振动系统的动力学特性进行仿真分析。

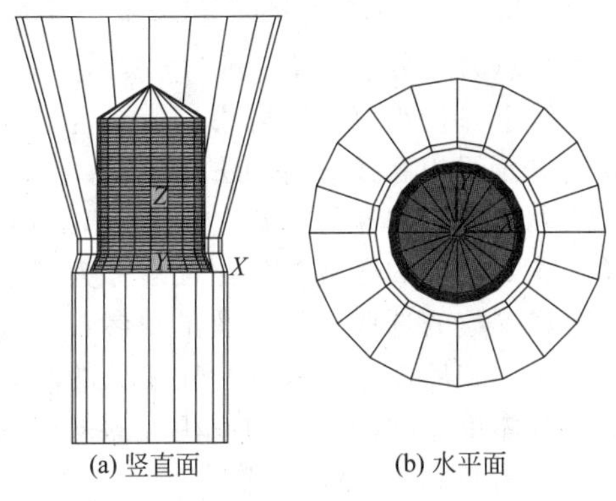

图 4-41　圆锥式振动破碎机仿真模型

首先利用 set _ ini _ parameters 函数记录程序运行的初始时刻，并设置宏观机械振动系统的特性，如刚体质量、振动系统弹簧刚度、振动系统阻尼、刚体的初始速度、外界激振力的幅值和频率等。然后在 couple _ vibration 函数中根据当前时刻外激振力的大小、刚体振动系统弹簧力的大小、散体对机械振动系统作用力的大小以及机械振动系统阻尼力的大小计算出机械振动系统所受到的合外力，并在此基础上计算出在当前时刻机械振动系统的运动加速度和速度。最后在 PFC3D 软件的主程序当中利用“set fishcall 0 set _ ini _ parameters”命令使得在每一次时步迭代前首先运行 set _ ini _ parameters 函数，实现机械振动系统运动速度的实时更新。

利用 PFC3D 软件中的并行约束模型可以构建散体岩石的数值仿真模型，然后对其进行单轴压缩数值仿真试验，可以得到岩石在外力作用下的响应特征。通过数值仿真与实际试验结果的对比，可以确定岩石数值仿真模型的合适参数，然后在此基础上可以对岩石的单轴压缩过程进行进一步的分析，得到一些用物理试验无法捕捉到的信息。

并行约束模型可以想象为在散体单元之间的接触点处的一个有限的体积范围内存在着黏结剂。该黏结剂把两个散体单元黏结在了一起，如图 4-42 所示。黏结剂具有一定的强度，当散体单元之间的接触力大于或者等于黏结剂的强度时，黏结剂破坏。

从力学的角度看，并行约束模型可以看作连接散体单元并均匀地分布于接触平面内的一系列并联弹簧，如图 4-43 所示。这些弹簧具有法向刚度和切向刚度，且都具有破坏强度。当散体单元间的接触力大于或者等于这些并联弹簧的总破坏强度时，这些并联弹簧全部同时断裂，并行约束消失。因此，并行约束作用于一个有限的体积内，不仅可以承受力，而且还可以承受力矩。

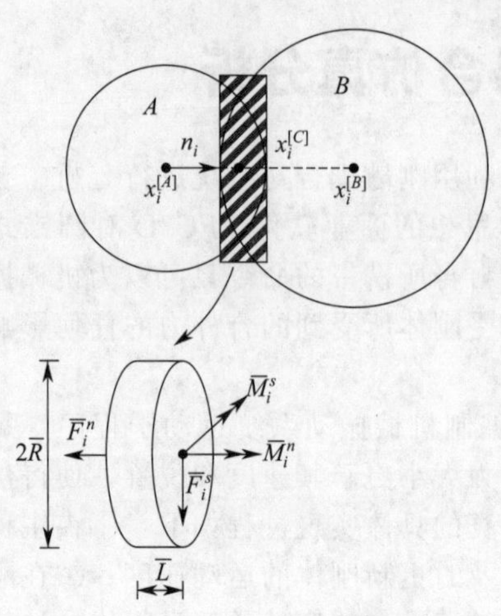

图 4-42　并行约束模型原理图

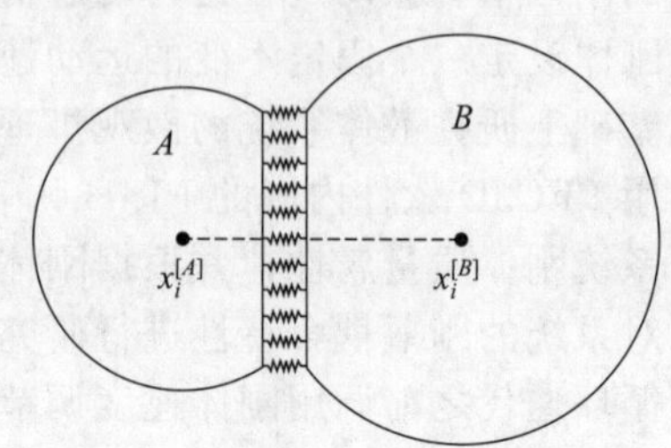

图 4-43　并行约束模型的力学原理

在离散单元法中，并行约束模型是通过并行约束材料的法向刚度 $\overline{K}^n$、切向刚度 $\overline{K}^s$、法向强度 $\overline{\sigma}^n$、切向强度 $\overline{\sigma}^s$ 和约束半径 $\overline{R}$ 五个参数来定义的。与并行约束模型相对应的总接触力和总力矩分别用 $\overline{F}_i$ 和 $\overline{M}_i$ 表示。

对于并行约束模型来说，需要合理制定两套参数，一套与散体单元的物理特性相关，如散体单元间相互接触时的法向刚度、切向刚度和摩擦系数等；而另一套则与散体单元间的并行约束相关，如并行约束的半径、法向刚度和切向刚度等。由此可知，对并行约束模型来说，需要设定的微观参数比较多。为了合理设定并行约束模型的微观参数，下面简要介绍模型微观参数的选取方法以及微观参数的选取步骤。

对于和散体单元物理特性相关的微观参数，可以按照前面所介绍的方法进行选取，而对于与散体单元间的并行约束相关的微观参数，则按照相似的方法进行选取，具体介绍如下。

如图 4-44 所示，在散体单元 A 和散体单元 B 之间的接触点处添加一个并行约束，这可以想象为在这两个散体单元间添加了一个半径为 $\overline{R}$、长度为 $\overline{L}$ 的弹性梁，该弹性梁的两个端点分别位于两个接触散体单元的球心。倘若知道了该弹性梁的弹性模量 $\overline{E}_c$，则可以结合该弹性梁的几何信息得到该弹性梁的法向刚度，然后再根据法向刚度与切向刚度的比值得到该弹性梁的切向刚度。

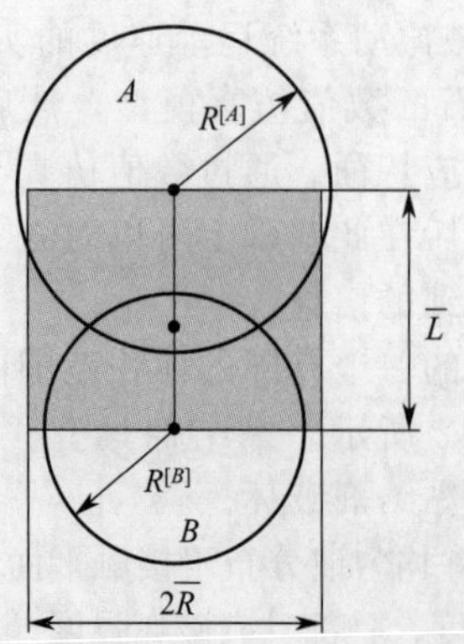

图 4-44　散体单元间并行约束等效模型

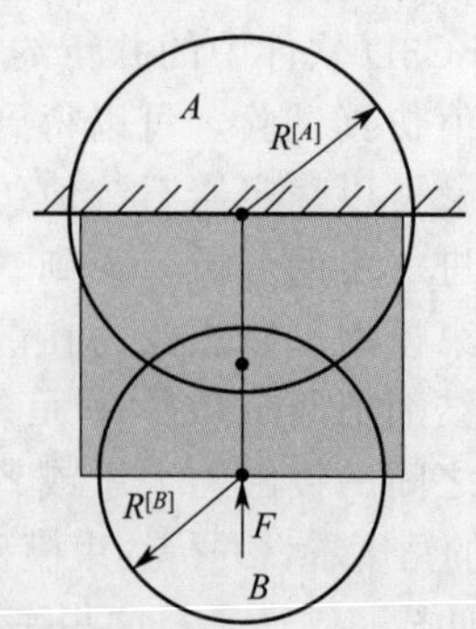

图 4-45　等效的悬臂梁模型

对于一个半径为 $\overline{R}=\dfrac{R^{[A]}+R^{[B]}}{2}$、长度为 $\overline{L}=R^{[A]}+R^{[B]}$、弹性模量为 $\overline{E}_c$ 且泊松比为 $\overline{\nu}$ 的弹性梁，如图 4-45 所示，其横截面积和惯性矩分别为

$$A=\pi\overline{R}^2 \tag{4-13}$$

$$I=\frac{\pi\overline{R}^4}{4} \tag{4-14}$$

将该弹性梁一端固定，另一端自由，并在自由端施加一个轴向压缩力 F，设此时弹性梁轴向被压缩 x 长度，则有

$$\frac{F}{A}=\overline{E}_c\ \frac{x}{\overline{L}} \tag{4-15}$$

则该弹性梁在单位面积上的法向刚度可以表达为

$$\overline{k}_n=\frac{F}{xA}=\frac{\overline{E}_c}{\overline{L}}=\frac{\overline{E}_c}{R^{[A]}+R^{[B]}} \tag{4-16}$$

然后根据法向刚度与切向刚度的比值可以得到该弹性梁的切向刚度为

$$\overline{k}_s=\frac{\overline{k}_n}{\overline{k}_n/\overline{k}_s} \tag{4-17}$$

除此之外，对于并行约束模型来说还得确定约束弹簧的法向和切向破坏强度。为了合理选取并行约束模型的约束弹簧破坏强度，使得所建立的仿真模型的宏观特性与所模拟材料的真实宏观特性参数相一致，必遵循如下的步骤进行确定：

① 弹性特性的确定。设置材料的强度为一个大值，然后通过改变球形散体的弹性模量和约束材料的弹性模量来调节所仿真模型的整体弹性模量，直至仿真模型的弹性模量与所模拟材料的弹性模量相等时为止；接着通过改变球形散体的法向刚度与切向刚度的比值以及约束材料的法向刚度与切向刚度的比值来调节仿真模型的泊松比，直至仿真模型的泊松比与所模拟材料的泊松比相等为止。

② 平均破坏强度的确定。一旦仿真模型的弹性特性确定后，在无围压以及材料强度的标准偏差为 0 的情况下，通过改变材料的平均强度来调整仿真模型的峰值强度，直至仿真模型的峰值强度与所模拟材料的峰值强度相等为止。

③ 破坏强度标准偏差的确定。通过改变材料强度的标准偏差来调节仿真模型的起裂强度，直至仿真模型的起裂强度与所模拟材料的起裂强度相等为止。

④ 摩擦系数的确定。通过改变球形散体间的摩擦系数来保证仿真模型的峰后特性与所模拟材料的峰后特性相一致。

下面利用并行约束模型构建一个标准的圆柱形岩石试件，然后对其进行单轴压缩数值试验，得到岩石试件的弹性模量、泊松比、峰值强度和起裂强度等参数。把这些仿真所得到的参数与岩石的真实参数进行对比，最终确定岩石试件的仿真模型参数。

以 ϕ50mm×100mm 的圆柱形花岗岩岩石试件为研究对象，利用并行约束模型构建其仿真模型，如图 4-46 所示，其中图(a) 为完整的岩石试件三维模型图，图(b) 显示了存在于岩石试件模型内部的初始内应力分布。在 PFC3D 中，散体单元间的接触用一个连接两个接触实体的线段表示；并行约束则利用两条连接相接触散体单元的线段表示，这两条线段间的距离等于并行约束材料的直径；对于内应力来说，利用黑色线段表示压缩应力，用红色线段表示拉伸应力，线段的粗细代表应力的大小。构建标准圆柱形岩石试件的单轴压缩仿真模型，如图 4-46 所示。

利用表 4-2 所给出的模型参数，对图 4-47 所示的仿真模型进行数值仿真试验，得到了

该圆标准柱形岩石试件的弹性模量、泊松比、峰值强度和起裂强度等具体物理特性参数以及应力-应变曲线。表 4-3 为这些仿真所得参数与岩石的真实物理特性参数之间的对比。通过对比可以发现仿真所得到的岩石试件的弹性模量、泊松比、峰值强度和起裂强度都与岩石的物理特性参数相接近，其中岩石试件起裂强度的仿真结果与其物理特性值相差较大，但是相对误差也保持在 10%以内。此外，对比图 4-48 中的岩石试件单轴压缩应力-应变曲线可知，数值仿真所得到的曲线与试验所得到的曲线的大体走势基本一致。故而表 4-2 所给出的岩石试件单轴压缩仿真模型参数具有一定的可信度，可以为后续岩石破碎试验的仿真参数选取提供一定的参考。

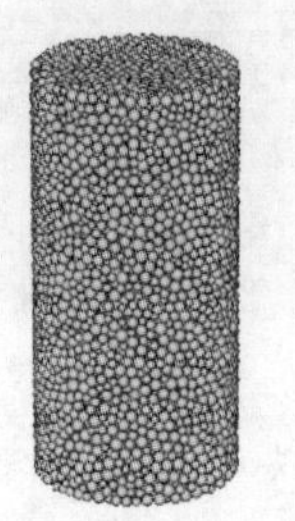

(a) 完整岩石试件三维模型图

(b) 岩石试件内初始内应力分布图

图 4-46　圆柱形岩石试件结构示意图

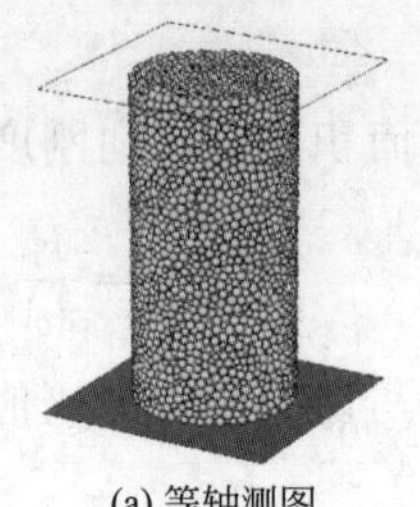

(a) 等轴测图

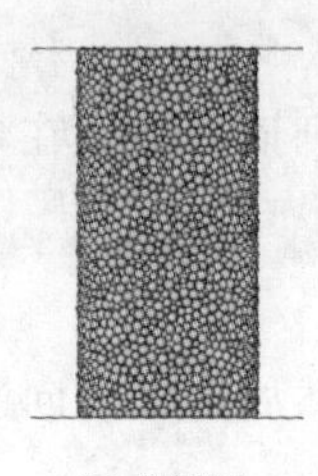

(b) 主视图

图 4-47　圆柱形岩石试件单轴压缩数值试验示意图

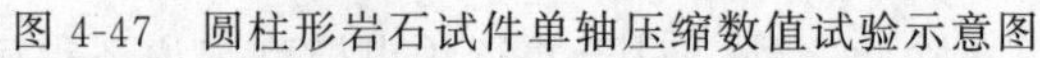

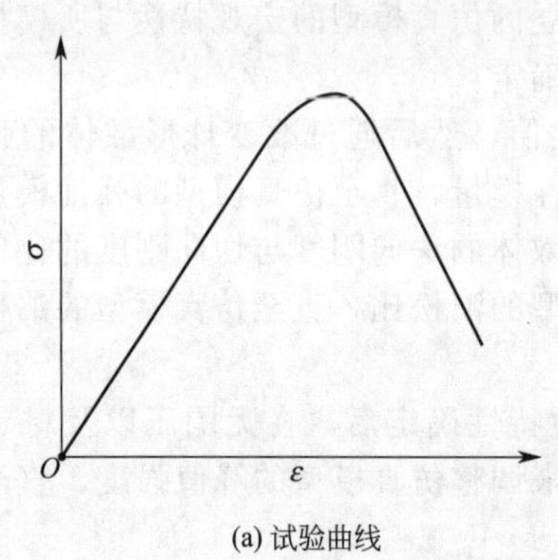

(a) 试验曲线

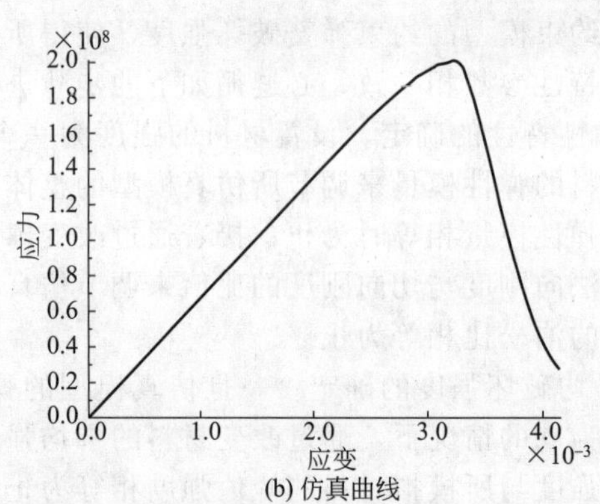

(b) 仿真曲线

图 4-48　岩石试件单轴压缩应力-应变曲线

表 4-2　单轴压缩数值仿真试验模型参数

参数名称	参数取值	参数名称	参数取值
岩石试件半径 R_c/mm	50.0	并行约束材料弹性模量 $\overline{E}_c$/GPa	72.0
岩石试件高度 H_c/mm	100.0	并行约束法向刚度 $\overline{k}_n$/N · m^{-1}	$\overline{E}_c/(R^{[A]}+R^{[B]})$
岩石试件残余内应力 σ_0^t/MPa	−0.1	并行约束法向、切向刚度比 $\overline{k}_{\text{ratio}}$	2.5
散体单元最小半径 $R_{\min}$/mm	1.0	并行约束切向刚度 $\overline{k}_s$/N · m^{-1}	$\overline{k}_n/\overline{k}_{\text{ratio}}$
散体单元最大、最小半径比 R_{ratio}	1.6	并行约束个数 $\overline{N}_{pb}$/个	37947
散体单元个数 N_b/个	13628	并行约束半径系数 $\overline{\lambda}$	1.0
散体单元弹性模量 E_c/GPa	72.0	并行约束法向强度平均值 $\overline{\sigma}_c$/MPa	175.0
散体单元法向刚度 k_n/N · m^{-1}	$4.0 \cdot R \cdot E_c$	并行约束法向强度标准差 $\overline{\sigma}_{cd}$/MPa	40.0
散体单元法向、切向刚度比 k_{ratio}	2.5	并行约束切向强度平均值 $\overline{\tau}_c$/MPa	175.0
散体单元切向刚度 k_s/N · m^{-1}	k_n/k_{ratio}	并行约束切向强度标准差 $\overline{\tau}_{cd}$/MPa	40.0
散体单元密度 ρ/kg · m^{-3}	2 630	平板运动速度 v_{p1}/m · s^{-1}	−0.05
散体单元摩擦系数 μ	0.5	平板运动速度 v_{p2}/m · s^{-1}	0.05

表 4-3　岩石仿真特性与真实物理特性对比

参数名称	物理特性参数	仿真所得参数	参数名称	物理特性参数	仿真所得参数
弹性模量 E_k/GPa	69.0	68.7	峰值强度 $\overline{\sigma}_f$/MPa	195.0	190.4
泊松比 ν	0.260	0.266	起裂强度 $\overline{\sigma}_{ci}$/ MPa	90.0	81.6

综上所述，通过数值仿真结果与真实试验结果的对比可以得出：所选取的模型参数真实、可信，可以作为后面超单元颗粒建模的参考。

由于后面将主要对球形而不是圆柱形岩石颗粒的破碎过程进行仿真分析，所以在下面将用圆柱形岩石试件超单元模型参数对单个球形超单元模型进行赋值，然后对其进行数值压缩试验，并将数值仿真结果与有限元计算结果进行对比，以便进一步确定模型参数的合理性，为后面的研究准备真实、可信的仿真模型。

以半径为 20mm 的球形岩石试件为研究对象，利用 PFC3D4.0 软件中的并行约束模型构造单个球形岩石试件的数值仿真模型及岩石试件数值压缩试验的仿真模型，如图 4-49 和图 4-50 所示。

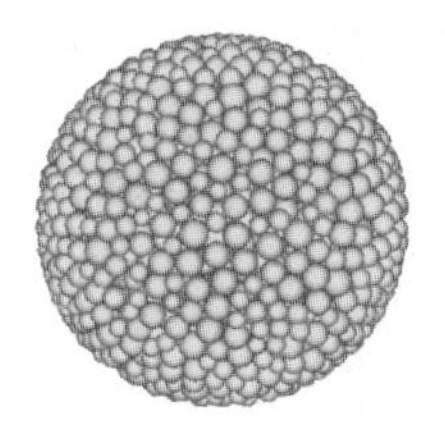

(a) 完整岩石试件结构图

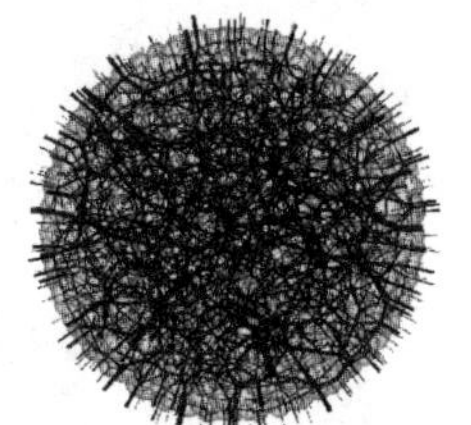

(b) 岩石试件内初始内力分布图

图 4-49　球形岩石试件结构

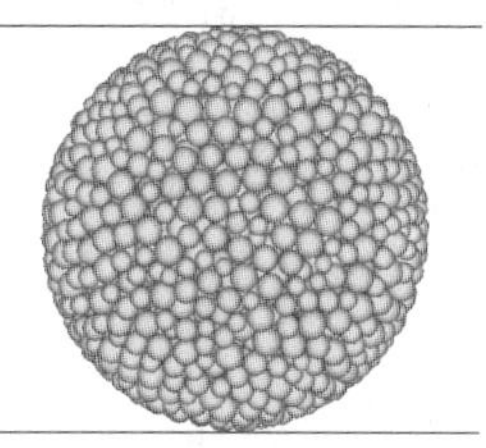

图 4-50　球形岩石试件单轴压缩数值试验仿真模型

利用表 4-2 所给出的岩石超单元模型参数，对所建立的仿真模型进行数值试验，得到在弹性变形范围内球形岩石颗粒内部的力链分布规律，如图 4-51 所示。此外，利用有限单元法同样可以得到在弹性变形范围内岩石试件内部的应力分布规律，如图 4-52 所示。比较两图可以得出，用两种不同的方法所得到的岩石试样内部的力分布规律基本一致，所以模型参数正确。

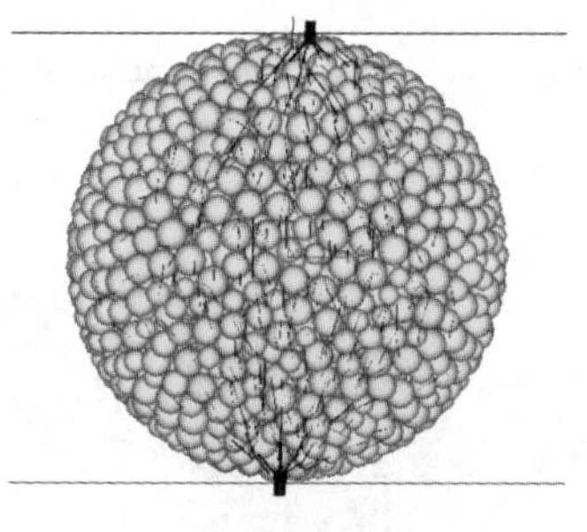

图 4-51　球形岩石颗粒内部力链分布

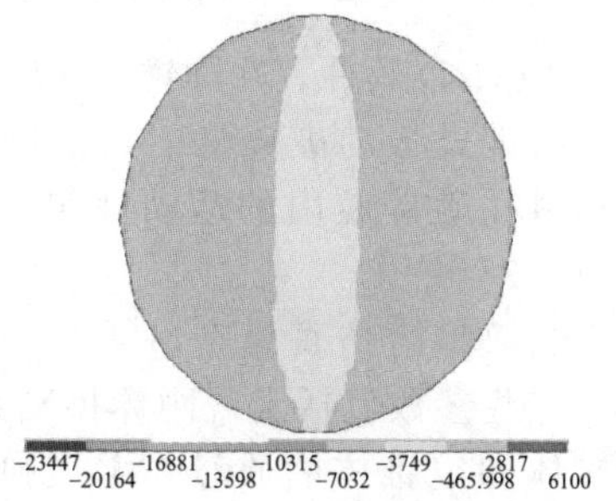

图 4-52　球形岩石颗粒内部应力分布

将 60 个超单元颗粒分四层装入一个半径为 35.0mm、高度为 75.0mm 的开口刚性容器中，并用不同的颜色表示不同的超单元颗粒，如图 4-53 所示，然后在颗粒状岩石料床的上方放上一个刚性的压板，并控制压板向下以 0.01m/s 的速度进行运动，以便实现对料床的压缩粉碎。

通过对料床的压缩破碎过程进行数值仿真，可以得到图 4-54 所示的压缩力-压缩位移曲

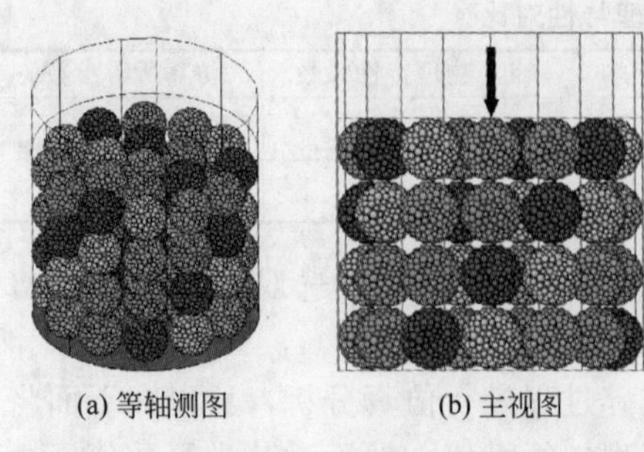

图 4-53　料床压缩破碎数值仿真模型图

线。该曲线表明，在压缩位移达到 20mm 以前，压缩力基本上在 5000～25000N 的范围内上下波动，岩石颗粒局部破碎，并由疏松状态逐渐转变为密实状态。在压缩位移达到 20mm 以后，随着料床密实度的不断增加，料床作为一个整体表现出来的弹性模量逐渐变大，在此阶段，料床内部的岩石颗粒发生剧烈的破碎。当压缩力达到 100000N 后，压缩破碎过程完成，系统开始卸载。由图 4-54 还可以看出，在卸载过程中，卸载曲线向左偏移很小的位移，但是并没有恢复到初始时刻时的料床高度。这表明，在料床压缩破碎过程中发生了剧烈的不可恢复的塑性变形，在卸载阶段仅仅恢复了弹性变形部分。

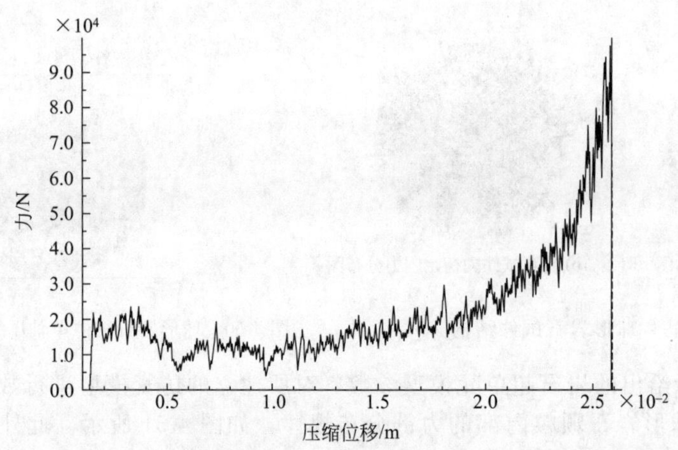

图 4-54　球形岩石料层压缩力-压缩位移关系曲线

4.5.2　物料不可破碎时刚散耦合仿真分析

利用 PFC3D 软件，在圆锥式振动破碎机内加入颗粒粒径比较小的不可破碎的物料，以此来研究圆锥式振动破碎机的宏观刚体动力学特性以及散体物料在破碎腔内的运动规律。建立的刚散耦合模型如图 4-55 所示。

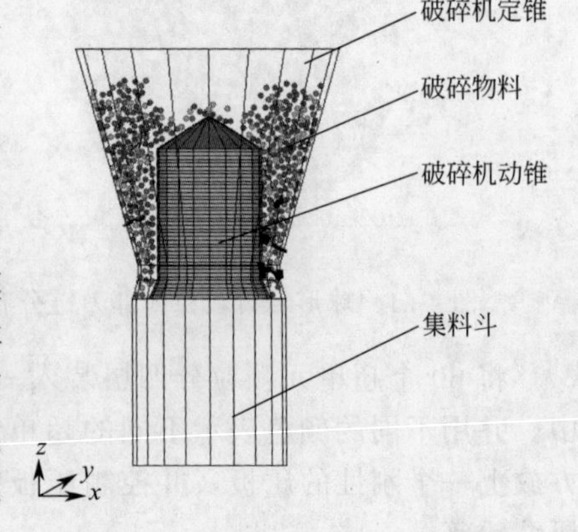

图 4-55　DEM 仿真分析模型图

分析刚散耦合仿真模型，需要合理指定仿真模型的参数。这些参数包括宏观刚体振动系统的特性参数，比如动锥体和定锥体的质量、主振弹簧和隔振弹簧的刚度、系统的激振幅值和激振频率等。除此之外，模型参数还包括颗粒状物料的微观特性参数，包括散体物料的大小、个数、密度、摩擦系数、法向刚度和切向刚度等。综合圆锥式振动破碎机的宏观刚体振动系统的特性参数及微观散体物料系统的特性参数，可以得到整个仿真模型的仿真参数，具体取值如表 4-4 所示。

当加入不可破碎的物料时，利用 PFC3D 对圆锥式振动破碎机进行动态仿真，得到散体物料对动锥体、定锥体的作用力曲线，动锥体、定锥体所受到的合外力曲线，动锥体、定锥体的加速度曲线、速度曲线、位移曲线及运动轨迹曲线，散体物料内部的力链分布及散体物料的速度场分布等仿真结果。

表 4-4　模型参数取值

参数名称	参数取值	参数名称	参数取值
动锥体质量/kg	420.0	定锥体质量/kg	1200.0
主振弹簧 x 方向刚度/N·m^{-1}	180000	主振弹簧 y 方向刚度/N·m^{-1}	180000
隔振弹簧 x 方向刚度/N·m^{-1}	165000	隔振弹簧 y 方向刚度/N·m^{-1}	165000
主振弹簧阻尼比	0.2	隔振弹簧阻尼比	0.2
外激振力振幅/N	5.4×10^{4}	外激振力频率/Hz	25.0
系统初始位移/m	0.0	最大仿真时步/s	1.0×10^{-6}
动、定锥体法向刚度/N·m^{-1}	2.0×10^{10}	动、定锥体切向刚度/N·m^{-1}	8.0×10^{9}
动、定锥体摩擦系数	0.2	散体物料最小半径/m	0.0075
散体物料最大半径/m	0.0075	散体物料个数/个	19649
散体物料密度/kg·m^{-3}	2600	散体物料摩擦系数	0.2
散体物料法向刚度/ N·m^{-1}	2.16×10^{9}	散体物料切向刚度/ N·m^{-1}	8.64×10^{8}

在每个运行时步内，将所有散体物料对圆锥式振动破碎机的动锥体和定锥体的作用力进行求和，可以得到散体物料作用于动锥体和定锥体上的作用力曲线，分别如图 4-56 和图 4-57 所示。由于散体物料的离散性，散体物料作用于动锥体和定锥体上的作用力具有很强的冲击特性。这种冲击特性是用其他简化方法无法模拟出来的，这从某种意义上表明了离散单元法的独特优越性。此外，通过观察可知，稳态时散体物料对于动锥体和定锥体的作用力按照正弦规律变化，且幅值在 1000N 以内。

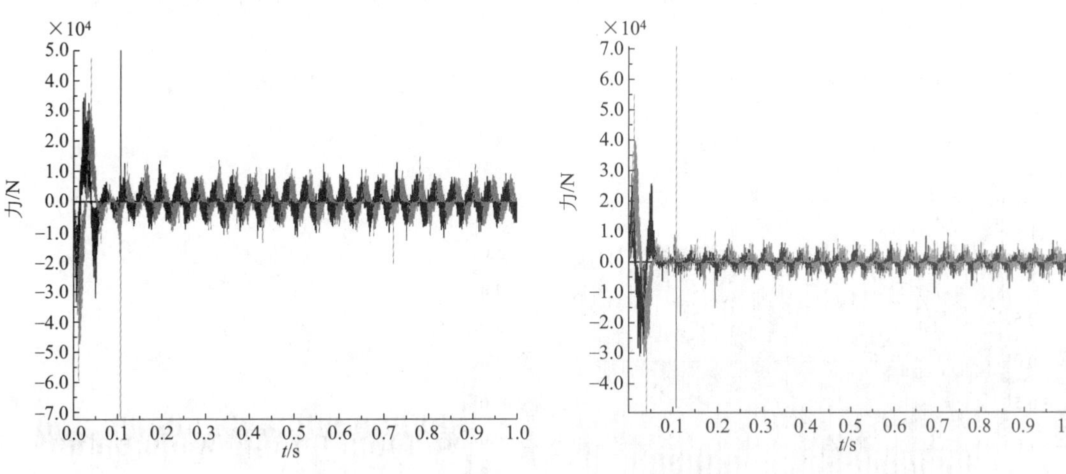

图 4-56　散体物料对动锥体作用力　　　图 4-57　散体物料对定锥体作用力

用 41 个等间距的水平切面将动锥体分成 42 个独立的部分，在每个运行时步内统计散体物料对每一个独立部分的作用力，然后按照各个部分高度的不同绘制成散点图。图中不同的散点代表不同高度处散体对动锥体的作用力。利用四次多项式对散点图进行多项式拟合，得到拟合曲线，如图 4-58 所示，散体物料对动锥体的作用力沿动锥体高度方向的分布规律：近似呈正态分布，最大值出现在动锥体的中部略微偏上的位置。

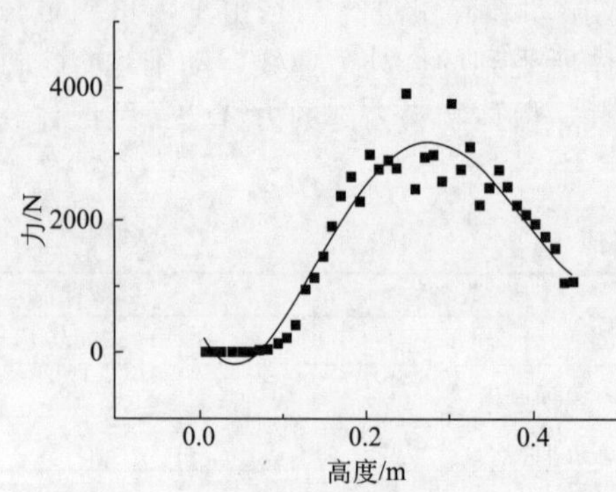

图 4-58　物料对动锥体作用力沿动锥高度方向上的分布

将散体物料作用于圆锥式振动破碎机动锥体和定锥体上的作用力分别与主振弹簧和隔振弹簧的弹性恢复力进行求和，可以得到动锥体和定锥体所受到的合外力，分别如图 4-59 和图 4-60 所示。圆锥式振动破碎机刚启动时，动锥体和定锥体所受到的合外力波动比较大，尤其是定锥体波动更大，直到 0.2s 后动锥体和定锥体的受力才逐渐稳定。稳定后动锥体所受到的合外力幅值大概为 6.0×10^{4}N，而定锥体所受到的合外力幅值为 8.0×10^{3}N。

在合外力作用下，动锥体和定锥体的时间响应如图 4-61 所示。

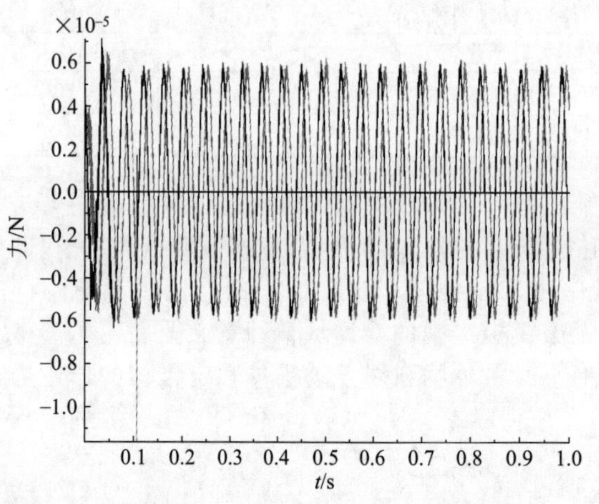

图 4-59　动锥体所受到合外力

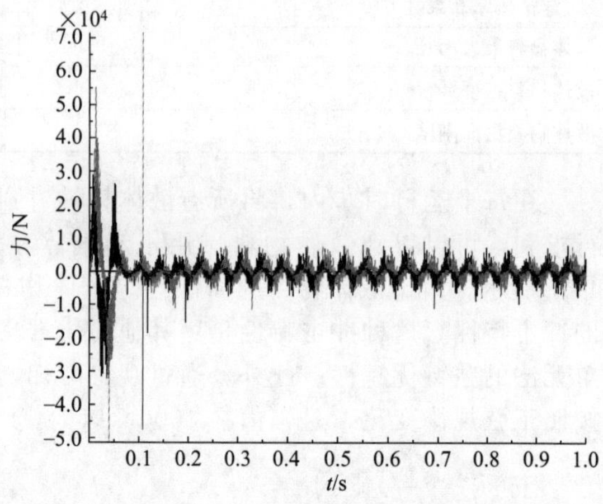

图 4-60　定锥体所受到合外力

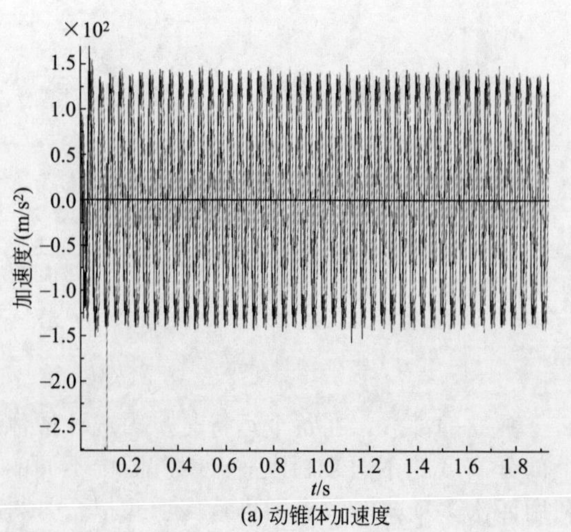

(a) 动锥体加速度

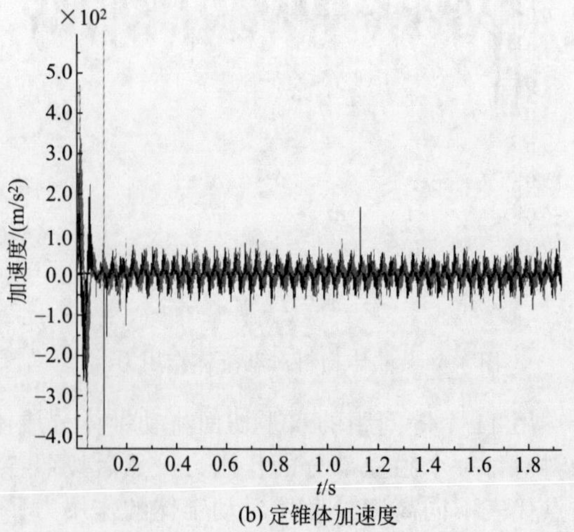

(b) 定锥体加速度

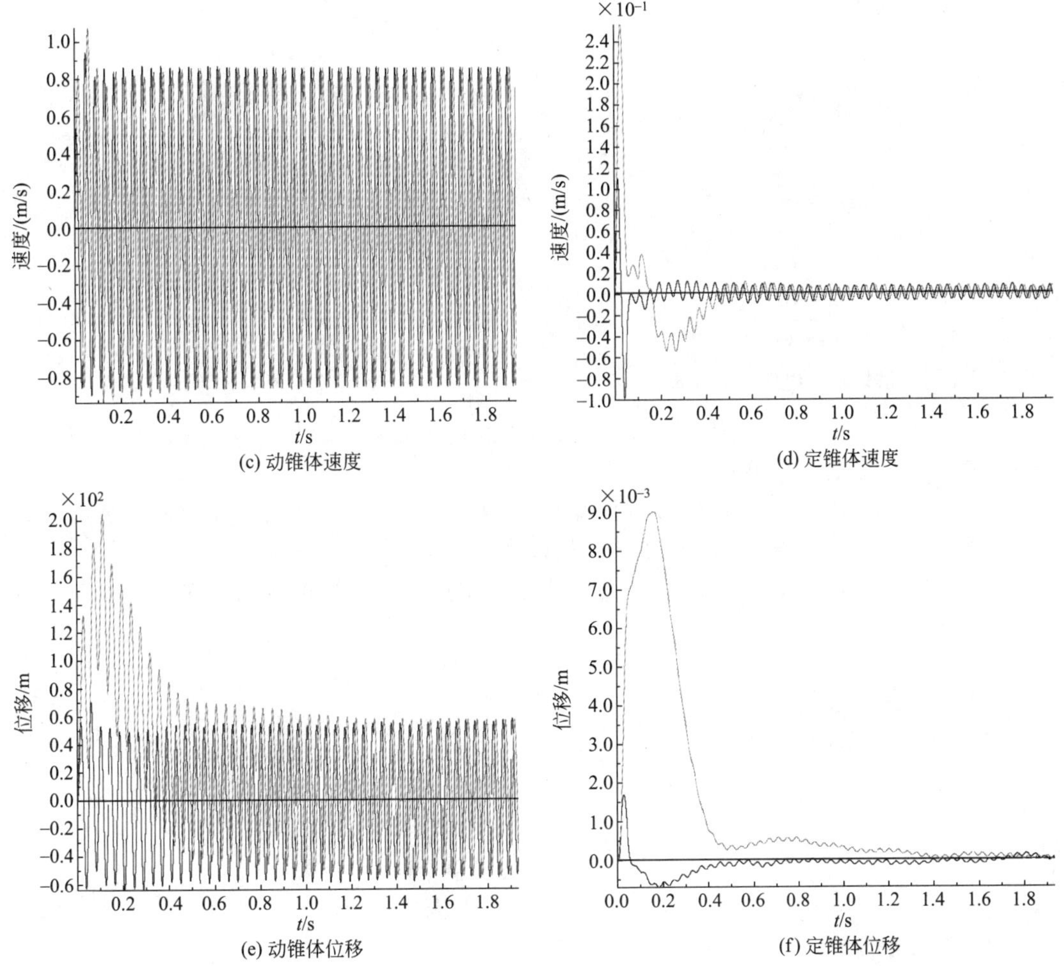

(c) 动锥体速度

(d) 定锥体速度

(e) 动锥体位移

(f) 定锥体位移

图 4-61　动锥体和定锥体时间响应

在圆锥式振动破碎机仿真模型中的每一个接触点处，用一条过接触点的线段代表接触力，线段的方向代表接触力的方向，线段的粗细代表接触力的大小，可以得到散体物料内部的力链分布规律。另外，在每一个散体物料的质心处用一个箭头来代表该散体物料速度，箭头的大小代表速度的大小，而箭头的方向则指向该散体物料的速度方向，可以得到散体物料的速度场分布规律。利用上述两种方法得到的动锥体由左向右运动过程中的某一个瞬时散体物料内部的力链分布规律和散体物料的速度场分布规律如图 4-62 和图 4-63 所示，从图中可以看出，在该时刻，动锥体由左向右运动，左边破碎腔内的散体物料在定锥体及散体物料内部的弹性恢复力的作用下向右运动，而右边的散体物料则是在动锥体的作用下向右运动并被压缩而破碎。因而在此时刻，右边破碎腔内的物料向右运动，且力链分布及运动速度都要比左边破碎腔内的要大。

此外，根据环形破碎腔内散体物料相对于偏心激振器位置的不同，并结合水平切面内散体物料的速度场分布图和散体物料内部力链分布图，在某一瞬时可将整个破碎腔分为 4 个区域：待压实区域、压实破碎区域、弹性恢复区域和刚体运动区域。由图 4-64 和图 4-65 可以清楚地看到：

① 在待压实区域，动锥体周边散体即将与动锥体发生接触，散体径向速度有的指向定锥体，有的指向动锥体轴心；散体内部力链分布比较疏松，但偶尔会出现一两条强力链。

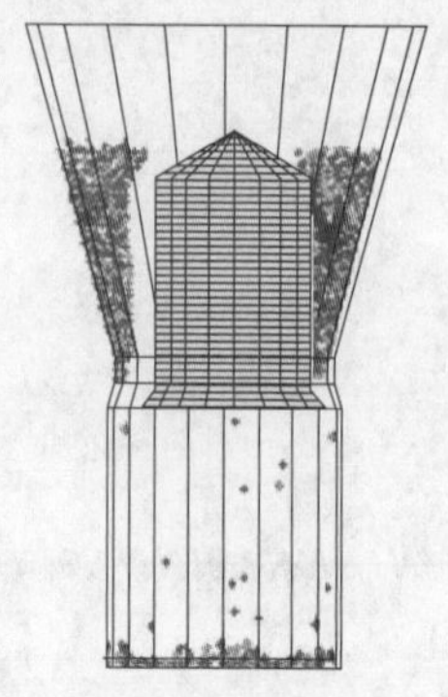
图 4-62 散体物料内部力链分布

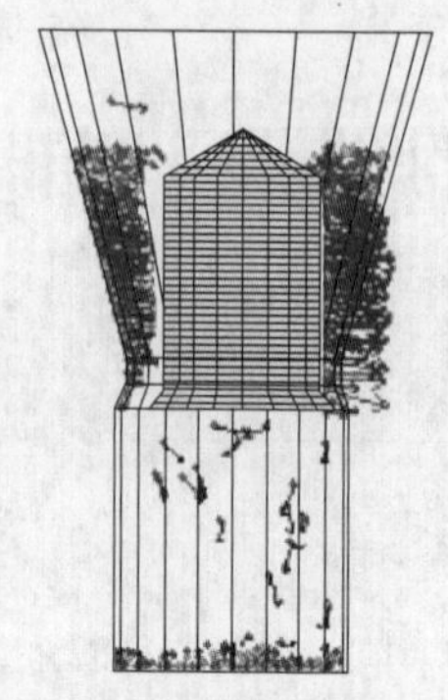
图 4-63 散体物料速度场分布

② 在压实破碎区域，动锥体周边散体与动锥体紧密基础，散体速度全部指向定锥体；散体内部的力链强度最大且最密集。

③ 在弹性恢复区域，动锥体周边散体即将与动锥体脱离接触，散体径向速度方向开始由指向定锥体逐步转变到指向动锥体轴线；散体内部力链分布比较疏松。

④ 在自由运动区域，所有散体都与动锥体脱离接触，散体速度方向分布比较杂乱；散体内部力链强度最小。

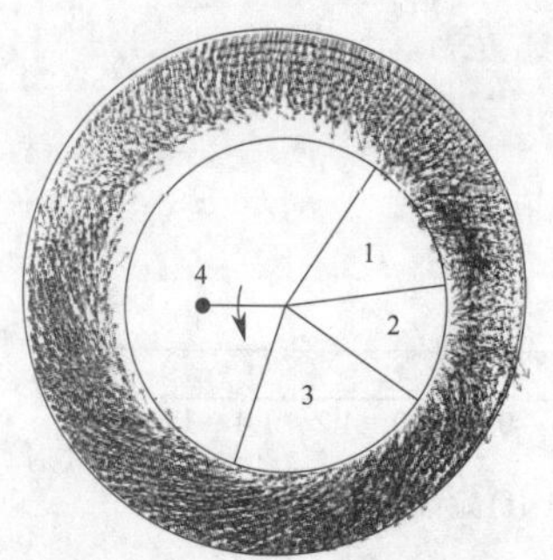

图 4-64 某一时刻散体物料速度矢量分布图

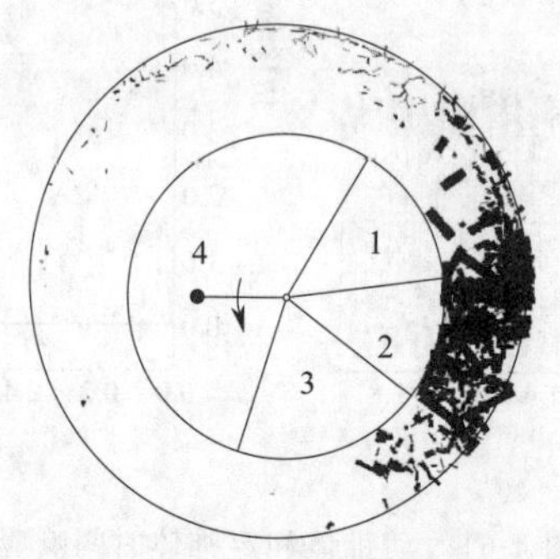

图 4-65 某一时刻散体物料力链分布图

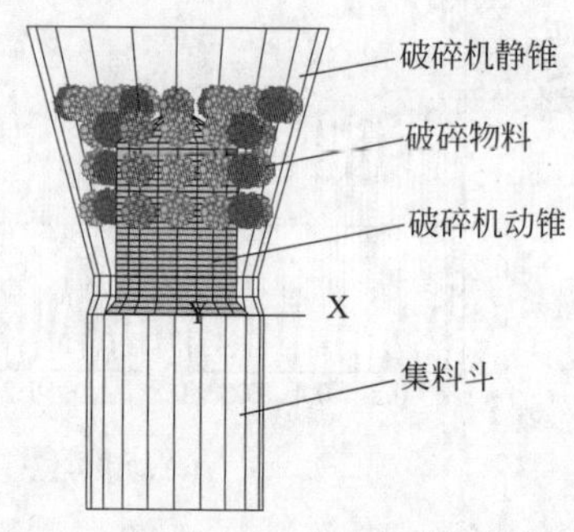

图 4-66 圆锥式振动破碎机 DEM 仿真模型

4.5.3 物料可破碎时刚散耦合仿真分析

利用可破碎超单元模型建立圆锥式振动破碎机的数值仿真模型，以便考察在散体物料可以破碎时，圆锥式振动破碎机内刚体振动系统与可破碎散体物料间的刚散多尺度耦合动力学特性。为了简化分析、突出主要问题，圆锥式振动破碎机的刚体系统还采用 4 自由度的动力学模型：不考虑回转运动，只考虑动锥体和定锥体沿 x 和 y 方向上的平动。利用离散单元法建立圆锥式振动破碎机系统的仿真模型，如图 4-66 所示。

参照表 4-4 以及可破碎超单元颗粒的参数选取方法，选取 DEM 仿真模型的模型参数，如表 4-5 所示。

表 4-5 圆锥式振动破碎机仿真模型参数取值

参数名称	参数取值	参数名称	参数取值
动锥体质量/kg	420.0	外激振力振幅/N	5.4×10^4
主振弹簧 x 方向刚度/N · m^{-1}	180000	系统初始位移/m	0
隔振弹簧 x 方向刚度/N · m^{-1}	165000	动、定锥体法向刚度/N · m^{-1}	2.0×10^{10}
主振弹簧阻尼比	0.2	动锥体摩擦系数	0.2

续表

参数名称	参数取值	参数名称	参数取值
可破碎超单元半径/m	0.050	外激振力频率/Hz	25.0
可破碎超单元法向约束平均强度/MPa	175.0	最大仿真时步/s	1.0×10^{-6}
可破碎超单元切向约束平均强度/MPa	175.0	动、定锥体切向刚度/$N\cdot m^{-1}$	8.0×10^{9}
组成单个超单元的基本单元最小半径/m	0.010	定锥体摩擦系数	0.2
基本单元法向刚度/$N\cdot m^{-1}$	1.44×10^{9}	可破碎超单元总个数/个	60
散体物料个数/个	48	可破碎超单元法向约束强度的标准偏差/MPa	40.0
最大仿真时步/s	1.0×10^{-6}	可破碎超单元切向约束强度的标准偏差/MPa	40.0
定锥体质量/kg	1200.0	组成单个超单元的基本单元最大半径/m	0.017
主振弹簧 y 方向刚度/$N\cdot m^{-1}$	180000	基本单元切向刚度/$N\cdot m^{-1}$	5.78×10^{8}
隔振弹簧 y 方向刚度/$N\cdot m^{-1}$	165000	散体物料摩擦系数	0.3
隔振弹簧阻尼比	0.2	散体物料密度/$kg\cdot m^{-3}$	2600

对动力学模型进行仿真分析，得到了散体物料对动锥体和定锥体的作用力曲线，动锥体和定锥体所受到的合外力曲线，动锥体和定锥体的加速度曲线、速度曲线、位移曲线和运动轨迹曲线，圆锥式振动破碎机的刚体振动系统对散体物料系统所做的总功随时间的变化曲线以及散体物料内部微观裂纹扩展总数随时间的变化曲线等仿真结果。

将每一个时步内所有散体物料与动锥体及定锥体之间的作用力进行求和，可以得到散体物料对动锥体和定锥体的作用力曲线，分别如图 4-67 和图 4-68 所示。

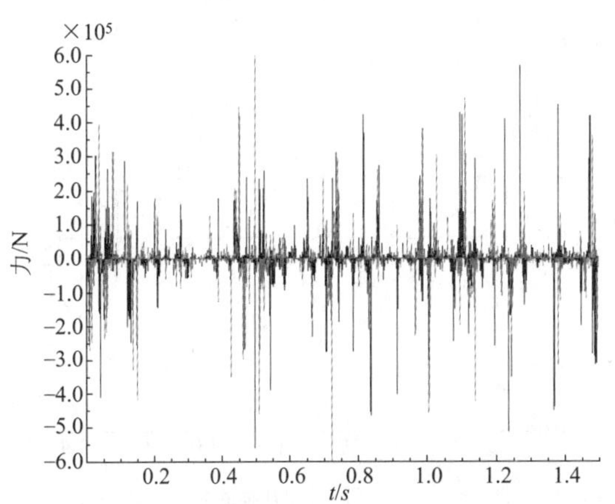

图 4-67　散体物料对动锥体的作用力曲线

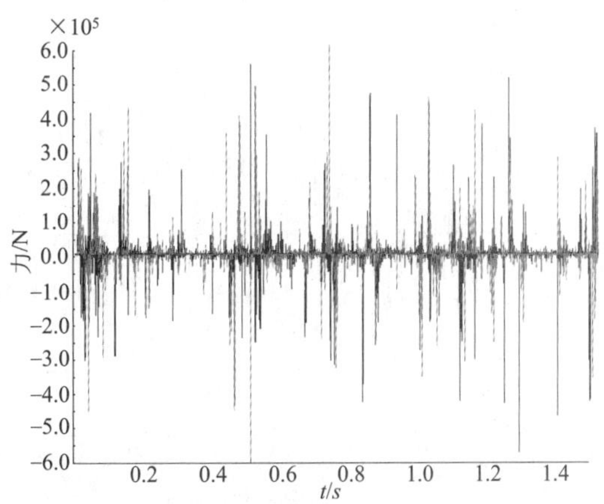

图 4-68　散体物料对定锥体的作用力曲线

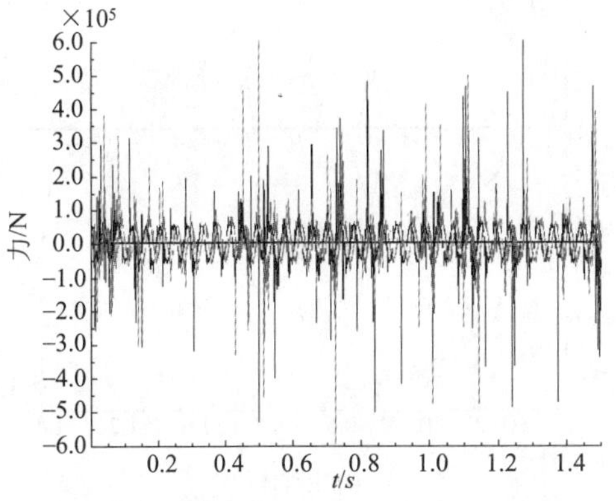

图 4-69　动锥体所受到的合外力曲线

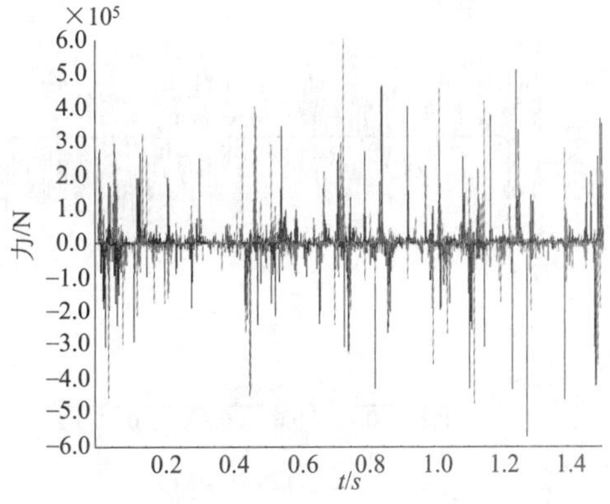

图 4-70　定锥体所受到的合外力曲线

将散体物料对动锥体及定锥体的作用力与主振弹簧、隔振弹簧的弹性恢复力进行求和，可以得到如图 4-69 和图 4-70 所示的动锥体合外力曲线和定锥体合外力曲线。

在圆锥式振动破碎机内部加入可破碎的超单元颗粒之后，散体物料对动锥体和定锥体的作用力以及动锥体和定锥体所受到的合外力仍然按照正弦规律进行变化，但是作用力的高频冲击特性进一步得到了增强。这是由散体物料的离散性以及散体物料的破碎造成的。

在合外力作用下，动锥体和定锥体的响应曲线如图 4-71 所示。

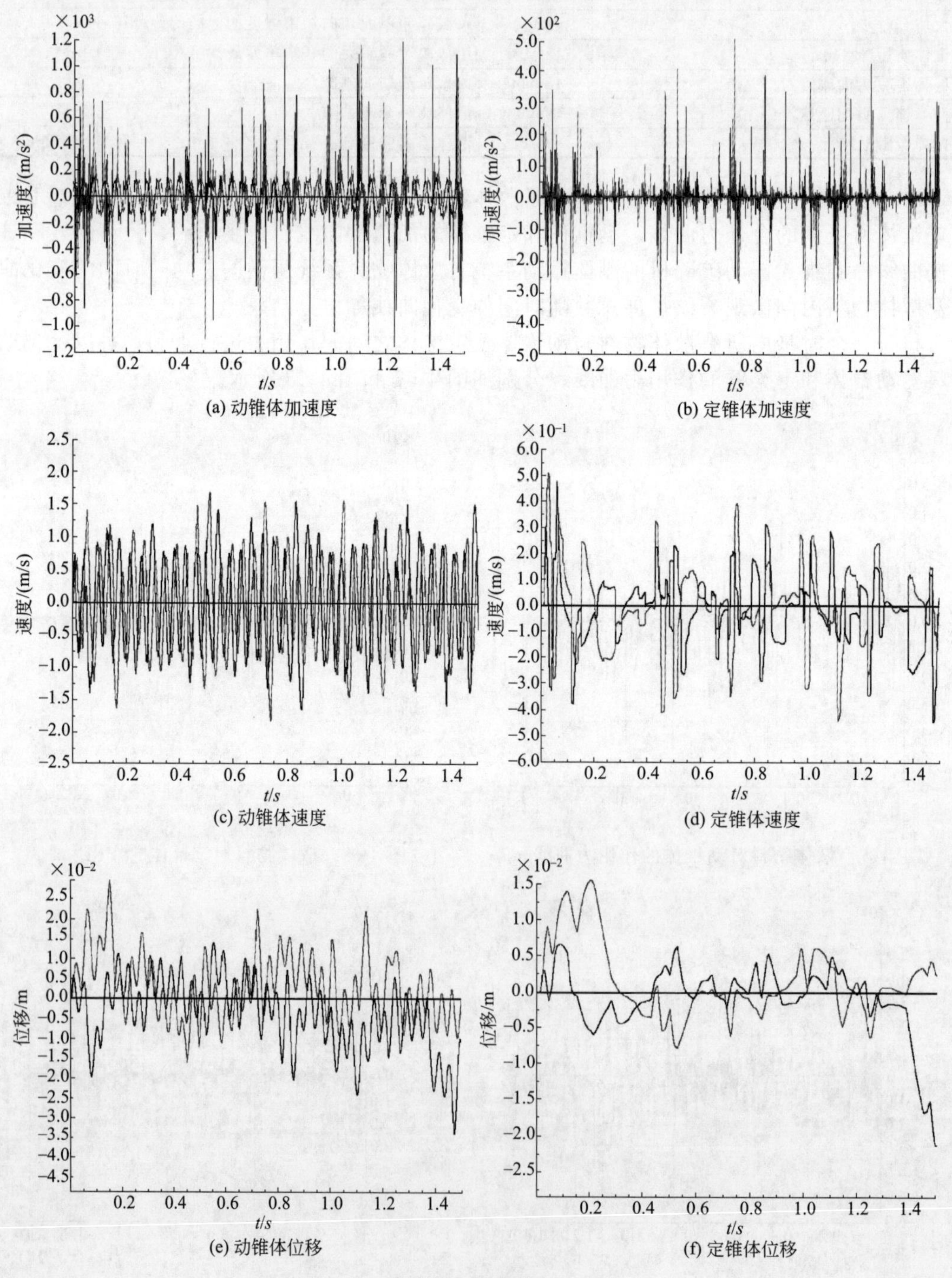

图 4-71 动锥体和定锥体的响应曲线

由于可破碎超单元模拟的是真实的岩石颗粒，颗粒粒径较大，因此破碎腔中的超单元个数较少，系统的离散性比较突出；此外，颗粒的破碎过程也在很大程度上造成了系统动力学特性的巨变。分析本次仿真得到如下结论：①动锥体和定锥体的加速度冲击更加强烈；②由于颗粒破碎的强耗散特性而使得动锥体的速度幅值和位移幅值大幅降低，而动锥体的速度变化规律和位移变化规律则在物料层的影响下而变得十分不规则；③在动锥体和定锥体的运动轨迹曲线中经常会出现比较剧烈的拐点，这是由破碎的物料层引起的，是利用纯刚体动力学无法得到的。

根据动锥体和定锥体与散体物料之间的相互作用力以及动锥体和定锥体的运动位移可以得到圆锥式振动破碎机的刚体振动系统对散体物料所做的总功随时间的变化关系，如图 4-72 所示。另外，在仿真过程中设置一个计数器，每当一个并行约束断裂的时候，计数器的值就加 1，则可以得到散体物料内部微观扩展总数随运行时间变化的关系，如图 4-73 所示。从图中可以发现，机械振动系统做功最多的时刻同时也是散体物料内部微观裂纹生成数最多的时刻。开始运行前，所有的散体物料都是完好无损的。仿真运行开始后，在散体物料内部生成大量的微观裂纹，而且微观裂纹生成的速度也比较快。随着仿真的继续运行，系统渐趋稳态，散体物料内部的微观裂纹继续增加，但是增加的速度却有所减慢。当仿真运行到一定程度后，由于散体物料内部完好无损的并行约束数目急剧减少，散体物料内部微观裂纹总数将保持一个固定不变的值。

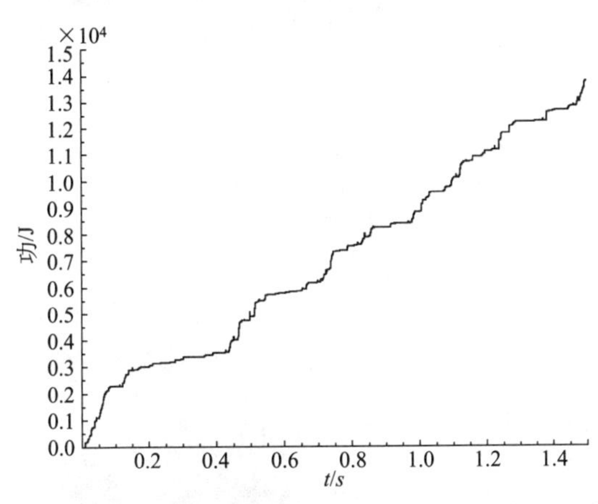

图 4-72　刚体对物料做的总功随时间变化关系

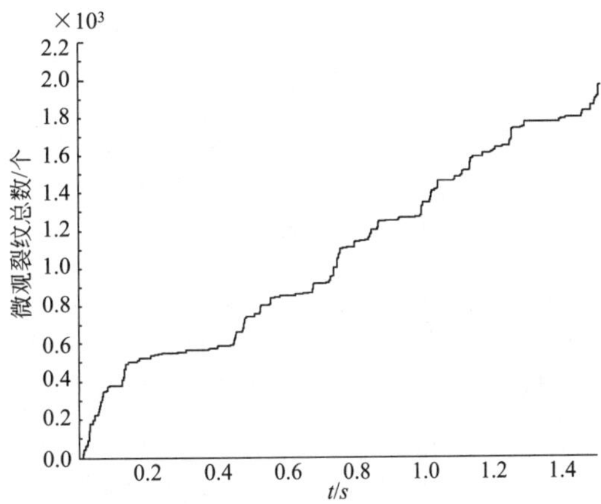

图 4-73　物料内部微观裂纹总数随运行时间变化的关系

4.6　圆锥式振动破碎机典型实例和性能试验

4.6.1　圆锥式振动破碎机结构设计与试验样机

圆锥式振动破碎机的设计结构和三维模型如图 4-74 所示。

4.6.2　圆锥式振动破碎机试验及试验结果分析

如图 4-75 所示为超细碎圆锥式振动破碎机样机照片。

试验时进行偏心激振，该样机下方装有一台电机，通过轮胎式联轴器将动力传给破碎机的主轴，主轴上装有两组偏心块，偏心量可调，满足试验过程中对不同偏心力大小的需求。

试验时采用的振动的频率与幅值分别为：该样机所装振动电机的转速为 1470r/min（0～1470r/min 可调）。激振频率为 162rad/s，总激振力通过调节偏心块的偏心距来调节，最大激振力为 140000N（0%～100%可调）。在该性能试验中，电机均满转工作。该样机的机体总质量为 2000kg，系统固有频率为 40rad/s，破碎机下面加减振弹簧后，100%激振力

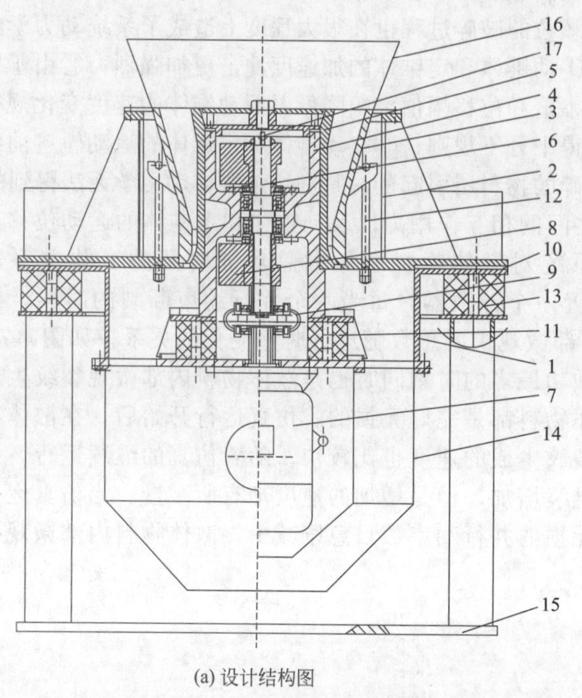

(a) 设计结构图

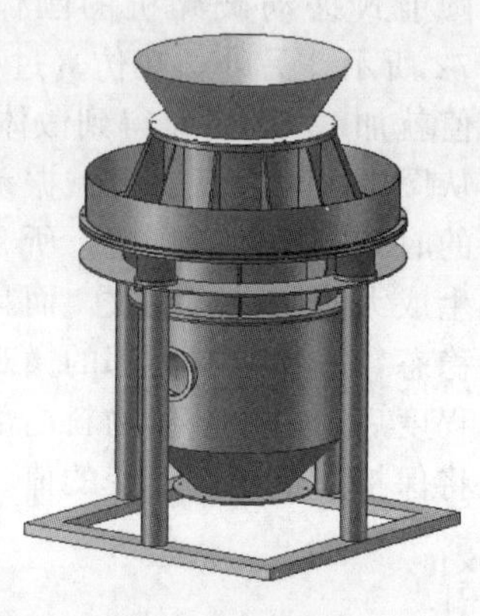

(b) 三维模型

图 4-74　超细碎圆锥式振动破碎机试验样机

1—机体；2—定锥；3—定锥衬板；4—动锥；5—动锥衬板；6—主轴；7—电动机；8—偏心激振器；9—弹性联轴器；10—调整垫板；11—主振弹簧；12—拉杆；13—隔振弹簧；14—电机罩；15—底座；16—料仓；17—油杯

副动颚工作时振幅约为 0.6mm。

试验时破碎物料为水泥熟料和石灰石，水泥熟料平均直径 20mm，堆密度为 1100～1500kg/m^3；石灰石平均直径 40mm，堆密度为 1600～2000kg/m^3。

采用连续进料和连续出料工作方式，即出料口敞开，保持破碎腔中的物料平衡，每隔一段时间采样一次（等时间间隔）。

在上述试验条件及参数下，在破碎机样机上进行物料破碎试验。在试验中，采用连续出料的工作方式，破碎物料为平均粒径为 40mm 的石灰石，偏心块的偏心量为 100%，排料口间隙可调。机器稳定工作后 5min 后进行采样，对采样样品进行筛分分析，结果见表 4-6、表 4-7。对于振动破碎性能的几个关键指标，产量、功耗、出料粒度，与传统破碎机进行了分析对照，其结果见表 4-8。

图 4-75　试验样机

表 4-6　数据记录与分析 1

物料：石灰石　进料平均粒径：40mm　电机转速：1470r/min　垫片厚度：6mm

筛孔目数/目		7	10	16	20	28	80	100
筛上	质量/g	40	50	117	23	62	91	117
	质量百分比/%	8	10	23.4	4.6	12.4	18.2	23.4

表 4-7　数据记录与分析 2

物料：石灰石　进料平均粒径：40mm　电机转速：1470r/min　垫片厚度：10mm

筛孔目数/目		7	10	16	20	28	80	100
筛上	质量/g	178	53	82	10	55	52	70
	质量百分比/%	35.6	10.6	16.4	2	11	10.4	14

表 4-8　试验样机与传统破碎机的性能对比

	最大给料粒度/mm	生产率/(t/h)	平均粒度/mm	驱动功率/(kW)	比功耗/(kWh/t)	外形尺寸(长×宽×高)(mm×mm×mm)	质量/t
惯性圆锥破碎机KID-300	20	1.6	2	10	6.7	1300×800×1450	1
试验样机	60	12	0.88	22	1.83	1500×1500×2200	2

粒度分析筛采用 7 目、10 目、16 目、20 目、28 目、80 目、115 目系列，筛孔尺寸为 2.790mm、1.652mm、0.990mm、0.589mm、0.175mm、0.124mm。破碎机破碎 5min 后，对其出料进行采样粒度分析。垫片厚度为 10mm、6mm 情况下，20 目以上的颗粒质量百分比分别为 64.6%和 46%，如图 4-76 和图 4-77 所示。通过调整垫片的厚度调整出料口的大小可以控制出料粒度的大小及分布情况，以适应不同的工作环境和要求。

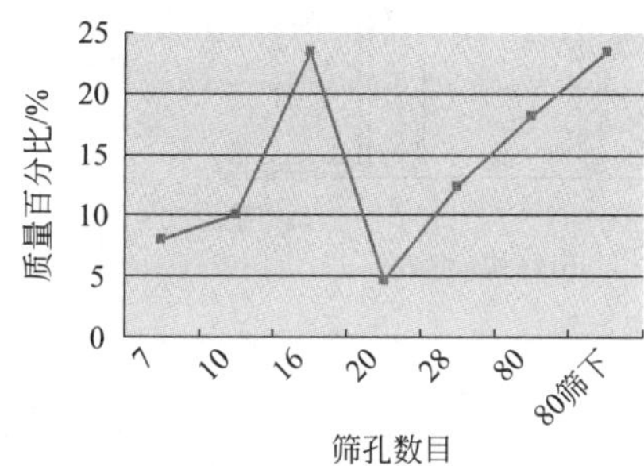

图 4-76　垫片厚度为 10mm 粒度分析

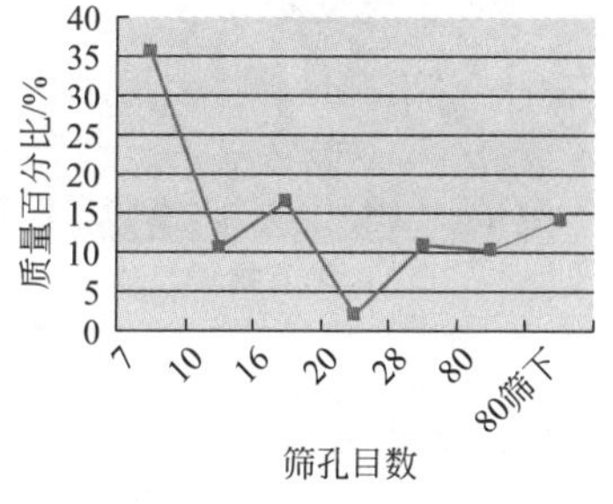

图 4-77　垫片厚度为 6mm 粒度分析

样机开启后 5min，达到稳定工作状态后，进行 5min 采样，经过计算超细碎圆锥式振动破碎机样机产量达到 12t/h，平均粒径为 0.88mm。试验表明：超细碎圆锥式振动破碎机样机运行平稳，进料粒度大，破碎比大，物料在破碎腔内主要承受正向压力，出料粒度细、均匀而且产品立方性能好，单位功率下的生产率是传统圆锥破碎机的 3.4 倍，而单位功耗只是传统破碎机的 29.3%，各项指标明显优于传统圆锥破碎机。验证了超细碎圆锥式振动破碎机建模过程中提出的振动主要集中在水平面内，而且试验中定锥振动不大，减振效果非常好，系统工作稳定。

通过试验，分析得到以下结论：

① 用弹簧代替惯性圆锥破碎机的球面轴承，制造简单，简化了润滑结构，降低了成本。通过调整两个偏心块的相对位置，可以方便地调节激振力大小，以适应不同物料的破碎。

② 样机的轴系结构改善了轴的受力情况，消除了对轴的摆动力矩，激振力直接作用于破碎区破碎物料，破碎力大，能量利用率高，系统更加稳定。提高了系统的动力稳定性和超细破碎效率。

③ 样机结构新颖，工作原理独创，技术性能指标先进，具有很好的应用前景。

破碎力的简化模型以及作用的角度仍需深入研究；由于物料对刚体的反作用，形成包含许多复杂的动力学问题非线性多自由度系统，需要进一步研究物料的刚散耦合作用机理，进行深入理论分析后进一步指导样机试验。由于破碎腔完全封闭，不可见，需要进一步优化破碎腔等各种破碎机参数，以发挥振动破碎机的最佳性能。需要进一步优化机械结构，得到最优工业化机型。

4.6.3　圆锥式振动破碎机改进试验及试验结果分析

（1）试验条件

在圆锥式振动破碎机的试验样机中，其驱动电机为22kW的普通三相异步电机，采用连续供料、连续出料的工作方式，电机转速为1460r/min。在动锥体主轴上装有两组偏心激振器，其偏心量可以通过调节两组偏心激振器的相对位置而进行调节，以便产生不同档次的惯性离心力，满足试验过程中的不同要求。

为了更加简便地调整破碎机出料口的大小，样机采用了添加活动式的调整垫片的调节方式，如图4-78所示。试验时，在图4-78所示的A处的圆周上加入调整垫片，可以适当提高或者降低定锥体的高度，改变定锥体与动锥体在竖直方向上的相对位置，进而调节出料口的大小。本试验中调整垫片的厚度为12mm，这时出料口的半径变为7.5mm。

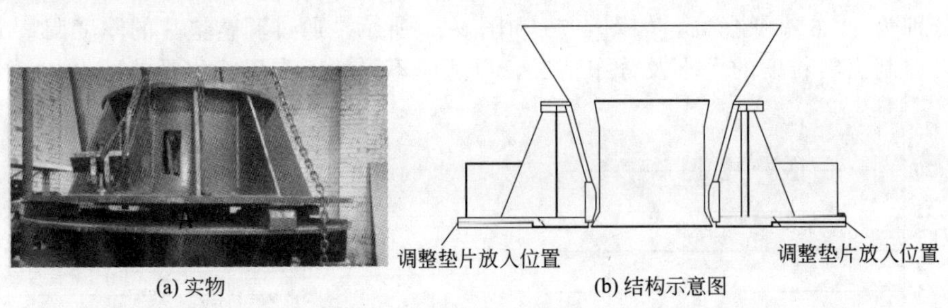

(a) 实物　　(b) 结构示意图

图4-78　调整垫片添加方法

（2）测试装置

采用江苏东华测试技术有限公司的DHDAS5922振动信号测试分析系统对试验样机的自由振动进行测试，得到样机的固有频率；分别对样机在空载和工作状态进行测试。

（3）粒度分析装置

粒度分析筛采用6目、10目、14目、20目、30目、40目、60目、80目、100目、120目、140目、160目、180目、200目系列，如图4-80(a) 所示。筛孔尺寸分别为3350μm、1700μm、1180μm、830μm、550μm、380μm、250μm、180μm、150μm、120μm、109μm、96μm、80μm和75μm。称重工具为电子秤［如图4-79(b) 所示］，最大量程为5kg，精度为±1g。筛分方法和称重方法分别如图4-79(c) 和图4-79(d) 所示。

(a) 比目筛

(b) 电子秤

(c) 筛分方式

(d) 称重方式

图4-79　粒度分析试验

（4）试验材料

破碎物料为优质石灰石，如图4-80所示，物料粒度为20.0～35.0mm均布，堆密度为

1600～2000kg/m^3。

(5) 试验过程

将圆锥式振动破碎机试验样机的破碎腔内加满物料，然后加载开机，发生了堵塞现象。为了避免发生堵塞并找出样机发生堵塞时的临界高度，沿着定锥上破碎区的内锥面，将破碎腔分为六层，如图 4-81 所示。试验时，分别将物料填充至第一至第六个不同的高度，然后加载启动。这样不仅能够得到试验样机堵塞时的临界工作状态，还可以测出不同工作状态下圆锥式振动破碎机的动力学特性，并对其出料进行力度分析并初步预测产量。

图 4-80　试验物料

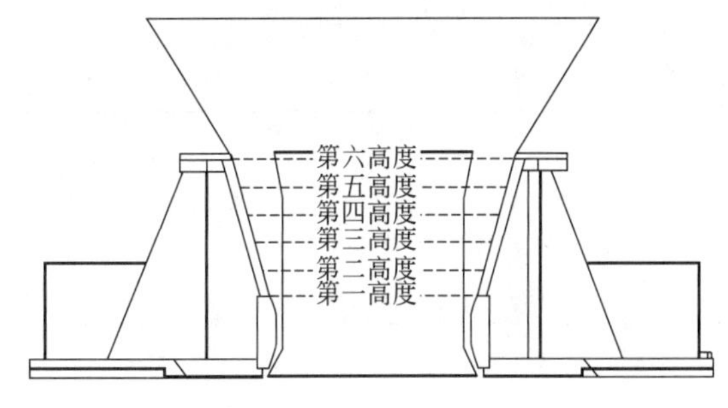

图 4-81　圆锥式振动破碎机分层示意图

按照图 4-81 所示的六种不同填充高度对圆锥式振动破碎机的破碎腔填充石灰石物料，然后启动破碎机对破碎机的破碎性能进行试验研究。试验过程中所采用的石灰石原料及破碎机破碎后的产品如图 4-82 所示。

(a) 入料

(b) 出料

图 4-82　入料与出料对比

通过试验分析可以得到：破碎腔中物料的填充高度为第三高度时（即上破碎区的 60%时），破碎机的实际破碎力不会超载，破碎机能够正常工作。

用振动系统进行数据采集时，可以记录破碎机启动—正常工作—停机这一整个过程的时间历程，所以可以简单地依据这一时间进行产量预测。由于样机正常工作的时间很难提取，所以在进行常量计算时以整个启动—正常工作—停机的时间作为正常工作时间，所以在这里得到的产量要比实际工作时的产量偏低很多。希望在后续的试验采样中，能够得到连续给料时，样机破碎出的产品，这样使得产量的预测更加精准。样机启动时破碎腔中不同物料高度得出的产量结果如表 4-9 所示。

表 4-9　振动破碎机的产量

高度	产品质量/g	工作时间/s	产量/(t/h)
第一高度	3132	1.7	6.63
第二高度	9274	3.1	10.77
第三高度	14116	5.5	9.24
第四高度	21369	11.8	6.52
第五高度	堵塞区		
第六高度			

对每组试验所得到产品进行采样，采样质量为 1000g，然后对样品进行粒度分析，分析

结果如表4-10所示。由表4-10的数据可以进一步得到物料填充高度不同时产品粒度分布对比（如图4-83所示）和产品筛上累计质量对比（如图4-84所示）。由表4-11及图4-83、图4-84可知：

① 圆锥式振动破碎机的破碎比可达20～40，是一种具有超细粉碎功能的节能型设备；

② 当物料填充为第一高度时（即上破碎区的0%时），产量基本为最低但粒度分布最好；当物料填充为第二高度时（即上破碎区的20%时），产量最高粒度分布较差；当物料填充到第三高度时（即上破碎区的40%时），产量较高粒度较好；而当物料填充到第三高度以上时，由于破碎力不够而出现了堵料情况。故此，要满足产量和粒度的双重要求，物料填充到第三高度时，破碎机的性能最好。

表4-10　入料高度不同时产品粒度分布

粒度分析/目	第一高度质量/g	第二高度质量/g	第三高度质量/g	第四高度质量/g	第五高度质量/g	第六高度质量/g
6<	269	347	316	494	175	220
6～10	90	149	162	165	161	172
>10～14	50	100	105	62	95	100
>14～20	57	72	70	50	72	72
>20～30	145	89	92	67	103	93
>30～40	54	36	36	20	37	35
>40～60	95	55	48	38	75	58
>60～80	54	34	33	21	56	42
>80～100	19	26	20	7	29	19
>100～120	32	39	35	11	33	31
>120～140	8	8	16	8	25	11
>140～160	22	10	15	9	22	12
>160～180	22	10	22	17	20	26
>180～200	18	7	18	13	20	21
>200	65	18	12	18	77	88

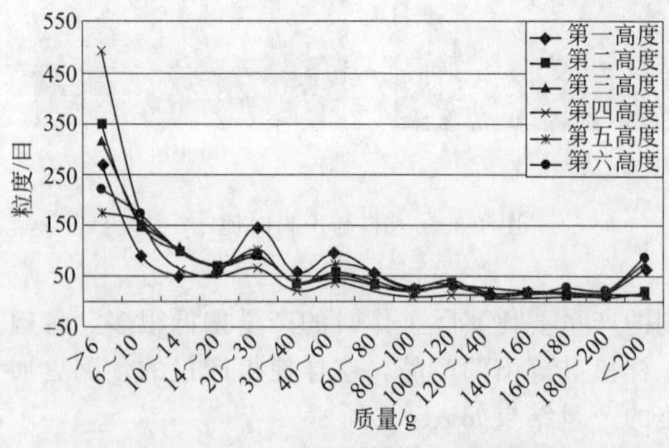

图4-83　出料粒度分布对比图

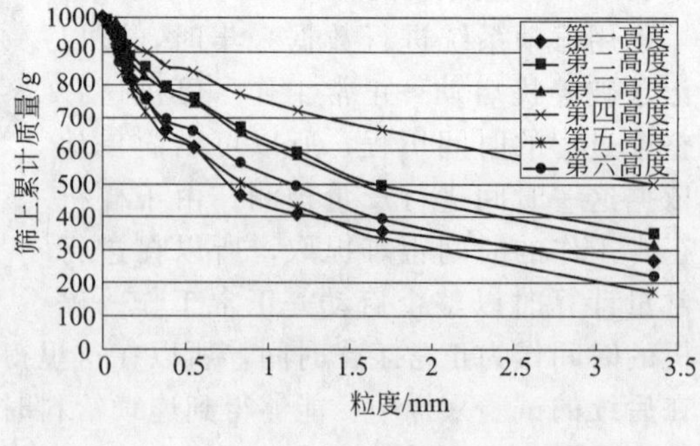

图4-84　筛上质量-粒度分布对比图

对不同工况下圆锥式振动破碎机的动力学特性进行动态测试与分析，得到在空载时以及在填充不同高度的石灰石物料时破碎机的动锥体和定锥体的加速度曲线，分别如图4-85～图4-87所示；此外还得到了填充物料为水渣时破碎机的动锥体和定锥体的加速度曲线，如图4-88所示。可以看出：①空载时，动锥体和定锥体的位移相位差为180°；②有物料破碎时，动锥体和定锥体的相位差为90°左右，说明物料增加了系统动锥体和定锥体间的连接刚度以及阻尼，改变了系统的动力学参数；③当发生堵料时，动锥体和定锥体的相位差基本为0°。

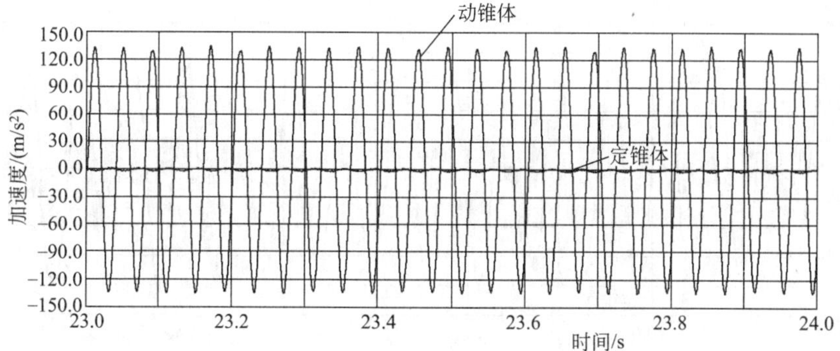

图 4-85　空载系统水平方向加速度曲线

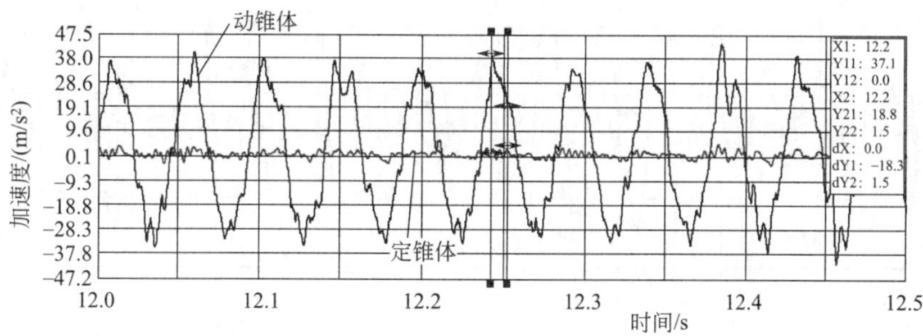

图 4-86　空载系统竖直方向加速度曲线

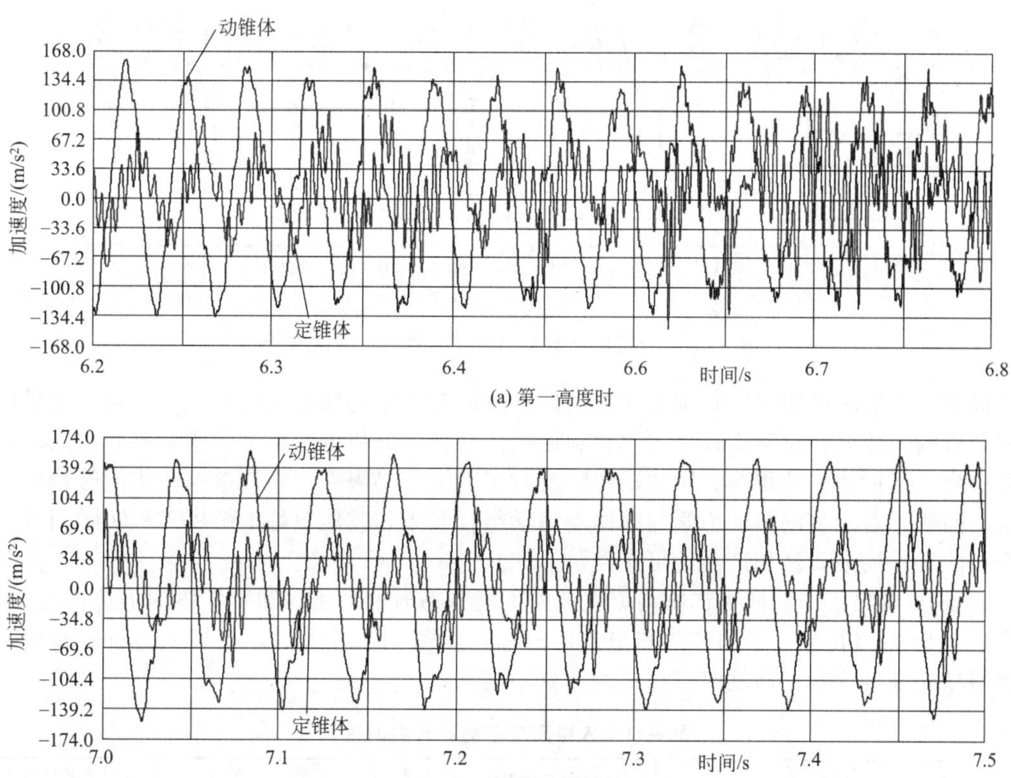

(a) 第一高度时

(b) 第二高度时

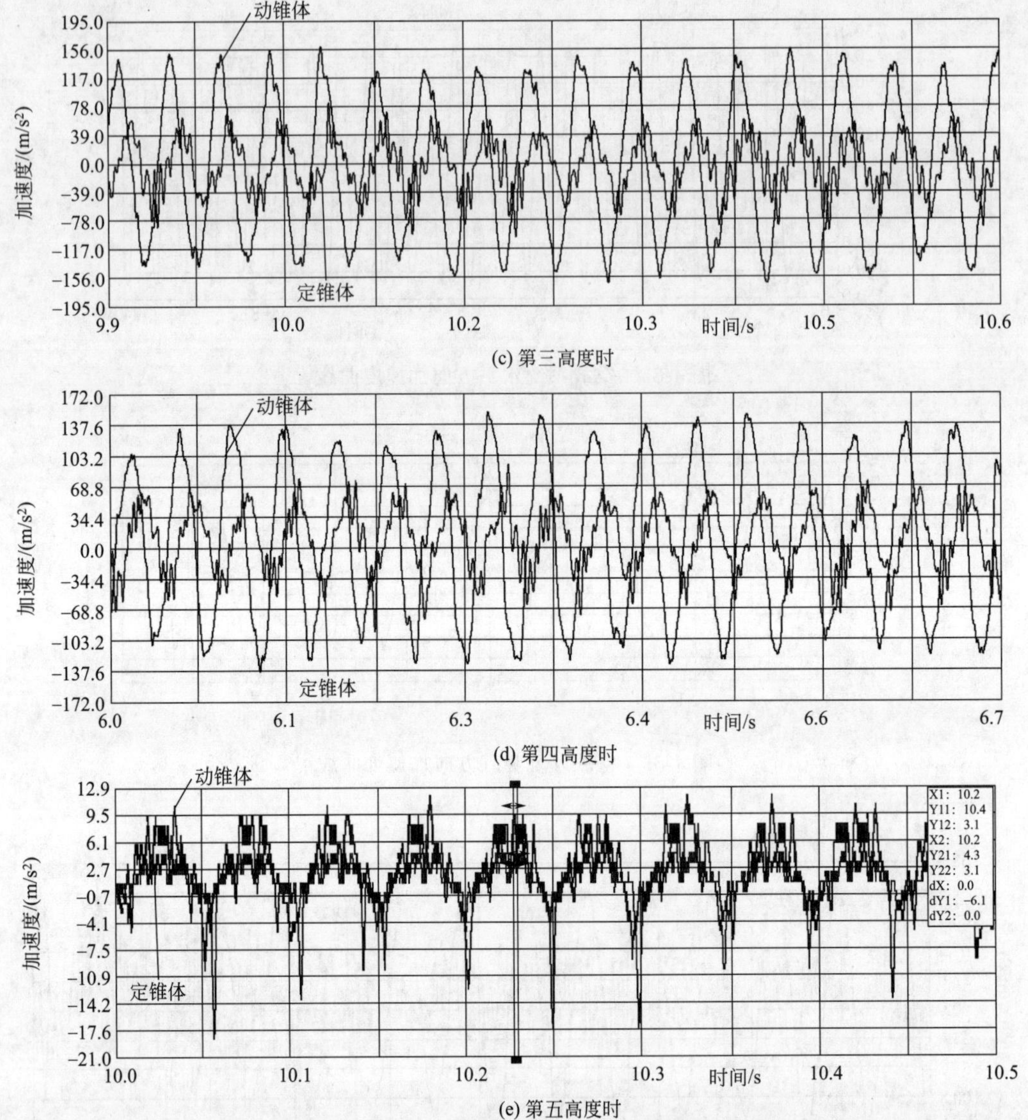

图 4-87 物料填充至不同高度时系统加速度曲线

以上三种情况说明料层对圆锥式振动破碎机的动力学特性影响较大，且影响程度受料层厚度的影响。故此在实际设计过程中，利用刚体动力学分析可以得到一些重要的信息，但是要考虑物料（散体）的影响，刚体动力学就有了一定的局限性，而离散单元法能够很好地解决这一问题。若能将刚体动力学与散体动力学结合起来，就能更好地解决工程实际问题，减少产品的设计周期，增加产品的可靠性。

表 4-11 给出了试验样机在物料填充高度不同状态时的动锥体和定锥体的加速度近似值，结合表 4-10 可以得到：当动锥体和定锥体的加速度值相差较大时，有利于物料的破碎，所以物料填充高度为第三高度时，样机的产量最高。

表 4-11 入料高度不同时得到的结果

物料填充高度	水平方向动锥体加速度/(m/s^2)	水平方向定锥体加速度/(m/s^2)
空载时	135	8
第一高度	147	80

续表

物料填充高度	水平方向动锥体加速度/(m/s^2)	水平方向定锥体加速度/(m/s^2)
第二高度	134	88
第三高度	142	54
第四高度	149	81
第五高度	10.4	4.3
第六高度		
满载时填充物料为水渣(此时不存在破碎)	127	224.0

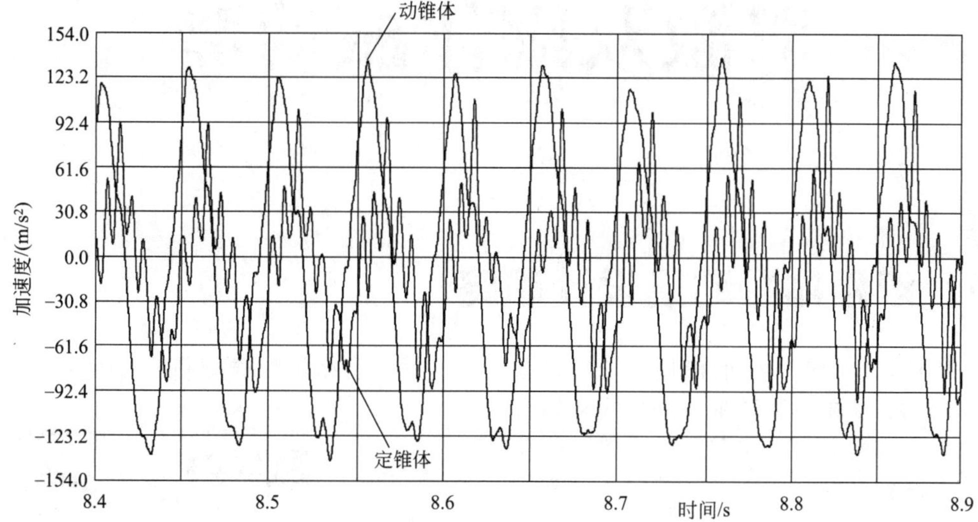

图 4-88　填充物料为水渣时系统的水平方向加速度曲线

第5章 双激双刚体振动磨

5.1 双刚体振动磨设计思路

振动磨是应用最广泛的机械式粉磨设备之一，振动磨结构型式如图 5-1 所示，它由磨筒、激振器、支撑弹簧和驱动电机等部件组成。磨筒内装有研磨介质和待磨物料，驱动电机通过弹性联轴器驱动激振装置，使支撑在弹簧上的磨筒做受迫振动，处于强烈振动状态的磨筒对内部磨介产生剧烈的振动、冲击和研磨，从而快速有效地将物料磨细，获得高细度的粉磨产品。由于振动磨机的振动强度可以达到 $7g$（g 为重力加速度）以上，而球磨机仅有 $1g$ 的加速度，且其撞击次数为球磨机的 40000～50000 倍，故振动磨的粉碎效率远高于回转式球磨机。振动磨由于振动力极强，粉磨效率高等特点，已被广泛应用于磨矿、冶金、化工、医药、建材、食品等领域。

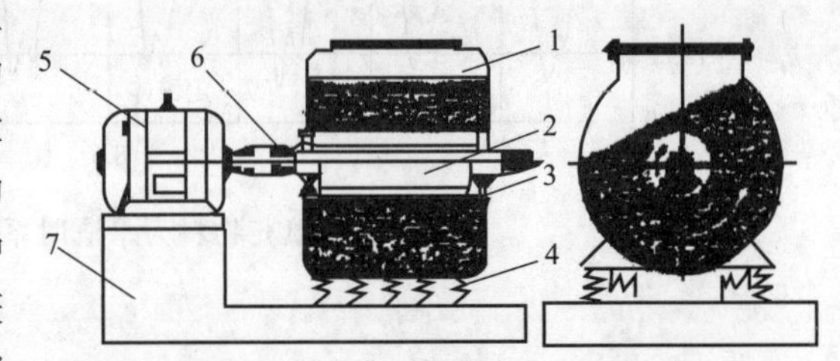

图 5-1 振动磨结构示意图

1—磨筒；2—激振器；3—滚动轴承；4—弹簧；5—电机；6—弹性联轴器；7—机架

随着人类生产技术的不断发展，要粉碎的物料的数量和种类越来越多，客观上要求振动磨向大型化方向发展。然而，实际中发现设备的大型化并没有换来应有的高效率。因此，振动磨内部的能量传递状态开始受到质疑。振动磨内部能量分布问题一直是振动磨研究的核心问题之一。振动磨腔中的能量分布图如图 5-2 所示，从图中可以看出能量主要集中分布在磨腔下部边缘一个狭窄的区域内，从边缘向中心扩散过程中能量呈指数衰减迅速降低，从而在磨腔的中上部形成较大的中心低能量区。由于低能量区的存在，使其间的物料因能量不足而难以被磨碎，导致了磨介无效碰撞增多，无用功增大，系统能量利用率降低，产品粒度分布变宽，达不到高产量和窄粒级分布的要求。中

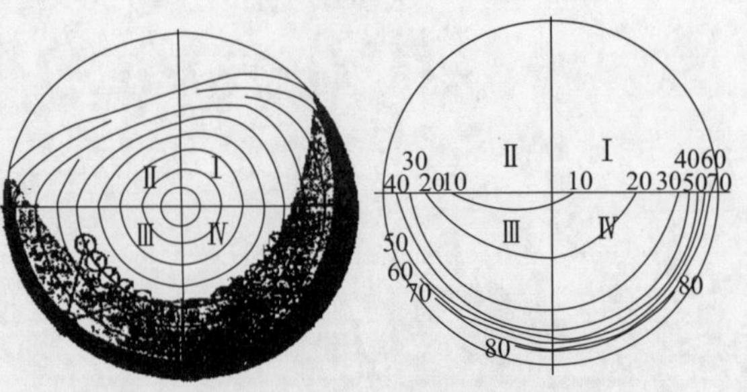

图 5-2 振动磨腔中的能量分布图

心低能量区的范围随磨筒直径的增大而增大，因此低能量区的存在成为振动磨能量利用率低和向大型化发展的“瓶颈”。

传统振动磨的中心低能量区问题，导致它磨矿效率低，产品粒度不均匀，难以大型化提高单机产量。针对该问题，研究者提出了许多解决方案，主要包括：①改进磨腔形状均化其中的能量分布，如图 5-3(a) 旋转腔式振动磨和图 5-3(b) 异型腔振动磨；②改变磨筒内各点的振动轨迹，以提高磨介和物料的流动性，如图 5-3(c) 所示。这些改进确实均化了能量输入，但均未改变能量单向从磨筒内壁向中心通过介质间的碰撞逐层传输的方式，不可能从根本上改变介质能量过于偏心分布的情况，因此有效地克服低能量区仍是振动磨研究的主要方向之一。

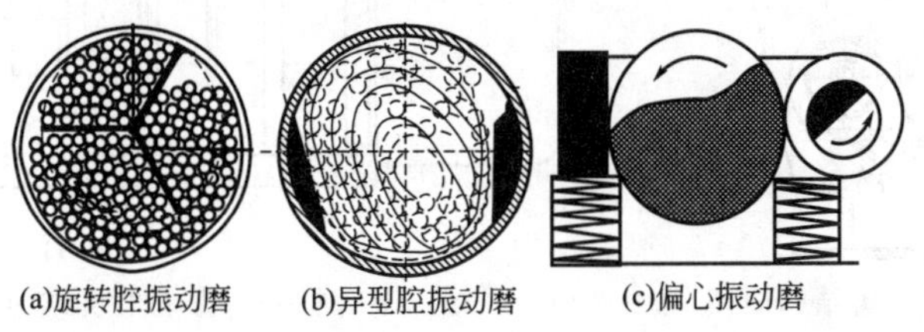

图 5-3　振动磨中心低能区的解决方案

基于多刚体振动原理，侯书军教授提出了双刚体振动磨的概念，即在传统振动磨的磨筒中心部位放置一个柱状刚体并以弹簧将其与机架相连接，组成一个刚体—散体—刚体多自由度耦合振动系统。如图 5-4 所示，由于弹性连接的中心刚体的引入，中心刚体的耦合振动增加了一个能量输入源，实现了振动能量同时从磨筒内壁向里和从中心棒向外的双向传递，从根本上改变了振动能量从磨筒内壁向里的单向传递。这使得振动能量的传递路径大大缩短，有助于均化内部能量分布，有效克服中心低能量区，大大提高振动能量的利用率，从而实现振动磨的大型化、高效化和低噪声化，使振动磨能在更广泛的领域内发挥作用。

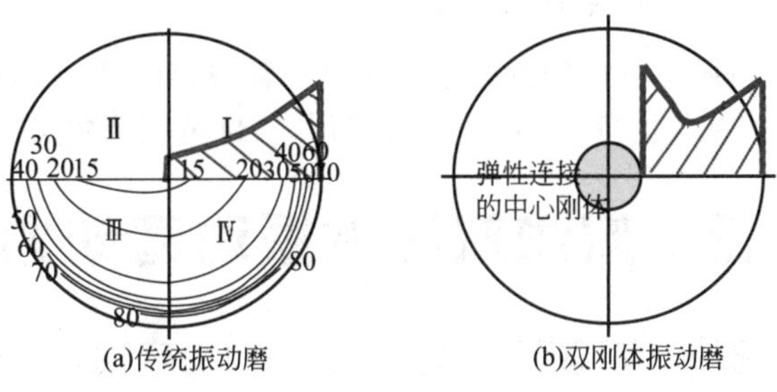

图 5-4　振动磨腔内能量分布的改进示意图

依据原理，磨机机体的模态频率比较低，而中心刚体模态频率较高，当工作频率靠近中心刚体的某个模态频率时，系统就会出现反共振，中心刚体振动强烈，而机体仍保持常规振动磨的平稳状态，机体的弹簧、轴承受到的冲击下降，其寿命与可靠性提高，工作噪声降低，有利于环境保护。但这种方案比起传统振动磨机多了一个中间参振刚体，因此它具有更复杂的动力学特性，需要进行更深入的动力学分析与试验研究。

5.2　双激双刚体振动磨工作原理

如图 5-5 所示，双激双刚体振动磨包括两个刚体，机架和磨筒组成的机体 m_1 和中心棒 m_2，其中机体由大弹簧 k_1 支撑在基础上，中心刚体则通过小弹簧 k_2 与机体相连。激振器产生的激振力使得机体在大弹簧支撑下产生振动，一方面使得填充在磨筒内的磨介和物料产生运动，另一方面使得通过小弹簧连接的中心刚体产生振动，从而使得磨介和磨筒、磨介和磨介、磨介和中心棒产生相互冲击作用，把物料粉碎为更小的颗粒。

左右两个激振器的布置方式，可以将振动电机作为激振器。图 5-6 所示振动电机的结构示意图，振动电机相当于把电机、轴承、偏心块集成在一起，减少了弹性联轴器环节，可以直接安装在机体上，随着机体一起振动。还增加了润滑油嘴、防护罩等结构，使得振动电机比普通电机驱动偏心块的传统惯性激振器可靠性大大增加。因此在双激双刚体振动磨样机设计过程中一直选用振动电机作为激振器。

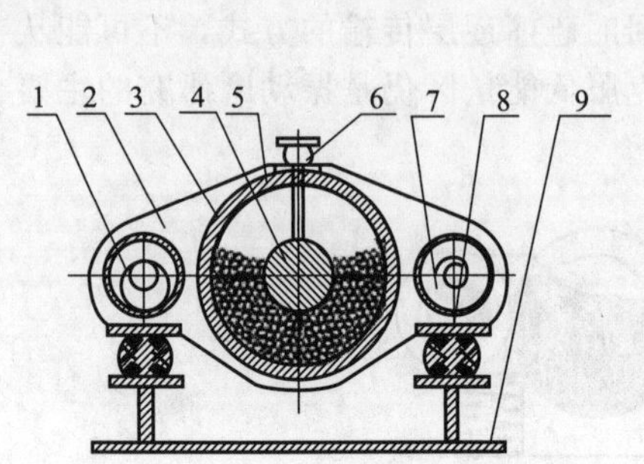

图 5-5 双激双刚体振动磨结构简图

1—左激振器；2，5—机架；3—磨筒；4—中心刚体；6—小弹簧；7—右激振器；8—大弹簧；9—基础

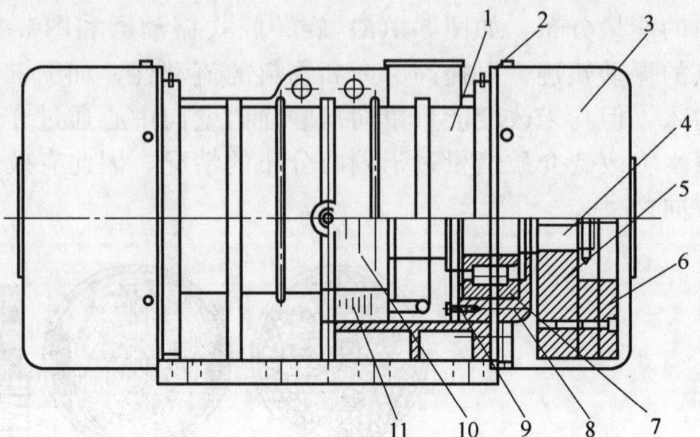

图 5-6 振动电机结构示意图

1—机座；2—油嘴；3—防护罩；4—轴；5—偏心块；6—配重块；7—轴承；8—轴承室；9—轴承压盖；10—转子铁芯；11—定子

振动电机的激振力是通过双轴输出的两组偏心块旋转产生的离心力实现的，其中偏心块5和配重块6之间一般设计为可以自由调节角度，从而调节总的激振力大小。

5.3 双激双刚体振动磨动力学仿真分析

5.3.1 双激双刚体振动磨六自由度动力学建模

与传统振动磨相比，双刚体振动磨结构上增加了一个振动刚体，因而动力学特性更复杂。如图 5-7 所示的坐标系，若不考虑磨介和物料，该振动系统在空间内为 12 个自由度。即使只考虑垂直方向的振动，也是一个两自由度振动系统，必须考虑刚体之间的耦合振动，无法再沿用传统振动磨设计中的单自由度分析。

磨筒截面内的能量分布是决定磨机工作性能的主要因素，因此在磨筒截面上建立平面的绝对坐标系 XOY，然后在机体 m_1 和中心棒 m_2 的质心分别建立相对坐标系 $X_1O_1Y_1$ 和 $X_2O_2Y_2$，静止时三个坐标系重合。实际中一般选择系统的自然坐标为自由度，因此每个刚体包括 3 个自由度，双刚体振动系统则有 x_1、y_1、θ_1、x_2、y_2、θ_2 6 个自由度。

根据如下所示非保守系统拉格朗日方程

$$\frac{\mathrm{d}}{\mathrm{d}t}\left(\frac{\partial T}{\partial q_i}\right)-\frac{\partial T}{\partial q_i}+\frac{\partial U}{\partial q_i}=Q_i \quad (i=1,2,\cdots,n) \tag{5-1}$$

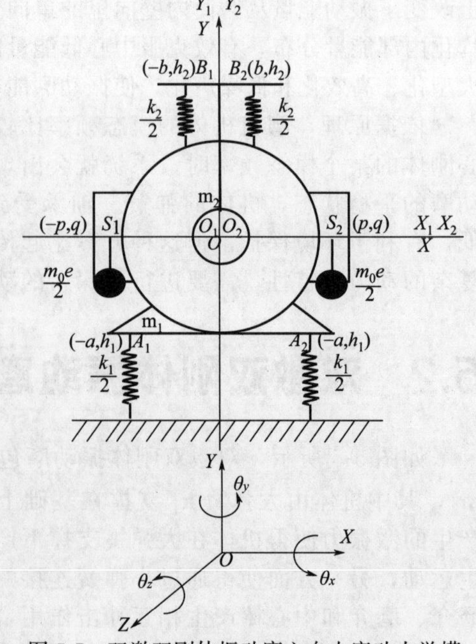

图 5-7 双激双刚体振动磨六自由度动力学模

建模的关键是选取 n 个自由度，然后依次计算

系统动能 T、势能 U，势能包括重力势能 U_g 和弹簧势能 U_k，以及其他非势力 Q，如阻尼力、摩擦力等。

刚体 m_1 和 m_2 的动能分别为

$$\begin{aligned} T_1 &= \frac{1}{2}m_1(\dot{x}_1^2+\dot{y}_1^2)+\frac{1}{2}j_1\dot{\theta}_1^2 \\ T_2 &= \frac{1}{2}m_2(\dot{x}_2^2+\dot{y}_2^2)+\frac{1}{2}j_2\dot{\theta}_2^2 \end{aligned} \tag{5-2}$$

刚体 m_1 和 m_2 的重力势能分别为

$$\begin{aligned} U_{g_1} &= m_1 g y_1 \\ U_{g_2} &= m_2 g y_2 \end{aligned} \tag{5-3}$$

偏心块 m_0 的动能和重力势能计算则比较麻烦，一可按照牵连运动求其牵连速度，二可按照坐标变换求其质点位置，求导则得其速度。方法一需要具体分析，尤其是回转中心与刚体的质心不重合时分析十分麻烦。而采用方法二格式规范，可以充分利用数学软件推导的优势。

设一组偏心块 m_0 安装在刚体 m_1 上，偏心距为 e，回转中心在坐标系 $X_1O_1Y_1$ 中静止时坐标为（p,q），则运动后坐标为

$$\begin{aligned} \begin{bmatrix} x_0 \\ y_0 \end{bmatrix} &= \begin{bmatrix} x_1 \\ y_1 \end{bmatrix} + \begin{bmatrix} \cos\theta_1 & -\sin\theta_1 \\ \sin\theta_1 & \cos\theta_1 \end{bmatrix} \begin{bmatrix} p+e\sin\omega t \\ q-e\cos\omega t \end{bmatrix} \\ &= \begin{bmatrix} x_1+p\cos\theta_1-q\sin\theta_1+e\sin(\omega t+\theta_1) \\ y_1+p\sin\theta_1+q\cos\theta_1-e\cos(\omega t+\theta_1) \end{bmatrix} \end{aligned} \tag{5-4}$$

求导得偏心块 m_0 的动能为

$$\begin{aligned} T_0 = &\frac{1}{2}m_0\left[\dot{x}_1-\dot{\theta}_1(p\sin\theta_1+q\cos\theta_1)+(\dot{\theta}_1+\omega)e\cos(\omega t+\theta_1)\right]^2 \\ &+\frac{1}{2}m_0\left[\dot{y}_1+\dot{\theta}_1(p\cos\theta_1-q\sin\theta_1)+(\dot{\theta}_1+\omega)e\sin(\omega t+\theta_1)\right]^2 \end{aligned} \tag{5-5}$$

由两坐标之差得偏心块 m_0 的重力势能为

$$\dot{U}_{g_0}=m_0 g y_1+m_0 g\left[p\sin\theta_1+q(1-\cos\theta_1)\right]-m_0 g\{e\left[\cos(\omega t)-\cos(\omega t+\theta_1)\right]\} \tag{5-6}$$

可以看出，偏心块的重力势能和动能都比较复杂，这一方面由偏心块回转中心与刚体质心不重合引起，另一方面由偏心块自身转动和刚体绕质心扭振耦合引起。当系统安装了两组偏心块时，则需按照上述方法分别计算。同理，当偏心块 m_0 安装在刚体 m_2 上时，也可依据上述方法进行推导。

弹簧 k_1 和 k_2 的势能分别为

$$\begin{aligned} U_{k_1} &= \left[k_{x_1}(\Delta x_{A_1}^2+\Delta x_{A_2}^2)+k_{y_1}(\Delta y_{A_1}^2+\Delta y_{A_2}^2)\right]/4 \\ U_{k_2} &= \left[k_{x_2}(\Delta x_{B_1}^2+\Delta x_{B_2}^2)+k_{y_2}(\Delta y_{B_1}^2+\Delta y_{B_2}^2)\right]/4 \end{aligned} \tag{5-7}$$

其中点 A_1、A_2 与刚体 m_1 相连，在坐标系 $X_1O_1Y_1$ 中静止时坐标为（$-a,h_1$）、（a,h_1），弹簧 k_1 的变形只与刚体 m_1 的运动有关；而点 B_1、B_2 与刚体 m_2 相连，在坐标系 $X_2O_2Y_2$ 中静止时坐标为（$-b,h_2$）、（b,h_2），弹簧 k_2 的变形不仅与刚体 m_1 的振动有关，而且与刚体 m_2 的振动有关。而且布置多根弹簧时，弹簧的变形需要根据弹簧位置分别进行计算。

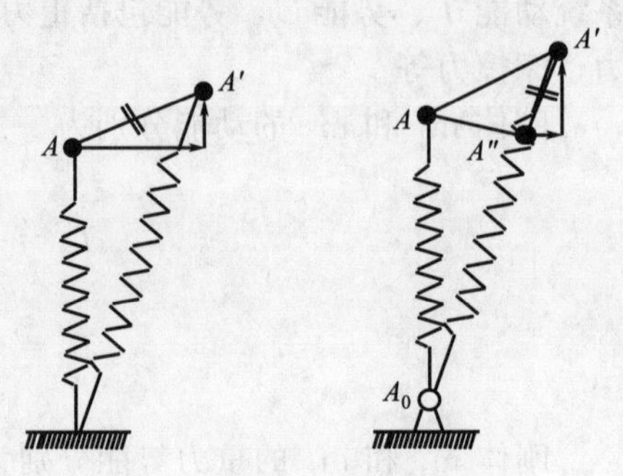

图 5-8 弹簧连接方式与变形

如图 5-8 所示，弹簧从 A 点变形到 A'点，对于弹簧势能的计算，则根据固定端约束不同而分两种情况：

① 弹簧固定端看作完全固定约束。此时，由于弹簧 x、y 方向刚度不同，所以必须分别考虑 x、y 方向的变形，分别计算势能 $U_k=\frac{1}{2}k_x\Delta x_A^2+\frac{1}{2}k_y\Delta y_A^2$。

弹簧变形为 $\begin{bmatrix}\Delta x_A\\ \Delta y_A\end{bmatrix}=\begin{bmatrix}x_{A'}\\ y_{A'}\end{bmatrix}-\begin{bmatrix}x_A\\ y_A\end{bmatrix}$，其中 A 点坐标为静止坐标，A'点坐标为随刚体振动后坐标，即不需知道固定端点的坐标，计算较简单。

而且实际中弹簧的刚度都是根据主工作方向确定的，而弹簧的横向刚度则与主刚度之间存在一个系数关系 $k_y=k$，$k_x=\alpha k$。

② 弹簧固定端看作铰接约束。此时，应该按照弹簧主工作方向的变形来计算，然后再计算势能 $U_k=\frac{1}{2}k\Delta l^2$。

弹簧变形为

$$\Delta l=A'A''=A'A_0-AA_0=\sqrt{(x_{A'}-x_{A_0})^2+(y_{A'}-y_{A_0})^2}-\sqrt{(x_A-x_{A_0})^2+(y_A-y_{A_0})^2}$$

即需要知道固定端点 A_0 的坐标，且涉及开方计算，使得计算过程十分复杂。

两种计算方法所得的弹簧势能，存在很大的差距，具体计算时要根据弹簧的连接方式进行具体分析。一般采用压缩弹簧时，弹簧的连接都是采用导柱型的弹簧座，此时应看作情况①，或者拉伸弹簧采用螺旋导杆连接时，也应看作情况①；而当采用拉伸弹簧，且采用挂钩连接时，则应看作情况②。

阻尼力是作为外部力而加在方程中的。为了简化分析，考虑的是线性比例阻尼，而且只考虑了同一方向上的耦合。若认为阻尼是弹簧的附加特性，则应该考虑不同方向上的耦合。

系统的总动能和势能为

$$\begin{aligned}T&=T_1+T_2+T_0\\ U&=U_{g_1}+U_{g_2}+U_{g_0}+U_{k_1}+U_{k_2}\end{aligned}\tag{5-8}$$

将总动能和势能代入拉格朗日方程，利用数学软件进行推导，再将阻尼力作为外力，可得系统的六自由度非线性动力学方程。

$$\begin{cases}(m_1+m_0)\ddot{x}_1+c_{x_1}\dot{x}_1+c_{x_2}(\dot{x}_1-\dot{x}_2)+k_{x_1}x_1+k_{x_2}(x_1-x_2)+f_{x\theta_1}=F_{x_{11}}+F_{x_{12}}\\ (m_1+m_0)(\ddot{y}_1+g)+c_{y_1}\dot{y}+c_{y_2}(\dot{y}_1-\dot{y}_2)+k_{y_1}y_1+k_{y_2}(y_1-y_2)+f_{y\theta_1}=F_{y_{11}}+F_{y_{12}}\\ (j_1+m_0(e^2+p^2+q^2))\ddot{\theta}_1+c_{\theta_1}\dot{\theta}_1+c_{\theta_2}(\dot{\theta}_1-\dot{\theta}_2)+f_{\theta\theta_1}+f_{\theta k_1}+f_{\theta y_1}=F_{\theta_{11}}+F_{\theta_{12}}\\ m_2\ddot{x}_2+c_{x_2}(\dot{x}_2-\dot{x}_1)+k_{x_2}(x_2-x_1)+f_{x\theta_2}=0\\ m_2(\ddot{y}_2+g)+c_{y_2}(\dot{y}_2-\dot{y}_1)+k_{y_2}(y_2-y_1)+f_{y\theta_2}=0\\ j_2\ddot{\theta}_2+c_{\theta_2}(\dot{\theta}_2-\dot{\theta}_1)+f_{\theta\theta_2}+f_{\theta x_2}+f_{\theta y_2}=0\end{cases}\tag{5-9}$$

式中

$$f_{x\theta_1}=-k_{x_1}h_1\sin\theta_1-k_{x_2}h_2(\sin\theta_1-\sin\theta_2)$$

$$f_{y\theta_1}=k_{x_1}h_1(\cos\theta_1-1)+k_{x_2}h_2(\cos\theta_1-\cos\theta_2)$$

$$f_{\theta x_1}=-k_{x_1}h_1\cos\theta_1 x_1-k_{x_2}h_2\cos\theta_1(x_1-x_2)$$
$$f_{\theta y_1}=-k_{y_1}h_1\sin\theta_1 y_1-k_{y_2}h_2\sin\theta_1(y_1-y_2)$$
$$f_{\theta\theta_1}=(k_{x_1}h_1^2+k_{y_1}a^2)\cos\theta_1\sin\theta_1-(k_{x_1}a^2+k_{y_1}h_1^2)\sin\theta_1(\cos\theta_1-1)$$
$$+(k_{x_2}h_2^2+k_{y_2}b^2)\cos\theta_1(\sin\theta_1-\sin\theta_2)-(k_{x_2}b^2+k_{y_2}h_2^2)\sin\theta_1(\cos\theta_1-\cos\theta_2)$$
$$f_{x\theta_2}=-k_{x_2}h_2(\sin\theta_2-\sin\theta_1)$$
$$f_{y\theta_2}=+k_{x_2}h_2(\cos\theta_2-\cos\theta_1)$$
$$f_{\theta x_2}=-k_{x_2}h_2\cos\theta_2(x_2-x_1)$$
$$f_{\theta y_2}=-k_{x_2}h_2\sin\theta_2(y_2-y_1)$$
$$f_{\theta\theta_2}=(k_{x_2}h_2{}^2+k_{y_2}b^2)\cos\theta_2(\sin\theta_2-\sin\theta_1)-(k_{x_2}b^2+k_{y_2}h_2{}^2)\sin\theta_2(\cos\theta_2-\cos\theta_1)$$
$$F_{x_{12}}=m_0e(\omega+\dot\theta_1)^2\sin(\omega t+\theta_1)-m_0e\ddot\theta_1\cos(\omega t+\theta_1)+m_0\dot\theta_1^2(p\cos\theta_1-q\sin\theta_1)+m_0\ddot\theta_1(p\sin\theta_1+q\cos\theta_1)$$
$$F_{y_{12}}=-m_0e(\omega+\dot\theta_1)^2\cos(\omega t+\theta_1)-m_0e\ddot\theta_1\sin(\omega t+\theta_1)+m_0\dot\theta_1^2(p\sin\theta_1+q\cos\theta_1)-m_0\ddot\theta_1(p\cos\theta_1-q\sin\theta_1)$$
$$F_{\theta_{12}}=-m_0\ddot x_1e\cos(\omega t+\theta_1)-m_0(\ddot y_1+g)e\sin(\omega t+\theta_1)+m_0\ddot x_1(p\sin\theta_1+q\cos\theta_1)-m_0(\ddot y_1+g)(p\cos\theta_1-q\sin\theta_1)-m_0e(\omega^2+2\omega\dot\theta_1)(p\cos\omega t+q\sin\omega t)-2m_0e\ddot\theta_1(p\sin\omega t-q\cos\omega t)$$

由于方程比较复杂，需要对方程中各非线性项进行分析，以实现必要而合理的线性化。

① 方程左手侧为惯性、弹性、阻尼项。其中惯性项包括偏心块在连接刚体上产生的附加质量和惯性矩。非线性项主要是由刚体绕质心的转动、刚体转动与平动之间的弹性耦合而产生的。

若刚体绕质心扭振很小时，可以令 $\sin\theta_1\approx\theta_1$，$\cos\theta_1\approx1$。这时 $f_{\theta\theta_1}$、$f_{\theta\theta_2}$ 变为线性项，弹性耦合主要是同一方向上的；不同方向上的耦合，如 θ_1、θ_2 与 x_1、x_2 产生线性项 $f_{\theta x_1}$、$f_{\theta x_2}$，θ_1、θ_2 与 y_1、y_2 产生二阶非线性项 $f_{\theta y_1}$、$f_{\theta y_2}$。另外弹簧水平对称布置，$f_{y\theta_1}$、$f_{y\theta_2}$ 消失，$f_{x\theta_1}$、$f_{x\theta_2}$ 为线性项。

② 方程右手侧为激励项。$F_{x_{11}}$、$F_{y_{11}}$、$F_{\theta_{11}}$、$F_{x_{12}}$、$F_{y_{12}}$、$F_{\theta_{12}}$ 分别为两组偏心块在连接刚体上产生的激励项；非连接刚体上则没有激励项。

与偏心距 e 相关项是由于偏心块自身转动和刚体绕质心扭振耦合而产生的复杂项，主要是在 x_1、y_1 方向上分别施加相位差 90°的激励项，及由于惯性耦合在 θ_1 方向上产生的激励项。若令 $\dot\theta_1+\omega\approx\omega$，$\theta_1+\omega t\approx\omega t$，非线性项将大大减少。

与（p,q）相关项是由于偏心块的回转中心与刚体质心不重合而产生的复杂项，主要包括惯性耦合项、二阶和三阶非线性项，以及参数激励项、θ_1 方向上的激励项。而当 $p=0$，$q=0$ 时这些项消失，但施加于 θ_1 方向上的主要激励项也就没有了。或当两组偏心块对称布置且能达到同步转动时也可简化，且可构成不同的激励方式。

另外由于偏心块的重力与转动相耦合，使得在 θ_1 方向施加了一个额外的激励。

经过角度线性化，并去除所有的二阶以上非线性项，可得线性化方程。给定一组参数，分别求数值解如图 5-9 所示，可以看出：两方程的解基本一致，非线性项可以忽略。

对于这类偏心激励多刚体振动系统，应用拉格朗日方程建模的关键是写出系统的动能和势能。用坐标变换的方式进行计算，格式规范，可充分利用数学软件推导的优点。

偏心激励所产生的复杂项，一方面是偏心块自身转动和刚体绕质心扭振耦合而产生，另一方面是偏心块回转中心与刚体质心不重合而产生。通过调整位置及多组偏心块组合能实现不同的偏心激励方式。而两个刚体之间的弹性耦合主要是同一方向上的耦合，不同方向上的耦合主要是由绕质心的扭振而产生的。

通过分析各非线性项，给出了线性化的方法，数值解的比较证明非线性项可以忽略。因此在后面的动力学分析中，可采用线性方程进行计算。

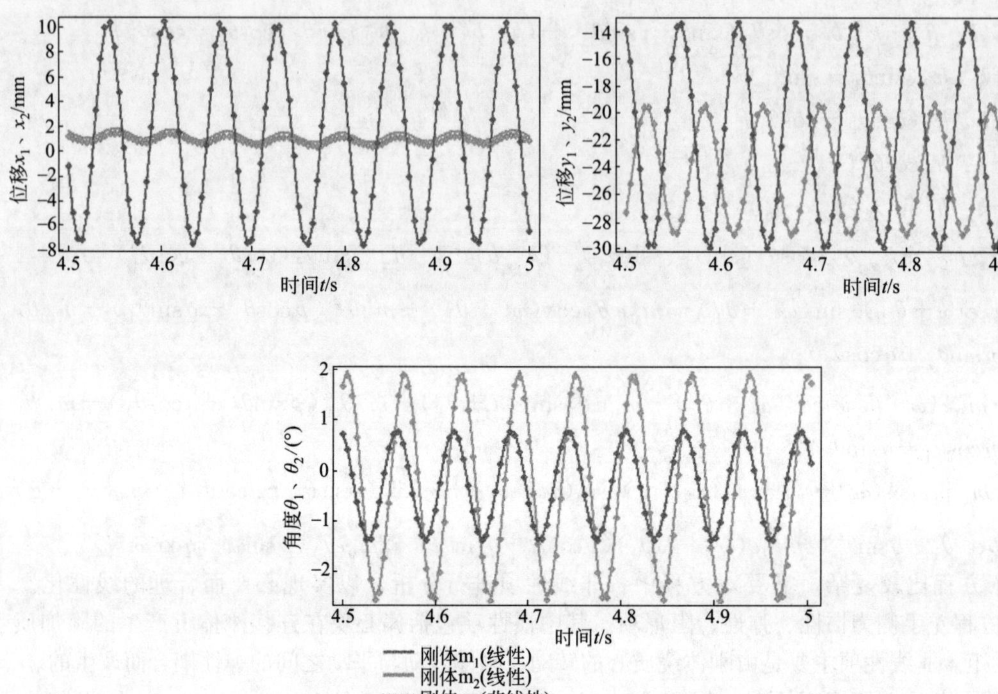

图 5-9 线性与非线性方程数值结果比较

5.3.2 双激双刚体振动磨振动轨迹分析

平面上某一点 x、y 方向上振动的合成，即构成该点的振动轨迹，其形状取决于 x、y 之间的振幅比和相位差。这样，刚体上某一点的振动轨迹，不仅与质心水平垂直振动 x、y 有关，而且与绕质心扭振 θ 及到质心距离有很大关系。因此，为了全面分析刚体上不同点的运动轨迹，必须综合考虑各种因素的影响。

(1) 系统动力学参数的影响

不考虑耦合时，系统的六个固有频率和阻尼比可分别表示如下：

$$p_{x_1}=\sqrt{\frac{k_{x_1}}{m_1+m_0}},\ \xi_{x_1}=\frac{c_{x_1}}{2(m_1+m_0)p_{x_1}}$$

$$p_{y_1}=\sqrt{\frac{k_{y_1}}{m_1+m_0}},\ \xi_{y_1}=\frac{c_{y_1}}{2(m_1+m_0)p_{y_1}}$$

$$p_{\theta_1}=\sqrt{\frac{k_{x_1}h_1^{\ 2}+k_{y_1}a^2}{j_1+m_0e^2}},\ \xi_{\theta_1}=\frac{c_{\theta_1}}{2(j_1+m_0e^2)p_{\theta_1}}$$

$$p_{x_2}=\sqrt{\frac{k_{x_2}}{m_2}},\ \xi_{x_2}=\frac{c_{x_2}}{2m_2p_{x_2}}$$

$$p_{y_2}=\sqrt{\frac{k_{y_2}}{m_2}},\ \xi_{y_2}=\frac{c_{y_2}}{2m_2 p_{y_2}}$$

$$p_{\theta_2}=\sqrt{\frac{k_{x_2}h_2^2+k_{y_2}b^2}{j_2}},\ \xi_{\theta_2}=\frac{c_{\theta_2}}{2j_2 p_{\theta_2}} \tag{5-10}$$

可以看出，质心水平垂直振动 x、y 的固有频率和阻尼比取决于刚体质量、弹簧刚度、阻尼，而绕质心扭振 θ 的固有频率和阻尼比还与弹簧位置有很大关系。耦合对固有频率和阻尼比有影响，但只是在该值附近的变动，却使得计算公式变得十分复杂，因此实际进行动力学参数设计时，一般都是依据解耦的单自由度分别进行，然后再进行验证计算。

给定双刚体振动磨样机的系统动力学参数为 $m_1=555\text{kg}$，$m_2=63\text{kg}$。偏心块激励为 $m_0=90\text{kg}$，$e=0.063\text{m}$，$\omega=102\text{rad/s}$。位置为 $p=444\text{mm}$，$q=0$。弹簧刚度为 $k_1=507290\text{N/m}$，$k_2=232090\text{N/m}$。位置为 $a=486\text{mm}$，$h_1=-230\text{mm}$，$b=170\text{mm}$，$h_2=360\text{mm}$。由于设计中采用的是压缩弹簧，主要承受垂直方向的变形，因此取刚度比例系数为 0.43，则 $\begin{matrix}k_{x_1}=0.43k_1 & k_{y_1}=k_1\\ k_{x_2}=0.43k_2 & k_{y_2}=k_2\end{matrix}$。由于阻尼特性比较复杂，实际中很难精确测定。对上述双刚体振动磨样机而言，空载工作时钢弹簧本身的阻尼一般很小，因此取阻尼系数为 $\begin{matrix}\xi_{x_1}=\xi_{y_1}=\xi_{\theta_1}=\xi_1=0.1\\ \xi_{x_2}=\xi_{y_2}=\xi_{\theta_2}=\xi_2=0.1\end{matrix}$。

弹簧刚度的设计依据是垂直方向两自由度分析，即使系统在 y 方向工作于反相振动阶段，也要保证双刚体振动磨中能量的双向传递。由于水平刚度和垂直刚度存在比例关系，则在 x 方向也工作于反相振动阶段。但由于扭振固有频率还与弹簧位置有关，所以在 θ 方向则不一定。

根据给定参数，初步计算得非耦合状态下系统 6 个固有频率为

$$\begin{matrix}\omega_{nx_1}=14.61\text{rad/s},\ \omega_{ny_1}=22.27\text{rad/s},\ \omega_{n\theta_1}=28.22\\ \omega_{nx_2}=39.80\text{rad/s},\ \omega_{ny_2}=60.70\text{rad/s},\ \omega_{n\theta_2}=156.69\text{rad/s}\end{matrix} \tag{5-11}$$

可见系统在 θ 方向工作在一阶固有频率和二阶固有频率之间。再经六自由度耦合验证得

$$\begin{matrix}\omega_{nx_1}=12.86\text{rad/s},\ \omega_{ny_1}=21.13\text{rad/s},\ \omega_{n\theta_1}=26.88\\ \omega_{nx_2}=23.84\text{rad/s},\ \omega_{ny_2}=63.98\text{rad/s},\ \omega_{n\theta_2}=160.90\text{rad/s}\end{matrix} \tag{5-12}$$

可见耦合使得同一方向的一阶固有频率减小，二阶固有频率增大。再用数值方法得系统的六自由度幅频特性，如图 5-10 所示，共振峰值与固有频率的计算基本一致。

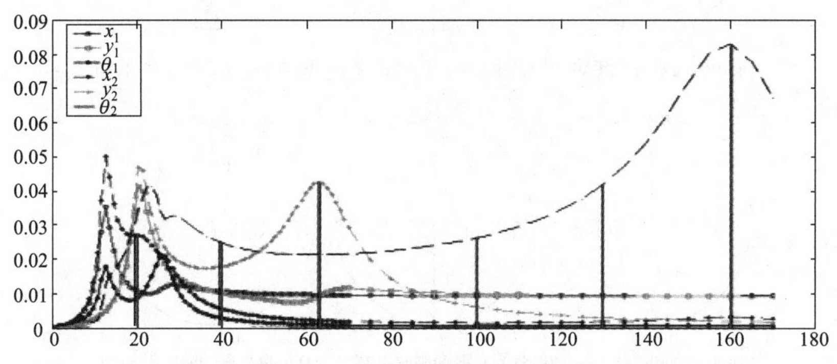

图 5-10　六自由度幅频特性曲线

如图 5-11 所示，取典型工作频率下的振动轨迹，可以看出：过共振以后，机体 m_1 在 x、y 方向趋于稳定的振幅，在 θ 方向趋于零，使得磨筒内各点的振动轨迹为一个圆；而对于中心棒 m_2，虽然 θ 方向固有频率很高，但 x、y 方向固有频率较低，所以在 y_2 过共振以后，中心棒基本趋于静止。这主要是由于偏心激励安装在机体 m_1 上，而且考虑偏心块的回转中心与 m_1 质心重合。

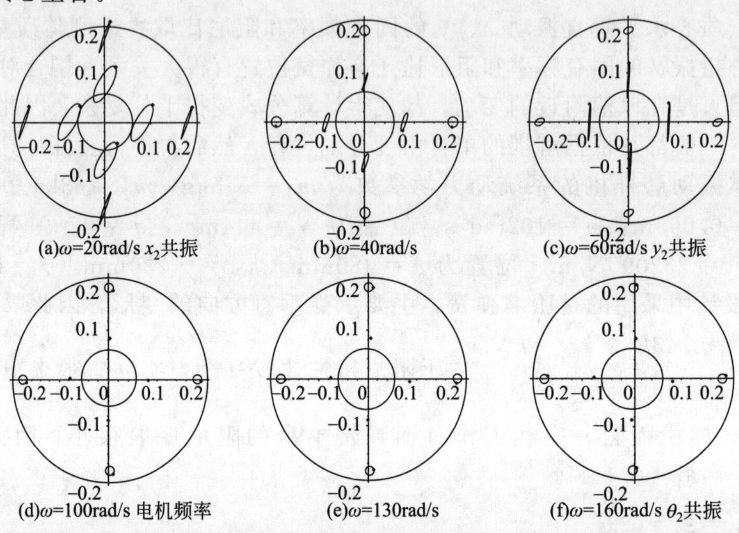

图 5-11　六自由度幅频特性曲线及对应振动轨迹

（2）弹簧位置的影响

由公式(5-10) 分析可以看出，弹簧位置首先会影响 θ 方向的固有频率。另外，当弹簧位置变化，尤其是当弹簧在水平方向合并时，即 $a=0$ 或 $b=0$ 时，主要产生两方面的影响：

① 使得非线性方程和线性方程的解不一致。

② 当采用圆振动时，在 x、θ 方向产生平衡位置的偏移，偏移方向与偏心转动方向相反。

③ 当采用偏心振动时，在 x、θ 方向也产生平衡位置的偏移，偏移方向与偏心位置相反，而且根据偏心转动方向将增大偏移的趋势，或减少偏移的趋势，如图 5-12 所示。

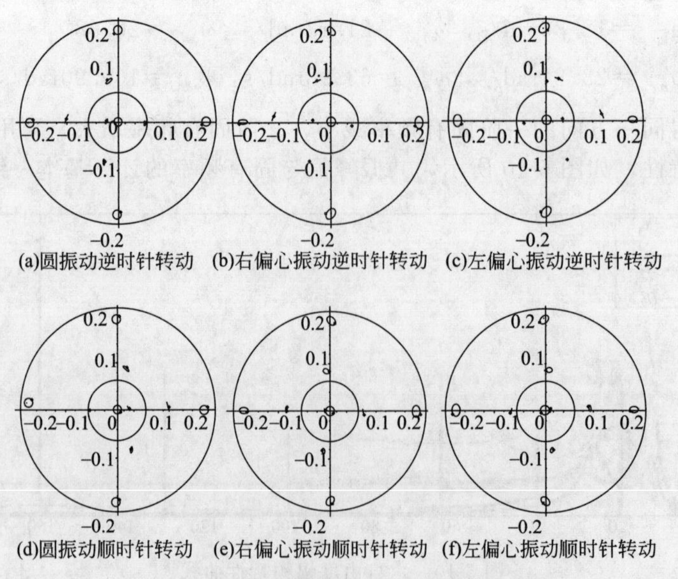

图 5-12　弹簧位置 $b=0$ 时的振动轨迹

因此，为了保证中心棒能正好待在磨筒中心，以最大限度降低中心低能量区的影响，中心棒的支撑弹簧必须在一定水平距离上对称布置。

（3）偏心激励方式和位置的影响

当系统固有特性确定时，响应与激励的振幅比和相位差，不仅取决于偏心激励的工作频率，还与偏心激励的方式和位置有很大关系。

双刚体振动磨中有两组偏心激励水平对称布置，且水平方向通过 m_1 质心，即 $q=0$。如图 5-13 所示的三种不同的激励方式。

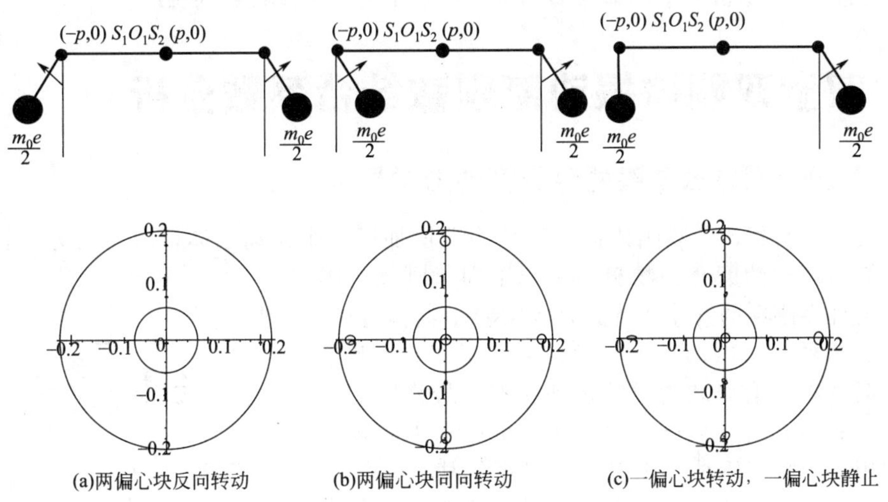

图 5-13　偏心激励的方式

如图 5-13(a) 所示，两偏心块反向转动，垂直激励方式 $\begin{cases} F_{x_1} \approx 0 \\ F_{y_1} \approx -m_0 e\omega^2\cos(\omega t) \\ F_{\theta_1} \approx 0 \end{cases}$。

由于水平对称抵消了与 p 有关的项，θ_1 方向上没有激励项；而且由于两组偏心块反向转动，x_1 方向上的激励也抵消了，从而只有 y_1 方向上的激励项，此时相当于一个垂直方向的两自由度振动系统。磨机实际工作时很少采用这种方式，一般在研究系统特性时采用，以降低自由度简化分析。

如图 5-13(b) 所示，两偏心块同向转动，圆激励方式 $\begin{cases} F_{x_1} \approx m_0 e\omega^2\sin(\omega t) \\ F_{y_1} \approx -m_0 e\omega^2\cos(\omega t) \\ F_{\theta_1} \approx 0 \end{cases}$。

同样由于水平对称抵消了与 p 有关的项，θ_1 方向上没有激励项。但由于弹簧水平对称布置而产生的耦合作用，x_1 方向上的振动将引起 θ_1 方向上的振动，一般来说很小。

如图 5-13（c）所示，一偏心块转动，一偏心块静止，偏心激励方式

$$\begin{cases} F_{x_1} \approx m_0 e\omega^2\sin(\omega t) \\ F_{y_1} \approx -m_0 e\omega^2\cos(\omega t) \\ F_{\theta_1} \approx -pm_0 e\omega^2\cos(\omega t)+qm_0 e\omega^2\sin(\omega t) \end{cases}。$$

在 x_1、y_1、θ_1 方向上都有激励项，如方程中所示。不仅会产生较大的 θ_1 方向上的振动，而且多了许多复杂项。

对这种新型的双刚体振动磨，进行初步的动力学分析，结论如下：

① 在磨筒截面上，应用拉格朗日方程建立系统的六自由度动力学方程，并针对六自由度动力学方程，进行了刚体的振动轨迹分析。

② 偏心激励的方式对于刚体的振动轨迹有很大影响，主要是由通过偏心块的回转中心的位置，以及多组偏心块的相互组合而实现的。

③ 弹簧的位置对于刚体的振动轨迹也有很大的影响。为了保证中心棒能正好待在磨筒中心，以最大限度降低中心低能量区的影响，中心棒的支撑弹簧必须在一定水平距离上对称布置。

④ 系统动力学参数对于刚体振动轨迹的影响主要是工作频率的选取。

5.4 双激双刚体振动磨刚散结合系数分析

5.4.1 双激双刚体振动磨两自由度动力学模型

与传统振动磨相比，双刚体振动磨结构上增加了一个振动刚体，因而动力学特性更复杂。而磨筒内填充的磨介和物料是一类不同于刚体的固体状态，由许多刚性的磨介和待磨碎的物料小颗粒组成，我们称之为散体。当振动磨工作时，一方面，机体和中心棒的振动影响了磨介和物料的运动状态，最终影响了磨碎效果；另一方面，磨介和物料又对机体和中心棒产生了反作用，影响了刚体的振动。这时系统成为一个刚散耦合振动系统。因此如何建立散体的动力学方程，以及如何考虑散体和刚体的耦合作用，是振动磨动力学分析的关键。

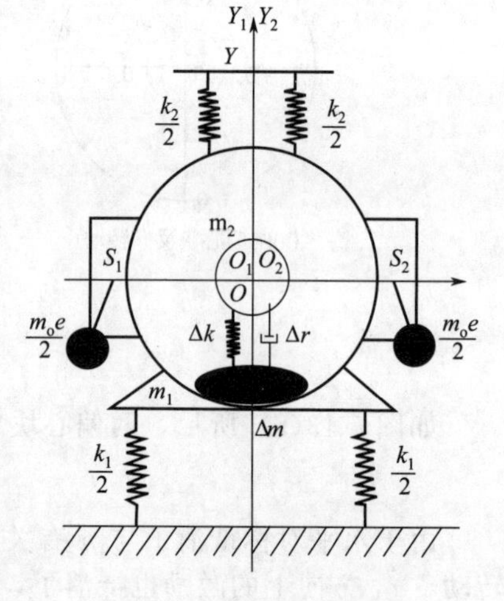

图 5-14 双激双刚体振动磨两自由动力学模型

为了重点研究磨介和物料的动力学特性，应将双刚体振动磨的刚体动力学尽量简化。如图 5-14 所示，当两组偏心块反向同步转动时，可简化为一个垂直方向的两自由度振动系统。传统振动磨动力学分析中，一般把振动磨简化为一个垂直方向的单自由度振动系统，而把磨介和物料的影响简化为机体的结合质量。与其相比，双刚体振动磨的两自由度分析更加复杂，不仅要考虑散体与两个刚体之间的耦合，还要考虑两个刚体之间的耦合。

5.4.2 双激双刚体振动磨的线性刚散结合系数

如图 5-14 所示，由于磨介和物料是填充在磨筒内，在磨机工作时受磨筒内壁向里和中心棒向外两个方向的作用，因此将磨介和物料所组成的散体对刚体振动的反作用简化为线性结合系数，即对机体 m_1 的结合质量 Δm，以及在机体 m_1 和中心棒 m_2 之间的结合刚度 Δk 和结合阻尼 Δr。

设填充磨介和物料的总质量为 mm，则机体质量附加比为 $\delta_m=\dfrac{\Delta m}{mm}\times 100\%$，而中心弹簧刚度附加比为 $\delta_k=\dfrac{\Delta k}{k_2}\times 100\%$。

在此基础上，可建立系统垂直方向的两自由度动力学方程为

$$\begin{cases}(m_1+m_0+\Delta m)\ddot{y}_1+r_1\dot{y}+k_1y_1+(r_2+\Delta r)(\dot{y}_1-\dot{y}_2)+(k_2+\Delta k)(y_1-y_2)\\ =m_0e\omega^2\sin(\omega t)\\ m_2\ddot{y}_2+(r_2+\Delta r)(\dot{y}_2-\dot{y}_1)+(k_2+\Delta k)(y_2-y_1)=0\end{cases}\tag{5-13}$$

（1）结合质量和结合刚度的影响

若不考虑两自由度耦合，则系统的两个固有频率为

$$\begin{aligned}p_{01}&=\sqrt{\frac{k_1}{m_1+m_0+\Delta m}}<\sqrt{\frac{k_1}{m_1+m_0}}\\ p_{02}&=\sqrt{\frac{k_2+\Delta k}{m_2}}>\sqrt{\frac{k_2}{m_2}}\end{aligned}\tag{5-14}$$

可见当双刚体振动磨加载工作时，由于磨介和物料所组成的散体作用，必然导致系统一阶固有频率减小，二阶固有频率增大。另外，在动力学参数已知的情况下，通过试验测量加载固有频率 p_1、p_2，可以估计磨介和物料所组成散体的结合质量和结合刚度。

若考虑两自由度耦合，在不考虑阻尼和激励时，系统的两个固有频率为

$$p_{1,2}^2=\frac{a+d}{2}\mp\sqrt{\left(\frac{a-d}{2}\right)^2+bc}\tag{5-15}$$

式中 $\begin{cases}a=\dfrac{k_1+k_2+\Delta k}{m_1+m_0+\Delta m}，c=d=\dfrac{k_2+\Delta k}{m_2}\\ b=\dfrac{k_2+\Delta k}{m_1+m_0+\Delta m}\end{cases}$

再根据 $\begin{cases}\alpha=p_1^2+p_2^2=a+d\\ \beta=p_1^2\times p_2^2=ad-bc\\ \gamma=m_2/k_1\end{cases}$ 可得

$$\begin{aligned}M_1&=m_1+m_0+\Delta m\\ &=\frac{k_1\left[\alpha-\gamma\beta+\sqrt{(\alpha-\gamma\beta)^2-4\beta}\right]}{2\beta}\end{aligned}\tag{5-16}$$

$$\begin{aligned}K_2&=k_2+\Delta k\\ &=\frac{m_2\left[\alpha-\gamma\beta+\sqrt{(\alpha-\gamma\beta)^2-4\beta}\right]}{2}\end{aligned}\tag{5-17}$$

可以看出，仍可通过试验测量加载固有频率 p_1、p_2，估计磨介和物料所组成散体的结合质量和结合刚度，但由于两刚体的耦合，散体结合质量和结合刚度对于系统固有频率的影响关系比较复杂。

双刚体振动磨样机的动力学参数为 $m_1=555\text{kg}$，$m_2=63\text{kg}$，$k_1=507290\text{N/m}$，$k_2=232080\text{N/m}$。偏心块激励为 $m_0=90\text{kg}$，$e=0.063\text{m}$。若考虑耦合，计算可得系统的空载固有频率为：$f_1=4.22\text{Hz}$，$f_2=10.23\text{Hz}$。在该样机上进行加载试验，通过填充不同质量的磨介和物料，可测量得到系统的加载固有频率。

如表5-1所示，系统的一阶固有频率减小了，而系统的二阶固有频率增大了，这与不考虑耦合时的直观推理基本一致。另外可以看出，散体对机体 $\mathrm{m_1}$ 的结合质量为散体总质量的14％～23％，这与传统振动磨中15％～20％的结合质量基本一致；同时与传统振动磨不同，散体在机体 $\mathrm{m_1}$ 和中心棒 $\mathrm{m_2}$ 之间的结合刚度约为中心弹簧刚度的33％。

表 5-1 双刚体振动磨的线性结合系数

所填充磨介和物料质量/kg	测得一阶固有频率/Hz	测得二阶固有频率/Hz	机体质量附加比 δ_m	中心弹簧刚度附加比 δ_k
150	4.17	11.75	13.8%	33.7%
200	4.12	11.73	19.5%	33.2%
250	4.07	11.72	23.2%	33.4%

(2) 结合阻尼的影响

如果考虑阻尼和激励，系统方程无量纲化，可推出系统的频率响应函数为

$$\frac{M_1B_1}{m_0e}=\lambda^2\sqrt{\frac{(\alpha^2-\lambda^2)^2+(2\xi_2\lambda\alpha)^2}{[(\alpha^2-\lambda^2)(1-\lambda^2)-\mu\lambda^2\alpha^2-4\xi_1\xi_2\lambda^2\alpha]^2+[2\xi_2\lambda\alpha(1-\lambda^2-\mu\lambda^2)+2\xi_1\lambda(\alpha^2-\lambda^2)]^2}}$$

$$B_2/B_1=\sqrt{\frac{\alpha^4+(2\xi_2\lambda\alpha)^2}{(\alpha^2-\lambda^2)^2+(2\xi_2\lambda\alpha)^2}}$$

$$\varphi_2-\varphi_1=\arctan\frac{-2\xi_2\lambda^3}{\alpha[\alpha^2-\lambda^2+(2\xi_2\lambda)^2]} \tag{5-18}$$

式中符号定义如下

$$p_{01}=\sqrt{\frac{k_1}{M_1}},\ \xi_1=\frac{r_1}{2M_1p_{01}}=\frac{r_1}{2\sqrt{k_1M_1}}$$

$$p_{02}=\sqrt{\frac{K_2}{m_2}},\ \xi_2=\frac{r_2+\Delta r}{2m_2p_{02}}=\frac{r_2+\Delta r}{2\sqrt{K_2m_2}}$$

$$\mu=\frac{m_2}{M_1},\ \alpha=\frac{p_{02}}{p_{01}},\ \lambda=\frac{\omega}{p_{01}}$$

仍采用上述双刚体振动磨样机的动力学参数，设所填充磨介和物料的总质量为 300kg，取机体质量附加比为 20%，中心弹簧刚度附加比为 33%，则 $M_1=m_1+m_0+\Delta m=705\text{kg}$，$K_2=k_2+\Delta k=308666\text{N/m}$。

由于阻尼特性比较复杂，实际中很难精确测定。对上述双刚体振动磨样机而言，空载工作时钢弹簧本身的阻尼一般很小，因此取阻尼系数为 $\xi_1=\xi_2=0.02$；但加载工作时由于填充了磨介和物料，散体的结合阻尼 Δr 相对比较大，因此设 $\xi_2=0.6$。

如图 5-15 所示，较大的散体结合阻尼对中心棒的动力学性能影响最大。首先，使得中心棒 m_2 的二阶共振峰幅值大大降低。另外，使得机体 m_1 和中心棒 m_2 两刚体之间的相位差减小，从相位差趋向 180°的反相振动，变成了相位差在 90°～180°之间的非同步振动（可称为反相振动）。这样看来，中心棒的作用有所减弱。

这里的线性结合阻尼只是一个假定，且阻尼系数的大小也只是一个估计，但至少可以看出：要充分发挥中心棒的作用，必须对散体的阻尼特性进行更深入的研究。

对于这种新型的双刚体振动磨，进行初步的两自由度动力学分析，结论如下：

① 针对磨介和物料所组成的散体对于两刚体的反作用，可以用线性结合系数（结合质量 Δm、结合刚度 Δk、结合阻尼 Δr）来表征。

② 初步分析表明，散体结合质量和结合刚度主要影响系统的固有频率，使得一阶固有频率减小，二阶固有频率增大。从而可以利用试验测量固有频率来估计散体结合质量和结合刚度。

③ 在样机上的试验表明，散体对机体 m_1 的结合质量为散体总质量的 14%～23%，这

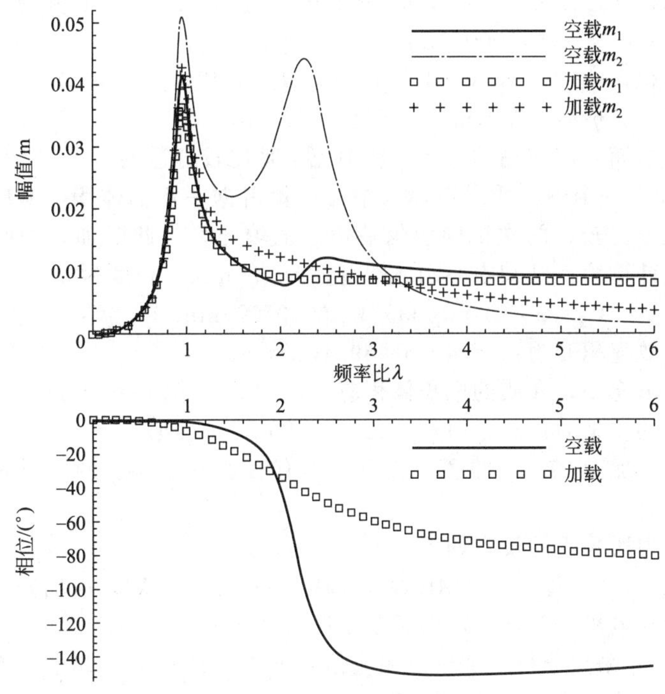

图 5-15　两自由度幅频相频特性

与传统振动磨中 15%～20%的结合质量基本一致；同时样机又与传统振动磨不同，散体在机体 m_1 和中心棒 m_2 之间的结合刚度约为中心弹簧刚度的 33%。

④ 散体结合阻尼对于中心棒的动力学性能影响很大，使中心棒的二阶共振峰幅值大大降低，且使两刚体之间的相位差减小，变成了相位差在 90°～180°之间的非同步反相振动，从而使中心棒的作用有所减弱。

因此，磨介和物料所组成的散体动力学特性，是对双刚体振动磨进行深入动力学分析、保证双刚体振动磨发挥优势的关键。

5.5　双激双刚体振动磨典型实例与性能试验

5.5.1　双激双刚体振动磨试验样机

试验样机如图 5-16 所示，上面装有两台振动电机，型号均为 XVM300-6，功率均为 2.2kW，同步转速为 980r/min，对称于磨机体布置，为河南新乡新兰贝克振动电机有限公司生产。振动电机的最大激振力均为 30000N。振动电机的两端分别装有两副偏心块，主、副偏心块之间的角度可以任意调节，从而调节激振力的大小。若去掉双刚体振动磨中间参振质量，即可视为传统振动磨。磨介采用 $\phi40$ 的钢球 100kg，$\phi30$ 的钢球 200kg。试验物料采用平均直径为 6～10mm 的石灰石各 15kg。

图 5-16　双激双刚体振动磨试验样机

① 在对没有中心刚体的传统振动磨进行采样试验时，磨介填充率的计算为：已知磨筒的内径为 400mm，长度

为 600mm，磨介钢球的密度为 $7.85\times10^3\text{kg/mm}^3$，钢球堆积的空心率为 0.42，则磨筒的容积：$V=\pi\times400^2\times600/4=75400000(\text{mm}^3)=75.4(\text{L})$

介质的堆积体积：$V_1=300\div(7.85\times10^3)\div(1-0.42)=65.8(\text{L})$

介质的填充率为：$\eta=V_1/V=65.8/75.4=86\%$

对于传统振动磨而言，86％的磨矿介质填充率是比较合适的。

② 当磨筒内加入一个中心质量以后，中心质量占据一定的体积，造成磨筒的实际容积有所减小，为了便于比较，两次试验应保持恒定的填充率，此时加入的磨介相应也有所减少，其具体质量的计算为：已知中心刚体的直径为 120mm，长度为 535mm，其体积为

$$V_2=\pi\times120^2\times535/4=6050707(\text{mm}^3)\approx6(\text{L})$$

此时磨筒的有效容积变为：75.4－6＝69.4(L)

为保证恒定的填充率，介质的堆积体积应为：69.4×86％＝60(L)

应该加的介质的质量为：60×(1－0.42)×7.85＝273(kg)

即有中心刚体时加上 273kg 的磨矿介质与没有时填上 300kg 的介质时的填充率基本相等，均为 86％。

试验测试过程中所采用的设备如下：

① 变频调速器一台，型号为 AMB-G7，额定功率为 5.5kW，深圳安邦信电子有限公司生产。用于调节振动电机的转速，从而调节激振力的频率。

② INV 智能信号采集分析处理仪及相应信号分析软件一套，北京东方振动与噪声研究所产。压电式加速度传感器 4 个及接线若干。

③ 用于分析产品粒度的系列粒度筛，粒度分析规格为 20 目、80 目、150 目、200 目、325 目的粒度筛各一个，以及量程为 1kg 的天平（含砝码）一台。

5.5.2 双激双刚体振动磨空载与加载试验

空载试验过程如下：首先调节振动电机偏心块之间的角度，使得激振力为 3000N（两个电机共为 6000N），连接上变频调速器，检查磨机的各个连接部位，紧固所有的连接螺栓，清除磨机上细小物件以防启动机器后溅起伤人。

然后开动机器试运转，磨机能平稳运行后停机，将两个加速度传感器分别连接在机体和中心刚体上，通过导线使另一端连上信号采集分析处理仪器，调整好信号采集分析处理仪器，使之处于随时可以采集信号的状态。

将变频器的输出频率调为 0.96Hz（0.2λ），启动机器，等机器运转平稳后按下采集信号的键采集信号，同时记下试验的序号。采集完毕后（采集时间一般为数秒），以 0.2λ 为步长依次缓慢上调变频器的输出频率，每调一次待电机平稳运转时重复上面的采集信号过程，采集信号完毕以后，按照试验序号依次对每次采集的信号进行分析，可以通过分析得出对应的加速度幅值。由于采用加速度传感器，直接读到的幅值为加速度的幅值，再根据公式 $a=X\times\omega^2$ 求出振幅幅值。整理结果见表 5-2。

表 5-2　双刚体振动磨空载时试验测得幅频数值

频率比 λ	实际频率 f /Hz	机体加速度幅值 /(mm/s²)	机体振幅 X_1 /mm	中心刚体加速度幅值/(mm/s²)	中心刚体振幅 X_2/mm
0.2	0.96	0.06	0.45	0.07	0.65
0.4	1.91	0.12	0.85	0.16	0.54
0.6	2.87	0.44	1.39	0.13	0.41
0.8	3.82	0.49	0.87	0.1	0.18
1	4.78	3.53	4	1.06	1.2

续表

频率比 λ	实际频率 f /Hz	机体加速度幅值 /(mm/s^2)	机体振幅 X_1 /mm	中心刚体加速度幅值/(mm/s^2)	中心刚体振幅 X_2/mm
1.2	5.73	2.86	2.26	0.24	0.19
1.4	6.69	1.21	0.7	0.2	0.12
1.6	7.64	0.21	0.09	0.15	0.06
1.8	8.6	0.76	0.24	0.23	0.07
2	9.55	1.34	0.38	0.46	0.13
2.2	10.51	2.44	0.57	2.23	0.52
2.4	11.46	14.5	2.86	12.9	2.55
2.6	12.42	6.49	1.09	3.11	0.52
2.8	13.36	5.17	0.75	2.84	0.41
3	14.33	1.92	0.24	0.77	0.1
3.2	15.3	1.78	0.2	0.71	0.08
3.4	16.27	1.54	0.15	0.63	0.06
3.5	16.63	1.41	0.13	0.57	0.05

按照表 5-2 的数据作图得到空载时幅频特性曲线如图 5-17 所示。从图中可以看出，试验中得到的实际测试值与理论值反映的趋势基本一致，因此可以认为空载时磨机的实际状况与理论分析是相符合的。通过对系统空载状态进行的分析和试验表明，对磨机建立的模型和采取的分析方法是可行的，也是下面对系统开展加载试验分析的基础。

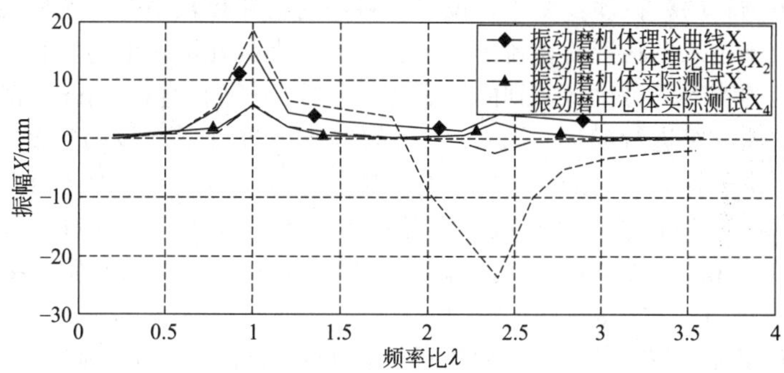

图 5-17　双刚体振动磨空载时幅频特性曲线

在振动系统中，阻尼主要影响系统在共振区的特性，而对系统在共振区之外的特性影响较小。磨机工作时添加的物料与磨矿介质是一种散体，既增加了系统的阻尼又增加了系统的参振质量，磨机的振动特性出现变化。为了了解磨机的振动特性，应首先确定添加的散体对振动系统的具体影响。对于传统振动磨，一般认为把散体质量的 15%～20%附加到磨机本身的质量上，会得到较好的相互关系。对于双刚体振动磨，散体对系统的振动质量和刚度的影响现在还不清楚。为了分析，先从最简单的空载状况开始，确定建立正确的模型，然后在试验的基础上总结得出散体对磨机系统的质量与刚度的具体影响情况。

加载试验过程如下：由于磨机机体质量与中心刚体的质量是已知的，在磨机中添加一定量的物料与磨矿介质，通过调节变频器可以得到系统的两个固有频率，根据两个固有频率可以求出相应的机体质量与中心弹簧刚度的值，将这两个值与已知的机体质量和中心弹簧的刚度相比较，便可以确定散体对系统的影响。由于一次试验的结论不具备普遍性，通过做几组试验，将其结论综合平衡考虑，得出一个合适的修正比例。

试验添加的质量均为磨介与物料的和，其中物料均为平均粒径为 5～10mm 的石灰石，共 10kg。已知磨筒的内径为 400mm，有效长度为 600mm，中心刚体的直径为 120mm，长度为 535mm，磨筒的有效体积为：$V=\pi\times(400^2\times600-120^2\times535)\text{mm}^3/4=69347516\text{mm}^3\approx69.4\text{L}$。

添加的磨介为直径 ϕ300mm 的钢球，其堆放时的空隙率为 0.42，根据待加的介质的质量与钢球的密度和空隙率可以计算出其占据的体积，进而算出其填充率。由于添加物料等后需要添加密封的端盖等，这些质量也加到磨机本身的质量上，另外中心刚体也做了局部的改动，所以现在磨机机体的质量为 $m_1=555$kg，偏心块质量不变 $m_0=90$kg，中心刚体 $m_2=63$kg。

分别添加不同质量，采用与空载试验相同的方法得到幅频特性曲线，然后测量所得一阶固有频率和二阶固有频率，如表 5-3 所示。这些试验数据正是对磨介和物料的刚散耦合作用进行研究的基础。

表 5-3　双刚体振动磨机加载试验数据

所填充磨介和物料质量/kg	测得一阶固有频率/Hz	测得二阶固有频率/Hz
150	4.17	11.75
200	4.12	11.73
250	4.07	11.72

5.5.3 双激双刚体振动磨磨碎参数影响试验

进行磨碎试验时，每个振动电机的激振力为 12000N，总激振力为 24000N，电机的转速为 980r/min，总振动强度约为 4.5g。

磨碎试验过程为：通过在磨筒上面中间位置的磨机进料口进料，出料口位于磨筒的下面。磨机启动后，其中物料的粒径逐步变小，位于出料口附近粒径较小的颗粒将逐步通过出料小孔进入出料管中。由于进入出料管的物料的粒径从几十微米到几个毫米的均有，为了便于实际分析，排除较大粒径的物料，每次将采到的样品通过 20 目（筛孔直径 1mm）的筛分筛子，筛余的部分重新放入磨筒继续进行粉碎，通过 20 目的部分再进行下一步的粒度分析。每隔 10min 进行一次采样，每次采样后重复上面的操作并对样品进行编号，共连续进行 5 次采样。

为了针对双激双刚体振动磨和传统振动磨进行对比试验，当一种机型采样完毕以后，取出磨筒内的全部介质和剩余物料并进行分离，然后重新加入所需的介质和物料，照前面的过程进行采样，仍然进行 5 次采样。

将采集到的样品依次通过 80 目（筛孔直径 0.18mm）、150 目（筛孔直径 0.1mm）、200 目（筛孔直径 0.075mm）、325 目（筛孔直径 0.04mm）的筛分筛子进行筛分，记下每次筛余的质量，然后进行计算整理如表 5-4 和表 5-5 所示。

表 5-4　传统振动磨的采样粒度分布表 1

试验序号	采样时间/min	生产率/(g/10min)	粒度质量/g 及其筛余分布比/%							
			80 目		150 目		200 目		325 目	
1	10	70	38	54.3	10	14.3	4	5.7	11	15.7
2	20	106	61	57.5	12	11.3	5	4.7	21	19.8
3	30	100	55	55	11	11	4.2	4.2	14	14
4	40	118	64	54.2	13	11	5	4.2	15	12.7
5	50	120	67	55.8	13	10.8	5	4.2	185	12.5

表 5-5　双刚体振动磨的采样粒度分布表 2

试验序号	采样时间/min	生产率/(g/10min)	粒度质量/g 及其筛余分布比/%							
			80 目		150 目		200 目		325 目	
1	10	84	52	61.9	9	10.7	5	5.9	15	17.8
2	20	256	160	62.5	37	14.4	6	2.3	36	14
3	30	289	158	54.7	42	14.5	10	3.5	28	9.7
4	40	340	153	45	51	15	20	5.9	40	11.7
5	50	337	150	44.5	50	14.8	19	5.6	38	11.3

首先绘出两种振动磨的采样质量随着采样时间的变化曲线如图 5-18 所示，从图中可以看出：随着时间的增长，两种磨机上采到的样品的质量（实际为采到的样品中通过 20 目的质量）都在增加，但是传统振动磨的采样量增加得比较缓慢，而双刚体振动磨的采样质量增加得较为迅速。从达到稳定后（时间为 40～50min）的情况来看，双刚体振动磨的采样量约为传统振动磨的 3 倍，反映到生产率上表明，双刚体磨机的生产率要比原来的振动磨提高约 2 倍。

出现这种情况原因可解释如下：与传统振动磨相比，虽然双刚体振动磨的有效容积由于增加了一个中心振动刚体而有所降低（样机的有效容积大约降低 8%），为了保证两次试验恒定的填充率，其中添加的磨矿介质的质量也相应有所减少，但是减少的部分容积正是传统振动磨的磨筒中心能量利用率最低的部分，即中心低能量区。在磨筒中心加入一个中心刚体占据了磨筒中心部位以后，原来在中心刚体部位、现在被中心刚体挤到其周围的物料首先由于离开磨筒中心部位（一定距离）相对靠近磨筒内缘而受到筒内壁传过来的能量有所增加，更主要是它们受到中心刚体传进来的大量能量并且向周围物料扩散，物料磨介之间有效碰撞次数也成倍增加，因此这些物料与靠近磨筒内壁的一样迅速被磨碎。

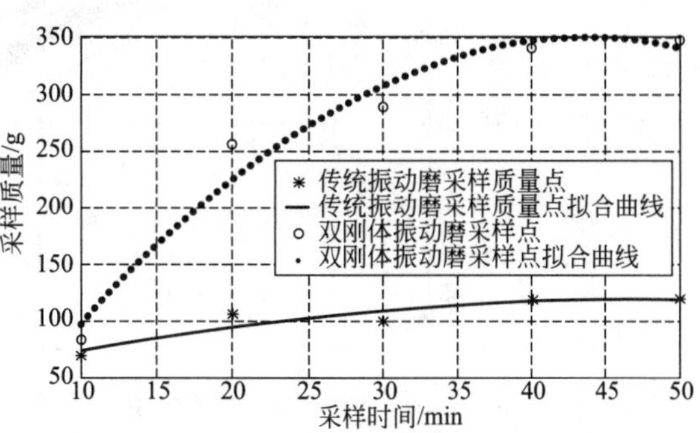

图 5-18　两种机型振动磨的采样质量曲线

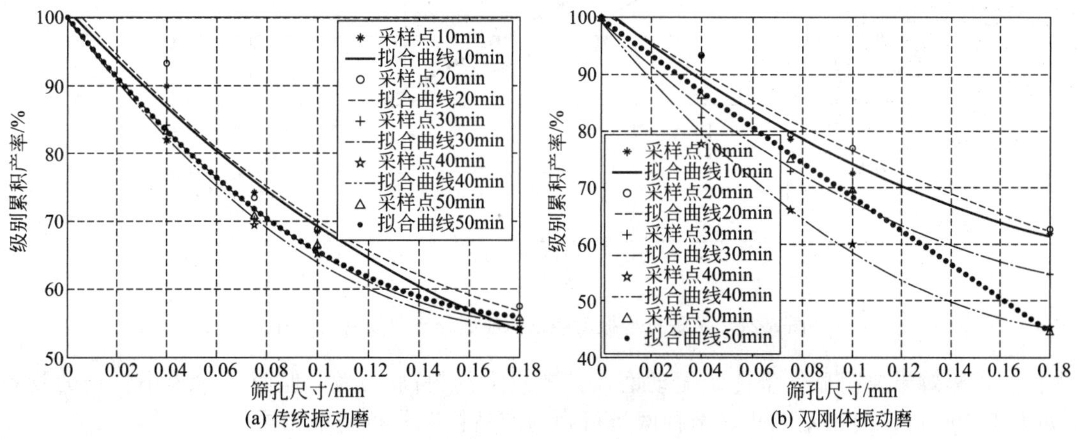

图 5-19　两种机型振动磨累积粒度分析曲线

然后绘出两种振动磨的累积粒度分析曲线如图 5-19 所示，从图中可以看出：随着工作时间的延长，两种磨机的筛余累积粒度分布都呈现下降趋势，表明在一定的时间内延长工作时间能够提高磨碎效果，得到的粒度更好，这说明随着持续输入能量，物料与磨介之间的碰撞次数持续增加，物料颗粒会越来越细。

如图 5-20 所示两种机型振动磨的累积粒度分析曲线瞬态对比，可以发现物料达到很细（如 200 目与 325 目）的粒径时，两种机型的筛余累积粒度比差别不大，一般为 2%～3%，考虑到试验误差，可以认为它们的累积粒度分布是基本相等的。

如图 5-21 所示两种机型振动磨的累积粒度分析曲线稳态对比，可以发现对于较大粒径的物料（如 80 目），在稳定状态（约 40～50min）下，双刚体振动磨筛余累积质量比明显小于传统振动磨的对应状况，两者相差大约有 10 个百分点，说明双刚体振动磨对较大粒径的

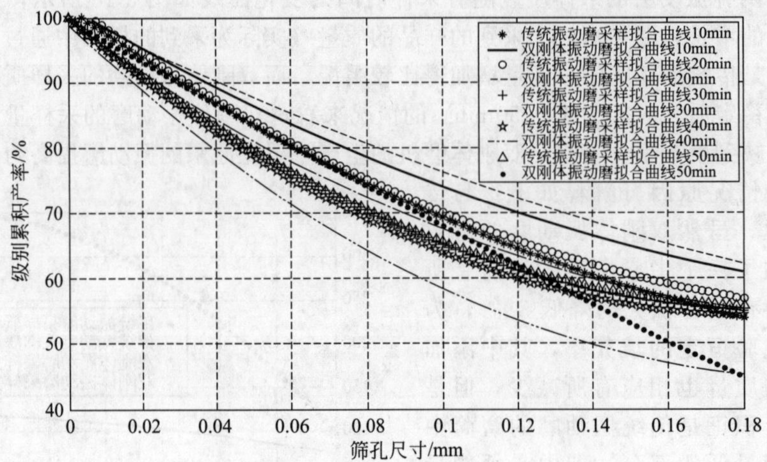

图 5-20 两种机型振动磨累积粒度分析曲线瞬态对比

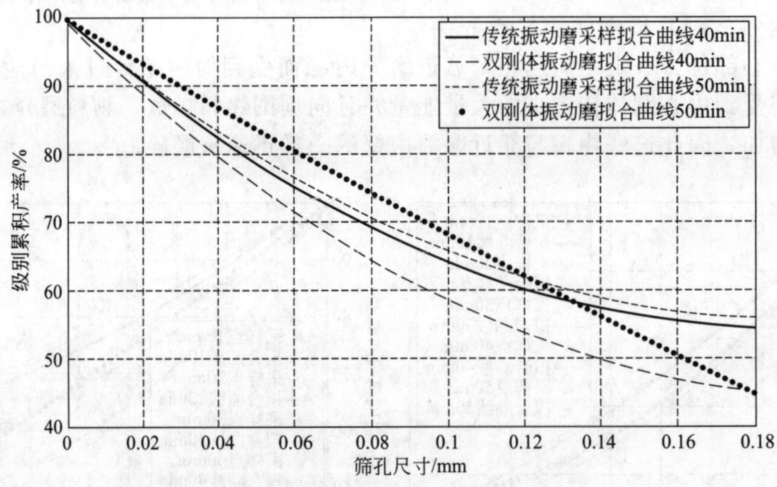

图 5-21 两种机型振动磨累积粒度分析曲线稳态对比

物料的粉碎效果要明显优于传统振动磨，其效果大约提高 10%；但两者对较小粒径的物料（如大于 200 目）则相差无几，两种磨机得到的产品粒度分布基本相同。

这种情况的原因大致为：在物料粒径较大时，双刚体振动磨较传统振动磨的物料与磨介之间的碰撞次数增加了，物料受到的有效撞击的次数也增多了，因而大块物料很快被粉碎，当物料粒径变得很小后，物料与磨矿介质之间的孔隙被充满，虽然磨介之间的碰撞次数与原来不相上下，但是物料受到的有效撞击的次数却大为减少，因此进一步的磨碎效果便不明显了。减小磨介的直径可能会提高细磨的效果。

上述试验和分析是在一次给料但连续出料的情况下完成的，与实际工作时的情况有出入，应该继续进行连续工作方式和间断工作方式的试验。在其他条件都相同的情况下，从生产率和产品粒度分布角度对双刚体振动磨和传统振动磨性能进行比较，基本可以认为改进后双刚体振动磨的工作性能要明显优于传统振动磨，说明这种改进是有实际意义的。但该磨机在试验过程中发现了中心刚体的连接弹簧处存在密封差等问题，需要进一步的研究和改进。

初步试验证实，新结构的产率提高 3 倍，产品粒度更细、分布更窄。而且大颗粒物料进入磨腔后，首先进入中心刚体周边的强力碰撞破碎区；被迅速粉碎至较小粒度，然后在重力的作用下进入磨球之间和磨管内侧的区域继续进行磨碎，使该机融碎磨于一体，实现了“以碎代磨”，这是该新结构节能的主要原因，因此又可称之为“双刚体振动碎磨机”。

与传统振动磨机一样，双刚体振动磨机的破碎效率，受到诸如磨介填充率、物料填充率的影响，此外，也受到中心刚体的运动状态的影响。为使磨机工作于最佳状态，本书对这些影响因素的影响规律进行了试验研究。

首先研究了出料方式的影响，采用了三种出料工作方式：①间断工作方式。出料口封闭，磨筒中一次加入物料，工作一定时间后采样分析。②半连续工作方式。出料口敞开，一次加入一定量物料，每隔一段时间采样一次，直到两种机型的出料总质量相同。③连续出料工作方式。出料口敞开，每隔一段时间采样一次，同时加入等量粗粒级物料，以基本保持磨筒中的物料量平衡。

如图 5-22 所示，在①②两种工作方式下，分别对 5min 后的出料进行采样粒度分析。无论是间断工作方式，还是半连续工作方式，双刚体振动磨的出料粒度都要细于传统振动磨的出料粒度。而在间断工作方式下，粒度差别更明显。

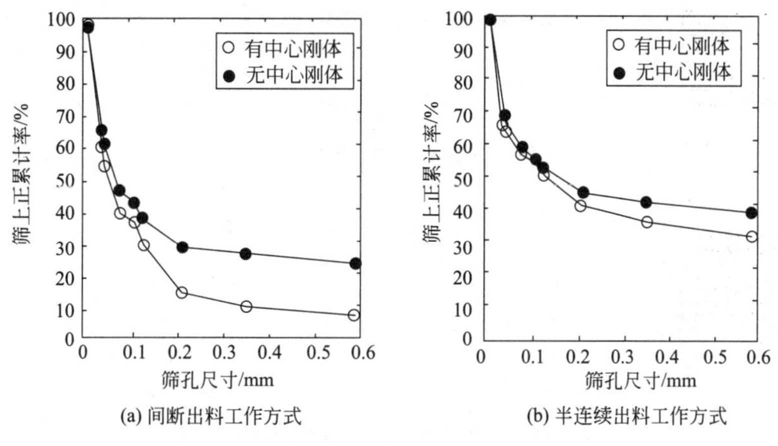

图 5-22　两种出料方式下 5min 采样粒度分析

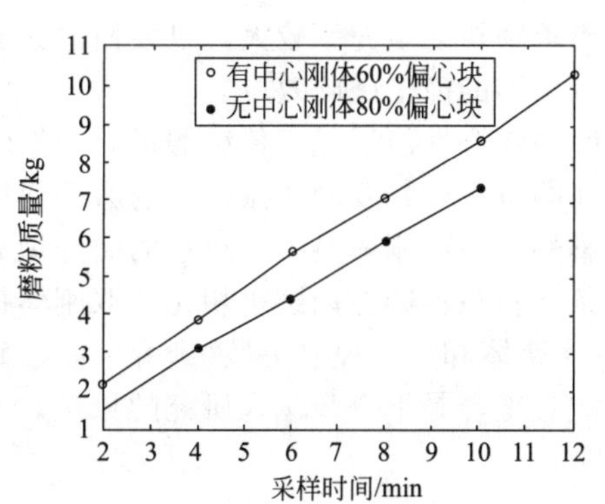

图 5-23　连续工作方式下出料总质量对比

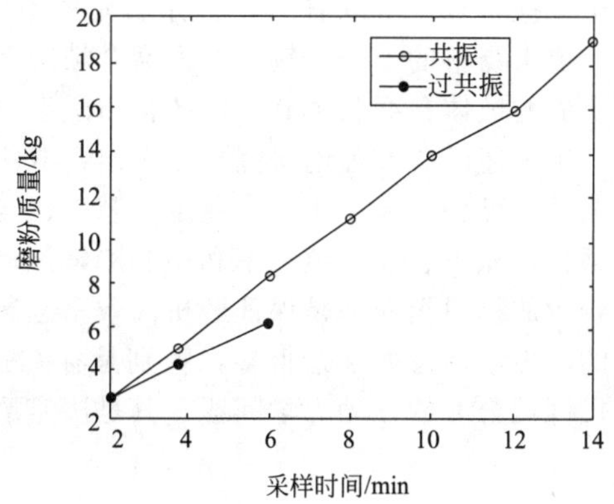

图 5-24　中心刚体固有频率对磨机产量的影响

采用连续出料工作方式，保持 10kg 小物料，使得中心刚体工作于共振状态。由于偏心块 100%时，工作电流超过了电机额定电流，为了避免损坏电机，传统机型采用 80%偏心块，双刚体机型采用 60%偏心块。如图 5-23 所示，即使偏心激振力减小的情况下，双刚体振动磨的单位产量也高于传统振动磨。双刚体磨机在比传统磨机的激振力减小 1/4 的情况下，产率仍高于后者。而由于机器的振动强度降低 1/4，磨机的噪声水平大大降低，从而大大提高了磨机的可靠性，降低了环境污染，显示出了显著的优越性。

如图 5-24 所示，采用连续出料工作方式，保持 20kg 小物料；磨介填充率为 75%；针对双刚体振动磨采用 60%偏心块。可以看到，中心刚体共振时的产量大于过共振状态，但会一定程度上增大功率消耗。

如图 5-25 所示，采用连续出料工作方式，保持 20kg 小物料；针对双刚体振动磨采用 60%偏心块；中心刚体工作于共振状态。可以看到，磨介填充率在 75%左右时，破碎效率最高。

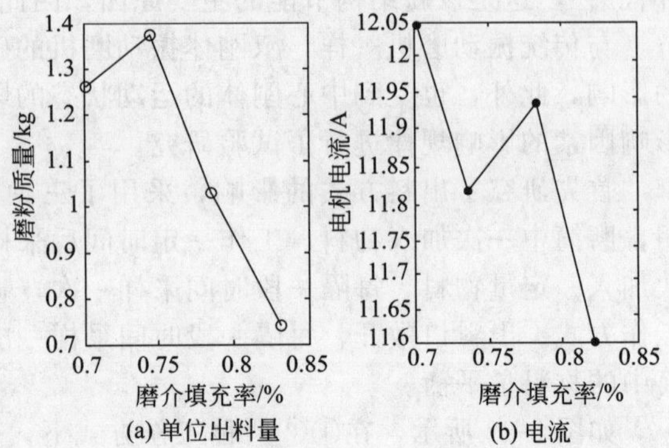

(a) 单位出料量　(b) 电流

图 5-25　磨介填充率对产量和功耗的影响

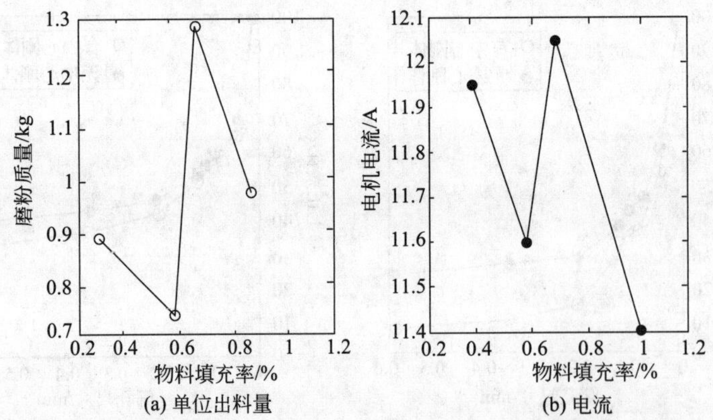

(a) 单位出料量　(b) 电流

图 5-26　物料填充率对产量和功耗的影响

如图 5-26 所示，采用连续出料工作方式，双刚体振动磨采用 60%偏心块，中心刚体工作于共振状态。可以看到，磨介填充率不同，则最佳物料填充率也不同，即磨介填充率高时，要求物料的填充率较小，而磨介填充率低时，要求物料的填充率较大，以便使磨介和物料组成的散体在磨腔中有一定的自由运动空间，产生足够的撞击破碎效应。

由上述试验和理论研究可以看出：双刚体振动磨的综合性能远优于传统磨机，为振动磨向高效、环保、大型化发展奠定了基础；与传统振动磨机一样，双刚体振动磨的磨碎效率受到磨介填充率、物料填充率和中心刚体运动状态的影响。中心刚体共振、较小的磨介填充率和较大的物料填充率是保证磨机高效率运行的前提条件；与传统振动磨机相比，双刚体振动磨的动力学形态要复杂得多，特别是存在强烈的刚（筒体和中心刚体）-散（磨介）-颗粒破碎多尺度耦合非线性动力学问题，其是决定磨机性能的关键，是下一步深入研究的重点。

第6章 单激双刚体振动磨

6.1 单激双刚体振动磨工作原理

图 6-1 所示是双刚体振动磨的第Ⅱ代样机，是为了克服第Ⅰ代样机中存在的两个激振器同步问题而设计的。因为在实际Ⅰ代样机试验过程中发现，两个激振器反向转动时容易同步，但产生的振动只有垂直振动，不利于磨介在磨筒内的转动；而两个激振器同向转动时很难实现同步，从而使得两个激振器的激振力出现了相互抵消的现象，反而降低了振动强度。因此提出了采用一个激振器的方案，同时为了实现机器本身的平衡，采用了左右两个磨筒的结构设计。

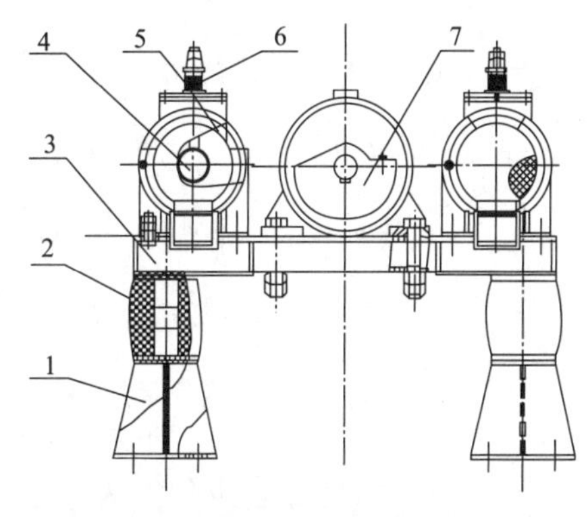

图 6-1　单激双刚体振动磨结构简图

1—基础；2—大弹簧；3—机架；4—中心刚体；5—磨筒；6—小弹簧；7—激振器

如图 6-1 所示，该双刚体振动磨包括左右两个对称布置的磨筒，中间布置一个激振器，而磨筒和激振器都固定在机架上，通过大弹簧支撑在基础上。左右两个对称布置的磨筒中，分别通过小弹簧连接两个中心刚体。激振器产生的激振力使得机体在大弹簧支撑下产生振动，一方面使得填充在磨筒内的磨介和物料产生运动，另一方面使得通过小弹簧连接的中心刚体产生振动，从而使得磨介和磨筒、磨介和磨介、磨介和中心棒产生相互冲击作用，把物料粉碎为更小的颗粒。

6.2 单激双刚体振动磨动力学仿真分析

6.2.1 单激双刚体振动磨动力学建模

在图 6-1 所示双刚体振动磨的结构示意图中，有 3 个刚体（1 个磨机机体，2 个中心刚体），可看出该磨机的 2 筒具有对称的特点，那么两筒的动力学分析应该是一样的，并且在九自由度轨迹分析中，中心刚体都偏向电机一侧，因此可以将其简化成一个筒体进行动力学分析，即简化模型具有 2 个刚体（磨机机体，中心刚体）。

2刚体在空间应该具有12个自由度，但影响振动磨机工作的主要运动是系统在垂直于磨筒中心线的平面刚体运动，即磨筒和中心刚体各自的平动及绕其质心的转动，所以又可以简化为六自由度的振动系统，因此，我们这个具有2筒对称特点的振动管磨机，对其进行动力学分析时可以简化成2个刚体、6个自由度的振动磨碎系统。

该双刚体振动磨的动力学模型如图6-2所示，其中坐标（X,O,Y_1），（X_2,O_2,Y_2）为坐标系（XOY）的绝对坐标，设振动磨机机体的质量为m_1，中心刚体的质量为m_2，偏心块的质量为m_0。

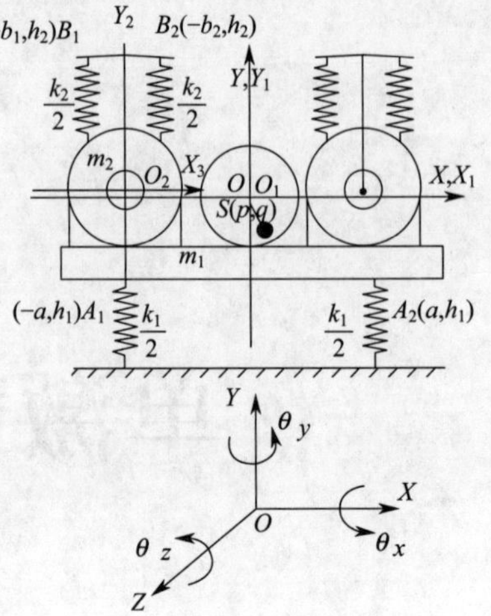

图6-2 单激双刚体振动磨六自由度动力学模型

采用拉格朗日方法建立系统的动力学方程，并去掉微分方程组中的二阶以上非线性耦合项，得到六自由度线性微分方程组为

$$(m_0+m_1)\ddot{x}_1(t)-m_0\ddot{\theta}_1(t)q+(k_{x_1}+k_{x_2})$$

$$x_1(t)+(-k_{x_1}h_1-k_{x_2}h_2)\theta_1(t)-\frac{1}{2}k_{x_2}b_1-\frac{1}{2}k_{x_2}b_2-m_0e\sin(wt)w^2+k_{x_2}\theta_2(t)h_2-$$

$$k_{x_2}x_2(t)$$

$$=(-c_{x_1}-c_{x_2})\dot{x}_1(t)+c_{x_2}\dot{x}_2(t)$$

$$(m_0+m_1)\ddot{y}_1(t)+m_0\ddot{\theta}_1(t)p+(ky_1+ky_2)y_1(t)$$

$$+\left(-\frac{1}{2}k_{x_2}b_1-\frac{1}{2}k_{x_2}b_2\right)\theta_1(t)-k_{y_2}y_2(t)+m_1g+m_0e\cos(wt)w^2+m_0g$$

$$=(-c_{y_1}-c_{y_2})\dot{y}_1(t)+c_{y_2}\dot{y}_2(t)$$

$$-m_0\ddot{x}_1(t)q+m_0\ddot{y}_1(t)p+(m_0q^2+m_0p^2+j_1+m_0e^2)\ddot{\theta}_1(t)+(-k_{x_1}h_1-k_{x_2}h_2)$$

$$x_1(t)+\left(-\frac{1}{2}k_{x_2}b_1-\frac{1}{2}k_{x_2}b_2\right)y_1(t)+\left(k_{x_1}h_1^2-k_{x_2}b^2-\frac{1}{2}k_{x_2}b_2b-m_0gq+k_{x_2}h_2^2+\right.$$

$$\left.k_{y_2}b^2+\frac{1}{2}k_{x_2}b_1b+k_{y_1}a^2\right)\theta_1(t)+k_{x_2}x_2(t)h_2+\left(\frac{1}{2}k_{x_2}b_1+\frac{1}{2}k_{x_2}b_2\right)y_2(t)+$$

$$\left(k_{x_2}b^2-k_{x_2}h_2^2-k_{y_2}b^2+\frac{1}{2}k_{x_2}b_2b-\frac{1}{2}k_{x_2}b_1b\right)\theta_2(t)+(m_0ew^2q+m_0ge)\sin(wt)+$$

$$\frac{1}{2}k_{x_2}b_1h_2+m_0e[\cos(wt)]w^2p+\frac{1}{2}k_{x_2}b_2h_2+m_0gp$$

$$=(-cf_1-cf_2)\dot{\theta}_1(t)+cf_2\dot{\theta}_2(t)$$

$$m_2\ddot{x}_2(t)+k_{x_2}\theta_1(t)h_2+\frac{1}{2}k_{x_2}b_1-k_{x_2}x_1(t)+\frac{1}{2}k_{x_2}b_2-k_{x_2}\theta_2(t)h_2+k_{x_2}x_2(t)$$

$$=-c_{x_2}\dot{x}_2(t)+c_{x_2}\dot{x}_1(t)$$

$$m_2\ddot{y}_2(t)-k_{y_2}y_1(t)+\left(\frac{1}{2}k_{x_2}b_1+\frac{1}{2}k_{x_2}b_2\right)\theta_1(t)+m_2g+k_{y_2}y_2(t)$$

$$=-c_{y_2}\dot{y}_2(t)+c_{y_2}\dot{y}_1(t)$$

$$j_2\ddot{\theta}_2(t)+k_{x_2}h_2x_1(t)+\left(k_{x_2}b^2-k_{x_2}h_2^2-k_{y_2}b^2+\frac{1}{2}k_{x_2}b_2b-\frac{1}{2}k_{x_2}b_1b\right)\theta_1(t)-$$
$$k_{x_2}x_2(t)h_2+\left(\frac{1}{2}k_{x_2}b_1b-\frac{1}{2}k_{x_2}b_2b+k_{x_2}h_2^2-k_{x_2}b^2+k_{y_2}b^2\right)\theta_2(t)-\frac{1}{2}k_{x_2}b_2h_2-$$
$$\frac{1}{2}k_{x_2}b_1h_2$$
$$=-cf_2\dot{\theta}_2(t)+cf_2\dot{\theta}_1(t)$$

在上面的方程组中，ω 为磨机工作时的角频率，rad/s；m_0、m_1、m_2 分别为偏心块、磨机机体、中心刚体的质量，kg；j_1、j_2 分别为各自绕自质心的转动惯量，kg・m^2；k_{x_1}、k_{y_1}、k_{x_2}、k_{y_2} 分别为机体弹簧和中心刚体弹簧的横向刚度与轴向刚度，N/m；e 为偏心块的回转半径，m；a、h_1、h_2、b_1、b_2、b、p、q 为磨机的机构参数；ξ_1、ξ_2 为对磨机机体和中心刚体的阻尼比；c_{x_1}、c_{y_1}、c_{x_2}、c_{y_2} 为相应的黏性阻尼系数。

根据磨机样机可确定系统模型参数为

$\omega=102$rad/s，$m_0=50$kg，$m_1=427$kg，$m_2=105$kg，$j_1=32$kg・m^2，$j_2=0.02$kg・m^2，$p=0$，$q=0$

$k_{y_1}=210000\times2$N/m，$k_{x_1}=0.43k_{y_1}$；$k_{y_2}=100000\times4$N/m；$k_{x_2}=0.43k_{y_2}$

$e=0.063$m，$a_1=0.383$，$h_1=0.279$，$b_1=0.403$，$b_2=0.363$，$h_2=0.26$，$a_2=0.02$

$\xi_1=0.2$，$\xi_2=0.4$，$c_{x_1}=2\xi_1\sqrt{k_{x_1}(m_0+m_1+m_2)}$，$c_{x_2}=2\xi_2\sqrt{k_{x_2}m_2}$

$c_{y_1}=2\xi_1\sqrt{k_{y_1}(m_0+m_1+m_2)}$，$c_{y_2}=2\xi_2\sqrt{k_{y_2}m_2}$

6.2.2 单激双刚体振动磨振动信号分析

磨机机体空载的质量为 427kg，散体添加为 50kg，质量结合系数取 24%，则机体的参振质量变为 $m_1=427\text{kg}+50\times24\%\text{kg}=439\text{kg}$，将以上参数代入到动力学方程中，用数值法求解后合并绘制双刚体振动磨机的水平方向位移（以 X 表示）、垂直方向位移（以 Y 表示）及转角位移（以 θ 表示）时间的变化曲线，如图 6-3 所示。

从图中可以看出，由于机体质心和中心刚体质心之间在水平方向上有一定距离，因此在水平方向和转角方向上平衡位置不同。垂直方向的平衡位置相同，可以看出磨机机体和中心刚体的位移之间存在相位差，能更好地实现从里向外和从外向里的双向能量传递。另外，线性方程和非线性方程的仿真结果基本一致，说明非线性影响较小，后面的振动轨迹分析时采用线性方程可以简化计算。

为了验证数值仿真的结果，针对双刚体振动磨样机进行了振动信号采集，由于实际测量中振动位移传感器的安装比较麻烦，因此采用两个压电式加速度传感器分别去测量磨机机体与中心刚体在垂直方向的振动加速度信号，并对采得的振动信号进行时域分析和频域分析。

如图 6-4 所示振动加速度的时域波形，采样频率为 1000Hz，其中上面是机体垂直方向振动加速度信号的时域波形；下面是中心刚体垂直方向振动加速度信号的时域波形。虽然测量存在一定的随机噪声误差，但仍然可以看出磨机机体与中心刚体的振动频率相同，但存在一定相位差，且中心刚体振幅大于机体振幅，这与前述仿真结果的规律基本一致，验证了动力学建模的正确性。

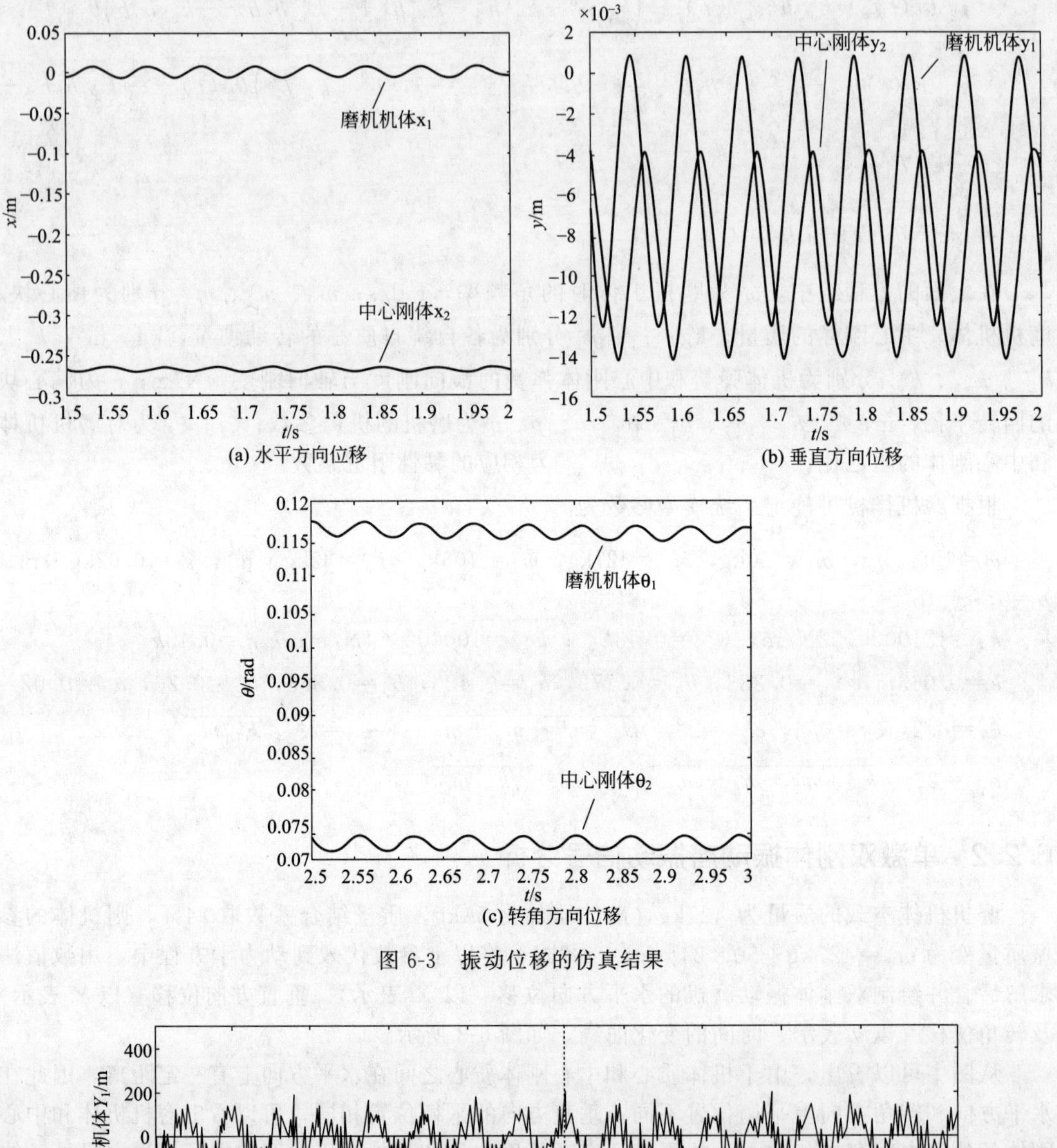

(a) 水平方向位移

(b) 垂直方向位移

(c) 转角方向位移

图 6-3 振动位移的仿真结果

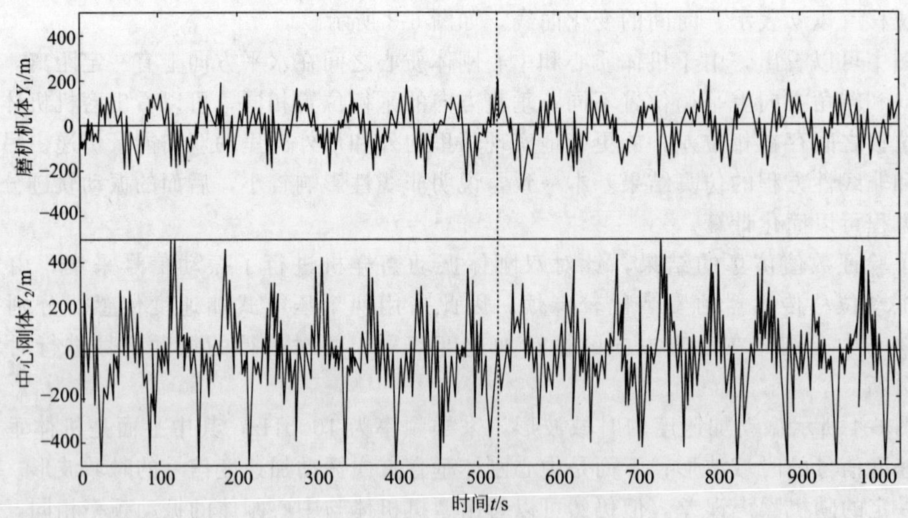

图 6-4 振动加速度的时域波形

如图 6-5 所示，图(a) 为磨机机体的自功率谱，基本只有单一频率成分，对应激振器的工作频率；图(b) 为中心刚体的自功率谱，不但存在与激振器工作频率相同的主振成分，而且还存在明显的其他倍频成分，且主要是奇倍频成分，这说明由于散体与中心刚体的碰撞激发出了很多的高频成分，这是导致系统出现非线性的根本原因。

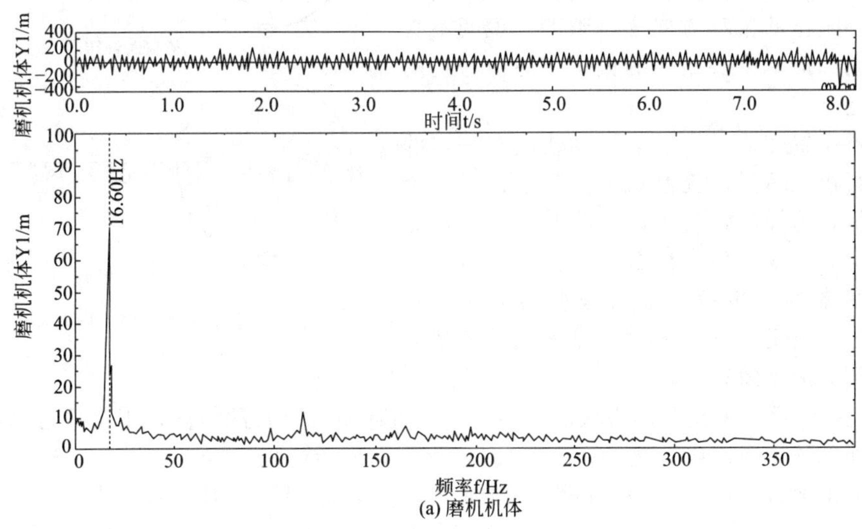

(a) 磨机机体

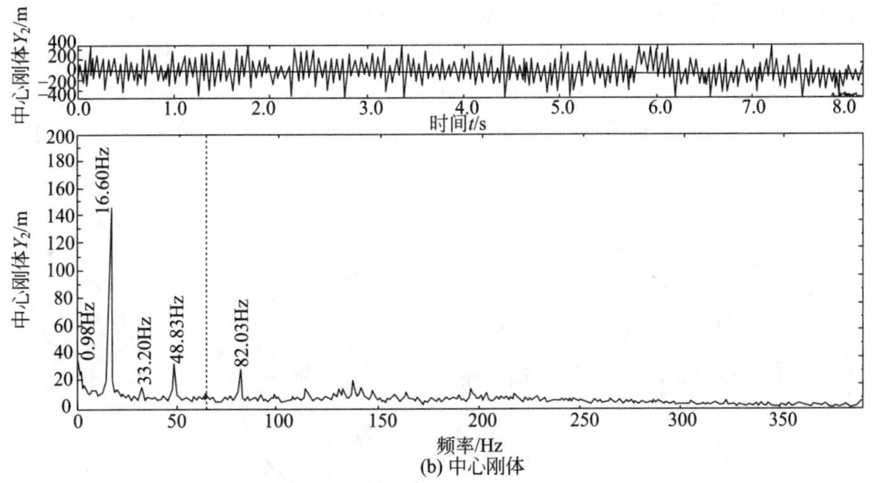

(b) 中心刚体

图 6-5　测量振动加速度的自功率谱

6.2.3　单激双刚体振动磨振动轨迹分析

平面振动轨迹是由平面上某一点在 x、y 方向上振动的合成。其形状取决于 x、y 之间的振幅比和相位差。这样，刚体上某一点的振动轨迹，不仅与质心水平垂直振动 x、y 有关，而且与绕质心扭振及到质心距离有很大关系。因此，为了全面分析刚体上不同点的运动轨迹，必须综合考虑各种因素的影响。

对于双刚体振动磨，改变其激振方式应该有两个方面，一个是改变激振电机的转向，一个是改变激振器的位置。

如图 6-6 所示，在坐标原点处的小圆为刚体质心位置的运动轨迹，图(a) 和图(b) 两图中其它由线组合成的 5 个小椭圆为机体磨筒上 5 个点的运动轨迹，其它由点组合成的 5 个椭圆是中心刚体上 5 个点的运动轨迹。从图（a）和图（b）两图比较来看，改变转向只是转变了图形中椭圆的方向，对偏移的位置没有改变，两图的共同点是中心刚体的偏移方向是一致的，说明不管电机的转向如何，中心刚体的偏移方向由磨机的结构所决定。

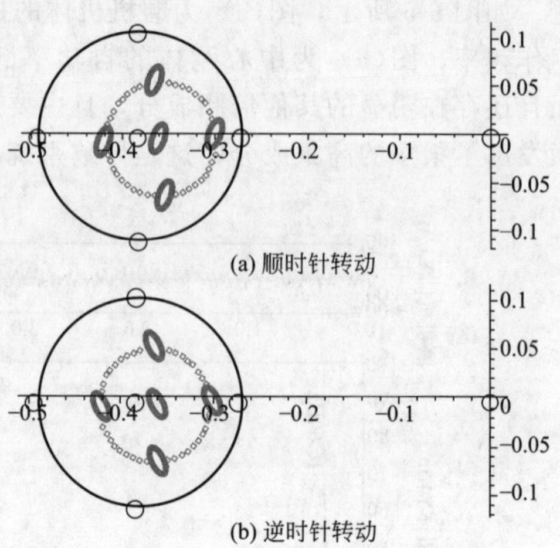

图 6-6　激振电机转动方向不同对应的振动轨迹

激振器位置变化对磨机的运动轨迹有一定的影响，该磨机虽然是两筒磨机，但也仅是对一个筒进行分析，这样我们就可以认为其是一个偏心振动磨，可以改变其质心位置来研究激振位置对运动轨迹的影响。也就是通过改变参数 p、q、b_1、b_2 及静态坐标下中心弹簧高度 h 的值来研究两刚体的相对运动轨迹。

如图 6-6 所示是激振器偏心块的回转中心与机体质心重合的情况，现把质心移到磨筒与电机的中间部位，所以参数变为 $p=0.191$，$q=0$，$b_1=0.211$，$b_2=0.171$，$h=0.260$，此时得到的振动轨迹如图 6-7(a) 所示；当质心在磨筒中心时，此时参数又为 $p=0.383$，$q=0$，$b_1=20$，$b_2=-20$，$h=0.260$，得到的振动轨迹如图 6-7(b) 所示；当偏心块在磨筒的正上方且其回转中与机体质心重合时，即参数变为 $p=0$，$q=0$，$b_1=20$，b_2-20，$h=0.60$，得到振动轨迹如图 6-7(c) 所示。比较以上图形发现，只要机体的质心没有和磨筒中心重合，则中心刚体必有偏移，质心离磨筒中心的距离越近，偏移越小。当 $q=0$ 时，中心刚体沿 x 方向偏移且偏向机体质心所在的方向，当 $p=0$ 时，中心刚体沿 y 方向偏移，也偏向机体质心所在的位置。

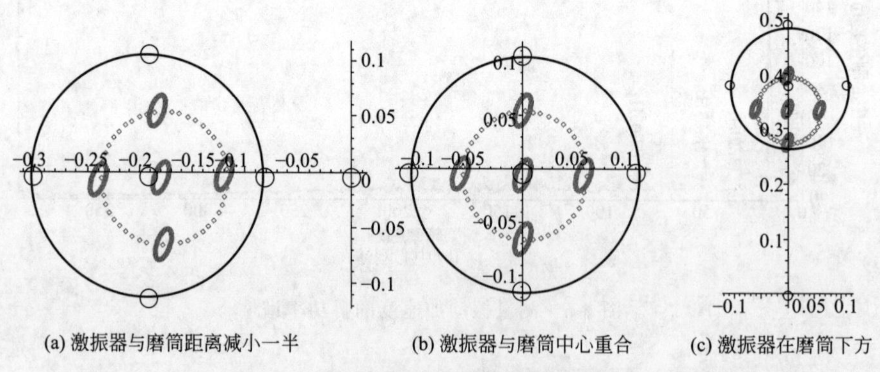

图 6-7　激振器位置不同对应的振动轨迹

由于中心刚体的偏移，势必造成磨筒内能量分布不均。在磨机磨碎试验过程中也发生了该情况，并且由于磨介与物料的原因，中心刚体在工作中被卡死，不能动。这样不但没有发挥中心刚体的作用，反而降低了磨碎效率。而当机体质心与磨筒中心重合时，机体上各点的运动轨迹有明显的改变，这样有利于提高物料的磨碎效率并且使中心刚体能够稳定工作，发挥了中心刚体的作用。

因此从双刚体振动磨的设计角度来说，要发挥中心刚体的作用就必须使中心刚体不发生偏移。对于单筒双刚体振动磨就要使机体质心与磨筒中心重合，对于双筒双刚体振动磨来说，要让参数 $p=0$，也就是使磨机结构成为上下两筒型才能使中心刚体发挥作用。只有这样才能真正发挥出双刚体振动磨机的优点与长处，均化能量分布，提高粉磨效率。

由于阻尼特性比较复杂，实际中很难精确测定。对上述双刚体振动磨样机而言，空载工作时钢弹簧本身的阻尼一般很小，因此取阻尼系数为 $\xi_1=\xi_2=0.1$。用数值方法得出系统六自由度幅频特性曲线如图 6-8(a) 所示。$\xi_1=\xi_2=0.1$ 只是为了分析空载状态下的估计值，这与磨机实际工作状态下的阻尼比有很大的不同。在工作过程中，磨机系统在二阶固有频率下并没有看到明显的共振现象，说明磨筒中的磨介及物料对中心刚体有很大的影响，既增加了中心弹簧的刚度也增加了其阻尼。因此在数值计算中找没有共振峰时 ξ_1、ξ_2 的值，比较发现 ξ_2 的最小值为 0.4，因此在磨机工作状态时的运动轨迹，选用了 $\xi_1=0.2$，$\xi_2=0.4$，此时的幅频特性曲线如图 6-8(b) 所示，图中看不到明显的二阶共振峰，所以 ξ_2 的值应该至少为 0.4，其确切值只能在今后研究中才能得出。

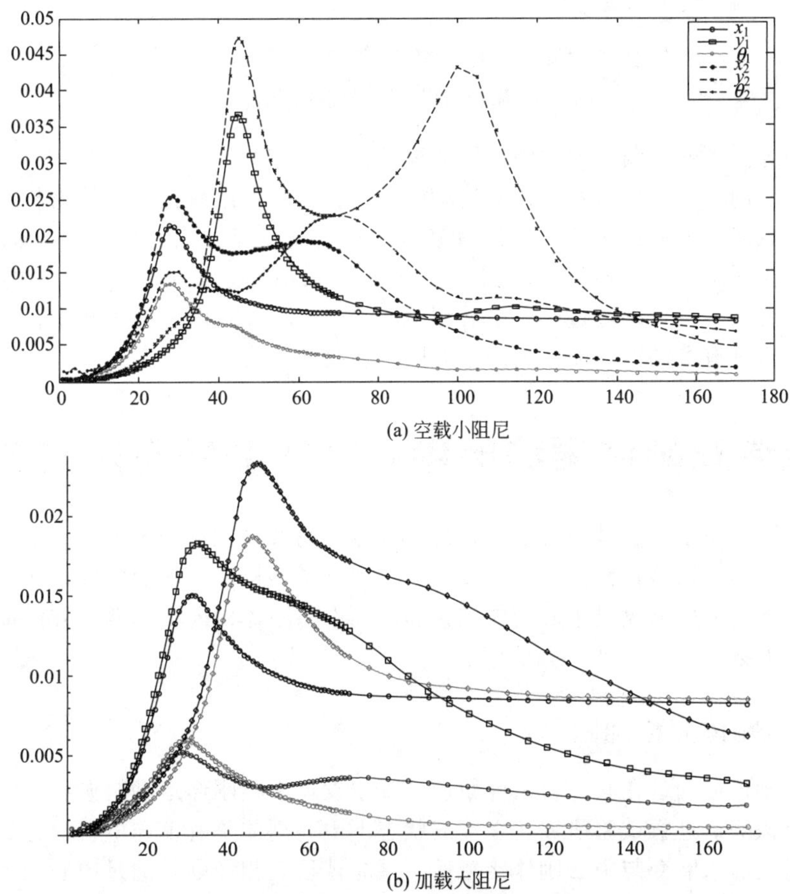

(a) 空载小阻尼

(b) 加载大阻尼

图 6-8 六自由度幅频特性曲线

如图 6-9 所示，激振频率的变化对机体的振动轨迹有着重大的影响，根据磨机空载时幅频特性曲线取典型工作频率下的振动轨迹，(a) $\omega=25\text{rad/s}$ 对应 x_1、θ_1 和 x_2、θ_2 的一阶共振，磨机机体和中心刚体的振动轨迹均为水平方向为长轴的椭圆；(b) $\omega=45\text{rad/s}$ 对应 y_1 和 y_2 的一阶共振，磨机机体和中心刚体的振动轨迹均为竖直方向为长轴的椭圆；(c) $\omega=75\text{rad/s}$ 之后，机体 m_1 在 x、y 方向趋于稳定的振幅，在 θ 方向趋于零，但中心刚体先经历近似为 x_2、θ_2 的二阶共振，再经历 y_2 的二阶共振，使得中心刚体的振动轨迹出

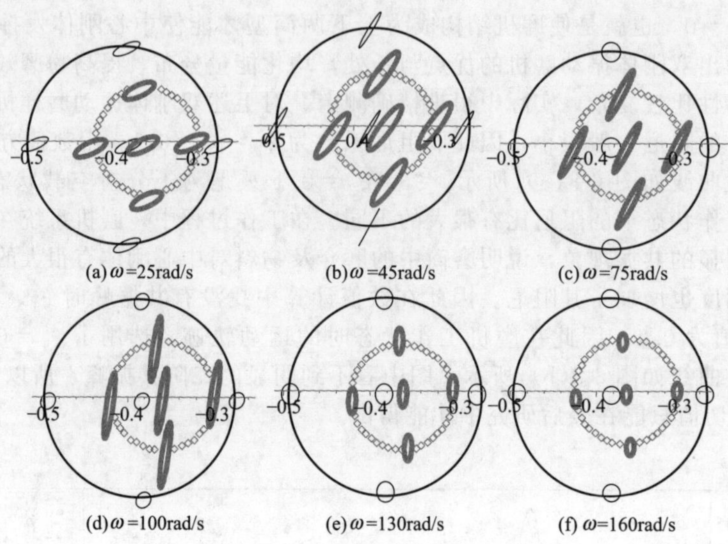

图 6-9　激振频率不同对应的振动轨迹

现了竖直方向为长轴的椭圆，这与中心棒的设计目的是相符的。

通过比较不同激振频率对磨机相对运动轨迹的影响，可以根据不同的物料磨碎特性选择不同的激振动频率。比如：对于脆性材料来讲，其最佳磨碎方式应选择 y 方向接近共振的激振频率；对于纤维多、韧性强的材料，就应该选择既有破碎力又有剪切力的激振频率区域。如果不改变频率也可以通过改变中心刚体的参数（m_2,k_2）来达到最佳磨碎效果，因此双刚体振动磨机具有可调性，能够适用于不同种类物质的磨碎。

6.3　单激双刚体振动磨中心刚体偏移问题改进设计

通过对双刚体振动磨的试验观察，发现双刚体振动磨在工作状态下，由于中心刚体受磨介转动挤压作用不能保持在磨筒中心位置工作，影响了磨机的工作稳定性，在一定程度下影响了其磨碎效率，因此从改变中心刚体结构和增加中心刚体横向受力两个方面提出了解决中心刚体偏移的方案。

6.3.1　中心刚体偏移问题分析

现有的双刚体振动磨在其六自由度数值计算中发现中心刚体运动轨迹有偏向电机一侧的趋势，随后对该磨机进行试验研究，在空载状态下中心刚体是有偏向电机的趋势，与计算结果相符。然而当加入磨介与中心刚体接触后，试验现象大相径庭，通过中心刚体外部悬挂弹簧的部分判断，其偏移方向并不是偏向电机一侧，而是与电机旋转方向同向。

由于内部磨介运动形式的不可观性，故采用有机玻璃作为磨筒轴向侧壁，以便进行可观试验。试验中发现，当电机启动后，其内部磨介不但产生高频撞击，而且产生在磨筒内壁与电机转向反向的低频转动，又观察到沿筒壁从外到内其旋转速度由高到低（$V_1>V_2$），这与传统振动磨机内磨介运动形式相符。我们将非线性动力学理论应用于双刚体振动磨的研究，发现磨机工作时，磨介与中心刚体之间强烈的相互作用是产生上述问题的根源。

中心刚体振动时，通过与磨介的碰撞向四周辐射能量，以激活中心低能量区；而磨介在绕筒体与中心刚体间的环形区域缓慢运动的同时，对中心刚体施加一个与其转向相反的反作用力。其结果是，中心刚体系统原来的静平衡点成为不稳定平衡点，而在底部磨介运动方向上偏离通过筒体中心轴线的铅垂面的一侧，出现另一个动态稳定平衡点，中心刚体工作时将围绕该动态稳定平衡点振动。由于该点远离了筒体的中心，中心刚体失去了激活中心低能量区的最佳位置，导致了上述问题，如图 6-10 所示。

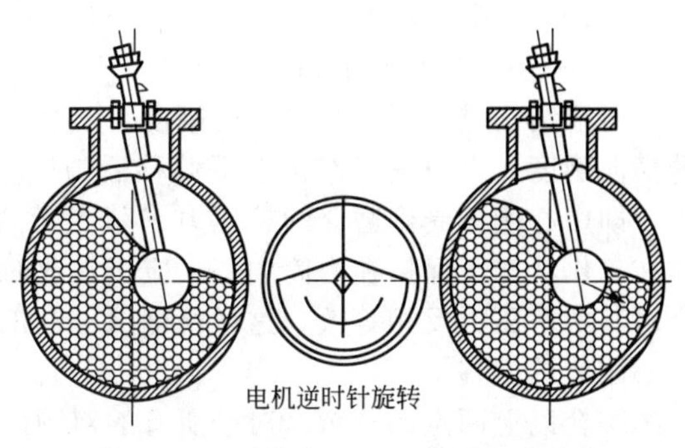

图 6-10　工作状态中心刚体偏移示意图

6.3.2　中心刚体偏移问题改进方案

我们研究的双刚体振动磨机，对于其中心刚体的具体结构形式目前还没有确切的形状，还处于摸索阶段，但由于多次试验观察和研究，现从改变中心刚体结构和增加中心刚体受力两个方面提出了解决中心刚体偏移问题的改进方案。

（1）中心刚体结构的优化

通过对双刚体振动磨机的透明性观察，中心刚体的偏移主要是由低速转动的磨介对中心刚体上半部分挤压所产生。在此情形下，中心刚体的上半部分犹如一道堤坝拦住了散体（磨介和物料）的正常旋转流动，考虑去掉中心刚体上半部分的结构以便让散体顺利通过，在此得到中心刚体新结构如图 6-11 所示。这样的结构不但能使磨介旋转顺利通过中心刚体上方，而且中心刚体上部的平坦区在工作状态下能够对物料进行有效的磨碎，增加了磨碎面，所以提高了双刚体振动磨机的磨碎效率。

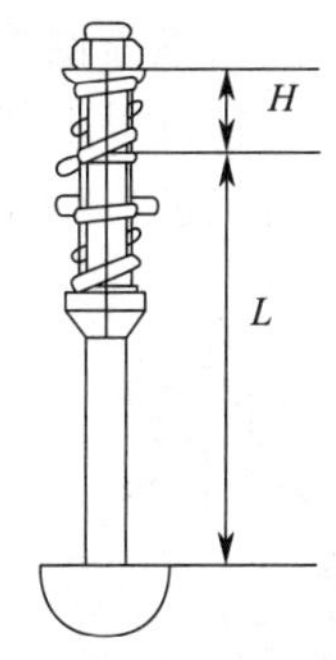

图 6-11　半圆棒形状的中心刚体新结构

（2）中心弹簧横向受力的计算

在解决中心刚体偏移问题上，仅考虑中心棒的结构还不够，还要分析中心弹簧的受力情况才能有效地解决实际问题。在工作状态下中心刚体的偏移与弹簧的横向刚度密切相关，下面就先介绍一下弹簧刚度的计算。

螺旋弹簧受轴向力 F 作用时，弹簧轴向变形为

$$y=\frac{8FD^3 i}{Gd^4}$$

式中　i——螺旋弹簧的工作圈数；

D——螺旋弹簧的中径，即弹簧丝中心线处的直径；

d——螺旋弹簧钢丝直径；

G——弹簧钢的切变模量，$G=8.0\times10^{10}\,\text{Pa}$。

每个弹簧中心线方向的刚度为

$$k_y=\frac{Gd^4}{8D^3 i}$$

螺旋弹簧水平方向的刚度：

$$k_x=\gamma k_y$$

其中

$$\gamma=\frac{2\times10^9(1-0.6\alpha\beta^{1.5})}{G(1+0.8\beta^2)}$$

$$\alpha=\frac{y}{H}$$

$$\beta=\frac{H}{D}$$

式中　γ——刚度系数；

H——工作状态下弹簧的高度。

对原结构进行研究，当轴向刚度 k_y 选定以后，根据弹簧的参数来确定弹簧工作状态下的横向刚度，再根据工作状态下偏移后与竖直方向的夹角 θ 来确定磨介对中心刚体的挤压力，即中心刚体受到磨介的挤压力 F 满足等式 $F\times L=mg\sin\theta\times L+2k_x x\times H$，若让中心刚体在工作状态下保持在磨筒中心，应当在此时让中心弹簧给连杆一个扭矩，与中心刚受到磨介对其的挤压力反相等效，这样就确保了在工作状态下中心刚体在磨筒中心振动，即解决了中心刚体的偏移。

综合以上两点的分析，对于所有的双刚体振动磨机，只要通过改变中心刚体弹性悬挂方式，使中心刚体系统的动态平衡点回到通过筒体中心轴线的铅垂面附近，使中心刚体振动于磨筒中心区域，并在弹性悬挂系统内产生一个与磨介作用力相反的恢复力矩，二力的平衡点，即为中心刚体的动态平衡点。本书在此理论下提出了双刚体振动磨机的几种新结构：

① 中心刚体的偏置可通过使弹性悬挂系统中心对称面与通过筒体中心轴线的铅垂面成一定角度实现，如图 6-12(a) 所示。此时磨机处于静平衡状态，当磨机工作后，由于磨筒内散体对中心刚体的作用力，使中心刚体又处于另一平衡状态，称为动平衡状态，两种平衡状态的比较如图 6-13 所示。

② 中心刚体的偏置可通过使平行布置的非等长并联弹簧悬挂系统中心对称面与通过筒体中心轴线的铅垂面成一定角度实现［图 6-12(b)］。

③ 中心刚体的偏置可通过使弹性悬挂系统中心对称面在水平方向相对通过筒体中心轴线的铅垂面偏离一定距离实现［图 6-12(c)］。

针对以上三种改进方案的结构，初步制造了图 6-12(a) 形式的试验样机，进一步通过试验研究进行对比验证。

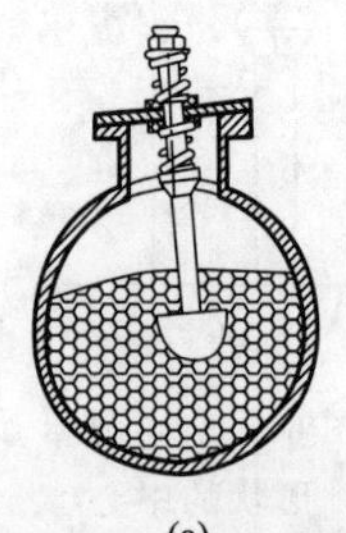

(a)

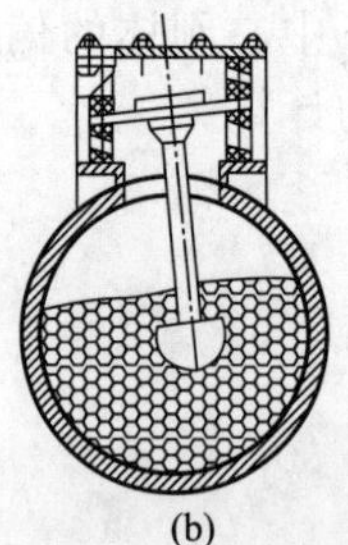

(b)

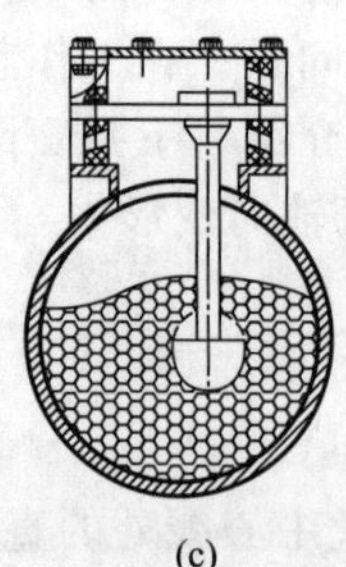

(c)

图 6-12　中心刚体偏移问题改进方案

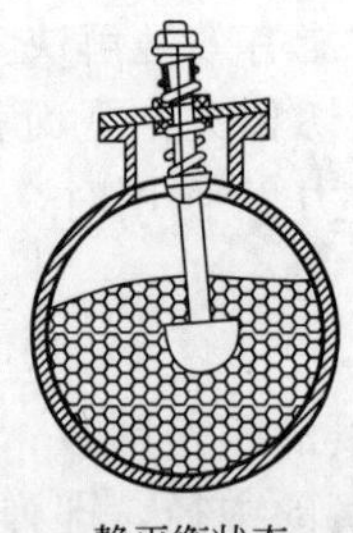

静平衡状态

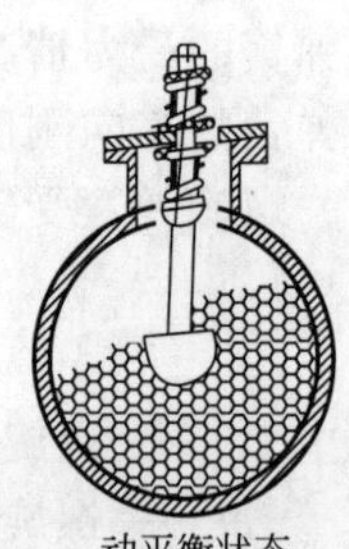

动平衡状态

图 6-13　两种平衡状态的比较

6.3.3　双刚体振动磨的磨碎试验对比

针对传统振动磨、圆棒双刚体振动磨、偏置半圆棒双刚体振动磨三种机型，分别开展磨碎试验研究，一方面验证新型双刚体振动磨机的优越性，另一方面确定新型加偏置半圆棒的双刚体振动磨的最佳磨碎参数。

首先对石灰石进行磨碎试验，将采集到的样品依次通过 7 目（筛孔直径 2.794mm）、10 目（筛孔直径 1.651mm）、16 目（筛孔直径 0.991mm）、20 目（筛孔直径 0.833mm）、28 目（筛孔直径 0.589mm）、80 目（筛孔直径 0.175mm）、115 目（筛孔直径 0.124mm）、200 目（筛孔直径 0.074mm）、325 目（筛孔直径 0.043mm）、400 目（筛孔直径 0.038mm）的筛子进行筛分，记下筛分的余量，然后进行计算整理如表 6-1～表 6-3 所示。

表 6-1　传统振动磨采样粒度分布表

机型	传统振动磨机					激振力/t	1.5
旋转方向	顺时针	电机转速/(r/min)	980	试验电流/A	5.1	入料粒度	
磨碎时间/min	8	磨碎质量/kg	4	采样质量/g	500		
粒度分析/g	<7 目	169	>80～115 目	2.2			
	7～10 目	44	>115～200 目	31			
	>10～16 目	32	>200～325 目	198			
	>16～20 目	3	>325～400 目	4.3			
	>20～28 目	8.2	>400 目	2.2			
	>28～80 目	6.1					

表 6-2　圆棒双刚体振动磨采样粒度分布表

机型	圆棒双刚体振动磨机					激振力/t	1.5
旋转方向	顺时针	电机转速/(r/min)	980	试验电流/A	5.1	入料粒度	
磨碎时间/min	8min	磨碎质量/kg	4	采样质量/g	500		
粒度分析/g	<7 目	127	>80～115 目	10.8			
	7～10 目	26	>115～200 目	29			
	>10～16 目	17	>200～325 目	270.8			
	>16～20 目	2	>325～400 目	4			
	>20～28 目	5	>400 目	1			
	>28～80 目	7.2					

表 6-3　偏置半圆棒双刚体振动磨采样粒度分布表

机型	偏置半圆棒双刚体振动磨机					激振力/t	1.5
旋转方向	顺时针	电机转速/(r/min)	980	试验电流/A	5.1	入料粒度	
磨碎时间/min	8	磨碎质量/kg	4	采样质量/g	500		
粒度分析/g	<7 目	58.75	>80～115 目	10			
	7～10 目	18.75	>115～200 目	36.75			
	>10～16 目	15	>200～325 目	295			
	>16～20 目	2.5	>325～400 目	37.5			
	>20～28 目	6.5	>400 目	13.75			
	>28～80 目	5.5					

根据以上 3 表的数据，可以绘制三种机型的筛上累计产量百分比曲线，如图 6-14 所示。从以上数据表及粒度分布曲线图中能明显地看出新型偏置半圆棒双刚体振动磨机的磨碎效果最好，证实了新型偏置半圆棒双刚体振动磨机的优越性。

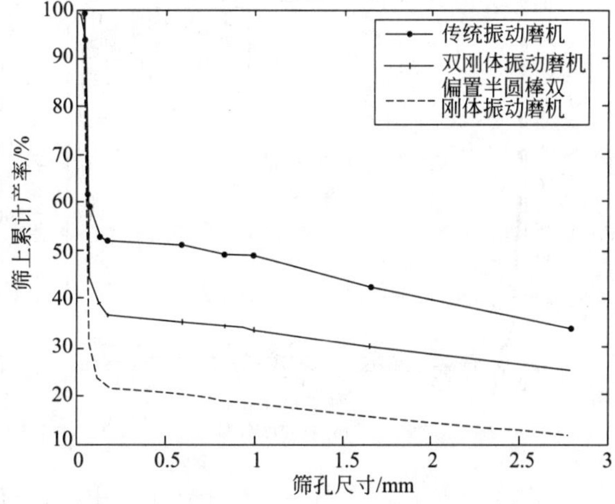

图 6-14　三种机型的累积粒度分布曲线

对新型偏置半圆棒双刚体振动磨机进行磨介填充率、中心刚体位置及磨碎时间的试验研究来确定最佳磨碎参数。同样以 200 目以下 5 目以上的石灰石为入磨粒度，激振力为 3t，电机转速为 980r/min，得到试验数据并绘制出粒度分布曲线来获得最佳磨碎参数，分别如表 6-4～表 6-6 所示和图 6-15～图 6-17 所示。

从对石灰石的磨碎参数试验的粒度分布曲线中可以看出，中心刚体位于磨筒中心，磨介填充率为 75%时磨碎效果最佳。从磨碎的时间历程来看，磨碎 10min 与磨碎 12min 的曲线分布差不多，所以最佳磨碎时间为 10min。偏置半圆棒双刚体振动磨机较好地克服了传统振动管磨机存在中心惰性区、单机产量小的缺陷，均化了磨腔内的能量分布。因此，大幅度提高了磨腔内的能量利用率，产品粒度更细，粒度分布范围更窄，使其大型化成为可能，可广泛应用于非金属矿物的超细加工以及水泥、选矿等需要大批量粉碎矿物的粉磨；磨腔所需振幅大大降低，弹簧负荷、激振力和轴承负荷相应显著减小，从而使整机的比功耗大大降低，使用寿命长，可靠性提高，噪声污染降低。

表 6-4 不同中心刚体位置的采样粒度分布

机型	半圆棒双刚体振动磨机					激振力	3t
旋转方向	顺时针	电机转速	980r/min	磨介填充率	75%	物料填充率	130%
磨碎时间	8min	磨碎质量	4kg	采样质量	100g		

		中心刚体位置			
		中心刚体居中	中心刚体偏左	中心刚体偏上	中心刚体偏下
产品粒度分布/g	＜7 目	0.3	5.2	0.8	2
	7～10 目	0	1	0.1	0.7
	＞10～16 目	0.2	0.7	0.1	0.5
	＞16～20 目	0	0.4	0	0.1
	＞20～28 目	0.2	0.4	0.1	0.3
	＞28～80 目	0.7	1	0.7	0.8
	＞80～115 目	2	2	1.5	2.1
	＞115～200 目	10.2	11.7	8.8	10.7
	＞200～325 目	32	38	30	35
	＞325～400 目	36	34	40	37.1
	＞400 目	18.3	5.6	17.9	10.7

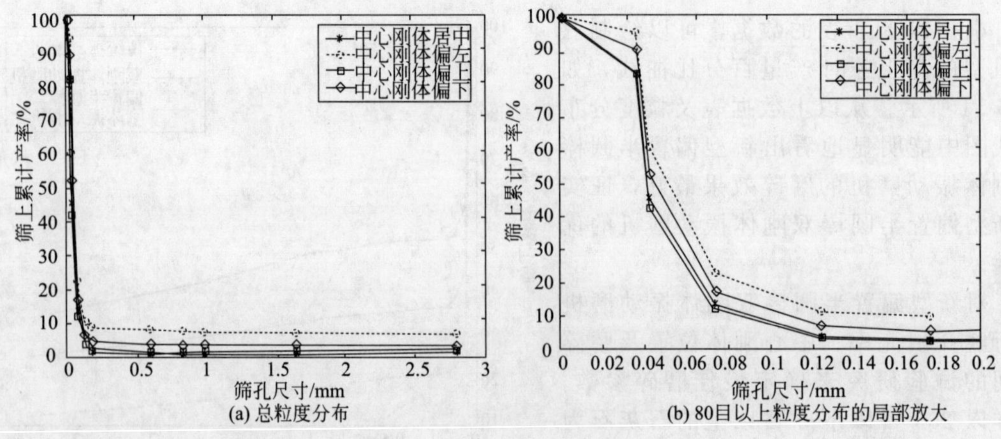

(a) 总粒度分布

(b) 80目以上粒度分布的局部放大

图 6-15 中心刚体位置的影响

表 6-5　不同磨介填充率的采样粒度分布

机型	半圆棒双刚体振动磨机					激振力	3t
旋转方向	顺时针	电机转速	980r/min	磨介填充率	50%～80%	物料填充率	130%
磨碎时间	8min	磨碎质量	4kg	采样质量	100g		

		磨介填充率				
		50%	60%	70%	75%	80%
产品粒度分布/g	<7 目	0.1	0	0	0.3	2.2
	7～10 目	0.1	0.1	0	0	0.5
	10～16 目	0.5	0.4	0.3	0.2	0.7
	16～20 目	0.3	0.3	0.1	0	0.1
	20～28 目	0.2	0.5	0.5	0.2	0.5
	28～80 目	0.6	1.4	0.9	0.7	1.1
	80～115 目	2.8	4.6	2.6	2	2.5
	115～200 目	16.4	14	11.4	10.2	10.1
	200～325 目	54.6	41	37.9	32	34
	325～400 目	22	25.5	30	46	38
	>400 目	2.4	12.2	16.3	18.4	10.3

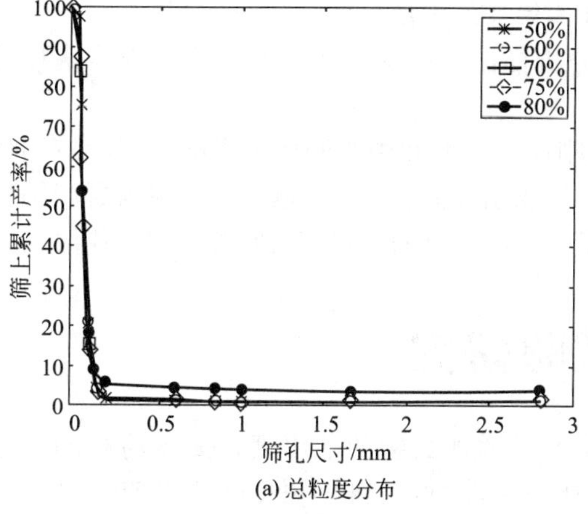

(a) 总粒度分布

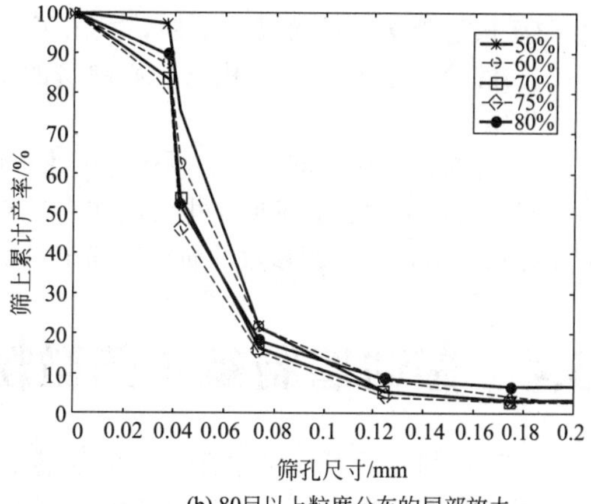

(b) 80目以上粒度分布的局部放大

图 6-16　磨介填充率的影响

表 6-6　不同磨碎时间的采样粒度分布

机型	半圆棒双刚体振动磨机					激振力	3t
旋转方向	顺时针	电机转速	980r/min	磨介填充率	75%	物料填充率	130%
磨碎时间	2～12min	磨碎质量	4kg	采样质量	50g		

		磨碎时间					
		2min	4min	6min	8min	10min	12min
产品粒度分布/g	<7 目	1	1	0.6	0.4	0	0
	7～10 目	0.9	0.7	0.05	0.05	0	0
	>10～16 目	2	1.5	0	0.05	0.1	0.1
	>16～20 目	0.6	0.5	0.2	0	0.05	0.05
	>20～28 目	2.4	1.5	0.1	0.05	0.1	0.1
	>28～80 目	6.1	4	2.6	0.35	0.3	0.3
	>80～115 目	5.2	4.9	2.1	0.7	0.6	0.6
	>115～200 目	5.7	5	4.8	4.4	3.2	3.0
	>200～325 目	10	11.6	13.1	15	14	13.9
	>325～400 目	12.1	13.2	18.3	20	21.8	21.6
	>400 目	4	6.1	8.15	9	9.85	10.35

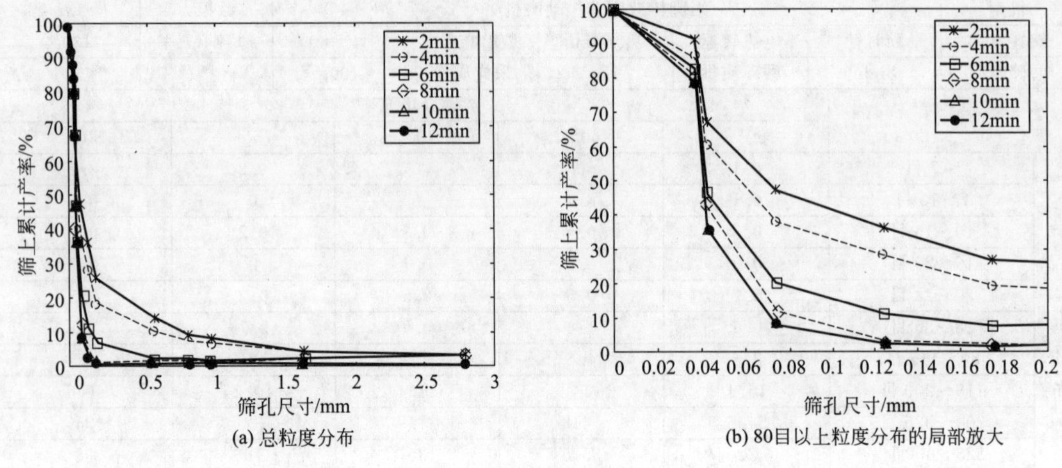

图 6-17 磨碎时间的影响

针对原有双刚体振动的中心刚体的偏移情况进行定性和定量的研究之后，得出如下结论：

① 通过对磨机的可观性试验，找出了中心刚体偏移的根源；

② 综合中心刚体的结构与中心弹簧的受力分析提出了解决工作状态下中心刚体偏移的三个方案；

③ 针对传统振动磨、中心刚体为圆棒形的双刚体振动磨和中心刚体为半圆棒形的双刚体振动磨进行试验对比，证明了中心刚体为半圆棒形的双刚体振动磨的优越性，并对偏置半圆棒双刚体振动磨进行粉磨参数的研究，确定了填充率、中心刚体的位置和粉磨时间的最佳值。

6.4 振动磨制备中药微粉试验研究

中药微粉化后可改善中药粉末的质感和均匀性，增加药物的溶出度，提高药材的利用率。中药微粉的研究和应用将提高传统中药的临床应用能力，有利于中药制剂生产工艺的改进和药品质量的提高。但目前关于中药微粉的概念还缺乏明确的界定，关于中药微粉的粉碎技术及相关设备更是十分繁杂。振动磨是广泛应用于非金属矿物超微粉碎的设备，具有粉碎效率高、能量消耗低、对物料适应性强等特点。

由于非金属矿物与植物性物料间物理和力学性能的差异，在利用振动磨对植物性物料进行超微粉碎时应采用的工艺参数必然发生改变。由于中药材有其本身的特点，除了植物性药材外还有动物性药材，因此通过试验研究振动磨超微粉碎中药的工艺过程和参数，对实际应用具有指导意义。

6.4.1 试验样机及原料

由于磨碎矿石时所用的试验样机容量太大，若直接用来磨碎中药需要的原料太多，试验成本太高。因此专门设计制作了一个小型振动磨的试验样机，如图 6-18 所示。该磨机虽然具有两个电机驱动，但电机离得很近容易达到同步，相当于单激方式，可以反向同步实现机体的上下振动，也可以同向同步实现机体的圆振动，每个电机功率为 0.75kW。该磨机的磨筒容积为 3.5L，研磨介质采用钢球。采用透明的有机玻璃做端盖，以便在试验中观察磨介在磨筒截面内的运动轨迹。

如图 6-19（a）所示水蛭，购买于石家庄市乐仁堂药店，经河北中医学院鉴定为动物水蛭的干燥全体，个大，颜色深褐色，含水量少。如图 6-19（b）所示三七，购于石家庄市神兴大药房，经河北中医学院鉴定为植物三七的干燥根，个大，体重，质坚，支根少，表面光滑，主要构成为淀粉。

图 6-18　振动磨试验样机

(a) 水蛭

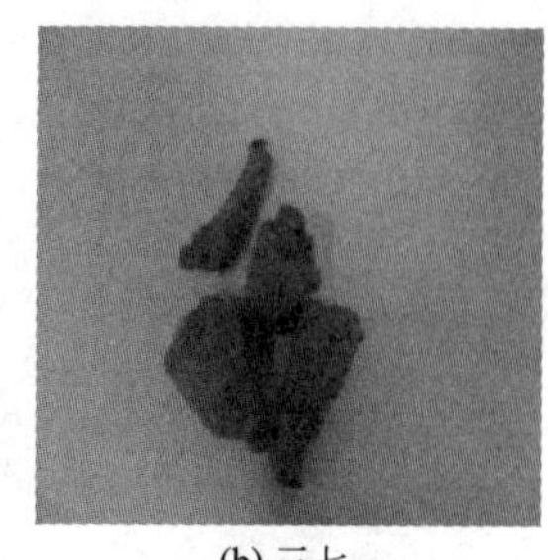

(b) 三七

图 6-19　中药磨碎试验原料

6.4.2　试验流程及中药微粉特性分析

试验流程安排为：原料→分拣除杂→（初粉碎）→超细粉碎→筛分→收集产品。

分拣除杂：把原料一个一个地拣出，除掉剩下的杂质及灰分。

初粉碎：主要通过锤击的作用使物料破碎，并在颗粒内部产生微裂纹，以便超细粉碎的进行。

超细粉碎：将初粉碎的原料输入振动磨中，通过连续致密的剪切力、挤压力、研磨力组成的复合力场的作用，使原料得以超细粉碎。

筛分：将振动磨中的物料研磨数分钟后倒出进行筛分，选出 80～200 目，200～400 目，400～600 目三种物料，以便送入河北中医学院进行药效学对比研究。

收集产品：把筛分好的物料放入密封袋中，贴上标签。

试验开始时先对中药原料用锤轻击，初探药物的脆性及硬度。由于动物类药水蛭的硬度小，脆性大，用锤轻击即能破碎，于是对水蛭不采取初粉碎就直接入磨。而植物类药三七则不然，用锤轻击根本达不到破碎效果，重击后虽能破碎但也发生了塑性变形，用手摸感觉有点粘手，说明三七硬度大，具有黏性，不易破碎，于是对三七采取初粉碎，然后再入磨研磨。

试验中发现，水蛭的磨碎过程非常顺利，磨 5min 就已经有 80%的中药达到 400 目以上，95%的中药达到 200 目以上。而三七的磨碎过程则不然，经初粉碎后的颗粒经研磨一段时间后硬度较小的物料能够成为超细粉，但总有一些块状颗粒即使磨掉了棱角也不能成为粉状，再经多次研磨也不能成为超细粉，我们称此为中间颗粒。三七的初粉碎颗粒及中间颗粒如图 6-20 所示。存在中间颗粒的原因有两个方面，一是磨机的研磨力度不够，二是此剩余物为三七的核心部分，硬度太大且黏性强，不易研磨。

如图 6-21 所示为三七及水蛭不同粒径微粉的形貌，在试验过程中由数码相机拍摄而得。由图片可以看到，从粗粉到微粉随着粒径的变小，颜色由深变浅，三七粉由褐色变为沙土色，水蛭粉由黑色变为红土色。

粉体的堆密度是衡量粉体特性的一个重要指标，是指单位体积的粉体质量。在此采用固定体积的小杯装满粉体来测量各种粉体的堆密度，表 6-7 为测量得到的各种粒径中药微粉的堆密度值，堆密度随粒径的变化曲线如图 6-22 所示。可以看出，在相同粒径分布情况下，水蛭的堆密度要大于三七，但是随着粉体粒径的减小，二者差距减小。

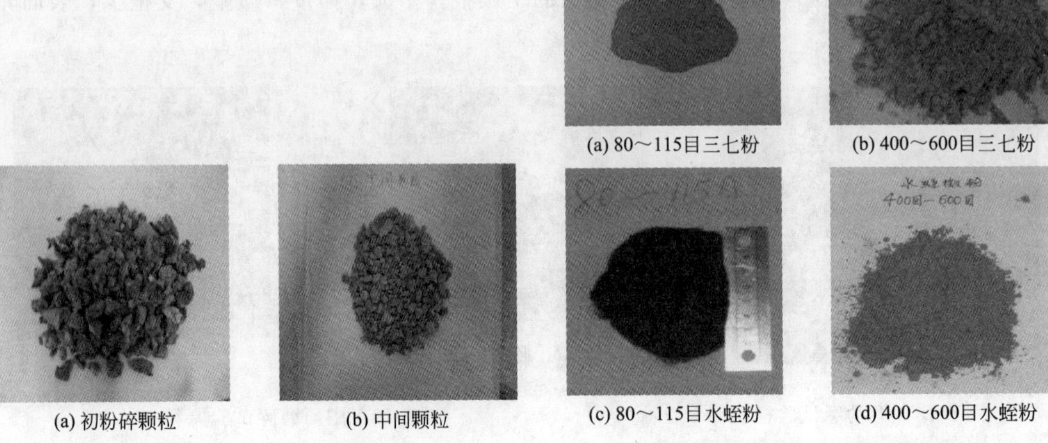

(a) 初粉碎颗粒　(b) 中间颗粒　(a) 80～115目三七粉　(b) 400～600目三七粉　(c) 80～115目水蛭粉　(d) 400～600目水蛭粉

图 6-20　三七的初粉碎及中间颗粒

图 6-21　三七及水蛭微粉的形貌

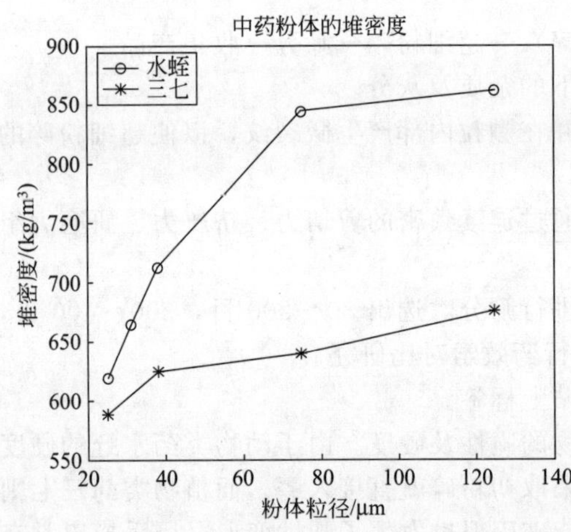

图 6-22　三七及水蛭微粉的堆密度随粒径变化曲线

表 6-7　三七及水蛭微粉的堆密度值

(kg/m^3)

粒度	三七(植物类)	水蛭(动物类)
原料	695.2	
初粉碎后	905.4	
80～115 目	675.6	861.8
115～200 目	640.0	844.7
200～400 目	624.3	712.0
400～600 目	588.6	618.6

6.4.3　工艺参数对中药磨碎效果影响试验

对于不同振幅的振动磨机，存在一个最佳的磨介填充率。选取初粉碎的物料进行超细粉碎试验，磨介填充率分别为 20%、60%、70%、80%，图 6-23 为不同磨介填充率下粉体粒径 d50 与筛上累计的关系曲线。从图中可以看出，针对给定振幅和给料条件，当磨介填充率较小时，出料粒度较大，随着磨介填充率的增大，出料粒度减小。在此选择 80%的填充率，比一般振动磨机的填充率要大些，这是由于此试验磨机振幅较小。

为了研究入磨物料填充量的影响，选取初粉碎的同一物料进行超细粉碎试验，入磨质量分别为 150g、200g、250g、300g、500g，图 6-24 为不同物料填充率下粉体粒径 d50 与筛上累计的关系曲线。从图中可以看出，当填充的物料较少时，更容易磨碎，粒度更细。但当填充物料过少时，将使得每次磨碎的生产率降低。因此，要根据具体的要求来选择合适的物料填充质量。

为了研究入磨粒度的影响，在此选取 16 目以下，及 16～80 目之间的两种物料进行试验研究，图 6-25 为不同入磨粒度下粉体粒径 d50 与筛上累计的关系曲线。从图中可以看出，入磨粒度越小，最终产品的粒度越小，粒度分布范围越窄。因此，为了减小超微粉碎的工作量，应该进行预粉碎，尽量减小入磨粒度。

为了研究入磨时间对中药的影响，每次称取动物类药水蛭原料 200g 直接入磨，选取的粉磨时间分别为 1min、2min、5min、12min、15min，图 6-26 是不同粉磨时间下粉体粒径 d50 与筛上累计的关系曲线。从图中可以看出，随着磨碎时间的增加，粒度分布变窄；磨碎 5min 时已经有 80%的中药达到 400 目以上，95%的中药达到 200 目以上；再延长磨碎时间，粒度变化不大。这说明水蛭的易磨性很好，比较容易磨碎。对水蛭这类中药磨碎，无限地延长磨碎时间，不但粒度变化不大，而且使得功耗增加，因此存在一个最佳的磨碎时间，这个最佳磨碎时间为 12min。

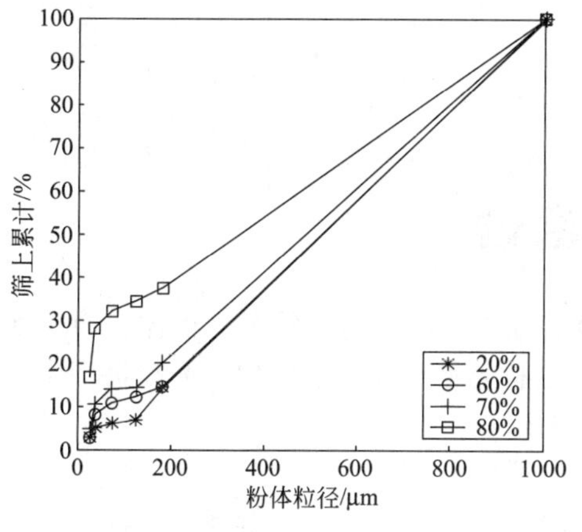

图 6-23　不同磨介填充率影响

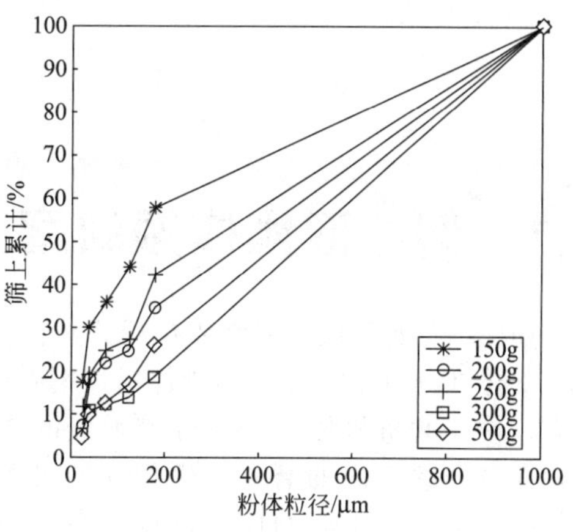

图 6-24　不同物料填充率影响

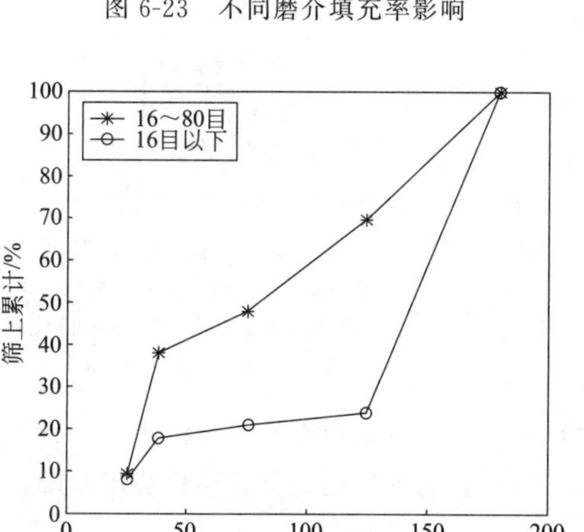

图 6-25　不同入磨粒度影响

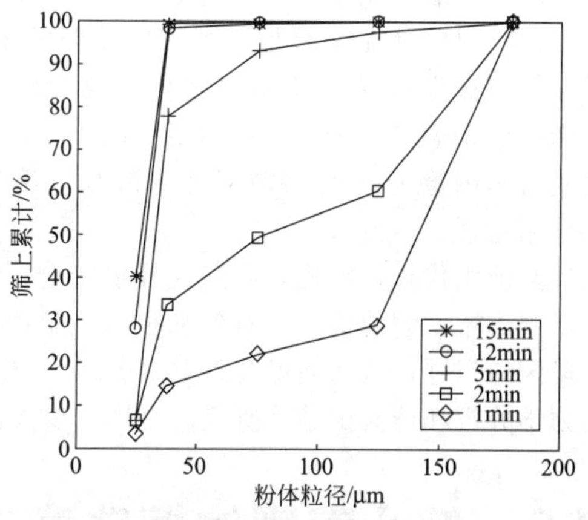

图 6-26　不同磨碎时间影响

通过对三七和水蛭两种中药材进行的磨碎试验，研究发现水蛭的磨碎效果很好，在短时间内就能达到所要求的微粉粒度；而三七的磨碎效果较差，磨碎时间长且存在无法磨碎的中间颗粒。水蛭属于整体入药的动物类药，三七属于植物根类药，该磨碎试验结果对于同类中药具有指导意义，但具体的粉磨特性需要更多类中药的进一步验证。

针对磨碎过程工艺参数对磨碎效果的影响，研究发现，增大磨介填充率，减少物料填充量，减小入磨粒度，增加磨碎时间都可以有效降低最终中药微粉的产品粒度，但要综合考虑与磨机振动参数之间的关系，以及对磨碎生产率的影响。

第7章 偏心双刚体振动磨

7.1 偏心双刚体振动磨工作原理

如图 7-1 所示偏心双刚体振动磨，包括激振器、配重、磨筒构成的磨机机体，通过橡胶弹簧支撑在地基上，而中心刚体通过钢弹簧与磨筒连接，磨介装在磨筒内。激振器产生的激振力，使得磨机机体在支撑橡胶弹簧的作用下产生振动，并带动磨筒内的磨介产生相互冲击等作用，实现物料的磨碎。而中心刚体通过连接在磨筒上的钢弹簧产生振动，可以实现从内部向磨介传递能量，这正是双刚体振动磨提出的核心思想。

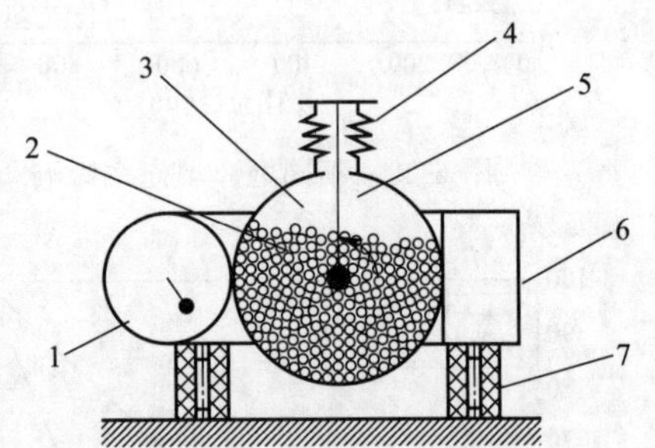

图 7-1 偏心双刚体振动磨结构简图

1—激振器；2—磨介；3—磨筒；4—中心刚体连接钢弹簧；5—中心刚体；6—配重；7—机体支撑橡胶弹簧

偏心双刚体振动磨是双刚体振动磨的第三代样机，通过把激振器移到磨机重心之外，改变磨筒内部单一的椭圆振动轨迹，促进磨介在磨筒内的流动状态，从而使磨筒内磨介之间的抛起冲击减少，滚压和剪切磨碎作用增强。

与前两代样机相比，第三代样机结合了偏心振动磨和双刚体振动磨的优点，有望从根本上解决磨机中心低能量区的问题，从而使得磨碎效率更高、粒度分布更窄，因此具有很大的发展前景。后面通过动力学分析和仿真试验等研究，可进一步优化结构和参数，为样机的完善和应用奠定基础。

7.2 偏心双刚体振动磨动力学仿真分析

7.2.1 偏心双刚体振动磨的刚体动力学建模

双刚体振动磨是由两个刚体（磨机机体、中心刚体）和散体组成的振动系统，当电机带动偏心块产生偏心激振时，其中的两个刚体在空间中具有 12 个自由度。但是影响磨机粉磨的主要是系统在垂直于磨筒中心线的平面内的刚体运动，即两个刚体各自的平动与绕其自身质心的转动，共 6 个自由度。因此，将双刚体振动磨简化为双刚体六自由度平面运动系统不仅可以抓住问题的主要方面，又不至于使分析求解变得过于复杂。

如图 7-2 所示系统的动力学模型简图，6 个自由度分别表示为磨机机体在 x 方向和 y 方向的平动以及绕其质心 O_1 的转动，中心刚体在 x 和 y 方向的平动以及绕其质心 O_2 的转动。其中，OXY 为绝对坐标系，$O_1X_1Y_1$ 为固连于磨机中心处的随体坐标系，$O_2X_2Y_2$ 为固连于中心刚体中心处的随体坐标系。选取 x_1、y_1 和 θ_1 为机架运动的三个广义坐标，x_2、y_2 和 θ_2 为中心刚体运动的三个广义坐标。利用拉格朗日方法推导得到 6 个微分方程组成的系统动力学方程：

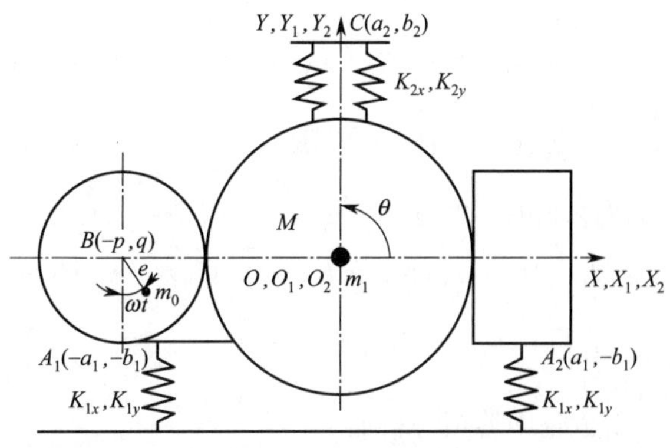

图 7-2　偏心双刚体振动磨简化六自由度动力学模型

$$
\left\{
\begin{array}{l}
2K_{X_2}[x_1+h_1\sin(\theta_1)]+\frac{1}{2}(K_{X_2}+K_{Y_2})[x_1-x_2-a_2\cos(\theta_2)+h_2 sin(\theta_2)]+\frac{1}{2}(K_{X_2}-K_{Y_2})[\sin(2\theta_1) \\
(y_1-y_2)+\cos(2\theta_1)(x_1-x_2)-a_2\cos(2\theta_1-\theta_2)-h_2\sin(2\theta_1-\theta_2)]+a_2K_{X_2}\cos(\theta_1)-h_2K_{Y_2}\sin(\theta_1) \\
-2m_0\dot{\theta}_1 e\sin(\omega t+\theta_1)+m_0\dot{\theta}_1^{2}[p\cos(\theta_1)+q\sin(\theta_1)-e\sin(\omega t+\theta_1)]+m_0\ddot{\theta}_1[e\cos(\omega t+\theta_1)-q\cos(\theta_1) \\
+p\sin(\theta_1)]+(m_1+m_0)\ddot{x}_1-m_0e\omega^2\sin(\omega t+\theta_1)=-c_{x1}\dot{x}_1 \\
\frac{1}{2}(K_{X_2}+K_{Y_2})[y_1-y_2-a_2\sin(\theta_2)-h_2\cos(\theta_2)]+\frac{1}{2}(K_{X_2}-K_{Y_2})[\cos(2\theta_1-\theta_2)+\sin(2\theta_1)(x_1-x_2) \\
-a_2\sin(2\theta_1-\theta_2)-\cos(2\theta_1)(y_1-y_2)]+a_2K_{X_2}\sin(\theta_1)+h_2K_{Y_2}\cos(\theta_1)+m_0\dot{\theta}_1^{2}[e\cos(\omega t+\theta_1) \\
-q\cos(\theta_1)+p\sin(\theta_1)]+m_0\ddot{\theta}_1[-p\cos(\theta_1)+e\sin(\omega t+\theta_1)-q\sin(\theta_1)]+2m_0\dot{\theta}_1 e\omega\cos(\omega t+\theta_1) \\
+(m_1+m_0)\ddot{y}_1+m_0e\omega^2\cos(\omega t+\theta_1)=-c_{y_1}\dot{y}_1 \\
K_{X_1}[2a_1^{2}\sin(\theta_1)+(h_1^{2}-a_1^{2})\sin(2\theta_1)+2x_1h_1\cos(\theta_1)]+K_{X_2}\{(x_2-x_1)[a_2\sin(\theta_1)-a_2\sin(2\theta_1-\theta_2) \\
+h_2\cos(2\theta_1-\theta_2)]+(y_1-y_2)[a_2\cos\theta_1-a_2\cos(2\theta_1-\theta_2)+h_2\sin(2\theta_1-\theta_2)]+(x_2y_2-x_2y_1-x_1y_2 \\
+x_1y_1)\cos(2\theta_1)+a_2^{2}\sin(\theta_1-\theta_2)+\frac{1}{2}\sin(2\theta_1-\theta_2)(h_2^{2}-a_2^{2})\}+K_{Y_2}[a_2h_2\cos(\theta_1-\theta_2)+(-x_1a_2 \\
+x_2a_2-y_2h_2+y_1h_2)\sin(2\theta_1-\theta_2)+(x_1h_2-x_2h_2-y_2a_2+y_1a_2)\cos(2\theta_1-\theta_2)+\frac{1}{2}(a_2^{2}-h_2^{2})\sin \\
(2\theta_1-2\theta_2)+h_2^{2}\sin(\theta_1-\theta_2)+(x_2-x_1)h_2\cos(\theta_1)+(y_2-y_1)h_2\sin(\theta_1)]+[a_2h_2\cos(2\theta_1-2\theta_2)- \\
(y_2y_1+x_2x_1-\frac{1}{2}x_2^{2}-\frac{1}{2}x_1^{2}+\frac{1}{2}y_2^{2}+\frac{1}{2}y_1^{2})\sin(2\theta_1)+(x_2y_2-x_2y_1-x_1y_2+x_1y_1)\cos(2\theta_1)] \\
(K_{X_1}-K_{Y_2})+2m_0e\omega\dot{\theta}_1[q\sin(\omega t)-p\cos(\omega t)]+\ddot{\theta}_1[-2m_0p\sin(\omega t)-2m_0q\cos(\omega t)+m_0p^2+m_0q^2+J_1 \\
+m_0e^2]+m_0\ddot{x}_1[e\cos(\omega t+\theta_1)-q\cos(\theta_1)+p\sin(\theta_1)]+m_0\ddot{y}_1[-p\cos(\omega t+\theta_1)-q\sin(\theta_1)+e\sin(\omega t \\
+\theta_1)]+m_0e\omega^2[q\sin(\omega t)-p\cos(\omega t)]=-c_{\theta 1}\dot{\theta}_1 \\
[-a_2\cos(\theta_1)-\frac{1}{2}h_2\sin(\theta_2)]K_{X_2}+[-\frac{1}{2}h_2\sin(\theta_2)+h_2\sin(\theta_1)]K_{Y_2}+\frac{1}{2}(a_2\cos\theta_2+x_2-x_1)(K_{X_2}+ \\
K_{Y_2})+\frac{1}{2}[a_2\cos(2\theta_1-\theta_2)+h_2\sin(2\theta_1-\theta_2)+(x_2-x_1)\cos(2\theta_1)+(y_2-y_1)\sin(2\theta_1)](K_{X_2}-K_{Y_2}) \\
+m_2\ddot{x}_2=-c_{X_2}\dot{x}_2 \\
\frac{1}{2}(K_{X_2}+K_{Y_2})[h_2\cos(\theta_2)+a_2\sin(\theta_2)+y_2-y_1]+\frac{1}{2}(K_{X_2}-K_{Y_2})[-h_2\cos(2\theta_1-\theta_2)+a_2\sin(2\theta_1-\theta_2)]
\end{array}
\right.
$$

$$\begin{cases} +(x_2-x_1)\sin(2\theta_1)+(y_1-y_2)\cos(2\theta_1)-a_2K_{X_2}\sin(\theta_1)-h_2K_{Y_2}\cos(\theta_1)+m_2\ddot{y}_2=-c_{Y_2}\dot{y}_2 \\ \sin(\theta_1-\theta_2)(-a_2{}^2K_{X_2}-h_2{}^2K_{Y_2})+\frac{1}{2}(K_{X_2}-K_{Y_2})\sin(2\theta_1-\theta_2)(x_2a_2+y_1h_2-y_2h_2-x_1a_2)+ \\ (x_1h_2+y_1a_2-y_2a_2-x_2h_2)\cos(2\theta_1-\theta_2)+2a_2h_2\cos(\theta_1-\theta_2)+(a_2{}^2-h_2{}^2)\sin(2\theta_1-2\theta_2)+2a_2h_2 \\ \cos(2\theta_1-2\theta_2)+\frac{1}{2}(K_{X_2}+K_{Y_2})[\cos(\theta_2)(x_1h_2+y_2a_2-y_1a_2-x_2h_2)+\sin(\theta_2)(x_1a_2+y_1h_2-y_2h_2 \\ -x_2a_2)]+(K_{X_2}+K_{Y_2})+J_2\ddot{\theta}_2=-c_{\theta 2}\dot{\theta}_2 \end{cases}$$

对方程中各项分析如下：

① 重力是一个常数，只对 y 方向产生静变形的影响，使得平衡位置下移。而对整个系统的振幅与频率没有影响，所以为了简化在计算时把重力势能进行了省略处理。

② 阻尼力作为外部力加在方程中，且考虑的是线性比例阻尼。

③ 在上面方程组中 ω 为磨机工作时的角频率，rad/s；m_0、m_1、m_2 分别为偏心块、磨机机体、中心刚体的质量，kg；J_1、J_2 分别为绕各自质心的转动惯量，kg·m^2；K_{X_1}、K_{Y_1}、K_{X_2}、K_{Y_2} 分别为机体弹簧、中心刚体弹簧的横向、轴向的刚度，N/m；e 为偏心块的回转半径，m；a_1、a_2、h_1、h_2、p、q 为磨机的机构参数，m；D 为中心刚体弹簧直径，m；c_1、c_2、c_3、c_4、c_5、c_6 为对磨机机体和中心刚体的阻尼比；c_{x_1}、c_{y_1}、c_{θ_1}、c_{x_2}、c_{y_2}、c_{θ_2} 为相应的黏性阻尼系数。

磨机样机的参数如下：

$\omega=102$rad/s、$m_0=168$kg、$m_1=2270$kg、$m_2=150.5$kg、$J_1=427.2$kg·m^2、$J_2=2.4$kg·m^2

$K_{Y_1}=750000$N/m、$K_{X_1}=0.43k_{Y_1}$、$K_{Y_2}=400000$、$K_{X_2}=0.43k_{Y_2}$

$e=0.0554$m、$p=0.596$m、$q=-0.036$m、$a_1=0.2585$m、$h_1=0.1732$m、$a_2=0$、$h_2=0.345$m、$c_1=0.2$、$c_2=0.2$、$c_3=0.2$、$c_4=0.2$、$c_5=0.2$、$c_6=0.2$、$c_{x_1}=2c_1\sqrt{K_{X_1}(m_0+m_1+m_2)}$、$c_{y_1}=2c_2\sqrt{K_{Y_1}(m_0+m_1+m_2)}$、$c_{\theta_1}=2a_2c_6\sqrt{K_{Y_2}(m_0+m_1+m_2)}+2h_2c_6\sqrt{K_{X_2}(m_0+m_1+m_2)}$、$c_{x_2}=2c_4\sqrt{K_{X_1}m_2}$、$c_{y_2}=2c_5\sqrt{K_{Y_2}m_2}$、$c_{\theta 2}=2a_2c_6\sqrt{K_{Y_2}m_2}+2h_2c_6\sqrt{K_{X_2}m_2}$

7.2.2 偏心双刚体振动磨的振动轨迹分析

激振器安装在磨机重心的一侧，这一特殊结构特点使得其内部磨介的运动形式与其他形式磨机的圆运动不同。通过对所建立的动力学模型进行求解，可以得到各个刚体的位移、速度以及加速度随时间的变化关系，进一步分析磨机各点处的振动轨迹。

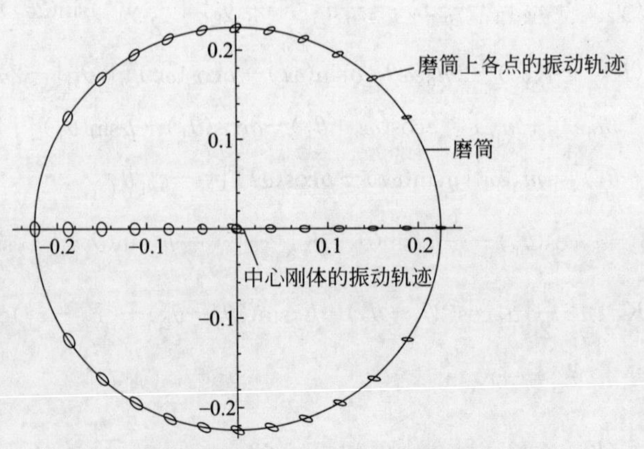

图 7-3　磨机筒体上各点以及中心刚体的振动轨迹

如图 7-3 所示磨机筒体上各点以及中心刚体的振动轨迹图，其中绿色圆周代表磨筒，红色的椭圆表示磨筒上各点的振动轨迹，蓝色的椭圆表示中心刚体的振动轨迹。从图中可以看出，磨筒上各个点轨迹都是椭圆，但偏转方向因位置不同而不同。在接近激振器的一侧磨筒上各点的运动轨迹是长轴与竖直方向平行的椭圆，而在远离激振器的一侧磨筒上各点的运动轨迹为长轴与水平方向平行的椭圆，甚至在磨筒的其他部位还有可能出现直线运动。

偏心双刚体振动磨的这种运动形式与传统偏心振动磨的运动形式相一致，这种运动使得偏心双刚体振动磨筒内的磨介不是被抛起，而是以一个较高的速度做相对流动。磨介的这种运动特点使得磨介间的冲击力减小，而磨介之间滚压、剪切作用被强化，从而有效降低磨介之间的能量损耗，加强磨介对于物料的磨碎作用。

如图 7-4 所示，图(a)、图(b)、图(c) 表示磨机机体从开机到稳定工作时质心在 x 方向、y 方向以及绕其质心 O_1 转动的位移曲线，图(d)、图(e)、图(f) 表示中心刚体从开机到稳定工作时悬挂点在 x 方向、y 方向以及绕其悬挂点 O_2 转动的位移曲线。可以看出，经过一段时间后振动能够达到稳态的周期振动，因此重点分析稳态工作状态下磨机机体和中心刚体之间振动的相互关系，以从理论上验证双刚体振动磨的工作原理。

图 7-5～图 7-7 显示了磨机机体与中心刚体在过共振稳定工作状态下的位移曲线，以及相对位移曲线。从图中可以看出两个振动刚体之间的运动明显不同步，存在相位差，其中 x、y 方向为近似相差 180°的反相振动，θ 方向为近似 90°的相位差，从而使得中心刚体和磨机机体能一起向磨介实现类似挤压、揉搓的能量输入。进一步可以看出，磨机机体质心在 x 方向振幅约为 4mm，y 方向上振动的振幅约为 3.6mm，磨机机体绕其质心转动的振动振幅为 0.034rad；而当引入中心刚体后，磨机机体与中心刚体在水平方向的最大相对位移为 4.8mm，在竖直方向的最大相对位移为 4.2mm，相对的最大转角为 0.038rad，比磨机机体单一的振动作用更强。

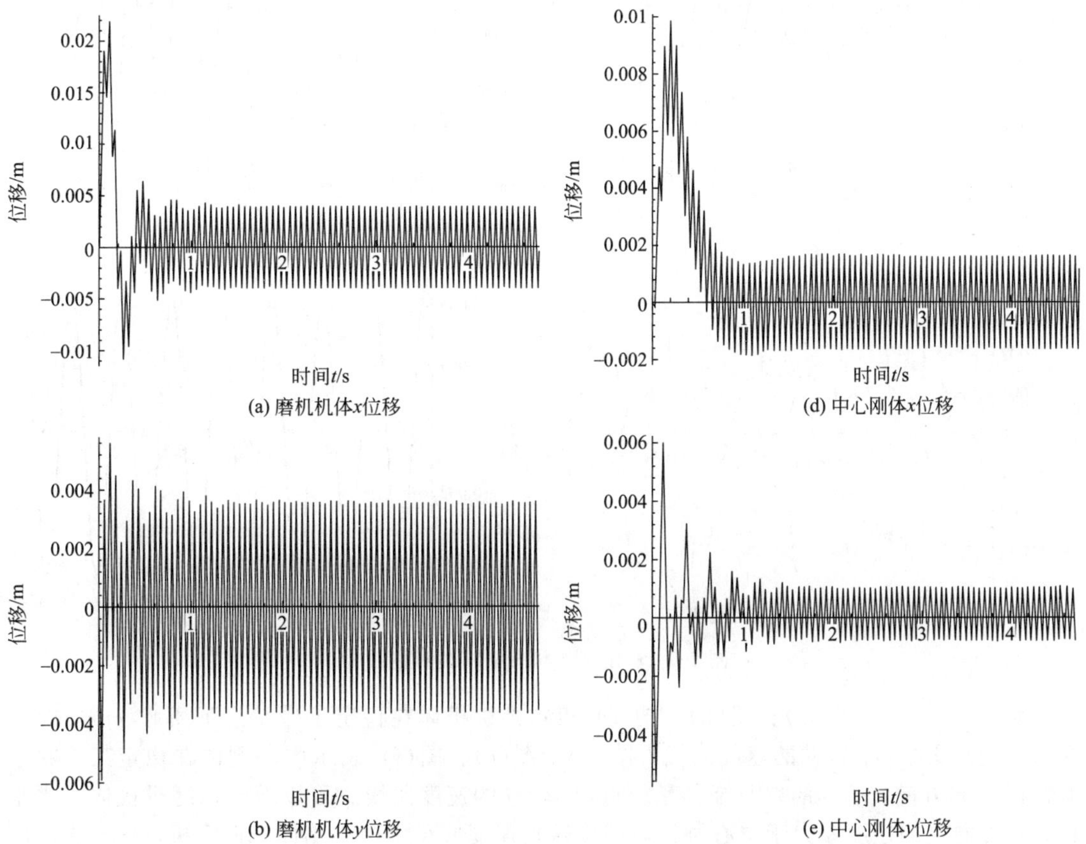

(a) 磨机机体x位移

(d) 中心刚体x位移

(b) 磨机机体y位移

(e) 中心刚体y位移

图 7-4

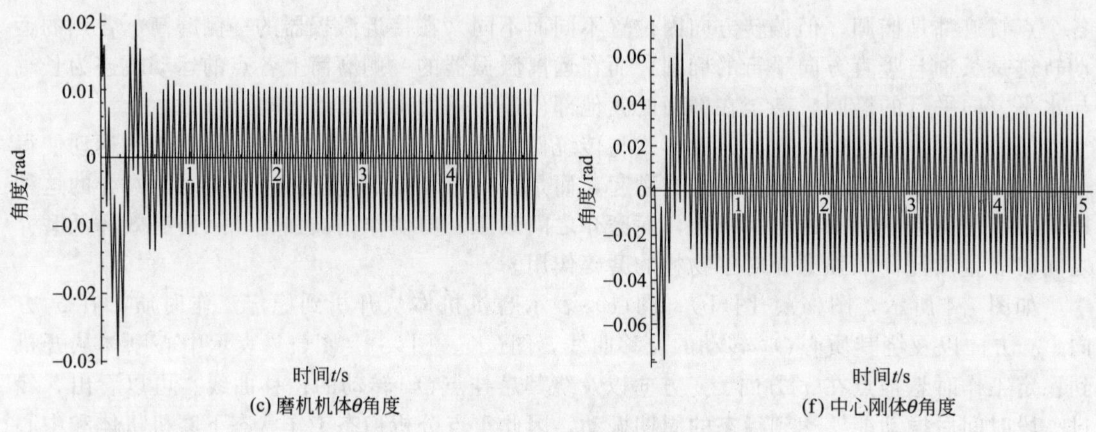

图 7-4　从开机到稳定工作时振动位移曲线

由此可见，在普通振动磨中引入中心刚体可以改变原来磨机内部的能量分布，有效降低磨筒中心的低能量区，加速磨筒中心区域内磨介的运动，从而产生更大的磨碎作用力。

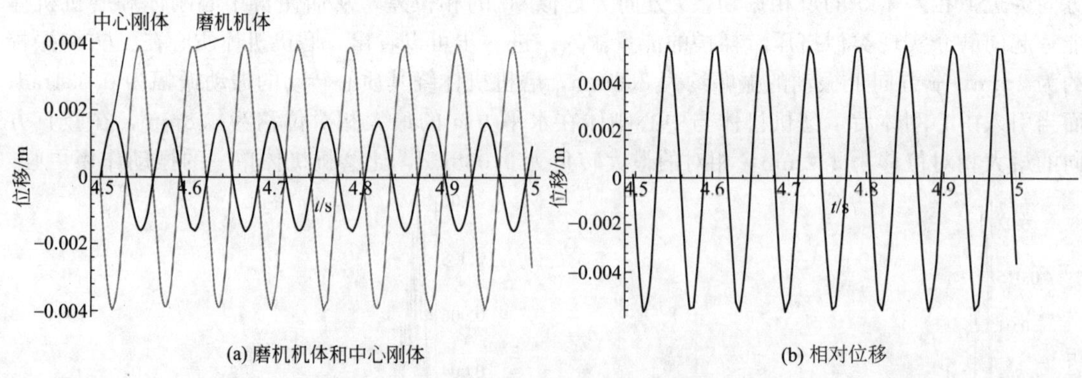

图 7-5　稳定工作状态下 x 位移曲线

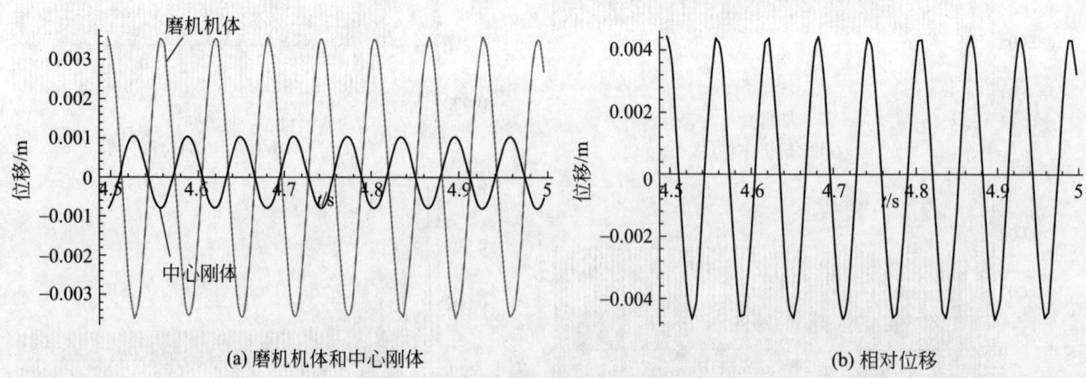

图 7-6　稳定工作状态下 y 位移曲线

如图 7-8 所示，图(a)、图(b)、图(c) 表示磨机机体在稳定工作状态下质心 x 方向、y 方向及绕其质心 O_1 转动的速度曲线，图(d)、图(e)、图(f) 表示中心刚体在稳定工作状态下悬挂点 x 方向、y 方向以及绕其悬挂点 O_2 转动的速度曲线。可以看出，磨机机体在水平和竖直方向上的速度要大于中心刚体，但旋转角速度要小于中心刚体，但磨机机体与中心刚体各个方向的振动频率相同。

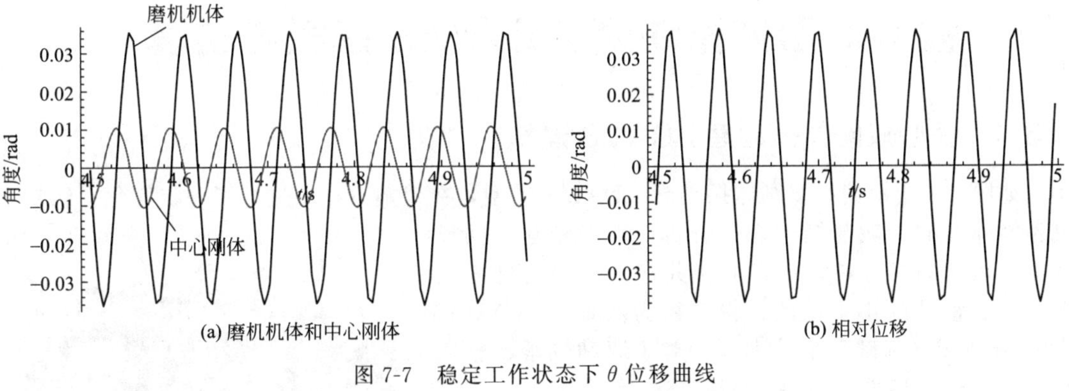

(a) 磨机机体和中心刚体

(b) 相对位移

图 7-7　稳定工作状态下 θ 位移曲线

(a) 磨机机体水平方向速度

(d) 中心刚体水平方向速度

(b) 磨机机体竖直方向速度

(e) 中心刚体竖直方向速度

(c) 磨机机体旋转角速度

(f) 中心刚体旋转角速度

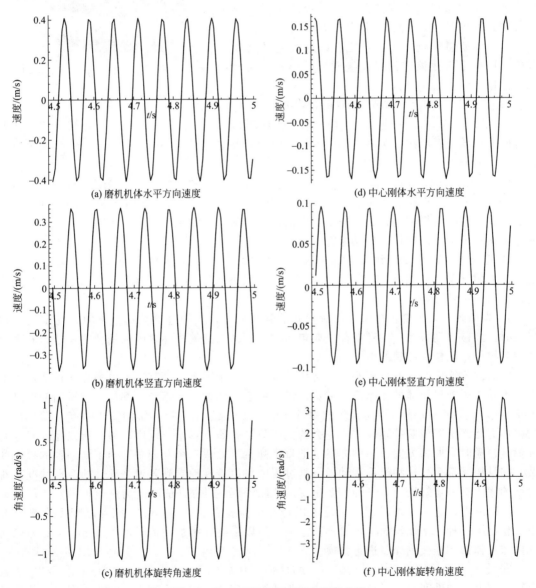

图 7-8　稳定工作状态下振动速度曲线

7.3 偏心双刚体振动磨 ADAMS 建模与仿真

7.3.1 偏心双刚体振动磨 ADAMS 建模

如图 7-9 所示偏心双刚体振动磨 ADAMS 模型，在建模过程中进行了一定简化：①对磨机各零部件的功能与结构进行分析，对于相互之间没有相对运动的零部件，把它们合并作为一个构件来处理。②机座是静止不动的，将之视为大地即 ADAMS 中的 ground（基础）来处理。③对于滚动轴承、轴承端盖、螺栓连接件等零件适当忽略，有助于进一步简化模型。虽然忽略这些零件会改变系统的质量，有可能影响到其惯性力的大小，但由于忽略的零件往往较小，对整体质量影响不大，兼之可以通过定义其相邻零件的质量来等效该零件对系统质量的影响，因此这种简化模型的方法是可行的。

图 7-9 偏心双刚体振动磨 ADAMS 模型

偏心双刚体振动磨 ADAMS 建模过程如下：

① 在 SolidWorks 中建立系统简化后的三维模型，并进行干涉检验，在建模过程中按照仿真时的初始位置状态组装系统中各部件。将该模型转换为 *.x_t 格式，并保存在全英文目录下，方便导入 ADAMS 时使用。

② 将 SolidWorks 建立的 *.x_t 文件导入 ADAMS 中，并设置 ADAMS 的工作环境，包括坐标系、工作栅格、单位、重力方向等参数。对相邻且具有相同运动状态的零件进行布尔加运算，最终将模型简化为由机座、磨筒机体、偏心激振系统、两组中心刚体 5 个部件组成。定义每个部件的属性，包括材料、密度等。

③ 定义约束，主要用到固定副（fixed）和转动副（revolute），在机座与大地（ground）之间添加固定副；在偏心激振系统与磨筒机体之间添加转动副，并且保证转动副的位置和回转方向与实际情况相同。

④ 添加载荷，主要包括内部载荷和外部载荷两种，其中外部载荷是重力，在定义材料属性时已经被自动添加；内部载荷主要包括中心刚体与磨筒机体之间的钢弹簧弹性力和系统中起支撑作用的橡胶弹簧的弹性力。

实际的弹簧同时具有拉压刚度、剪切刚度、扭转刚度等，而其变形也多为几种变形的组合，本系统中磨机机体的支撑橡胶弹簧，以及中心刚体的连接钢弹簧都是既有压缩变形又有剪切变形。但在 ADAMS 中所提供的弹簧模型（spring）只具有一维的拉压刚度，即其提供的弹性力始终沿着弹簧的轴线方向，力的大小只与弹簧变形量及刚度有关。所以在针对这两种弹簧建模时有两种方案：一种方案是把每个弹簧等效成三个互相垂直的不同刚度的拉压弹簧，并且相互耦合，这种模型在动画仿真过程中可以直观地看到各弹簧部件的变形情况，对模型的优化有一定好处。另一种方案是使用 ADAMS 提供的 bushing 力来模拟弹簧提供的弹性力与阻尼力，它不仅可以定义力还可以定义力矩，存在 6 个分量，相互之间没有耦合关系，相比第一种方案比较简单，可操作性强。所以最终在添加载荷时使用了 bushing 力来对支撑橡胶弹簧和连接钢弹簧进行建模。

⑤ 定义运动，即为系统添加驱动。ADAMS 中提供了一个转动驱动 Motion，定义了某个转动副上两构件间的相对转速。将转动驱动添加到凸轮轴与机座之间的转动副上，并定义其转速。为了和实际物理样机相符，把转速设为 102rad/s。

⑥ 仿真设置，在测试模型之后，打开 Interactive Simulation Controls，可以对仿真类型进行设置，仿真类型有动力学（dynamic）、运动学（kinematic）、静力学（static）与默认（default）四种仿真形式。当设为默认形式时，ADAMS 会根据系统的自由度与驱动的数量决定到底进行哪种仿真。设定合仿真时间为 5s，总的仿真步数位 20000 步，仿真结果在 ADAMS 的后处理模块 Postprocessor 中进一步分析计算。

7.3.2 偏心双刚体振动磨 ADAMS 仿真结果分析

如图 7-10 所示，在磨筒圆周上取 8 个 Marker 点，通过仿真确定这些点的振动轨迹。对比这 8 个点的轨迹可以发现磨筒上靠近偏心块点的轨迹是一个竖直的长椭圆，而磨筒上远离偏心块点的轨迹是一个水平的扁椭圆，其它点轨迹是偏转的椭圆。而这些振动轨迹说明磨筒内磨介的运动是椭圆形和直线形的混合模式，充分融合了传统偏心振动磨的优点。这与上一节动力学计算所得的振动轨迹规律相同，验证了模型和参数的正确合理性。

如图 7-11 所示，图(a) 和图(b) 为靠近激振器一侧的支撑橡胶弹簧 x 方向与 y 方向的受力，图(c) 和图(d) 为远离激振器一侧的支撑橡胶弹簧 x 方向与 y 方向的受力，由于在弹簧的建模中竖直 y 方向预加了载荷，所以图中曲线平衡位置不为零。从图中可以看出，靠近激振器一侧的弹簧其竖直 y 方向力大于水平 x 方向力，幅值大约是 x 方向的 2 倍；而

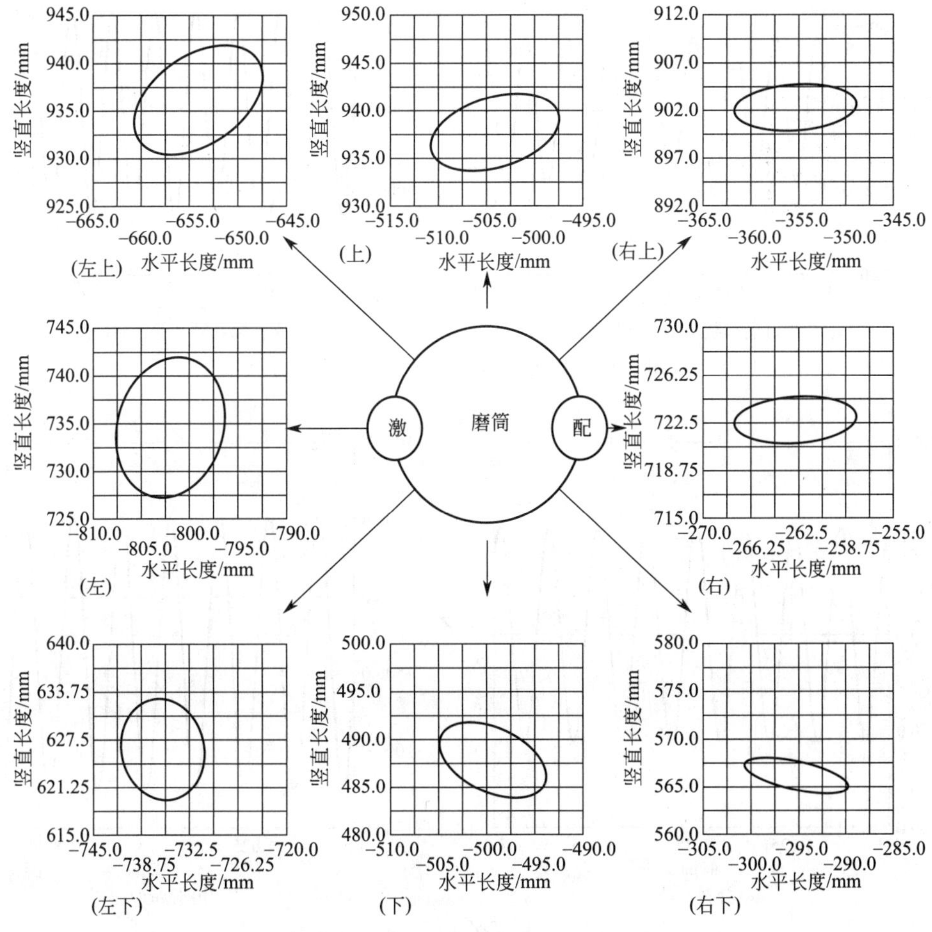

图 7-10 磨筒上各点的振动轨迹

远离激振器一侧的弹簧其竖直 y 方向力则小于水平 x 方向力，幅值大约是 x 方向的1/2。总体来看靠近激振器一侧的弹簧受力远大于远离激振器一侧的弹簧。

如图 7-12 所示，图(a) 和图(b) 分别为中心刚体连接钢弹簧在水平 x 方向和竖直 y 方向的受力。从图中可以看出，弹簧在水平 x 方向的力幅值约为 790N，在竖直 y 方向的力幅值约为 875N，二者基本接近，但远远小于前述磨机机体支撑橡胶弹簧的受力。

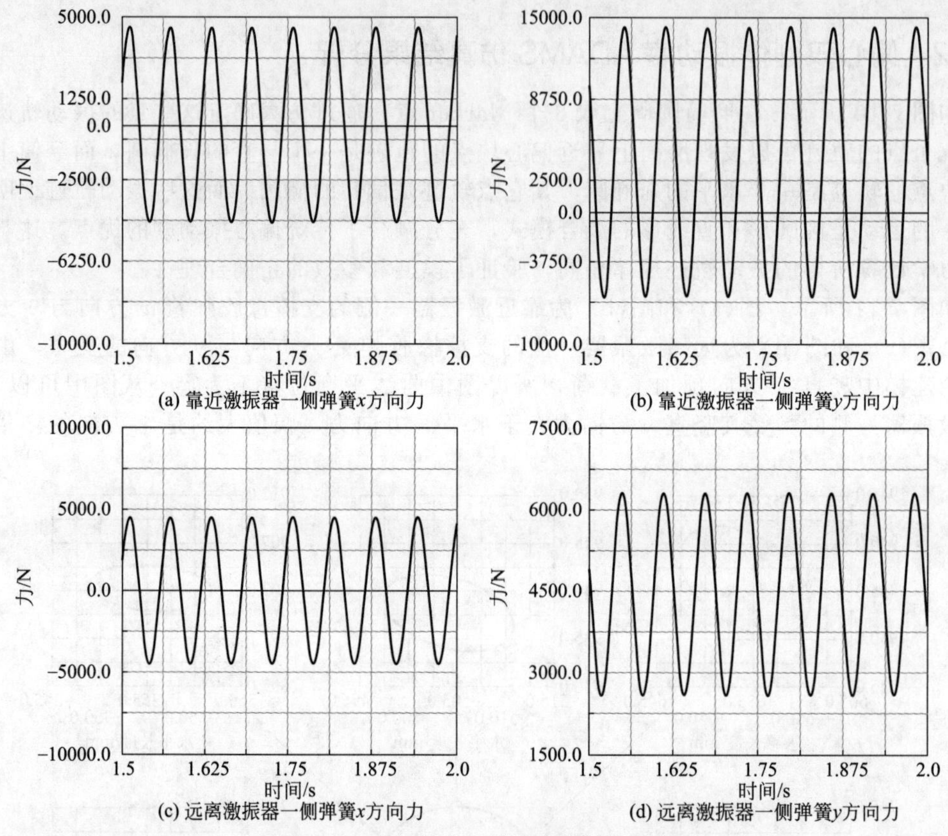

(a) 靠近激振器一侧弹簧x方向力　(b) 靠近激振器一侧弹簧y方向力

(c) 远离激振器一侧弹簧x方向力　(d) 远离激振器一侧弹簧y方向力

图 7-11　磨机机体支撑橡胶弹簧的受力

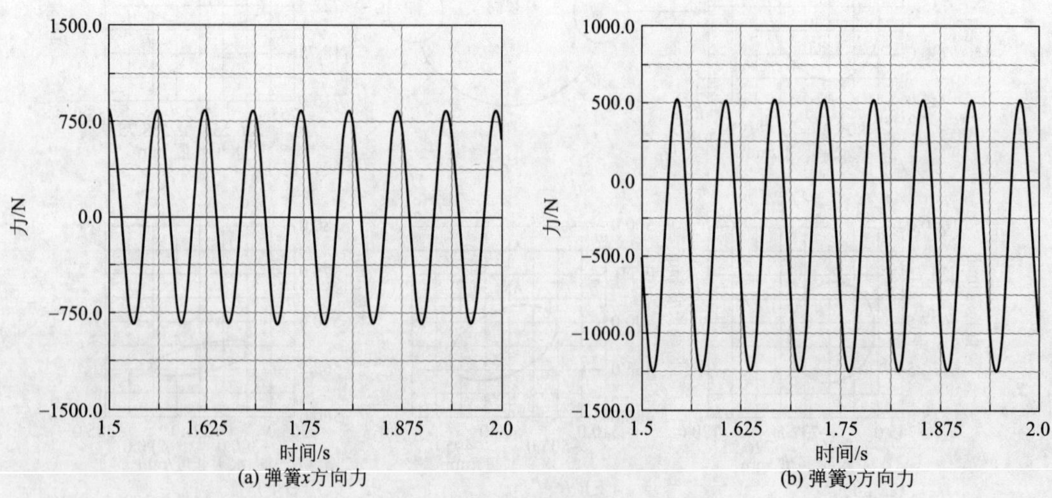

(a) 弹簧x方向力　(b) 弹簧y方向力

图 7-12　中心刚体连接钢弹簧的受力

7.3.3　偏心双刚体振动磨的轴承振动分析

振动磨一般都是利用偏心块激振来达到工业生产所需的工艺要求，随着设备朝着大型化方向发展，由偏心块、转轴和轴承组成的激振轴系，经常发生轴承损坏、支撑处断裂等机械故障。振动磨在工作过程中，很大的激振力将引起轴承的弹性振动，轴承在高速、大激振力的情况下容易发生大的弹性变形，从而引起轴承过大的磨损、发热，造成轴承抱轴、过早损坏等机械故障。为了防止高速、重载情况下轴承产生弹性振动，以及为改善结构提供理论依据，需要对轴承的动力学特性有深入的认识。

将实际振动磨轴承系统进行简化，用 SolidWorks 进行三维实体建模，然后导入 ADAMS 中，如图 7-13 所示。在此模型中，把轴承定义为接触副，在轴上加旋转副，激振轴系以 102rad/s 转动。通过查阅相关资料，一般在转子动力学分析中，滚动轴承静刚度统计数据范围为 $5\times10^7\sim5\times10^8$ N/m，所以定义接触副时刚度设为 5×10^8 N/m。在仿真过程中，设定仿真时长为 3s，时步为 2000。

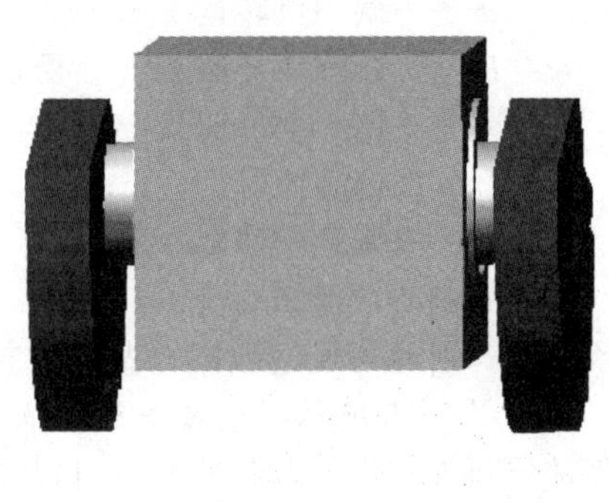

图 7-13　激振轴系 ADAMS 模型

而实际的情况很难直接计算出轴承所受的径向力，在此通过虚拟样机进行的 ADAMS 仿真结果可以输出此径向力的曲线，在 ADAMS 模型中轴承的径向力是通过定义轴旋转运动的旋转副受力情况表征。如图 7-14 所示，轴承径向力呈现周期性变化，并且在 x 方向分力要稍大于 y 方向分力。

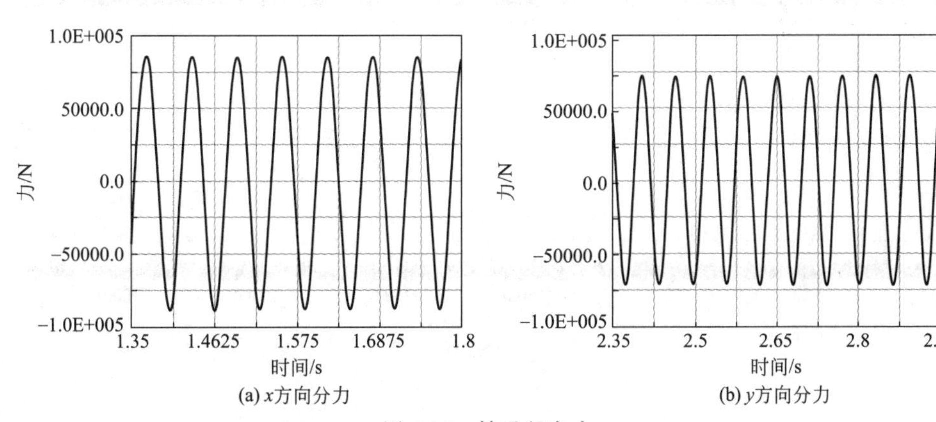

图 7-14　轴承径向力

振动磨轴承摩擦的功耗计算是研究磨机总功率和效率的必要前提，轴承的功耗与轴承的径向力、轴承数、摩擦系数和每秒移动距离相关，具体可表示为

$$P=\left(\frac{mr\omega^2}{n}\right)\mu\ \frac{\omega}{2}d_j \tag{7-1}$$

式中　P——轴承每秒功耗；

m——偏心块质量，kg；

r——偏心块外圆最小半径，m；

ω——偏心块转速，rad/s；

n——轴承数；

μ——摩擦系数；

d_j——轴颈直径，$d_j=(\frac{mr\omega^2}{nf})^{0.5}$，$f$ 为工作压力。

而激振力计算公式为

$$F=me\omega^2=\frac{2}{3}(R^3-r^3)B\rho\omega^2 \tag{7-2}$$

式中 m——偏心块质量，kg；

e——偏心块偏心距，m；

ω——偏心块转速，rad/s；

R——偏心块外圆最大半径，m；

r——偏心块外圆最小半径，m；

B——偏心块厚度，m；

ρ——偏心块密度，kg/m^3。

计算偏心块激振力为 96849N，根据图 7-14 所示仿真结果可以看出激振力始终大于轴承径向力。因此可通过激振力做的功与轴承径向力所做功的差值来计算轴承所消耗功。

如图 7-15 所示，仿真得到轴承的接触力在 x 方向的分力与在 y 方向的分力，并在后处理时分别求它们的幅频曲线。可以看出，除了与轴转速 102rad/s＝16.24Hz 相同的共振峰，在 146.7Hz 与 163.4Hz 处，还发生了超谐共振响应。

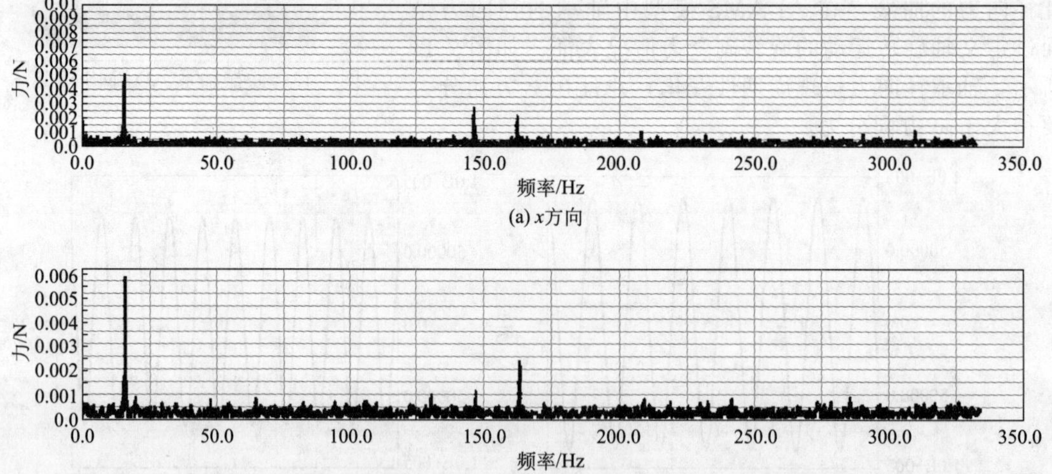

(a) x方向

(b) y方向

图 7-15 轴承受力的振动频谱

7.4 偏心双刚体振动磨 ANSYS 模态分析

7.4.1 偏心双刚体振动磨 ANSYS 建模

如图 7-16 所示划分好网格的 ANSYS 模型，其一共有 89229 个节点，35928 个单元。首先在 SoildWorks 软件下建立几何模型，并保存成可识别的 *.x_t 格式，然后在 ANSYS Workbench 中导入该格式的磨机模型。在导入前，要把圆角、孔、螺栓、偏心块、与偏心块相连的一些轴和轴承等特征进行忽略和简化，这样有利于网格的划分和快速计算。定义各部件的材料，弹簧为弹簧钢，其余部件为 45 钢。

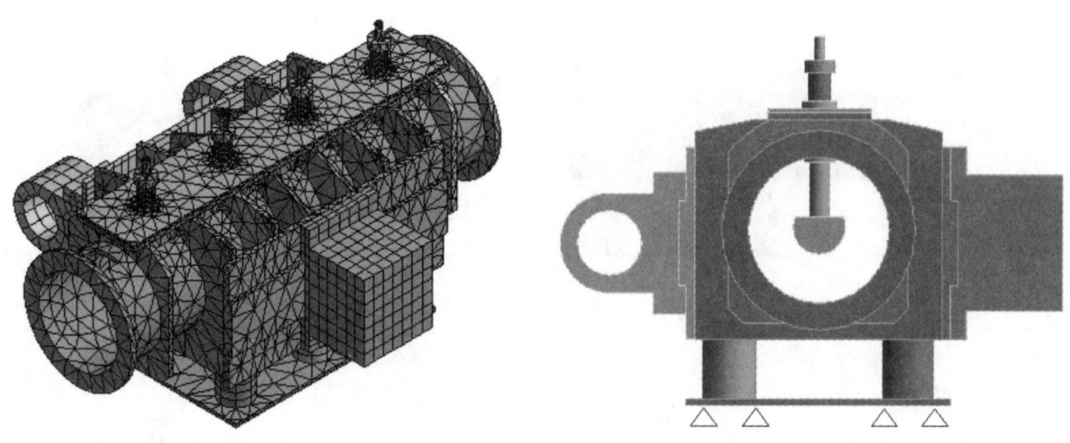

图 7-16 偏心双刚体振动磨 ANSYS 模型　　图 7-17 偏心双刚体振动磨 ANSYS 模态分析的边界条件

振动磨在工作状态下底部与地基相连，所以在进行模态分析时要在其底部加固定约束，如图 7-17 所示，然后选择默认的解算器进行求解。

7.4.2 偏心双刚体振动磨模态分析

在磨机正常工作时，振动磨机的底座支撑弹簧与机体系统应处在过共振的状态下，这样才能保证使磨机在可控的范围稳定工作。但对于中心刚体与其连接弹簧系统，则应处在共振或近共振的状态，这样才能保证最大发挥中心刚体的作用。

如图 7-18 所示，振动磨的前十二阶固有频率对应的模态振型，而关于固有频率值及振型的具体描述在表 7-1 中。

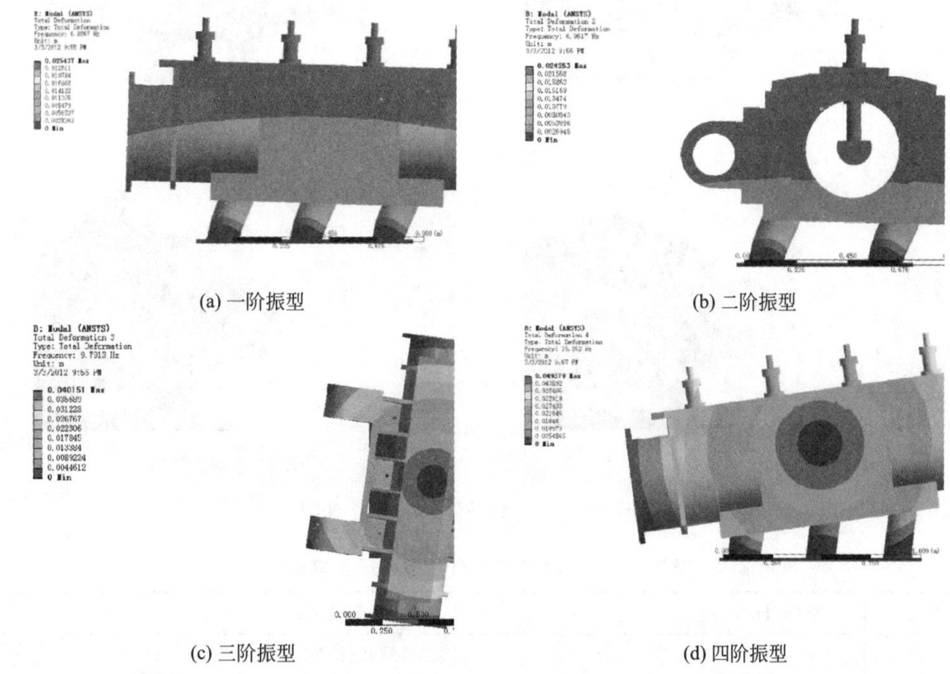

(a) 一阶振型　(b) 二阶振型

(c) 三阶振型　(d) 四阶振型

图 7-18

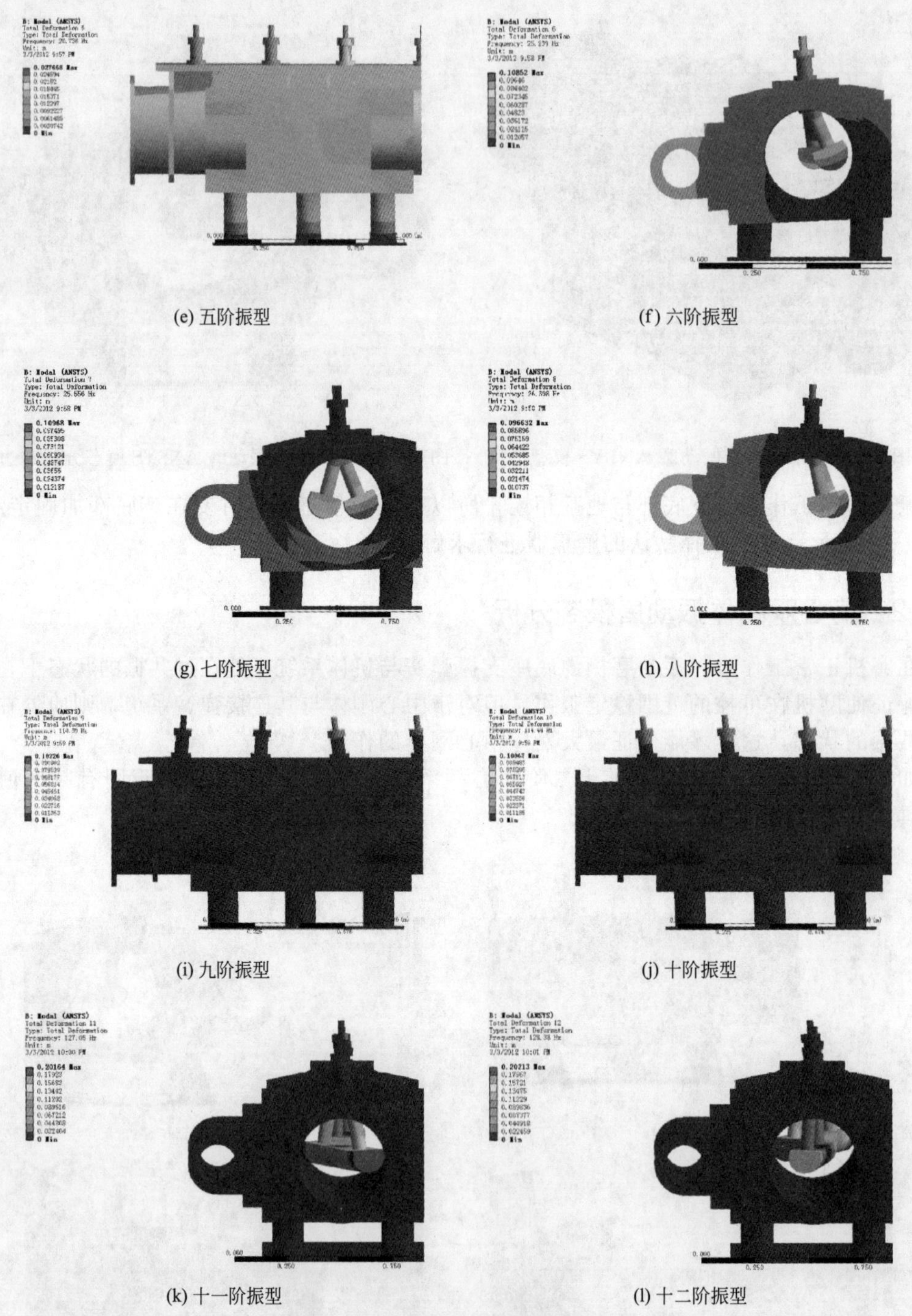

(e) 五阶振型

(f) 六阶振型

(g) 七阶振型

(h) 八阶振型

(i) 九阶振型

(j) 十阶振型

(k) 十一阶振型

(l) 十二阶振型

图 7-18 振动磨各阶模态振型图

表 7-1 振动磨各阶固有频率和振型描述

阶次	频率/Hz	振型描述
第一阶	6.8867	振动磨机机体沿磨筒方向摆动
第二阶	6.9617	振动磨机机体沿垂直磨筒方向摆动
第三阶	9.7913	振动磨机机体水平面扭动

续表

阶次	频率/Hz	振型描述
第四阶	19.262	振动磨机机体沿磨筒纵面扭动
第五阶	20.736	振动磨机机体整体上下振动
第六阶	25.239	两中心刚体沿磨筒轴线的垂直方向同时摆动
第七阶	25.556	两中心刚体沿磨筒轴线的垂直方向不同时摆动
第八阶	26.398	两中心刚体沿磨筒轴线的垂直方向同时摆动
第九阶	128.38	两中心刚体沿磨筒轴线方向不同时摆动
第十阶	114.44	两中心刚体沿磨筒轴线方向同时摆动
第十一阶	127.05	两中心刚体在水平面内不同时扭动
第十二阶	110.33	两中心刚体在水平面内同时扭动

由图7-18和表7-1可知，磨机的前5阶振型是机体支撑弹簧与机体系统共振的模态，磨机的工作频率应避开该区域；第六阶～第十二阶振型是中心刚体共振的模态，磨机工作频率应在该区域；第十二阶振型以上在图7-18中没显示，它们的振型是机体中心刚体不变化，底座支撑弹簧大幅度变化，该工作状态对支撑弹簧极为不利。另外，从一般振动电机的转速范围可知，第九阶以及九阶以上的频率在范围之外，所以磨机的工作频率应在第六阶～第八阶振型对应的频率之内。

从第六阶～第八阶振型图可以看出，第八阶模态是理想的振型：一方面与第八阶振型相比，两中心刚体沿磨筒轴线的垂直方向同时摆动，对磨筒内磨介群是整体施加力；另一方面与第六阶振型相比，又远离隔振弹簧与机体系统的共振区或近共振区。综上所述，磨机的工作频率应在第八阶振型对应的频率左右，即磨机工作频率为26.398Hz。由于第六阶、第七阶和第八阶振型的频率相差不是太大，所以工作频率应大于或等于第八阶振型的频率。磨机电机转速为$n=60f\geqslant 1584$r/min，磨机电机应选1800r/min的异步振动电机。

振动磨整机模态分析结果是进行瞬态分析的前提和基础，整机的各阶模态变化，反映了振动磨机工作过程中不同频率的变化情况。通过整机的振动形式的变化，可以清楚地了解振动磨机工作时的整机状态，也有利于对整机进行深入分析研究。

7.5 偏心双刚体振动磨DEM刚散耦合分析

7.5.1 偏心双刚体振动磨DEM建模

振动磨模型的建立主要包括磨筒与中心刚体的建模、磨介小球的建模、定义材料属性、确定接触模型、确定边界和初始条件五部分。其中普通振动磨与双刚体振动磨DEM模型区别在于，普通振动磨中没有中心刚体，而双刚体振动磨有中心刚体，这样就会对磨介小球建模生成范围产生影响。

实际振动磨磨筒是一圆柱管，两端有端盖封闭，在离散单元模型中磨筒用圆柱墙体表示，端盖用一平面墙体表示。在PFC3D中，墙体为刚体，可以设置速度，但不能在墙体上定义作用力。墙体建模的命令为wall，墙体的摩擦系数和法向及切向刚度也可利用这条命令定义，筒体初始速度为零。如图7-19所示为振动磨磨筒模型。在建模中保证普通振动磨磨筒长度和直径与双刚体振动磨的相同，振动频率、振幅以及转动速度都应相同。

针对双刚体振动磨，在PFC3D中建立中心刚体的模型有两种办法：wall和球堆刚体的形状。针对较简单的圆棒形状中心刚体，采用 wall 方法进行建模；而针对较复杂的半圆棒形状中心刚体，用球堆 clump 固成不可变形的刚体，如图 7-20 所示。这种方法的优点是中心刚体有自身实际的质量，而不是虚拟的质量，耦合运算在 PFC3D 的底层进行，可靠性高；中心刚体上任意球的动力学信息都可通过不同球的 ID 得到，方便与磨筒建立联系。缺点是 ball 和 clump 不能绕某一动态的点摆动；球堆刚体和磨介耦合作用时，不宜判断哪些作用是 PFC3D 底层有的，哪些作用需要在外部加，即这种耦合中极易出现多加耦合力或少加耦合力的情况。

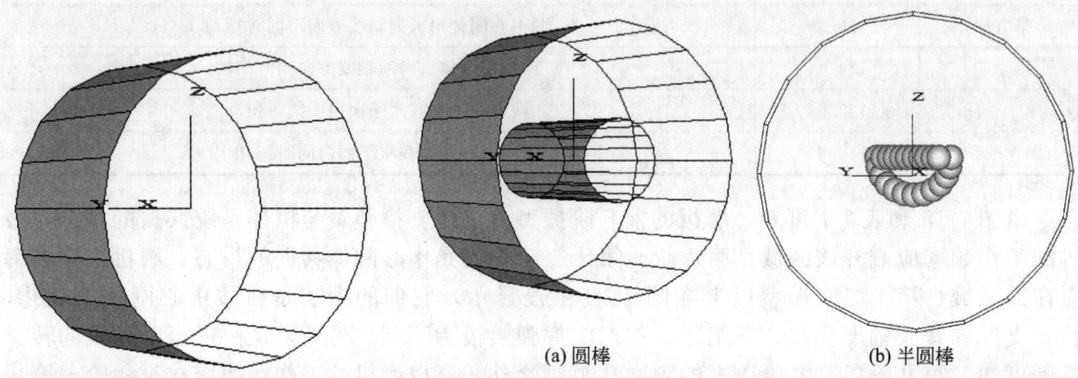

图 7-19 振动磨磨筒模型

图 7-20 双刚体振动磨不同形状中心刚体模型

在振动磨粉磨过程中磨介钢球是必不可少的，在 PFC3D 中，磨介钢球模型即为颗粒集合，用 ball 来表示。小球（ball）的生成有两种方式：方式一，分批次自然堆积；方式二，孔隙率半径扩大法。第一种方式应用 generate 命令在一定范围内生成一批小球，然后通过自身重力实现自然堆积，再通过 generate 命令在空余区域生成一批小球，然后通过自身重力再次实现自然堆积，循环以上过程直到达到所要求的填充率为止。第二种方式先应用 generate 命令与 filter 命令相结合在磨筒区域按一定孔隙率生成一定个数小球，然后通过半径扩大与强制速度归零的方式生成所需要的小球。第一种方式容易理解，但程序冗杂，调节参数繁琐；第二种方式，理解稍难，但程序精练，后期参数操作修改简单。本书中仿真采用第二种方式进行磨介小球的建模。

在两种类型振动磨磨介散体建模中由于中心刚体的存在，所以小球生成范围不同，要通过更改程序中过滤函数来实现。图 7-21 为普通振动磨 DEM 模型，图 7-22 为双刚体振动磨 DEM 模型。

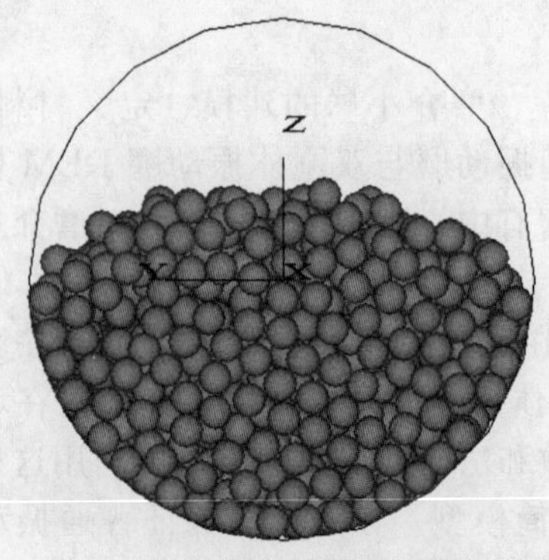

图 7-21 普通振动磨 DEM 模型

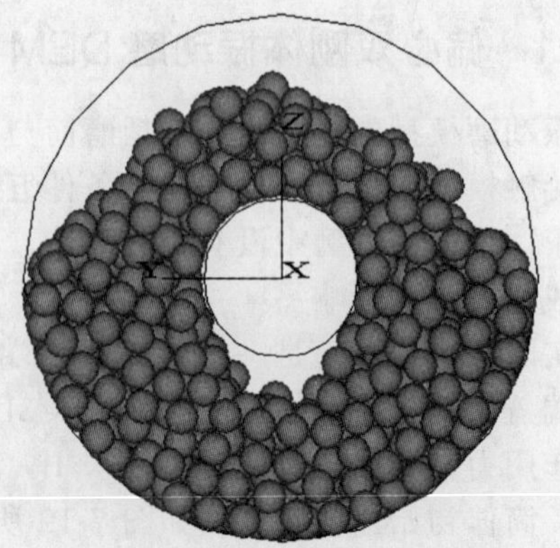

图 7-22 双刚体振动磨 DEM 模型

由于要考虑刚散耦合的作用，磨筒的振动和磨介小球的运动都会对中心刚体产生影响，所以把这种刚散耦合关系在建模中假设为中心刚体具有一定的质量，并且与磨筒中间在水平和竖直方向连接着弹簧，如图 7-23 所示刚散耦合关系模型。

建立仿真模型后，仿真参数的确定也十分重要，如材料属性、阻尼系数、摩擦系数等，具体参数设置如表 7-2 所示。在参数的选取中考虑到的几点问题如下：

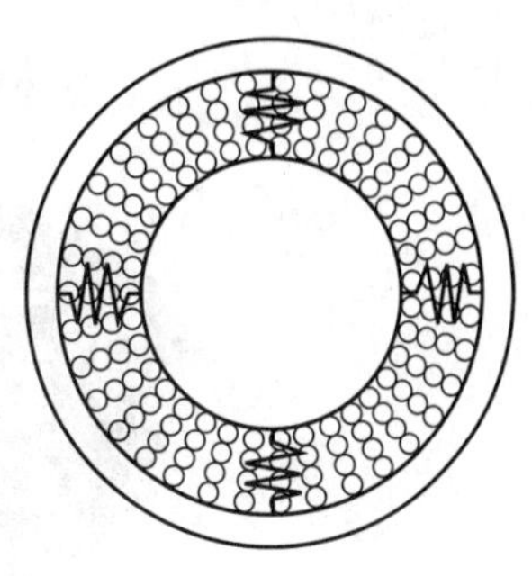

图 7-23 刚散耦合关系模型

① 在实际振动磨工作中，填充率为 0.5～0.8，摩擦系数在 0.35～0.60 之间。通过程序参数的调整和实际样机的对比发现：填充率不同时，摩擦系数也要调整，才可以使仿真模拟结果更准确。

② 由于 PFC3D 中假设颗粒也是刚体，所以在仿真中颗粒本身是不能发生变形的，即使在动力学分析中也没有考虑连续介质体由于变形导致的能量耗散问题。因此在仿真计算时，静力分析和动力分析都用牛顿第二定律来表达，在程序中所提供的阻尼工具仅仅是为了在加速分析过程中得到收敛速度。阻尼系数影响着仿真结果，本文中阻尼系数是通过试验得到的。

③ 由于仿真过程是一个迭代求解的过程，所以时步的选取直接关系着仿真结果的正确与否。一般来说，在能够保证稳定性和精度的前提条件下，尽可能取较大的时步。因为这样可以用较少的迭代次数达到相同的迭代时间，以便节约仿真计算时间。在本文仿真中时步定为 10^{-5}s。

除了以上模型参数需要确定外，还需要确定模型的仿真工作参数，如磨筒振动频率、振幅、转动速度和时步等。依据实际样机参数设定磨筒振动频率为 32Hz，振幅为 6mm，往复转动速度为 1.5sin(ωt)。

表 7-2 振动磨离散单元模型参数表

模型参数		参数取值
钢球密度		7800kg/m^3
泊松比		0.2
切向模量		5×10^8
法相阻尼		0.5
切向阻尼		0.2
刚散耦合弹簧 K_y 刚度		820000N/m
刚散耦合弹簧 K_z 刚度		410000 N/m
球与球摩擦系数	球-球	0.4
	球-磨筒	0.3

7.5.2 离散元模型参数正确性验证

离散元仿真结果的正确性主要取决于激振力和磨介接触模型，激振力在仿真程序中主要体现施加给磨筒的力和速度，本节将通过适当的对照验证这两方面。

如图 7-24 所示模型，对磨筒质心施加力为：z 方向 10000 * cos (omega * real _ time2)，y 方向 10000 * sin (omega * real _ time2)，磨筒的自转方向施加速度 10 * sin (omega * real _ time2)。图(a) 为初始状态，图(b) 为磨机模型运行了 70s 后的状态。

由于磨球的激振是靠磨筒来实现的，所以靠近磨筒的磨球运动规律应与磨筒的运动规律基本一致，这也是本部分验证的依据。在磨介群整体自转大于一个周期的时间内，提取沿磨筒壁运动并与之直接碰撞的磨介之一的轨迹，ID 号为 30 的磨介是其中之一。通过记录 ID 号为 30 的磨球运动轨迹，再与磨筒中各点振动轨迹进行比对，用以验证磨机离散元模型施加力和速度的正确性。

如图 7-25 所示，可以看出 1、2、3 区域的轨迹和 a、b、c 区域的轨迹基本一致，即振动幅度和振动方向基本一致，也就是说 ID 号为 30 的磨球在靠近磨筒壁局部区域时的运动规律与其靠近的磨筒壁局部区域的轨迹基本一致，因此初步验证了磨机离散元模型施加力和速度的正确性。

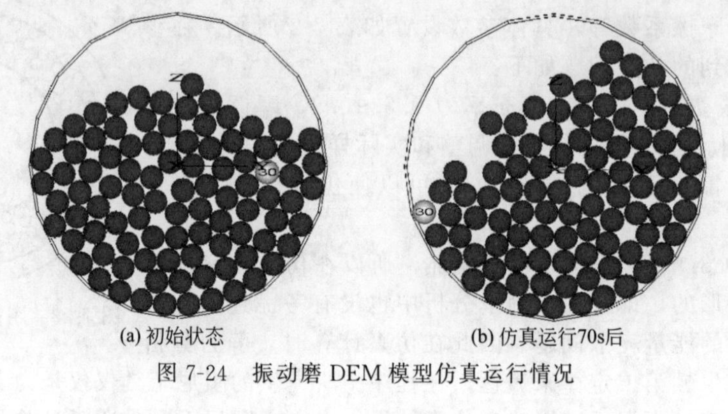

(a) 初始状态　　(b) 仿真运行70s后

图 7-24　振动磨 DEM 模型仿真运行情况

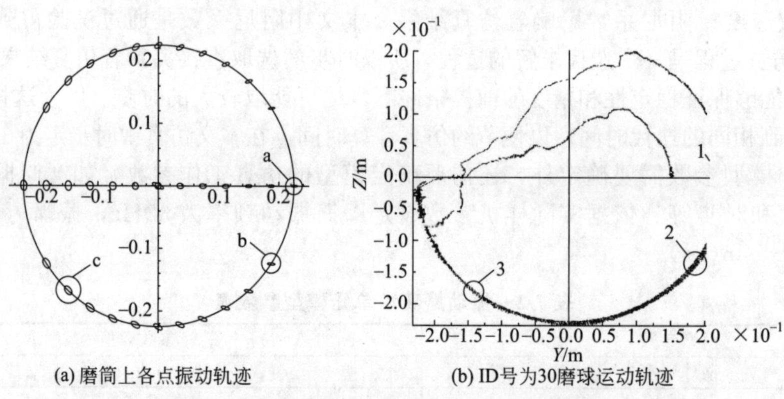

(a) 磨筒上各点振动轨迹　　(b) ID号为30磨球运动轨迹

图 7-25　磨筒施加力和速度的正确性验证

磨介接触模型的正确与否将影响磨介碰撞过程中的能量损失，为此我们将振动磨磨筒分成 7 个区域，如图 7-26 所示，以便研究振动磨在运行过程中各个区域的参数变化。关于振动磨内磨介能量的研究，德国 Clausthal 工业大学 E. Gock 教授借助高速影像及图像数据分析求得了磨介在磨筒内的能量分布状况如图 7-26(a) 所示。

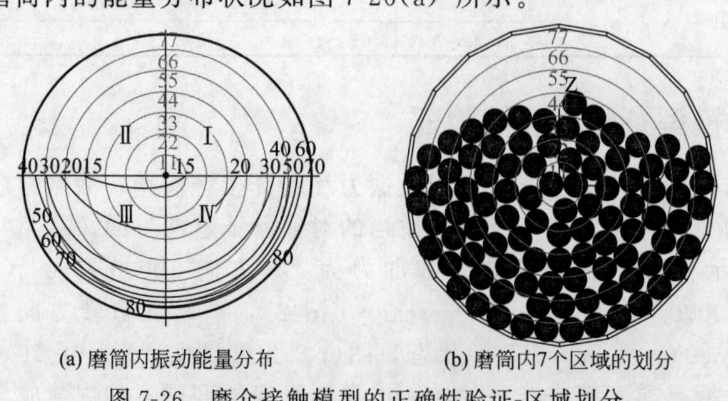

(a) 磨筒内振动能量分布　　(b) 磨筒内7个区域的划分

图 7-26　磨介接触模型的正确性验证-区域划分

磨介接触模型的正确性验证各区域所统计的参数有平均法向碰撞接触力、平均切向碰撞接触力和平均动能，参数的提取办法：在运行的每一步内分别统计磨筒各个区域内所有接触力和动能并平均，截取前 5s 的运行过程中三个参数在 7 个区域内的变化情况。

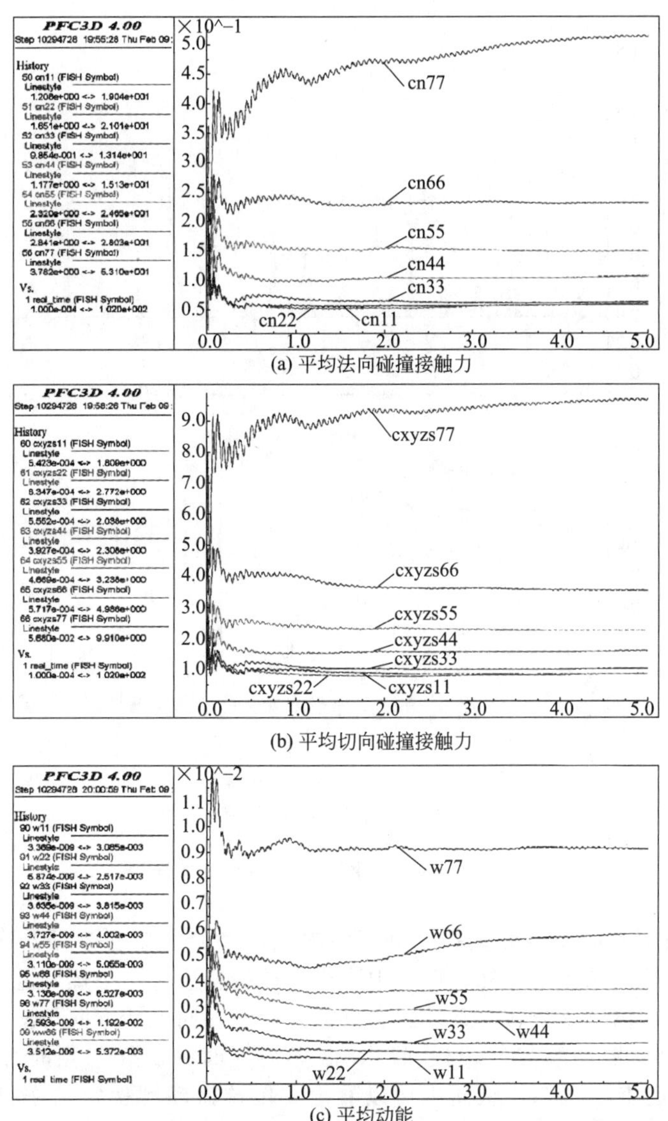

(a) 平均法向碰撞接触力

(b) 平均切向碰撞接触力

(c) 平均动能

图 7-27　磨介接触模型的正确性验证-各区域统计参数对比

如图 7-27 所示，可以定量看出各个区域内平均法向接触力和平均动能；也可以清晰看出从磨筒壁到磨筒中心接触力和动能损失情况。仿真中接触力和动能损失比与 E. Gock 做出的振动磨磨筒内能量损失比［见图 7-26(a)］基本一致，初步验证了振动磨离散元仿真中磨介接触模型相关参数的正确性。

7.5.3 偏心双刚体振动磨中磨介运动仿真分析

图 7-28 为磨介对中心刚体三个方向上的作用力情况，其中图(a) 为逆时针旋转时，图(b) 为顺时针旋转时。从这两张图中发现中心刚体在三个方向受到周期性的冲击，但在竖直 Z 方向的最大，水平 Y 方向次之，磨筒轴向 X 方向很微小。在水平方向受力最大值所在的方向与电机旋转方向相关，由实际情况可推断出中心刚体受到的冲击主要来自磨介，也证实了影响粉磨的振动主要在 YZ 平面内。

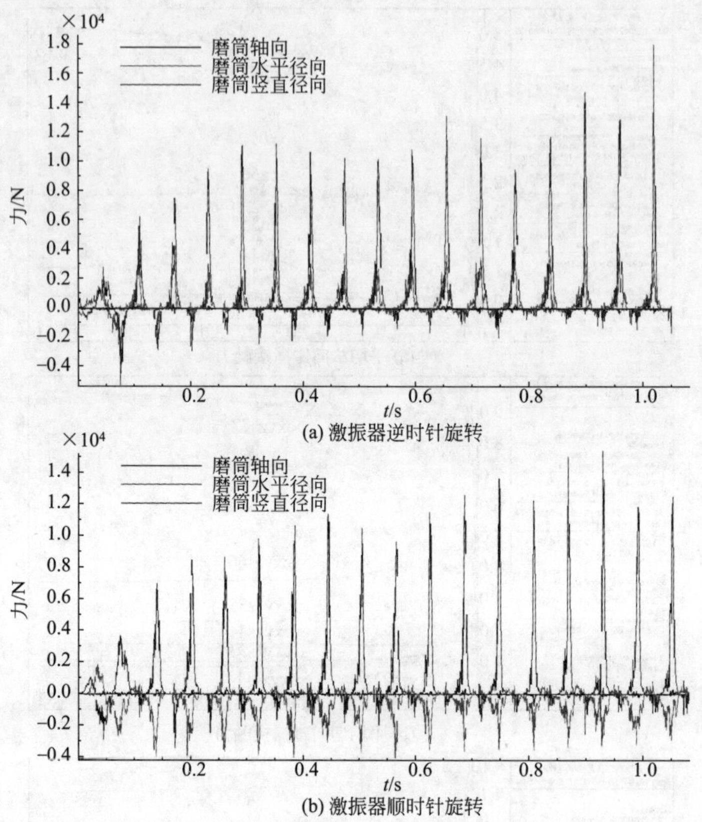

图 7-28 磨介对中心刚体三个方向上的作用力

图 7-29 是双刚体振动磨与传统振动磨磨筒内某一磨介小球在激振器逆时针和顺时针旋转工作状态下的轨迹。从图中可知，振动中磨介小球的轨迹是一条螺旋上升的曲线，也就是说磨介小球除了沿磨筒圆周公转爬升外还有自身的旋转，而公转方向与激振器的转向相关。

图 7-30 是双刚体振动磨与传统振动磨在激振器逆时针旋转与顺时针旋转时某一时刻(开机 1.5s) 的稳定工作状态。从图中可以看出，传统振动磨稳定工作状态下磨介呈半圆形，偏转方向与电机转向有关，所有磨介小球被整合为一个“刚体”。而增加了中心刚体的双刚体振动磨虽然在稳定工作状态下磨介总体呈半圆环，但磨筒上部小球由于和中心刚体碰撞表现得异常活跃。

两种振动磨磨介在运动时都有分层运动的现象，各层之间很少相互干预。为了仿真结果可观察性好，在程序中把单个磨介小球所具有的能量进行分级，实时地根据小球当时所具有的能量显示不同的颜色。随着能量的增大颜色会分级显示为橙、黄、绿、红、蓝。因此依据磨筒中颜色的分布可知，磨筒中磨介所具有的能量是通过与磨筒或中心刚体的碰撞而获得和传递的，并证实了双刚体振动磨能量双向传递的特性。

图 7-31 是双刚体振动磨与传统振动磨在激振器逆时针旋转、顺时针旋转时磨筒内磨介内力链分布。图 7-32 是双刚体振动磨与传统振动磨在激振器逆时针旋转、顺时针旋转时磨筒内磨介速度矢量分布。从两图中可以看出磨介在磨筒中运动的分层现象，也可以看出能量的径向传递并逐层递减的趋势，对比进一步形象表示了双刚体振动磨能量的双向传递特性。

图 7-33 为双刚体振动磨与传统振动磨中磨介总能量对比，由于在磨筒中磨介能量主要是动能，所以一般情况总能量用动能来代替。从图中可知，传统振动磨磨筒内平均能量小于

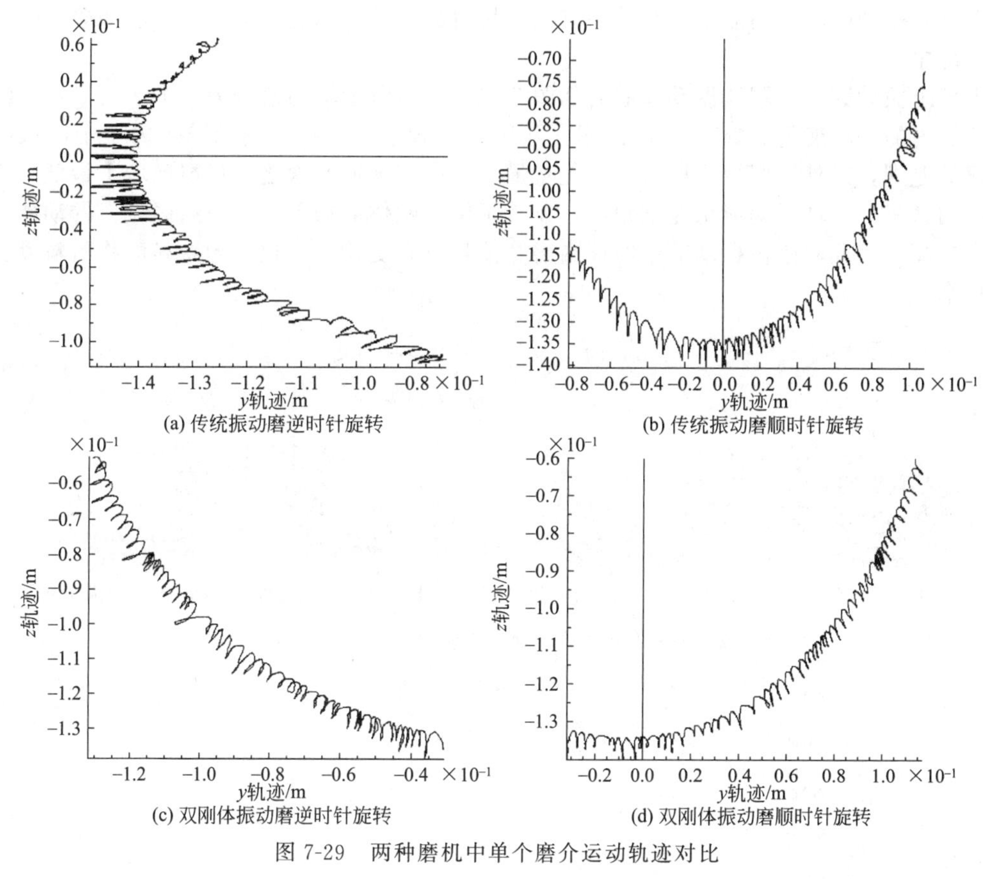

(a) 传统振动磨逆时针旋转　(b) 传统振动磨顺时针旋转

(c) 双刚体振动磨逆时针旋转　(d) 双刚体振动磨顺时针旋转

图 7-29　两种磨机中单个磨介运动轨迹对比

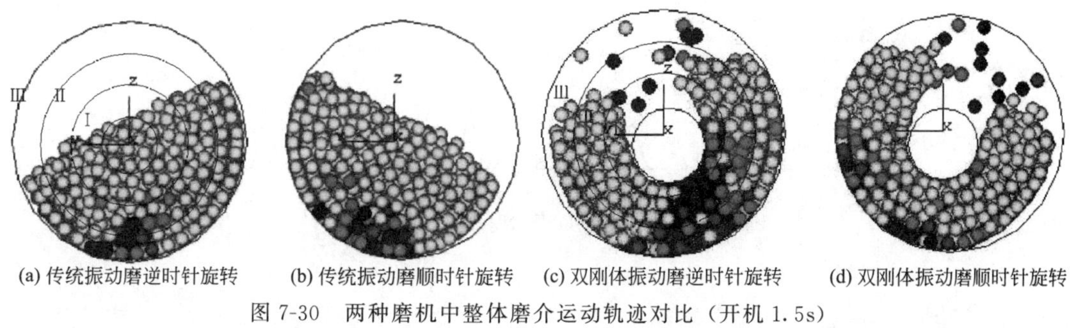

(a) 传统振动磨逆时针旋转　(b) 传统振动磨顺时针旋转　(c) 双刚体振动磨逆时针旋转　(d) 双刚体振动磨顺时针旋转

图 7-30　两种磨机中整体磨介运动轨迹对比（开机 1.5s）

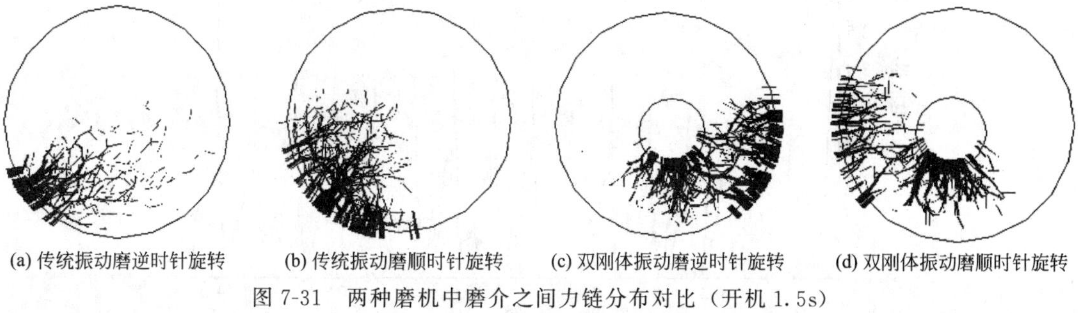

(a) 传统振动磨逆时针旋转　(b) 传统振动磨顺时针旋转　(c) 双刚体振动磨逆时针旋转　(d) 双刚体振动磨顺时针旋转

图 7-31　两种磨机中磨介之间力链分布对比（开机 1.5s）

双刚体振动磨。在冲击破碎中，产生单位新表面积所需能量，一般认为符合黎金格定律，即冲击功增大时，新生的表面积将按比例增加。在振动磨内磨介的动能可部分反映出冲击功，所以双刚体振动磨磨筒内能量分布较高有利于物料的破碎。因此，双刚体振动磨磨碎效率要高于传统振动磨。

把传统振动磨与双刚体振动磨磨筒如图 7-30(a)(c)所示均匀地分为三个区域，然后统计三个区域内的平均能量，如图 7-34 所示。从图中可知，传统振动磨从外到内三个区域能量有明显的差别，最外层区域Ⅲ所具有的能量最高，中间区域Ⅱ次之，里层区域Ⅰ最低；而双刚体振动磨三个区域平均能量差别很小，尤其是中心刚体的振动使得里层区域Ⅰ的动能得到了很大提高。因此双刚体振动磨中磨筒内磨介能量分布更均匀，也会导致粉磨物料粒度分布范围更窄。

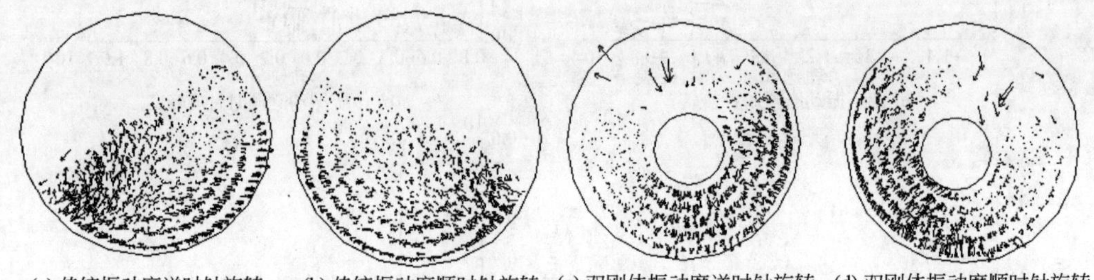

(a) 传统振动磨逆时针旋转 (b) 传统振动磨顺时针旋转 (c) 双刚体振动磨逆时针旋转 (d) 双刚体振动磨顺时针旋转

图 7-32 两种磨机中磨介速度矢量分布对比（开机 1.2s）

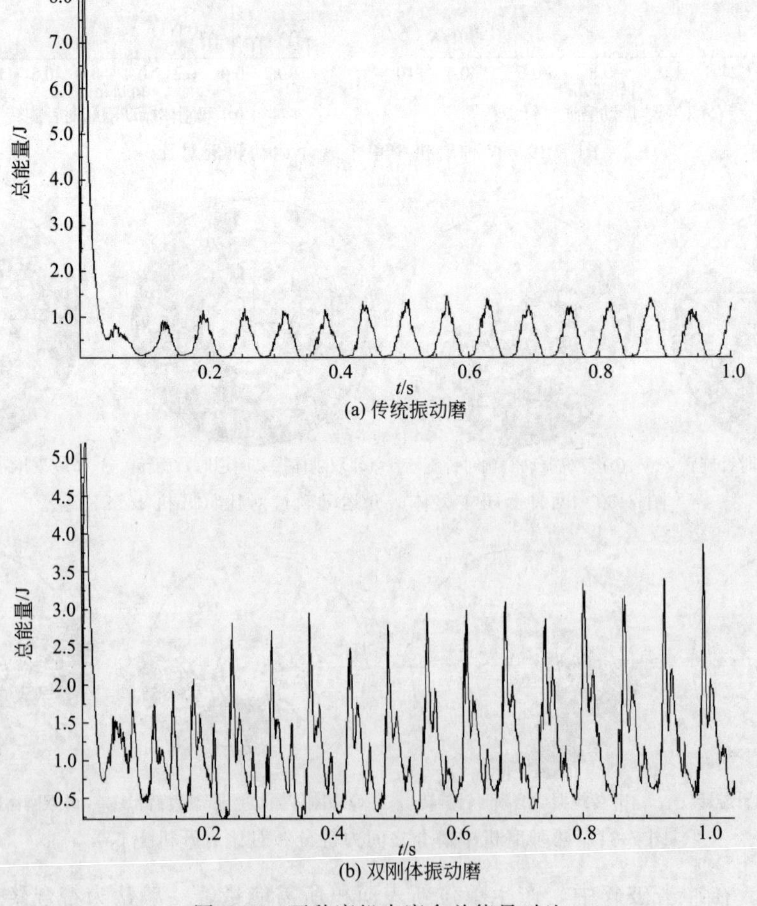

(a) 传统振动磨

(b) 双刚体振动磨

图 7-33 两种磨机中磨介总能量对比

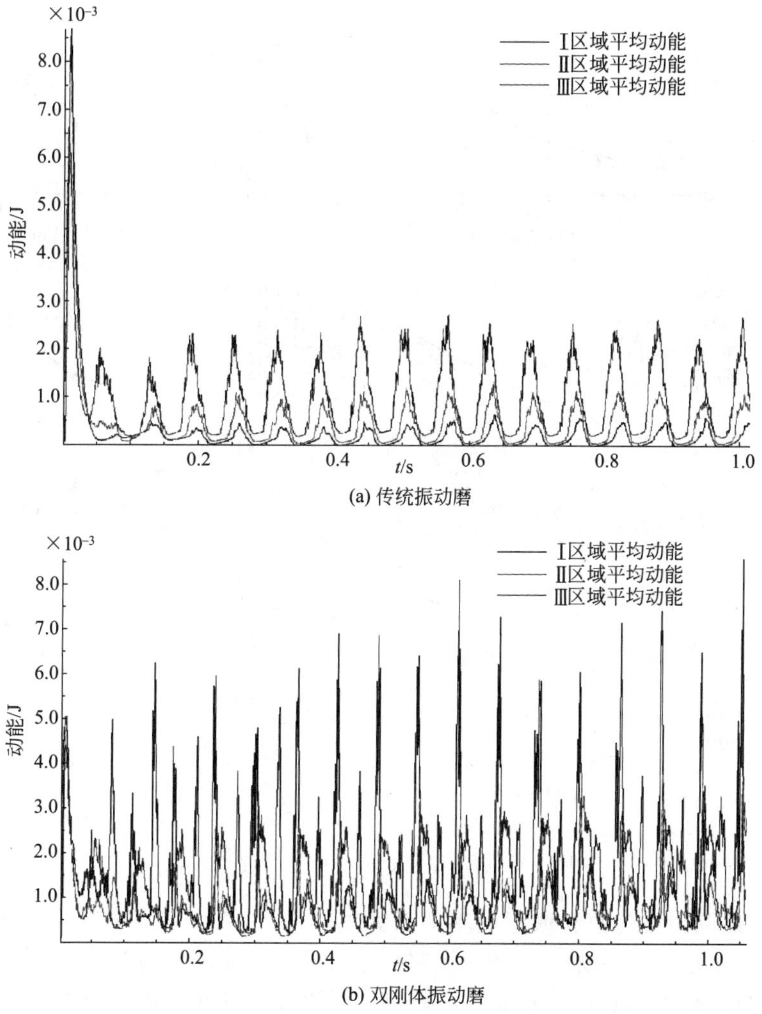

(a) 传统振动磨

(b) 双刚体振动磨

图 7-34　两种磨机中磨介三个区域动能对比

7.5.4　偏心双刚体振动磨的参数及结构仿真分析

由于粉磨物料破碎的不确定性，完全对物料破碎的建模的不可能性，对此提出与物料破碎相关的以下参数作为磨机仿真的评价工具：碰撞次数、滑动摩擦做功、磨筒所做的功、磨介的平均动能、平均法向接触力和平均切向接触力。理论上分析，这些参数与物料的破碎效果成正相关。以下将以这些参数为评价标准，来仿真分析磨机振幅、振动频率、中心刚体连接弹簧的刚度等工作参数对磨机破碎的影响。

在磨介填充率为 80%，激振频率为 32π，磨机运行 5s 后，提取相关参数和振幅关系如图 7-35 所示。可以看出，平均法向接触力是平均切向接触力的 7 倍左右，说明振动磨中磨介的法向冲击破碎是振动磨破碎物料的主要粉磨机理。总体上磨机振幅越大，这 6 个评价指标参数的值也越大，也就意味着破碎物料的效果也越好，从这个角度来看振幅越大越好，但是这种大振幅会对整个机械设计提出高要求。

由于磨机的机体处在过共振的状态，这是为了使磨机机体处在可控的状态下，因此要保证在过共振的情况下对磨机的频率进行仿真研究。在磨介填充率为 80%，振幅为 6mm，磨

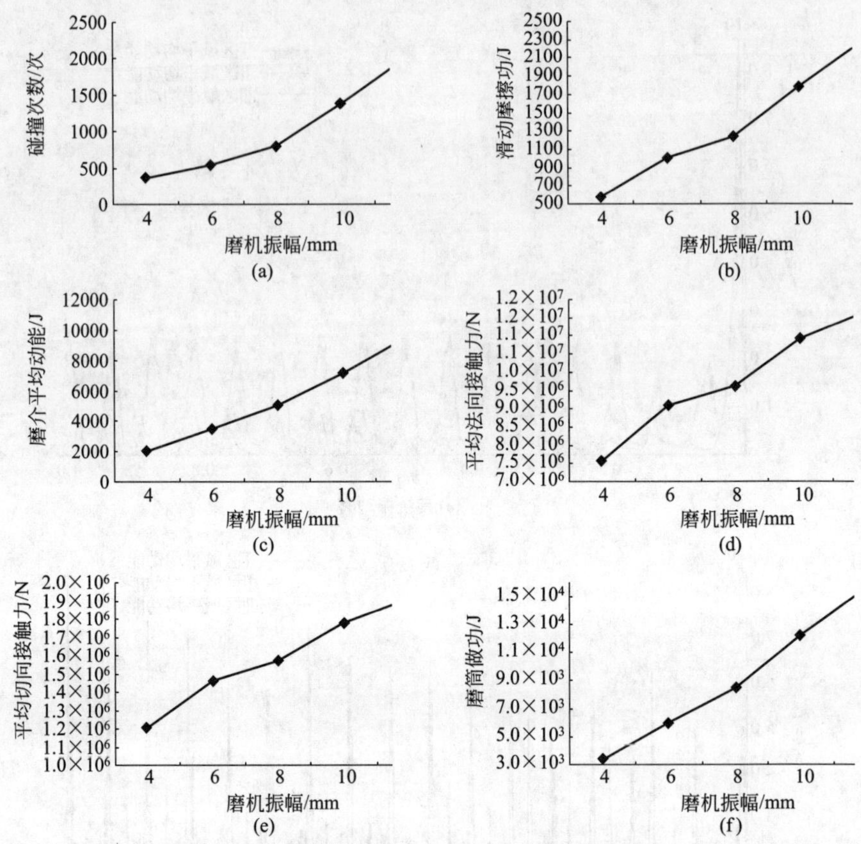

图 7-35　磨机振幅对破碎相关参数的影响

机运行 5s 后，提取相关参数和激振频率关系如图 7-36 所示。可以看出，总体上频率越高，磨介平均动能、平均法向接触力、平均切向接触力、磨筒做功等也越大。但是磨机的激振频率太高，对磨机隔振弹簧、轴承都有不利影响，所以在选择频率时要兼顾其他因素，滑动摩擦功在磨筒上做的功也只占到总功的 1/7。

在磨机的激振频率为 32π，也就是圆频率约 100rad/s，改变中心刚体和其连接弹簧系统的固有圆频率，来研究该系统对磨介群的影响或者对破碎物料的影响。在磨机运行了 10s 后，提取破碎相关参数的时间平均值和中心刚体以及连接弹簧系统固有圆频率的变化关系如图 7-37 所示。可以看出，当中心刚体和其连接弹簧系统固有频率与磨机激振频率一致或者接近时，与破碎物料相关的磨介群的法向接触力、切向接触力以及平均动能这些参数处在极值。也就是说中心刚体与其连接弹簧系统在磨机工作时应处在共振或近共振的状态，该结论与模态分析的结果相互对应。如果中心刚体和其连接弹簧系统的固有频率和磨机的激振频率相差越大，那么这种双刚体振动磨就越接近于中心管式振动磨。

通过工作参数的仿真分析发现，磨筒的振动强度越大，对磨介群的作用就越强，但大振幅对整个机械的设计提出了比较高的要求；磨机机体的高激振频率对轴承和隔振弹簧等有不利影响，但中心刚体和连接弹簧系统的固有频率接近磨机的工作频率时，对磨介群的影响最大，更有利于减少或者消除泛能区。

为比较两种情况下中心刚体特性，特意将圆棒中心刚体的建模不用 wall 来实现，直接用 ball 堆成的 clump 来实现，两者都用 clump 有助于对比两者的优越性。这也为以后探讨复杂形状的中心刚体提供新的建模方法，为尽快发现最优中心刚体提供思路。三种结构类型

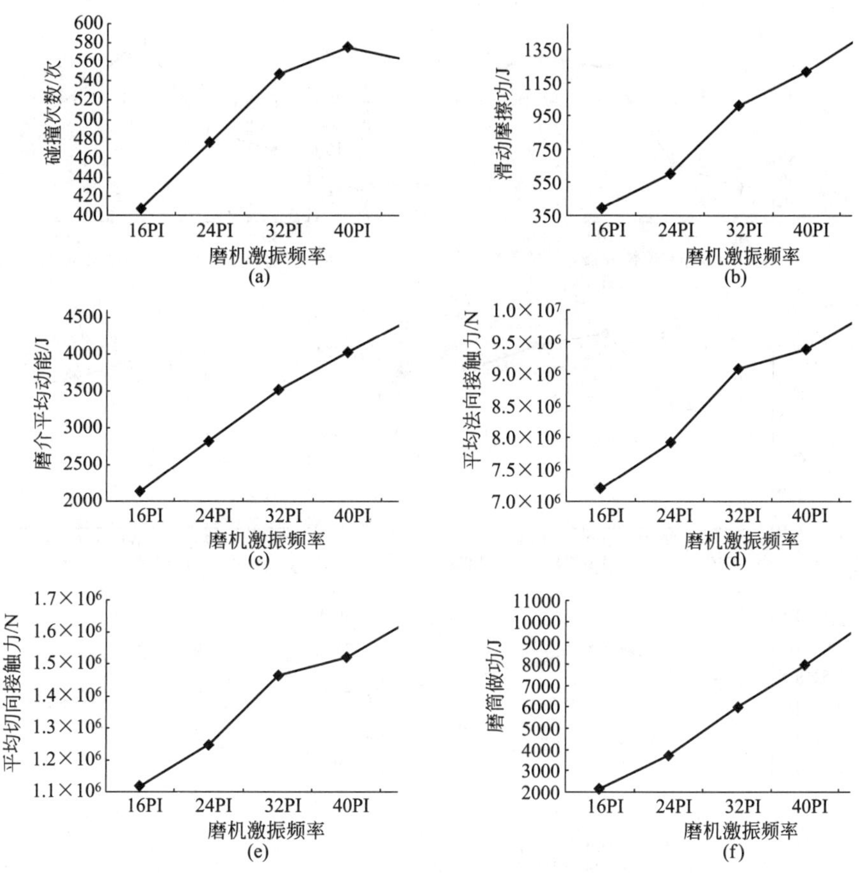

图 7-36 磨机激振频率对破碎相关参数的影响

偏心磨的 DEM 模型如图 7-38 所示，在磨机仿真运行 90s 后进行比较。

在磨机的离散元仿真中，结合实际的粉磨破碎情况，用磨机的碰撞次数、磨机的滑动摩擦功和磨机磨介的动能三个参数来评价仿真结果。这三个参数与粉磨效果直接相关，一般认为磨介碰撞次数越多，磨机的滑动摩擦功越大，磨机磨介的动能越大，粉磨效果越好。碰撞次数越多，磨介冲击（法向）物料的机会越多；磨机磨介的滑动摩擦功越大，说明磨介剪切（切向）或者“搓”物料的作用越大；磨介的动能包括平动动能和转动动能，该参数与法向冲击和切向剪切都有关系，磨介的动能越大，法向冲击和切向剪切的机会越多。

如图 7-39 所示，从图(a) 可以看出圆棒偏心磨的碰撞次数要比半圆棒偏心磨大，有中心棒的偏心磨碰撞次数比传统偏心磨大，这是因为圆棒与磨介的接触机会比半圆棒稍多点。从图(b) 可以看出三种磨机磨介摩擦功的情况：传统偏心磨最差，半圆棒比圆棒稍大，但两者差别不太明显。磨介滑动摩擦功取决于磨介圆周速度和冲击力，中心刚体的加入，提高了磨介群的整体相互冲击力，由于半圆棒质量比圆棒稍微小点，产生的动态冲击力就小，但是半圆棒偏心磨的磨介群的圆周速度比圆棒大，这说明半圆棒对磨介群的冲击力和磨介群自身的圆周速度的综合作用要比圆棒的效果好。

如图 7-40(a) (b) (c)所示分别是传统偏心磨、中心刚体为圆棒的偏心磨（即圆棒偏心磨）、中心刚体为半圆棒的偏心磨（即半圆棒偏心磨）在运行了 90s 过程中的动能变化。可以看出：偏心磨的磨介动能变化在 0.7～1.3J 之间；圆棒偏心磨的磨介动能变化在 4.0～6.0J 之间；半圆棒偏心磨的磨介动能变化在 35～40J 之间。总体上看，半圆棒的磨介群动

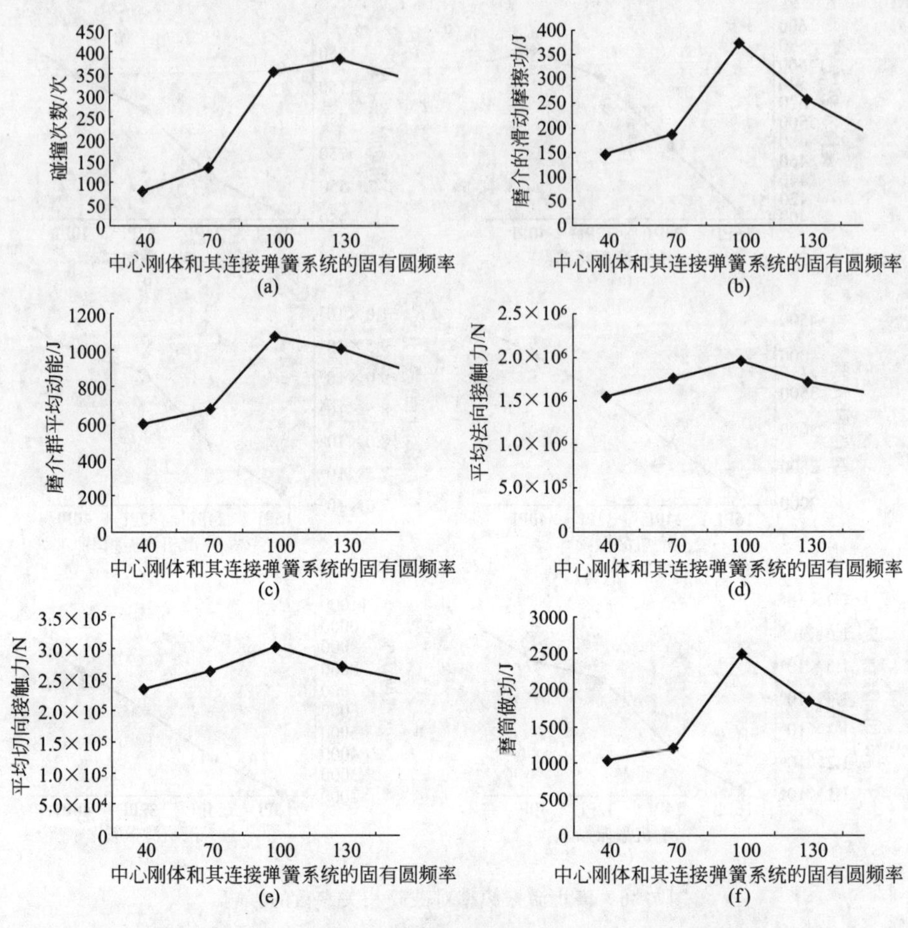

图 7-37 中心刚体与其连接弹簧系统对破碎相关参数的影响

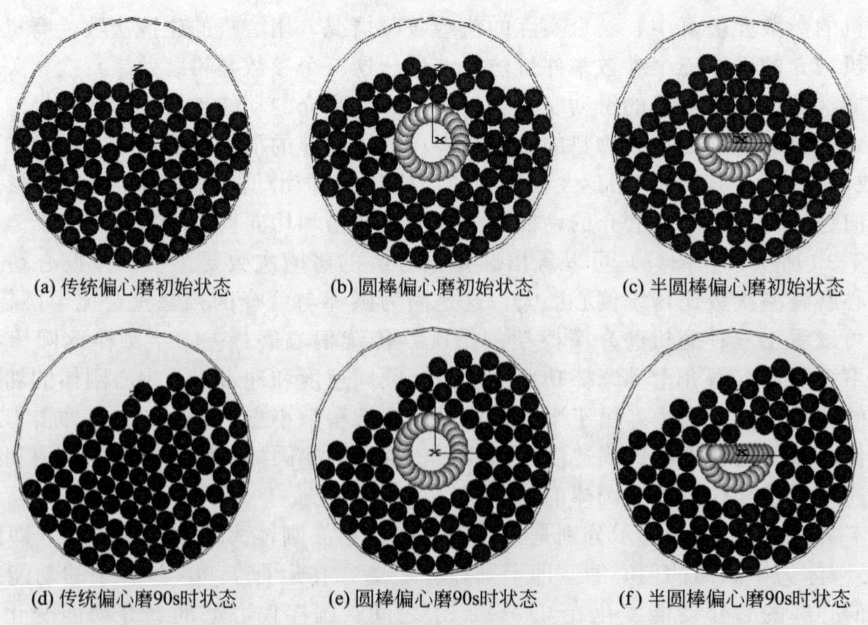

图 7-38 三种结构类型偏心磨的离散单元模型

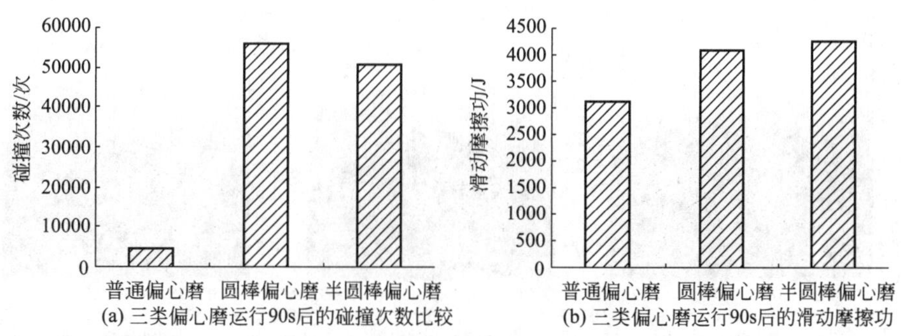

图 7-39　三种结构类型偏心磨运行 90s 后碰撞次数和磨介滑动摩擦功

能变化比较稳定，圆棒偏心磨和传统偏心磨的动能变化不稳定。

这点也能从图 7-40(d)（e)（f）所示的局部放大图中得到准确的验证。从三种偏心磨运行第 60～61s 之间的动能变化图可以看出：有中心刚体的偏心磨的动能变化频率是传统偏心磨的 2 倍；圆棒偏心磨的动能变化落差比较大，在 1s 内，16 次大幅值，16 次小幅值；而半圆棒在 1s 内 32 次动能变化比较均匀。稳定的磨介群能量变化均匀，这有助于破碎物料粒度的均匀。从这点上能解释为什么半圆棒在粉磨试验中物料破碎粒度窄和带中心刚体的偏心磨要优于传统偏心磨。从磨介的动能角度看，带中心刚体的磨机要优于传统偏心磨，半圆棒中心刚体的偏心磨要优于另外两种磨机。

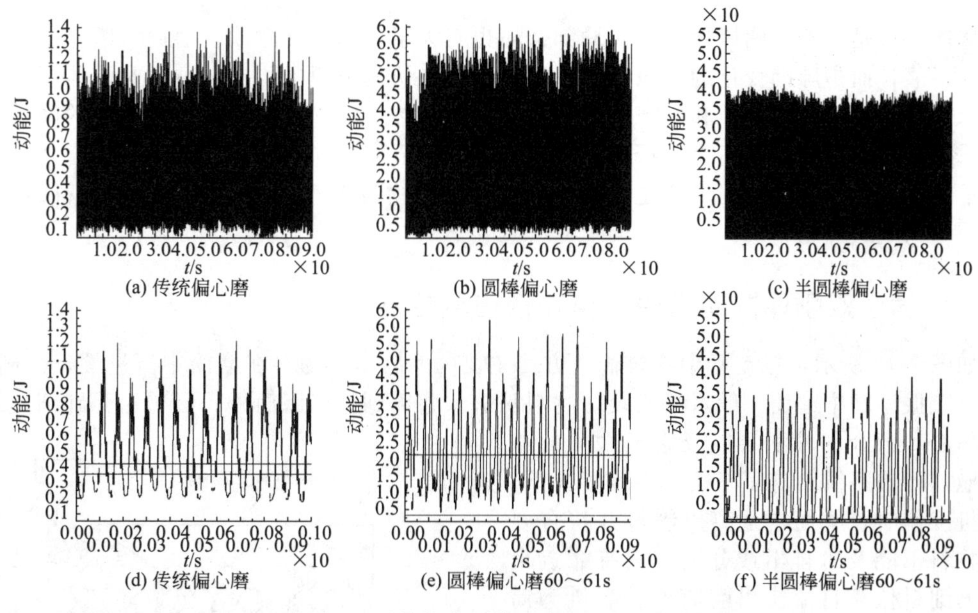

图 7-40　三种结构类型偏心磨 0～90s 动能变化

在 PFC3D 中，通过计算墙体功率（power）来得到偏心磨的有用功率，有用功率可以反映出偏心磨筒对磨球和物料的做功大小。具体采用 history wall power 命令，当偏心磨工作停止时可在同目录文件夹下找到所定义的 his 后缀文件，该文件记录了在偏心磨的运动过程中，磨筒上的功率变化数据，就是磨介群与筒体之间的碰撞而消耗的能量。如图 7-41 所示，图(a)、(b）和(c）分别是三类偏心磨运行 90s 有用功率的记录，而图(d）是三类偏心磨在前 3.05s 的有用功率比较图。

从图 7-41 中可以看出，偏心磨的有用功耗明显低于圆棒偏心磨和半圆棒偏心磨的，半

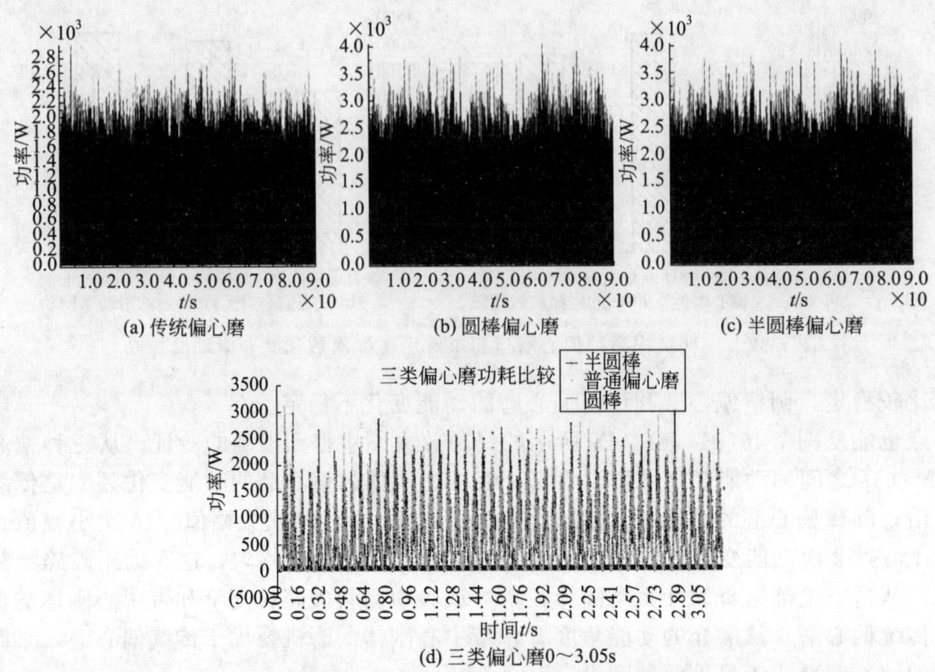

图 7-41　三种结构类型偏心磨 0～90s 有用功率变化和前 3.05s 的有用功率比较

圆棒整体上还是略大于圆棒，当然在局部圆棒也有大于半圆棒的时候；磨筒对磨介做的功不是一个恒值，而是脉动变化的。该结论也能从试验和仿真视频中得出，也就是整体磨介是在磨筒脉动的作用下实现公转和每个磨介的自转，这与传统的旋转球磨机有着本质的区别。

从三种类型偏心磨的仿真分析中发现，半圆棒中心刚体与圆棒相比，既增加磨介群的整体能量，又能使磨介群的能量变化比较均匀，对破碎物料而言，既能增加破碎物料的能量，又能使均匀地破碎物料。

7.5.5　偏心双刚体振动磨中物料输送仿真分析

如图 7-42 所示，振动磨中物料输送方面主要的问题是：物料在磨筒中行进慢，分离难，出料难。振动磨中磨筒一般水平安装，物料从进入磨筒到排出磨筒外，必须由粗到细，经过重重物料和磨介的堆积层以及它们之间的相互碰撞，行进路线曲折而漫长。一般情况下，在磨机工作时，磨筒内远离出料口并符合要求的物料不能及时排出或分离，只有靠近出口端的细料依靠自流排出磨筒外。磨机磨筒内的物料粗细混杂，很难自然分离和出磨。粉磨到一定程度的微细粉料若不及时排出磨筒外，可能会粘磨介和磨筒，甚至会微粉结聚，这不仅会降低粉磨效果并且会产生过粉磨。振动磨的磨筒只有横向公转和摆（一定程度的自转），而没沿磨筒的轴心线的纵向运动，所以磨筒内的物料全靠颗粒本身“部分流体”的性质，经过有一定长度的磨筒，并

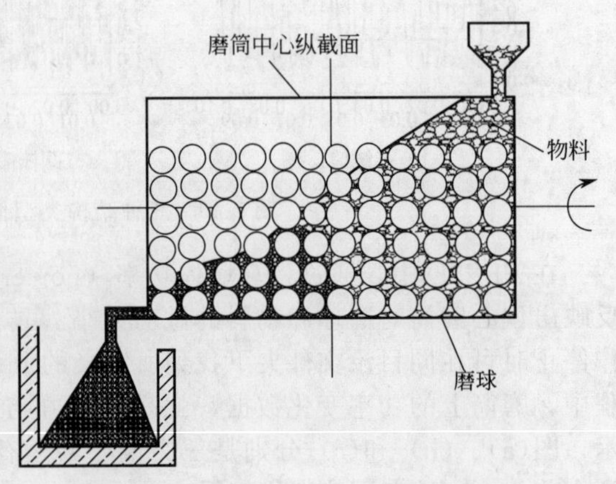

图 7-42　振动磨机中物料输送的示意图

需经受磨介、物料以及它们之间的相互碰撞。物料这样沿着磨筒前进是十分困难的，所以效率不高。振动磨中物料输送部分在整个磨机研究中占有重要的地位，它关系到磨机破碎物料的自动化程度、粉碎后物料粒度和整个磨机的耗能。

离散元为振动磨机研究提供了较理想的工具，磨机里物料输送的研究也不例外。振动磨筒内物料的输送是利用不断给入物料压力来实现，通过采取办法使输送的压力增大就可以加快输送，方法包括：使磨机内成负压的状态；加入气流分级；改变磨机腔型。由于前两种方法需要增加新的输入能量不利于节能减排，因此通过仿真分析磨机物料输送提出了解决物料输送问题的新腔型结构。这也是自课题组提出在偏心磨里加入随动的中心刚体来减少磨筒内低能量区思想后，希望能从物料输送的角度来全面评价中心刚体，并能从物料输送的角度来优化中心刚体。

首先建立传统振动磨的 DEM 模型如图 7-43 所示，模型参数如表 7-3 所示，由于计算机的能力和计算时间等限制，DEM 模型与实际振动磨相比进行了缩小，以保证仿真顺利进行。模型中用大直径的颗粒表示磨介小球，用小直径的颗粒表示物料，并保证物料数量远大于磨介小球。

表 7-3　研究物料输送的传统振动磨模型参数

模型参数	数值
磨筒半径	0.1m
磨筒长度	0.3m
磨介半径	0.018m
磨介数量	125 个
物料半径	0.0025m
物料数量	3200 个
磨筒模型 Y 方向速度	−0.006 * omega * sin(omega * t)
磨筒模型 Z 方向速度	0.006 * omega * cos(omega * t)
磨筒绕磨筒轴线自转的速度	−1.628 * sin(omega * t)

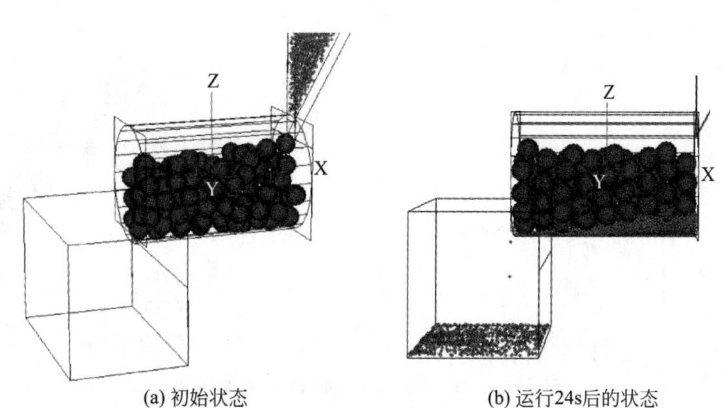

(a) 初始状态　　(b) 运行24s后的状态

图 7-43　传统振动磨物料输送 DEM 模型

如图 7-43 所示，传统振动磨在运行 24s 后，接料斗中为 708 个球物料（进料口里初始状态为 3200 个球形物料）。所跟踪磨介的运动轨迹如图 7-44 所示，物料的运动轨迹如图 7-45 所示。

如图 7-44 所示，磨介的运动轨迹和二维平面内的基本类似，都是总体趋势是公转，但是由于磨筒以一定周期振动，磨介也随磨筒呈现一定周期振动，这样就出现了一定的自转。该结论与二维平面内研究区别不大，这同样也说明了在二维平面研究磨机抓住了主要矛盾。

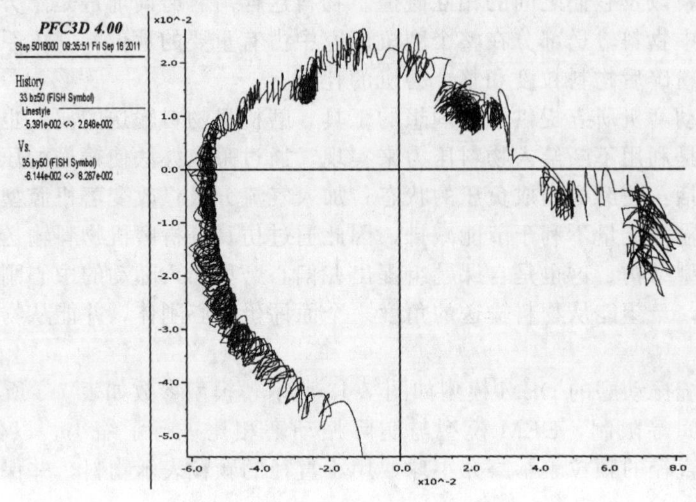

图 7-44 磨介的运动轨迹

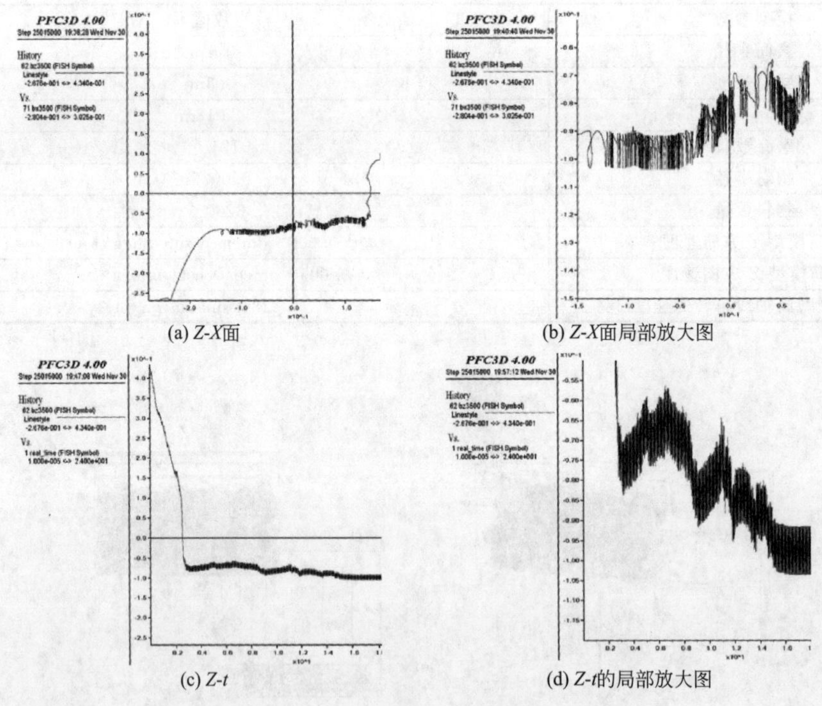

(a) Z-X面 (b) Z-X面局部放大图

(c) Z-t (d) Z-t的局部放大图

图 7-45 ID 号为 3500 物料的运动轨迹

如图 7-45 所示，磨筒中靠近出料口物料的移动比较顺畅；磨筒中靠近进料口中端的物料移动至出料口比较缓慢；整体上物料是由进料口端向出料口端移动，但是局部存在反方向移动的情形。在图中可以看出物料振幅在 0.01m 左右，而磨机的机体振幅是 0.006m 左右，由于物料质量小，所以碰撞时的相对速度就大，即最终表现出的振动幅度比磨筒的振幅要大。总体上物料在磨筒内的运动规律呈现旋转前进的态势，即以大致 0.01m 为直径的旋转圆运动，从进料口段向出料口运动。从图中物料轨迹密集的一段可以看出磨机磨碎物料的原理，在磨机的横截面上磨介群在做整体的圆周运动，这种圆周运动也促使物料在横截面有圆周运动的趋势，由于各个磨介、磨筒、物料等之间的相对速度不一样，才实现冲击物料和剪切物料功能。磨介和物料的直径毕竟差一个数量级，物料可以在磨介的缝隙之间流动。物料在磨机中的轨迹相对均匀也说明了物料受到的冲击和剪切的作用相对均匀，这也正是振动磨破碎后的物料粒度窄的原因之一。

双刚体振动磨的 DEM 模型如图 7-46 所示，建模参数基本上和传统振动磨一致，但增加了圆棒型中心刚体，中心刚体模型参数如表 7-4 所示。

表 7-4　研究物料输送的双刚体振动磨模型参数

参数	数值
中心刚体半径	0.02m
中心刚体长度	0.3m
中心刚体的质量	82.7kg
中心刚体与磨筒相连的水平弹簧刚度	80000N/m
中心刚体与磨筒相连的垂直弹簧刚度	50000 N/m
时步	1×10^{-6}s

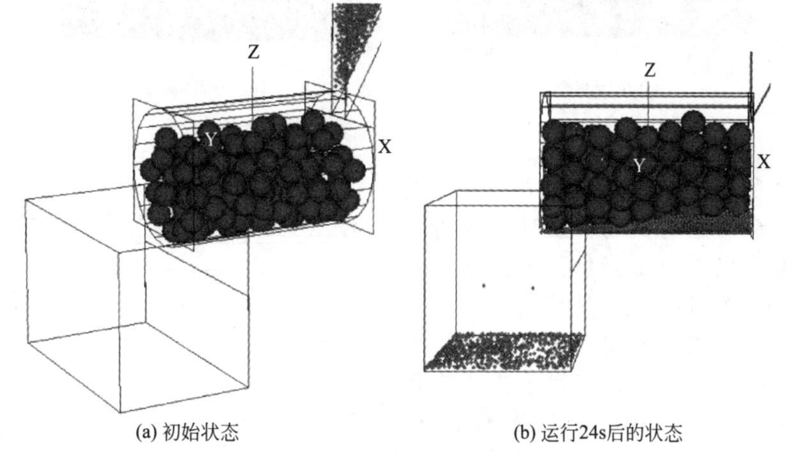

(a) 初始状态　　(b) 运行24s后的状态

图 7-46　圆棒双刚体振动磨

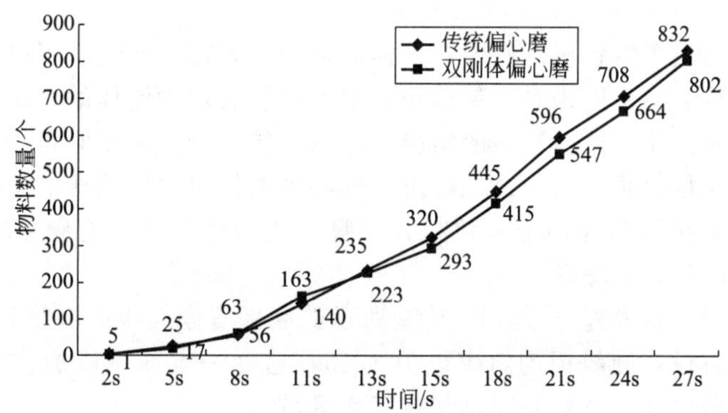

图 7-47　双刚体偏心磨和传统偏心磨物料输送效果比较

针对两种振动磨，仿真运行了 27s 后的物料输送效果比较如图 7-47 所示。从图中可以看出，在同样的条件下，在 6.5s 前是传统偏心磨的产量略大于双刚体偏心磨；在 6.5s 到 12.2s 左右双刚体的产量略大于传统偏心磨的产量；在 12.2s 后传统偏心磨的产量稳定地大于双刚体的产量。

原因分析如下：一方面中心刚体的加入，使磨介的圆周运动速度降低，对物料输送方向的干扰降低，这样就加快了物料输送；中心刚体的加入，使磨介的冲击大，碰撞机会就增多(产生“风”)，推动物料移动就快，这是加快物料输送的因素；另一方面，中心刚体加入将增大磨介的整体冲击力，这样将会导致磨介、物料和磨筒等之间的摩擦力相对增大，这是减缓物料输送的因素。在两种因素影响下最终使得双刚体振动磨的物料输送速度略小。这说明中心刚体的加入，虽然增加了整个磨介的相互冲击力、碰撞次数、动能和滑动摩擦功等，但是略微降低了物料输送的速度。

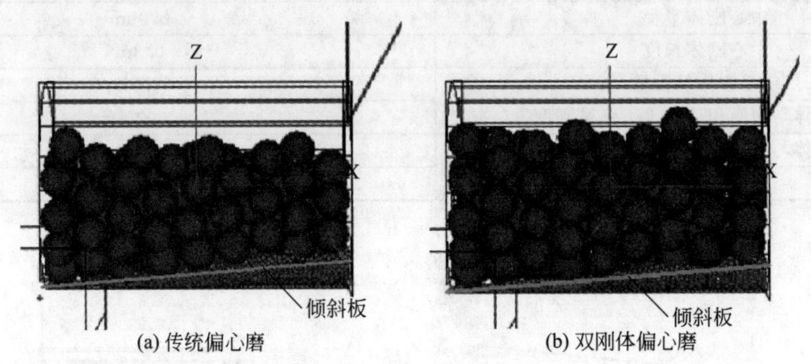

图 7-48　物料底部堆积过程说明

如图 7-48 所示，在做传统偏心磨和双刚体偏心磨的物料输送仿真时，发现在运行了一段时间后偏心磨的产量降低，即使在磨筒振动的情况下，物料移动还是比较缓慢，也就是在靠近进料口的下方囤积了一定斜坡的物料，可以预料后续的入料将沿着先入料形成的斜坡以相对较快的速度输送出磨筒外，先入料形成的斜坡将“永久”性待在磨筒内。

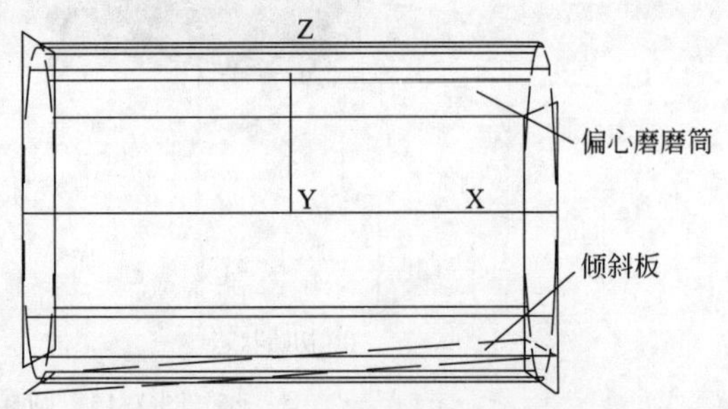

图 7-49　底部有倾斜板的磨筒模型

若不考虑磨介，仅考虑物料和磨筒，这时振动磨在磨筒纵向截面相当于振动给料机，先入料形成的斜坡相当于给料机的底板，这样振动磨物料输送问题就可以参照振动给料机的方法来研究。从颗粒学的角度来看，颗粒在一定程度上表现为流体的性质，但是颗粒本身有其与流体不同的性质：流动性差。一般情况下，当颗粒集合体表面倾角小于或等于“一定角度”时，表面的颗粒将停止流动，这也是影响偏心磨磨筒里物料输送的主要因素之一。如果适当地改变腔型，如在磨筒底面加一块板，使颗粒集合体的“一定角度”变小，甚至等于零，理论上这样有助于物料输送。

基于这样的认识，本书建立了如图 7-49 所示的底部有倾斜板的磨筒 DEM 模型，即在磨筒下方设置一块倾斜板，倾斜板的斜率设为 1/15，这样一方面可以加快物料的输送，另一方面可以把囤积一定斜坡的物料空间排除在工作区域外。

从图 7-50 和图 7-51 中可以看出，由于倾斜板的作用，物料的输送作用还是比较顺畅的，没有出现像传统偏心磨和双刚体偏心磨那样进料口磨筒端比较严重的“囤积”物料的情况。该种情况是我们希望看到的，这也是加倾斜板的目的。

但从图 7-52 所示磨筒盖的受力可以看出，倾斜板的加入将使出料端的磨筒盖承受大致 1000N 的周期性的瞬时冲击力，这将使磨筒盖的磨损变得严重。所以在设计磨筒中的倾斜板时，应综合考虑二者的影响。

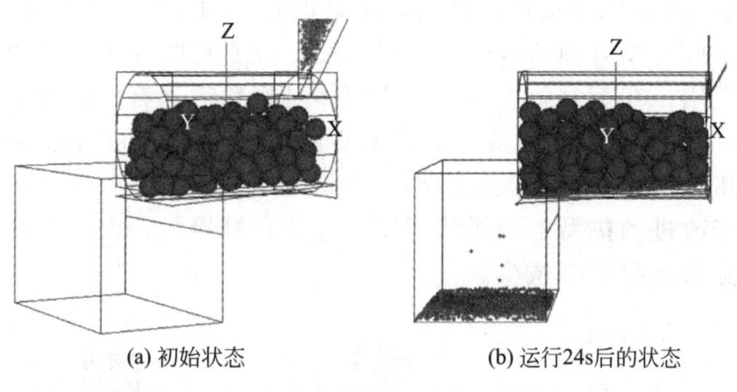

(a) 初始状态　　(b) 运行24s后的状态

图 7-50　改造的传统振动磨 DEM 模型

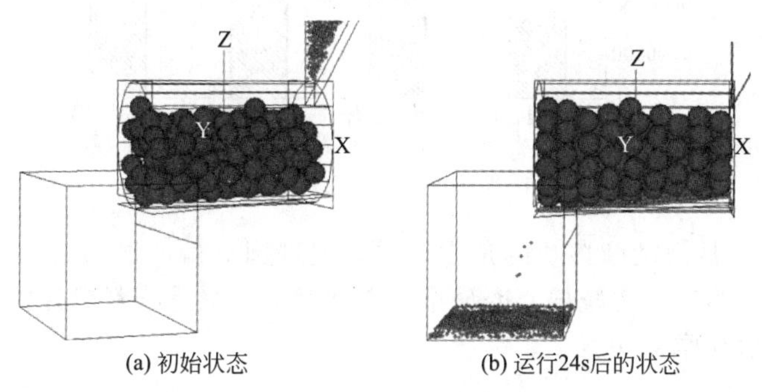

(a) 初始状态　　(b) 运行24s后的状态

图 7-51　改进的双刚体振动磨 DEM 模型

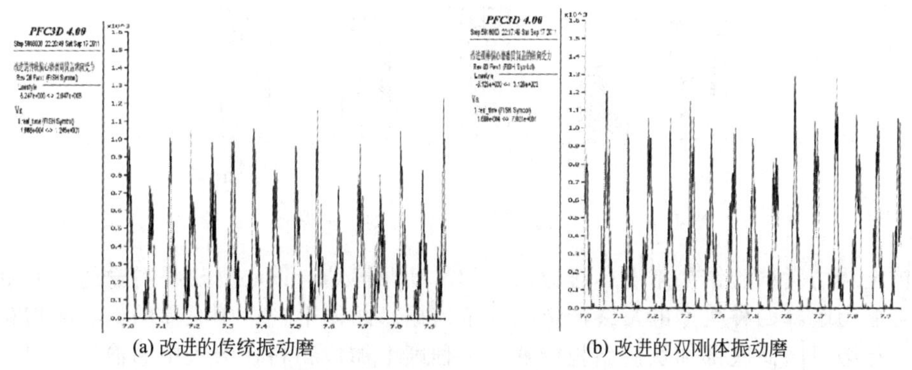

(a) 改进的传统振动磨　　(b) 改进的双刚体振动磨

图 7-52　两种磨机磨筒盖受力比较

输送效果的比较如图 7-53 所示，可以看出有倾斜板的振动磨输送效果都明显比没有倾斜板的输送效果好很多，这说明倾斜板起到了很好的促进物料输送的作用。

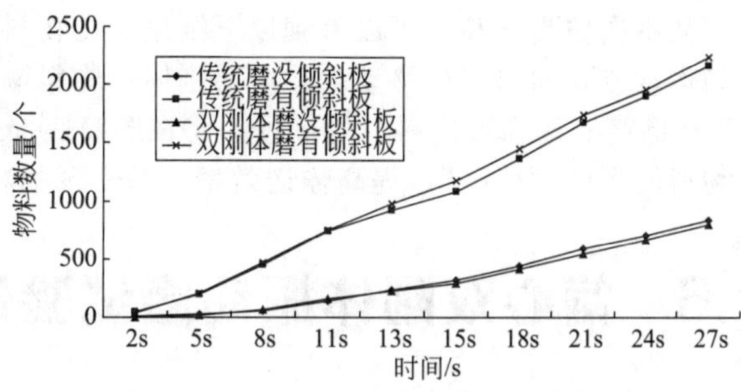

图 7-53　四种磨机输送效果比较

但在磨筒上有倾斜板时，在 3.6s 前，有倾斜板的传统偏心磨的产量略大于有倾斜板的双刚体偏心磨；在 3.6s 后，一直是有倾斜板的双刚体偏心磨的产量大于有倾斜板的传统偏心磨；在

11s时，两种偏心磨的产量比较接近；之后有倾斜板的双刚体偏心磨产量明显高于有倾斜板的传统偏心磨。这正好与没有倾斜板时的情况相反，说明在磨筒中没有倾斜板时，中心刚体对物料输送有阻碍作用；在有倾斜板时，中心刚体对物料输送有促进作用。

如图7-54所示，从碰撞次数来看，圆棒偏心磨最大，改进的圆棒偏心磨次之，传统偏心磨第三，改进的传统偏心磨碰撞次数最小。也就是改进偏心磨的碰撞次数比未改进偏心磨略微小。这是因为未改进的机型是圆弧状磨筒壁与磨介群接触，而改进的机型局部是平板与磨介群接触，这样碰撞次数就略微少。

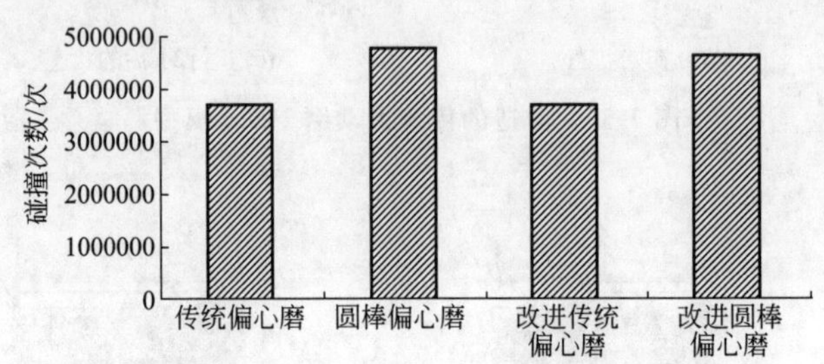

图7-54 四种机型工作了24s后的碰撞次数比较

如图7-55所示，从滑动摩擦功的角度来看，改进圆棒偏心磨最大，圆棒偏心磨稍微小点，改进传统偏心磨第三，传统偏心磨最小。滑动摩擦功只是物料输送快慢的一个反应，物料输送快，磨球的滑动摩擦功就大。

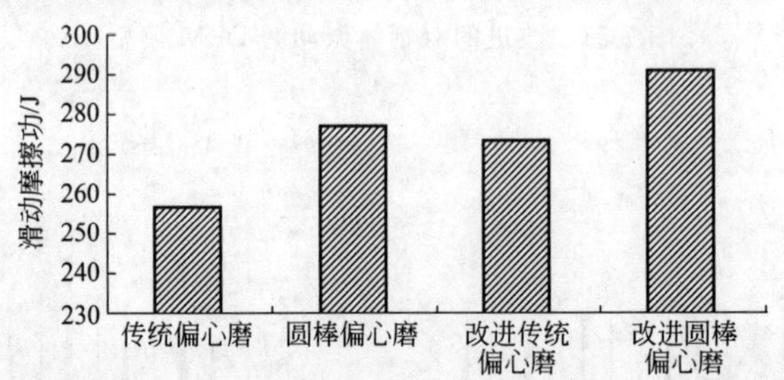

图7-55 四种机型工作了24s后的滑动摩擦功比较

总体上从仿真试验结果来看，碰撞次数和滑动摩擦功与偏心磨机物料输送有一定的相关性，这可能为解释四种机型的最终产量提供了依据。总体上，有中心棒的偏心磨物料输送的速度大，在磨机磨筒底部加块倾斜板能够一定程度上加快物料在磨机中的输送。中心刚体的存在加快了磨介的碰撞次数和增大了碰撞力，球形磨介侧面对物料的冲击次数和力也就增大，而磨介侧面对物料的冲击次数和力正是物料输送的动力之一。

从本次仿真试验中可以得到以下结论：①物料在磨筒内的运动规律是从进料口以旋转前进的运动方式向出料口移动；②中心刚体对物料输送的影响不大；③物料输送过程中的“死区”在磨筒底部靠近进料口的部位；④在磨筒底部适当地增加倾斜板的倾斜度，能消除磨筒中物料输送的“死区”，提高输送效率，并实现物料自动出料。

7.6 偏心双刚体振动磨试验研究

7.6.1 偏心双刚体振动磨的磨介运动试验研究

试验样机如图7-56所示，其主要参数为：磨筒内径 $D=320\text{mm}$，磨筒长 $L=600\text{mm}$，

电机转速 $\omega = 980\text{r/min}$，激振力 $F = 13500\text{N}$，中心刚体直径 $d = 90\text{mm}$。样机分别采用了圆棒和半圆棒两种不同形状的中心刚体，如图 7-57 所示。

图 7-56　试验样机

为了研究振动磨磨筒内的介质运动规律，将振动磨磨机的磨筒端盖用有机玻璃板代替，透过有机玻璃板分别观察普通振动磨和双刚体振动磨磨筒内磨介运动的情况，并用摄像机进行拍摄记录。

振动磨电机为逆时针旋转，分别对传统振动磨、圆棒双刚体振动磨和半圆棒双刚体振动磨三种形式振动磨机在填充率为 60%时，稳定工作状态下进行观察，结果如图 7-58 所示。根据观察和拍摄的结果，三种类型振动磨磨筒内的磨介运动规律有以下几个共同点：

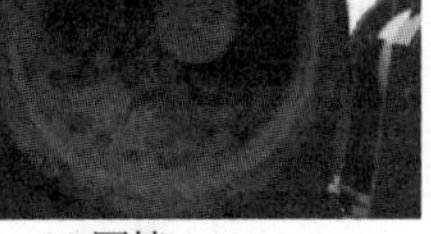

(a) 圆棒

(b) 半圆棒

图 7-57　不同形状的中心刚体

(a) 传统振动磨

(b) 圆棒双刚体振动磨

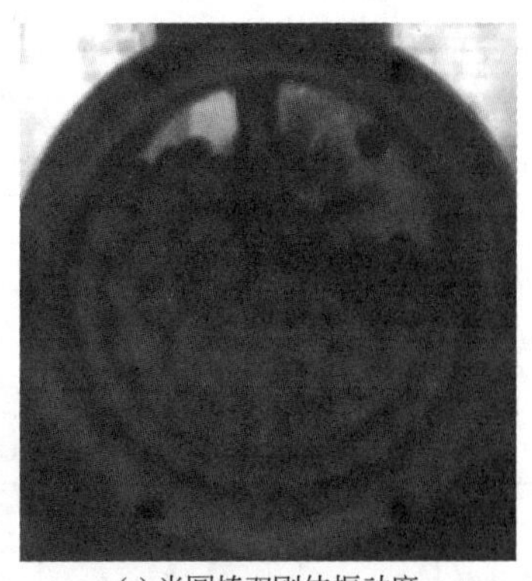

(c) 半圆棒双刚体振动磨

图 7-58　磨筒内磨介的运动轨迹

① 磨介小球群在振动磨机的磨筒内绕其自身质心自转；

② 磨介小球群除了自转外，还绕筒体中心公转；

③ 单个磨介小球运动十分复杂，除了绕自身质心自转外，还绕磨介小球群质心公转，单个磨介小球的自转和公转形成了磨介小球群的自转和公转；

④ 磨介小球呈分层排列，每层小球几乎固定在一定的回转半径上。

对比观察和拍摄结果，三种类型振动磨磨筒磨介的运动也互有不同，传统振动磨工作过程中，磨介小球群不会离散为单个的磨介小球，而是自始至终处于整个群体状态。这种磨介群体在正常工作过程中好像被刚化为一个“刚体”；而双刚体振动磨中靠近中心刚体上部的磨介小球快速无规则地弹跳着，说明双刚体振动磨中磨介小球比普通振动磨中磨介小球活跃，更有利于物料磨碎。

进一步对比发现，靠近圆棒中心刚体上部的磨介小球有被圆棒阻碍运动的现象，但半圆棒中心刚体振动磨中靠近中心刚体部分的小球比圆棒中心刚体振动磨中的更加活跃。另外在试验观察中还发现双刚体振动磨中心刚体不管是圆棒的还是半圆棒的都会有偏转的现象，但在同等填充率的情况下半圆棒中心刚体偏转程度要小于圆棒中心刚体。

7.6.2 偏心双刚体振动磨的粉磨试验研究

粉磨产品的粒度分布是最能说明粉磨设备性能的试验数据，所以本节为了验证前文所提改进方案的有效性进行了几组粉磨试验，并将试验数据进行了处理分析。分别进行三组试验：一组是普通振动磨粉磨试验，一组是加圆棒中心刚体的双刚体振动磨粉磨试验，最后一组是加半圆棒中心刚体的双刚体振动磨粉磨试验。为保证试验的准确性，三组试验入磨物料粒度组成、重量和激振力等都保证相同。试验具体条件和结果如表 7-5～表 7-7 所示。

表 7-5　传统振动磨机采样粒度分布表

机型	传统振动磨机					激振力	1.35 吨
旋转方向	顺时针	电机转速	980r/min	试验电流	5.1A	入料粒度	
磨碎时间	8min	磨碎质量	4kg	采样质量	500g		
粒度分析/g	≤7 目	169	>80～115 目	2.2			
	>7～10 目	44	>115～200 目	31			
	>10～16 目	32	>200～325 目	198			
	>16～20 目	3	>325～400 目	4.3			
	>20～28 目	8.2	>400 目	2.2			
	>28～80 目	6.1					

表 7-6　圆棒双刚体振动磨机采样粒度分布表

机型	圆棒的双刚体振动磨机					激振力	1.5 吨
旋转方向	顺时针	电机转速	980r/min	试验电流	5.1A	入料粒度	
磨碎时间	8min	磨碎质量	4kg	采样质量	500g		
粒度分析/g	≤7 目	127	>80～115 目	10.8			
	>7～10 目	26	>115～200 目	29			
	>10～16 目	17	>200～325 目	270.8			
	>16～20 目	2	>325～400 目	4			
	>20～28 目	5	>400 目	1			
	>28～80 目	7.2					

表 7-7　半圆棒双刚体振动磨机采样粒度分布表

机型	半圆棒的双刚体振动磨机					激振力	1.5 吨
旋转方向	顺时针	电机转速	980r/min	试验电流	5.1A	入料粒度	
磨碎时间	8min	磨碎质量	4kg	采样质量	500g		
粒度分析/g	≤7 目	58.75	>80～115 目	10			
	>7～10 目	18.75	>115～200 目	36.75			
	>10～16 目	15	>200～325 目	295			
	>16～20 目	2.5	>325～400 目	37.5			
	>20～28 目	6.5	>400 目	13.75			
	>28～80 目	5.5					

如图 7-59 所示三种振动磨的累积粒度分布曲线，从图中可以看出双刚体振动磨在同样的情况下，小粒度产品所占比率更高；半圆棒中心刚体又比圆棒中心刚体的小粒度产品比率高，而且分布比较集中。

从以上几组粉磨粒度试验结果比较中，可知中心刚体振动磨比较彻底地解决了振动磨低能量区的问题，增加了磨筒内的总能量，均化了磨腔内的能量分布，因此，大幅提高了振动

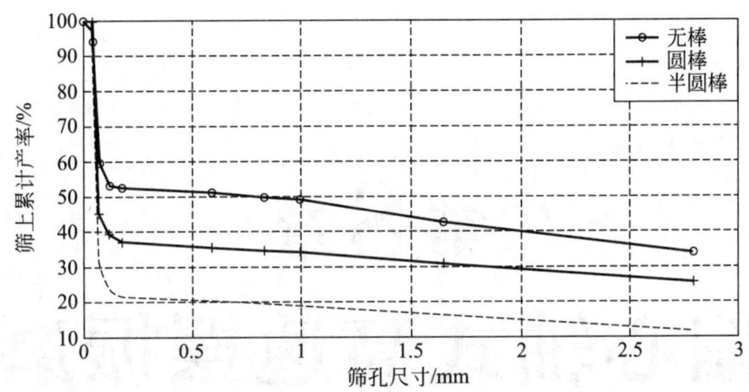

图 7-59　三种振动磨的累积粒度分布曲线图

磨能量利用率，使磨碎效率更高，产品粒度更小，粒度分布范围更窄，大型化成为可能。并进一步通过传统振动磨、中心刚体为圆棒形的双刚体振动磨和中心刚体为半圆棒形的双刚体振动磨试粉磨试验对比，证明了中心刚体为半圆棒形的双刚体振动磨的优越性。

第8章 偏心轴式高速摆振磨

8.1 偏心轴式高速摆振磨工作原理

偏心轴式高速摆振磨的结构示意图如图8-1所示，电机轴带动主动轮旋转，通过带传动带动主轴14旋转，主轴旋转带动偏心轴12进行旋转，磨筒由螺杆5和筒压板10固定在偏心轴座11上，偏心轴的旋转使固定于偏心轴座的磨筒8做摆振运动；而6根压缩弹簧连接着中间板18和底板19，压缩弹簧使偏心力转化为中间板18的上下振动，从而使磨筒振动。

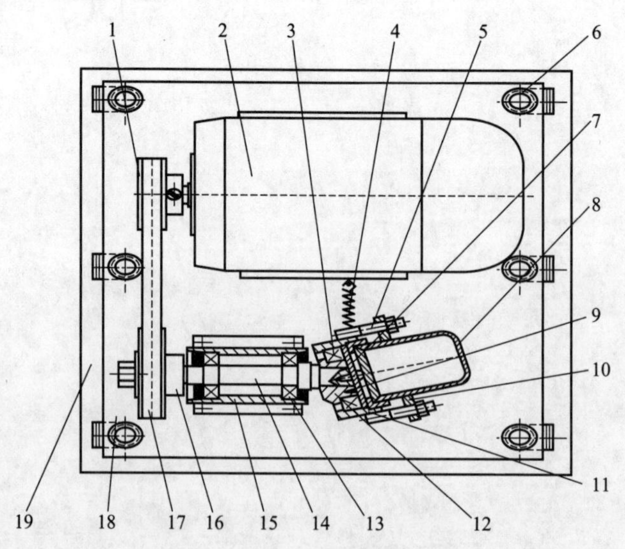

图8-1 偏心轴式高速摆振磨的结构示意图

1—主动轮；2—电机；3—轴承；4—拉伸弹簧；5—螺杆；6—压缩弹簧；7—压块；8—磨筒；9—定位销；10—筒压板；11—偏心轴座；12—偏心轴；13—两组轴承；14—主轴；15—主轴座；16—从动轮；17—传动带；18—中间板；19—底板

偏心轴式高速摆振磨的工作原理是磨筒的摆振带动筒内磨球做高速自转和低速公转，从而对物料进行高强度冲击、摩擦、剪切等。磨机的偏心摆轴在运转过程中起着关键作用，它可以使磨筒做旋转、摆动和振动的复合三维空间运动。研究磨筒及磨球运动形态和规律是提高球磨机粉磨效率的核心所在，但其不规则的复杂运动使该振动系统的运动学及动力学特性十分复杂。

偏心轴式高速摆振球磨机可用于固体材料的细化、混料和机械合金化。机械合金化（mechanical alloying，简称 MA）是一种利用机械作用使金属粉末及合金粉末合成新材料的新型合金化方法。常用的机械合金化制备装置主要有：行星球磨机、搅拌球磨机、滚动球磨机、振动球磨机等。偏心轴式高速摆振球磨机由于其复杂的空间三维摆振运动使得球磨机内磨球的运动更加复杂更加剧烈，产生的多频率多强度的冲击力使球磨机具有更高的球磨能量，从而使得球磨效率高于行星式球磨机和搅拌式球磨机。

8.2 偏心轴式高速摆振磨运动学建模与仿真

8.2.1 偏心轴式高速摆振磨运动学建模

针对各种复杂系统的动力学分析，除了利用成熟商用软件进行分析，还常用拉格朗日法、联结法、有限元法及边界元等方法对复杂系统进行动力学分析。

偏心轴式高速摆振磨的运动学分析主要是基于底座所在坐标参考系时磨筒的运动形态，因此其他部件的运动可以忽略，底板 19 和压缩弹簧 6 构成的二次隔振也可以忽略，各部分简化为不考虑质量的杆件，建立的运动学简化模型如图 8-2 所示。

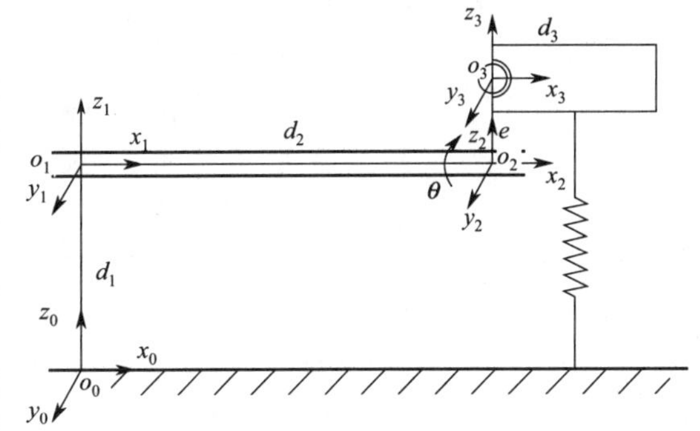

图 8-2 偏心轴式高速摆振磨运动学模型

图中 d_1 表示主轴座到底板的垂直距离，d_2 表示偏心轴座到主轴座左端轴承座的水平距离；e 表示偏心轴到主轴的偏心量，而主轴相对于主轴座的旋转角度用 θ 表示；d_3 表示磨筒的轴向长度，当 d_3 变化时可表示磨筒中心轴线上任意一点；而球铰连接着偏心轴和磨罐。

进行摆振磨的运动学分析采用齐次坐标变换方法，所以对于运动学模型建立各个坐标系如图 8-2 所示：底座是固定不动的，即其运动状态为已知，因此将 $o_0\text{-}x_0y_0z_0$ 作为绝对坐标系，建立在底板上；$o_1\text{-}x_1y_1z_1$ 建立在主轴座上；$o_2\text{-}x_2y_2z_2$ 建立在主轴与偏心轴连接处；$o_3\text{-}x_3y_3z_3$ 建立在偏心轴与球铰连接处。在此空间球铰连接副，用以表示磨筒相对于偏心轴的运动，还包括对于偏心轴座的作用简化。

首先，从坐标系 $o_0\text{-}x_0y_0z_0$ 到坐标系 $o_1\text{-}x_1y_1z_1$ 沿 z 轴平移 d_1，齐次坐标变换矩阵为：

$$\boldsymbol{T}_1=\text{Trans}(0,0,d_1)=\begin{bmatrix}1&0&0&0\\0&1&0&0\\0&0&1&d_1\\0&0&0&1\end{bmatrix} \tag{8-1}$$

其次，从坐标系 $o_1\text{-}x_1y_1z_1$ 到坐标系 $o_2\text{-}x_2y_2z_2$ 先沿 x 轴平移 d_2，然后绕 x 轴旋转 θ，齐次坐标变换矩阵为：

$$\boldsymbol{T}_2=\mathrm{Trans}(d_2,0,0)Rot(x,\theta)$$
$$=\begin{bmatrix}1&0&0&\mathrm{d}_2\\0&1&0&0\\0&0&1&0\\0&0&0&1\end{bmatrix}\begin{bmatrix}1&0&0&0\\0&\cos\theta&-\sin\theta&0\\0&\sin\theta&\cos\theta&0\\0&0&0&1\end{bmatrix}=\begin{bmatrix}1&0&0&d_2\\0&\cos\theta&-\sin\theta&0\\0&\sin\theta&\cos\theta&0\\0&0&0&1\end{bmatrix}\tag{8-2}$$

再次，从坐标系 o_2-$x_2y_2z_2$ 到坐标系 o_3-$x_3y_3z_3$ 沿 z 轴平移 e，齐次坐标变换矩阵为：

$$\boldsymbol{T}_3=\mathrm{Trans}(0,0,e)=\begin{bmatrix}1&0&0&0\\0&1&0&0\\0&0&1&e\\0&0&0&1\end{bmatrix}\tag{8-3}$$

相邻杆件的空间位置之间的相互关系由各个动坐标系的坐标变换矩阵确定，各杆件的动坐标系沿着向定坐标系过渡的方向依次左乘相邻变换矩阵即可得到相应的动坐标系的绝对坐标。因此，将公式(8-1)～公式(8-3)依次左相乘，可得从相对坐标系 o_3-$x_3y_3z_3$ 到绝对坐标系 o_0-$x_0y_0z_0$ 的齐次坐标变换矩阵为：

$$\begin{aligned}\boldsymbol{T}_0&=\boldsymbol{T}_1\boldsymbol{T}_2\boldsymbol{T}_3\\&=\begin{bmatrix}1&0&0&0\\0&1&0&0\\0&0&1&d_1\\0&0&0&1\end{bmatrix}\begin{bmatrix}1&0&0&d_2\\0&\cos\theta&-\sin\theta&0\\0&\sin\theta&\cos\theta&0\\0&0&0&1\end{bmatrix}\begin{bmatrix}1&0&0&0\\0&1&0&0\\0&0&1&e\\0&0&0&1\end{bmatrix}\\&=\begin{bmatrix}1&0&0&d_2\\0&\cos\theta&-\sin\theta&-e\sin\theta\\0&\sin\theta&\cos\theta&e\cos\theta+d_1\\0&0&0&1\end{bmatrix}\end{aligned}\tag{8-4}$$

给定一系列相关的值，就可以磨筒中心轴线上的各点，以底座所在位置为绝对坐标系的空间坐标。设磨筒中心轴线上任意一点在坐标系 o_3-$x_3y_3z_3$ 中的坐标为 $x_3=d_3$，$y_3=0$，$z_3=0$，则根据坐标变换公式(8-4)求得坐标系 o_0-$x_0y_0z_0$ 中的绝对坐标为：

$$\begin{bmatrix}x_0\\y_0\\z_0\\1\end{bmatrix}=\boldsymbol{T}_0\begin{bmatrix}x_3\\y_3\\z_3\\1\end{bmatrix}=\begin{bmatrix}1&0&0&d_2\\0&\cos\theta&-\sin\theta&-e\sin\theta\\0&\sin\theta&\cos\theta&e\cos\theta+d_1\\0&0&0&1\end{bmatrix}\begin{bmatrix}d_3\\0\\0\\1\end{bmatrix}=\begin{bmatrix}d_2+d_3\\-e\sin\theta\\e\cos\theta+d_1\\1\end{bmatrix}\tag{8-5}$$

给定其它相关参数，其中 θ 作为主轴的旋转角度是一个连续变化的值。当 θ 变化时通过对式（8-5）的 x_0、y_0、z_0 计算描点，可以画出磨筒中心轴线上任意一点的三维运动轨迹。

8.2.2 偏心轴式高速摆振磨运动轨迹仿真分析

运用 Matlab 软件对上述齐次坐标变换方法得到的磨筒中心轴线上各点的绝对坐标进行编程仿真，就可以得到磨筒中心轴线上任意一点的三维空间运动轨迹，如图 8-3 所示，在磨筒径向截面上的平面运动轨迹如图 8-4 所示。其中取变量 $d_1=50\text{mm}$，$d_2=100\text{mm}$，$e=10\text{mm}$，$d_3=0\sim100\text{mm}$ 变化，θ 角从 0°到 360°每隔 1°取值。

根据图形可以看出，磨筒中心轴线上任意一点绕 x 轴做椭圆形的摆动，但该运动只是将磨筒与偏心轴视为固定在一起的情况下各点的运动，而与偏心轴的相对运动（也即空间球铰连接副所表示的振动）需要进一步通过动力学分析才能推导得到。

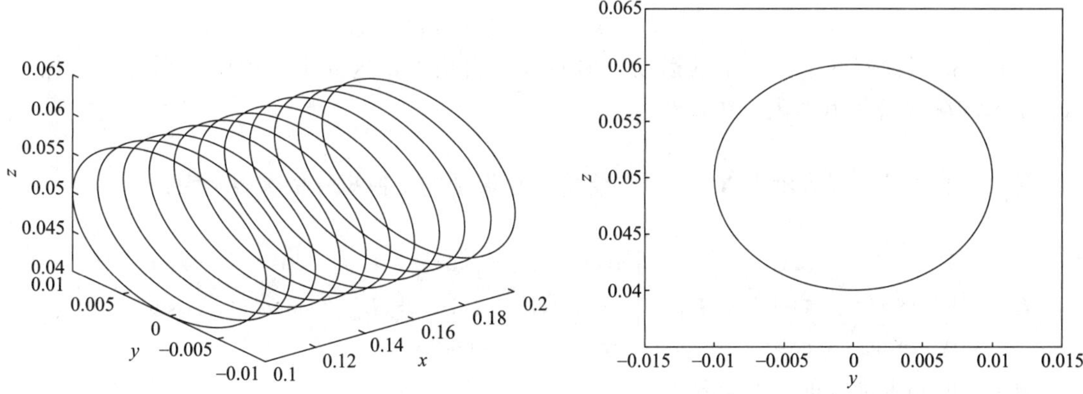

图 8-3　磨筒中心轴线各点三维运动轨迹　　图 8-4　磨筒中心轴线各点 y、z 平面运动轨迹

在对偏心轴式高速摆振磨进行合理简化的基础上，构建了磨机的三维空间坐标，然后应用齐次坐标变换推导了磨筒各截面中心坐标，运动仿真结果显示磨筒的运动轨迹是椭圆形摆动，这主要是由偏心轴的转动引起的。在不考虑磨筒中物料的基础上，先对偏心轴式高速摆振磨的磨筒进行运动学分析，从而为进一步研究磨筒内磨球运动奠定基础。

8.3　偏心轴式高速摆振磨动力学建模与仿真

8.3.1　偏心轴式高速摆振磨动力学建模

运用拉格朗日方法进行动力学分析同样会使用坐标变换方法，尤其是使用坐标变换方法求解系统的动能和势能较为简便且具有较高准确性。根据图 8-2 所示的运动学模型，考虑到由于前两个坐标系只进行了平移，对系统的动力学影响基本可以忽略，因此进一步忽略前面两个平移坐标系，使得计算简便很多。可以得到简化的动力学模型如图 8-5 所示。

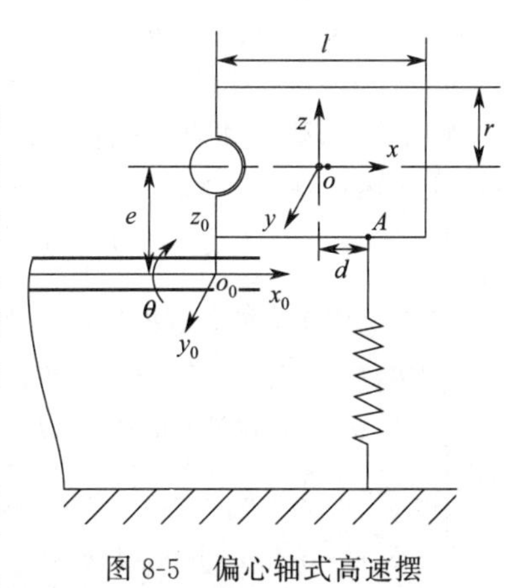

图 8-5　偏心轴式高速摆振磨的动力学模型

在省略了前两个平移坐标系后，图 8-5 中绝对坐标系 o_0-$x_0y_0z_0$ 建于主轴与偏心轴连接处，而相对坐标系 o-xyz 建于磨筒的质心处。其中 e 表示偏心轴到主轴的偏心量、主轴相对于主轴座的旋转用角度 θ 表示，这两个变量不发生变化。但是为了进一步研究磨筒各点的运动变化，在此不再使用 d_3 表示磨筒的轴向尺寸而采用 l 表示，同时引入 r 表示磨筒的径向尺寸，图上的变量 d 表示弹簧的安装位置偏移磨筒质心正下方处的距离。

从磨筒质心的相对坐标系 o-xyz 到主轴与偏心轴连接处的绝对坐标系 o_0-$x_0y_0z_0$ 依次要经过沿 x 方向平移 $l/2$，然后沿 z 方向平移 e，以及绕 x 轴转动 $\theta=\omega t$，因此变换矩阵分别表示为：

$$\boldsymbol{V}_1=\begin{bmatrix} l/2 \\ 0 \\ 0 \end{bmatrix},\boldsymbol{V}_2=\begin{bmatrix} 0 \\ 0 \\ e \end{bmatrix},\boldsymbol{R}=\begin{bmatrix} 1 & 0 & 0 \\ 0 & \cos\theta & -\sin\theta \\ 0 & \sin\theta & \cos\theta \end{bmatrix} \tag{8-6}$$

摆振磨的磨筒有 6 个方向上的运动，即有 6 个自由度，这 6 个自由度分别为质心振动 x、y、z 和绕质心角振动 θ_x、θ_y、θ_z。

其中质心振动可以表示为 $\boldsymbol{X}=\begin{bmatrix} x \\ y \\ z \end{bmatrix}$，绕质心角振动的变换矩阵依次表示为：

$$\boldsymbol{L}_1=\begin{bmatrix} 1 & 0 & 0 \\ 0 & \cos\theta_x & -\sin\theta_x \\ 0 & \sin\theta_x & \cos\theta_x \end{bmatrix},\boldsymbol{L}_2=\begin{bmatrix} \cos\theta_y & 0 & -\sin\theta_y \\ 0 & 1 & 1 \\ \sin\theta_y & 0 & \cos\theta_y \end{bmatrix},\boldsymbol{L}_3=\begin{bmatrix} \cos\theta_z & -\sin\theta_z & 0 \\ \sin\theta_z & \cos\theta_z & 0 \\ 0 & 0 & 1 \end{bmatrix}$$

则绕质心角振动总的变换矩阵为：

$$\begin{aligned} \boldsymbol{K}&=\boldsymbol{L}_1\boldsymbol{L}_2\boldsymbol{L}_3 \\ &=\begin{bmatrix} 1 & 0 & 0 \\ 0 & \cos\theta_x & -\sin\theta_x \\ 0 & \sin\theta_x & \cos\theta_x \end{bmatrix}\begin{bmatrix} \cos\theta_y & 0 & -\sin\theta_y \\ 0 & 1 & 1 \\ \sin\theta_y & 0 & \cos\theta_y \end{bmatrix}\begin{bmatrix} \cos\theta_z & -\sin\theta_z & 0 \\ \sin\theta_z & \cos\theta_z & 0 \\ 0 & 0 & 1 \end{bmatrix} \\ &=\begin{bmatrix} \cos\theta_y\cos\theta_z & -\cos\theta_y\sin\theta_z & -\sin\theta_y \\ a_{11} & a_{12} & -\sin\theta_x\cos\theta_y \\ a_{21} & a_{22} & \cos\theta_x\cos\theta_y \end{bmatrix} \end{aligned} \tag{8-7}$$

其中：$a_{11}=-\sin\theta_x\sin\theta_y\cos\theta_z+\cos\theta_x\sin\theta_z$

$a_{12}=\sin\theta_x\sin\theta_y\sin\theta_z+\cos\theta_x\cos\theta_z$

$a_{21}=\cos\theta_x\sin\theta_y\cos\theta_z+\sin\theta_x\sin\theta_z$

$a_{22}=-\cos\theta_x\sin\theta_y\sin\theta_z+\sin\theta_x\cos\theta_z$

将系统总动能和总势能代入拉格朗日方程，再将线性阻尼力作为外部干扰力，可得到偏心轴式高速摆振磨系统的六自由度动力学方程，如下：

$$\begin{cases} m\ddot{x}+c_x\dot{x}+k_x x+k_x r\sin\theta_y+k_x d\cos\theta_z(\cos\theta_y-1)=0 \\ m\ddot{y}+c_y\dot{y}+k_y y+me\omega 2\sin(\omega t)+k_y r\cos[(\omega t)]\sin\theta_x\cos\theta_y \\ +k_y r[\sin(\omega t)](\cos\theta_x\cos\theta_y-1)+k_y d[\cos(\omega t)](\cos\theta_x\sin\theta_z-\sin\theta_x\cos\theta_z\sin\theta_y) \\ -k_y d[\sin(\omega t)](\sin\theta_x\sin\theta_z+\cos\theta_x\cos\theta_z\sin\theta_y)=0 \\ m\ddot{z}+c_z\dot{z}+k_z z-me\omega 2\cos(\omega t)+mg+k_z r[\sin(\omega t)]\sin\theta_x\cos\theta_y \\ -k_z r[\cos(\omega t)](\cos\theta_x\cos\theta_y-1)+k_z d[\sin(\omega t)](\cos\theta_x\sin\theta_z-\sin\theta_x\cos\theta_z\sin\theta_y) \\ +k_z d[\cos(\omega t)](\sin\theta_x\sin\theta_z+\cos\theta_x\cos\theta_z\sin\theta_y)=0 \\ J_x\ddot{\theta}_x+c_{x_2}\dot{\theta}_x+f_{x_1}\sin(\omega t)+f_{x_2}\cos(\omega t)+f_{x_3}=0 \\ J_y\ddot{\theta}_y+c_{y_2}\dot{\theta}_y+f_{y_1}\sin(\omega t)+f_{y_2}\cos(\omega t)+f_{y_3}=0 \\ J_z\ddot{\theta}_z+c_{z_2}\dot{\theta}_z+f_{z_1}\sin(\omega t)+f_{z_2}\cos(\omega t)+f_{z_3}=0 \end{cases} \tag{8-8}$$

通过计算得到的 6 个自由度的动力学方程十分的复杂，因此使用式中的 f_{x_1}、f_{x_2}、f_{x_3}、f_{y_1}、f_{y_2}、f_{y_3}、f_{z_1}、f_{z_2}、f_{z_3} 分别表示 6 个自由度与 k_x、k_y、k_z 及 d，r 之间复杂的耦合项，在此不再详细列出。

8.3.2　偏心轴式高速摆振磨振动轨迹仿真分析

经过拉格朗日推导得到磨机的六自由度方程后，对 6 个动力学方程中的具体参数进行赋值，再通过计算得到磨筒的位移、速度随时间变化的变化形态。

首先以质量 m 无量纲化，则刚度取为 $k_z=\left(\frac{\omega}{3}\right)^2 m$，$k_x=k_y=0.2k_z$，阻尼比取为 0.3，则各阻尼计算如下：$c_x=2\times0.3\sqrt{k_x m}$，$c_y=2\times0.3\sqrt{k_y m}$，$c_z=2\times0.3\sqrt{k_z m}$，$c_{x_2}=2\times0.3\sqrt{k_y r^2 J_x}$，$c_{y_2}=2\times0.3\sqrt{(k_x r^2+k_z d^2)J_y}$，$c_{z_2}=2\times0.3\sqrt{k_y d^2 J_z}$。

其次给定参数 $\omega=105\text{rad/s}$，$l=100\text{mm}$，$r=40\text{mm}$，当 d 取 0、$l/4$ 和 $-l/4$ 时分别对动力学方程进行数值仿真，得到时间速度、角速度波形结果，如图 8-6 所示，时间位移、角位移波形结果如图 8-7 所示。

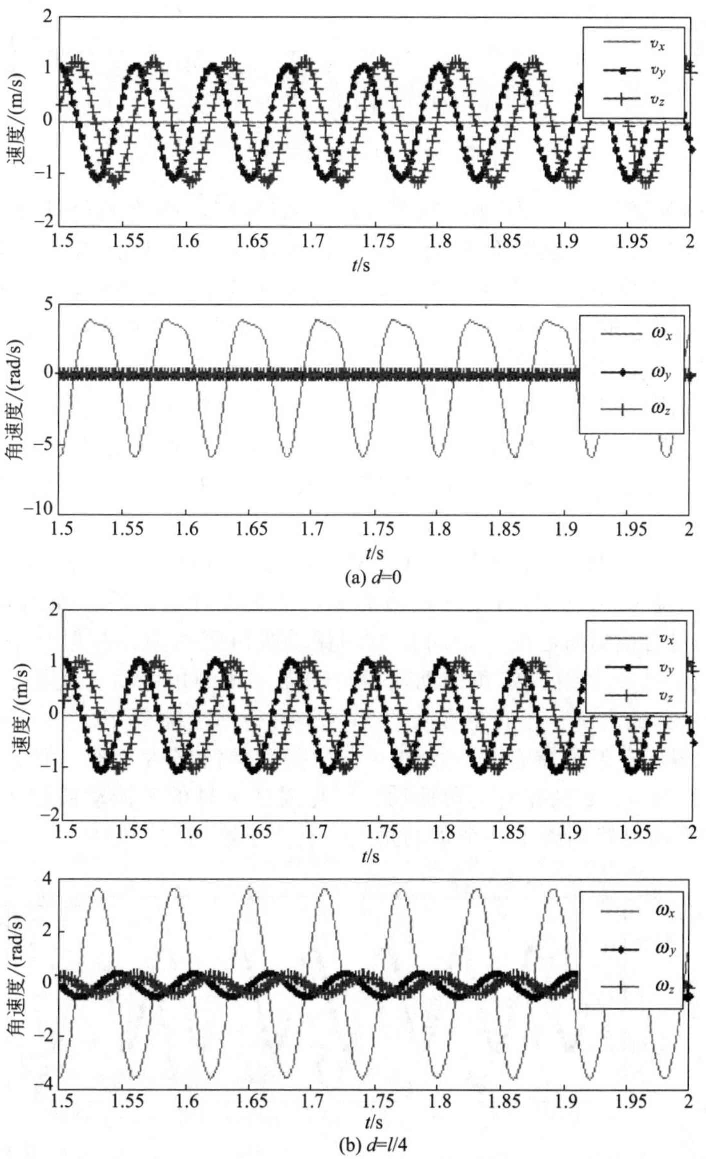

图 8-6

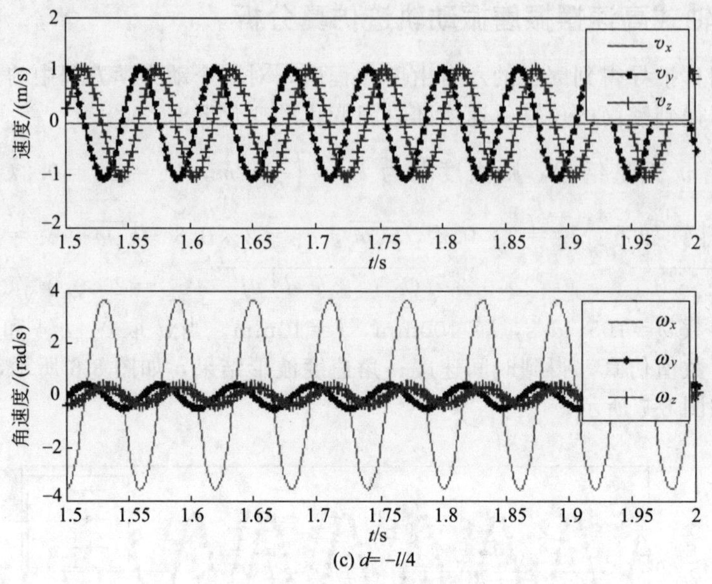

(c) $d=-l/4$

图 8-6 时间速度波形图

对比图 8-6 中的图（a）、图（b）和图（c）可以发现，磨筒的运动速度主要为沿径向的 y、z 方向振动以及绕 x 轴的角振动。从三幅图中可以发现轴向 x 方向的速度全部为 0，而沿 y、z 方向的速度则几乎完全相同；当弹簧位于 $d=0$ 处时，绕 y、z 方向的角振动虽然有微小的幅值但也几乎为 0，而位于两侧时则有较为明显的振动；绕质心的角振动主要是绕 x 轴的振动，当 $d=0$ 时波形不是较为规整的正弦波形，与 $d=l/4$ 以及 $d=-l/4$ 相比角速度的幅值要稍大一些。$d=l/4$ 与 $d=-l/4$ 时绕 x 轴的振动完全相同，而绕 y、z 方向的角振动二者幅值基本相等，但相位差 90°，同时两种情况下相对应绕 y 方向以及绕 z 方向的波形也相差 90°。进一步研究弹簧的安装位置的影响，就要分析磨筒的时间位移关系。

如图 8-7(a) 所示，当 $d=0$ 弹簧位置正对质心时，轴向 x 方向上的振动幅值为零，平衡位置也为零；围绕 y、z 轴的角振动幅值为零，平衡位置也为零。如图 8-7(b) 所示，当 $d=l/4$ 弹簧位置向右偏离质心时，轴向 x 方向振动幅值仍然为零，但是平衡位置向左偏离了一个常数；围绕 y、z 轴有一定角振动，但与围绕 x 轴的角振动相比幅值很小，而围绕 y 轴角振动的平衡位置偏离了一个正的角度，相当于磨筒向上倾斜了。如图 8-7(c) 所示，当 $d=-l/4$ 弹簧位置向左偏离质心时，轴向 x 方向振动幅值仍然为零，但是平衡位置向右偏离了一个常数；围绕 y、z 轴有一定角振动，但与围绕 x 轴的角振动值相比幅值很小，而围绕 y 轴角振动的平衡位置偏离了一个负的角度，相当于磨筒向下倾斜了。

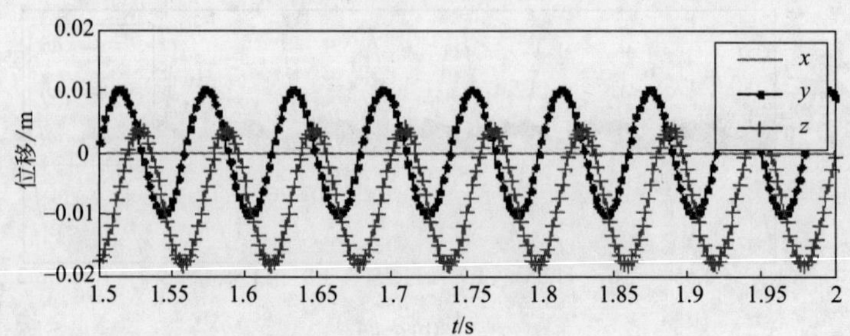

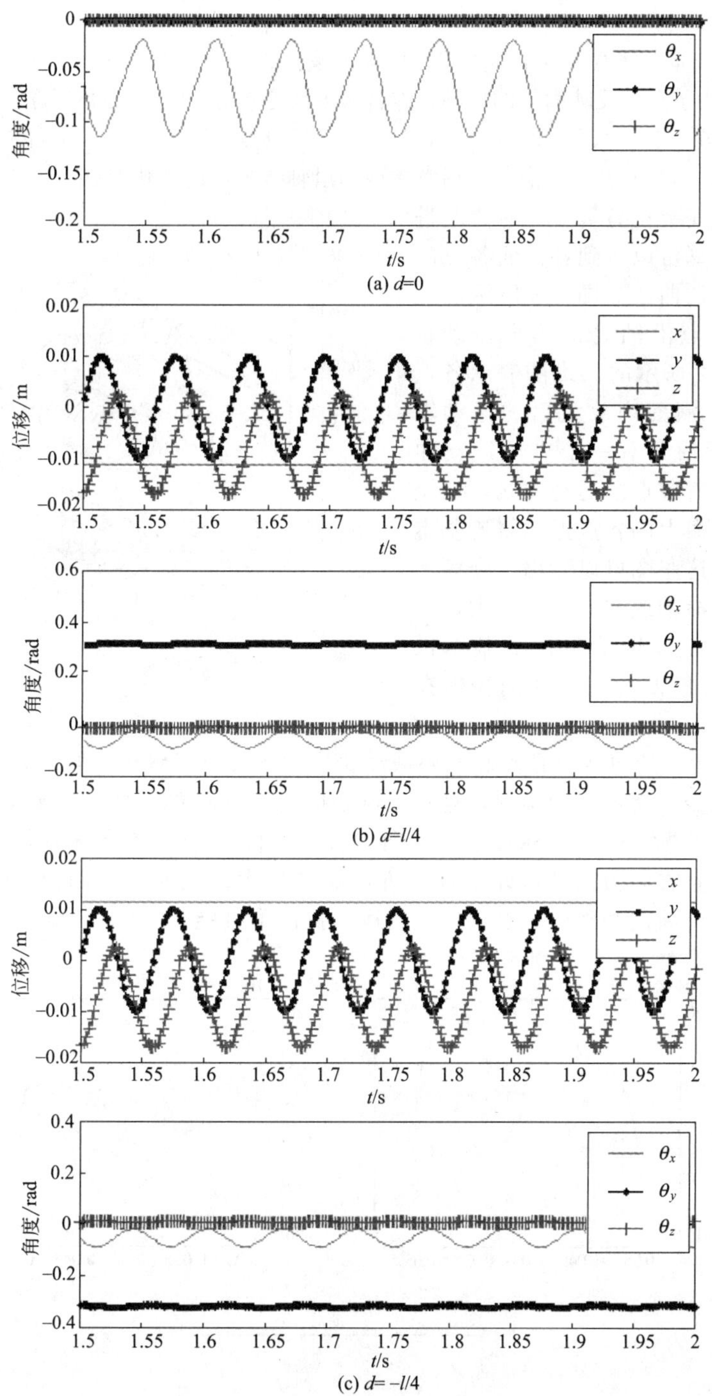

(a) d=0

(b) d=l/4

(c) d= −l/4

图 8-7　时间位移波形图

总体可以看出，振动主要在径向 y、z 方向上，二者幅值基本相等，但相位差 90°，而在轴向 x 方向上几乎没有振动；角振动主要围绕 x 轴，其他两个轴线的角振动基本没有；弹簧位置相对质心的偏离主要影响振动的平衡位置，引起磨筒的角度倾斜。

运动分析时只得到了磨筒在 6 个自由度方向上的速度、位移随时间的变化，但是没有直观地展现出磨筒在空间上的运动轨迹，分析磨筒的空间振动轨迹可以更加清晰地对磨筒的运动进行分析。

若已知磨筒筒体上任意一点坐标为 P，可求出该点的振动为 $P'=K\times P+K$，然后据此可以画出振动轨迹。为了全面反映筒体的振动，综合考虑质心振动和绕质心角振动，在径向截面内分别取筒体中心（d_3，0，0）、上顶点（d_3，0，r）、下顶点（d_3，0，$-r$），左顶点（d_3，$-r$，0）、右顶点（d_3，r，0）共 5 个点，然后考虑截面沿轴线方向的变化取 $d_3=-50\sim50$mm。

首先对弹簧安装位置 $d=0$ 的情况进行仿真，通过仿真可以得到各截面各点的三维以及二维运动曲线。图 8-8 所示的三维图表示磨筒各点沿轴线 x 方向振动轨迹的变化，图 8-9 所示的二维图表示各点在径向（y，z）截面内放大后的振动轨迹，而图中显示的只有一个点的运动曲线，实际上包含着各点的运动曲线，这是因为轴向不同截面上的各点振动轨迹基本重叠在一起。由这些图可以看出，磨筒上各点的振动轨迹沿轴线方向变化不大，这主要是因为绕 y、z 轴的角振动基本没有，而绕 x 轴的角振动主要影响径向振动轨迹的变化。

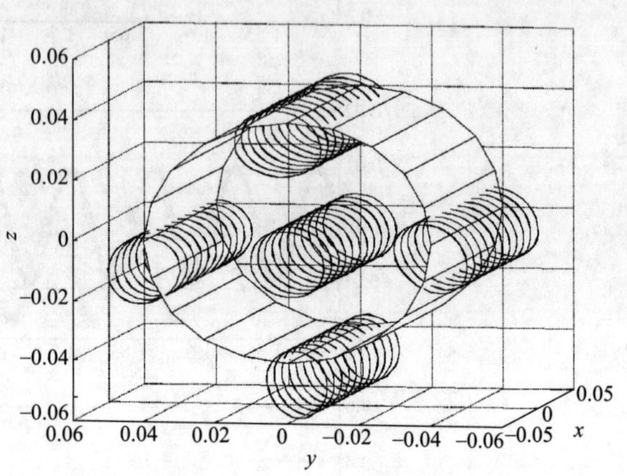

图 8-8　$d=0$ 磨筒轴线 x 方向振动轨迹变化图

如图 8-9 所示，通过四个顶点和质心振动轨迹的比较可以看出，质心处振动轨迹近似为圆；左右顶点处振动轨迹均为椭圆，且左顶点处振动轨迹向右倾斜，右顶点处振动轨迹向左倾斜；而上顶点处振动轨迹的椭圆水平方向为长轴，即水平 y 方向振动较大；下顶点处振动轨迹的椭圆垂直方向为长轴，即垂直 z 方向振动较大。截面内不同位置处具有不同形状的振动轨迹，为磨筒内磨球产生复杂形式的运动提供了可能。

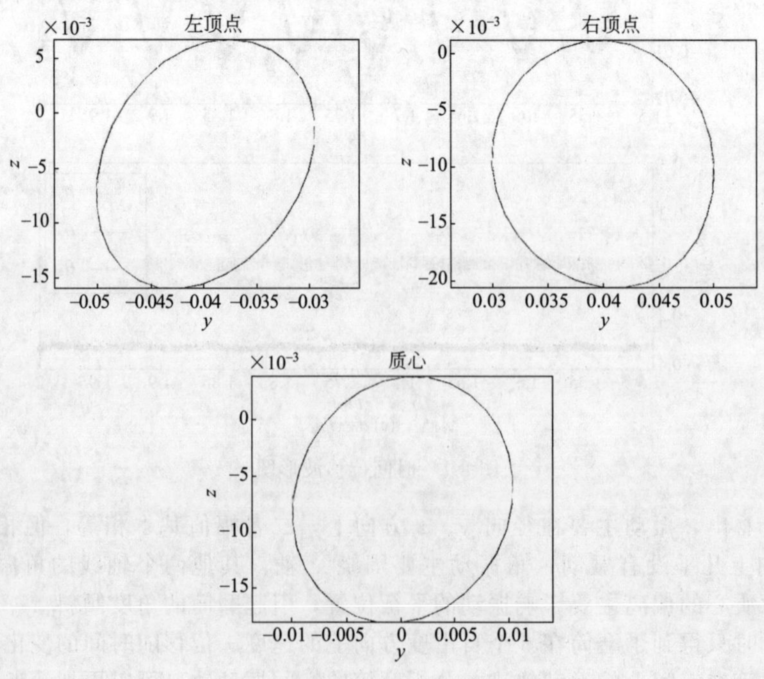

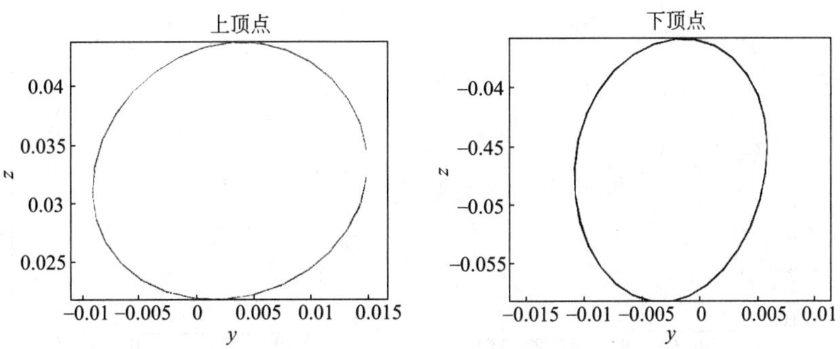

图 8-9　$d=0$ 磨筒径向（y，z）截面内各点振动轨迹图

再对弹簧安装位置 $d=-l/4$ 时进行仿真，磨筒沿轴线 x 方向振动轨迹如图 8-10 所示，在径向（y，z）截面内放大后的振动轨迹如图 8-11 所示。

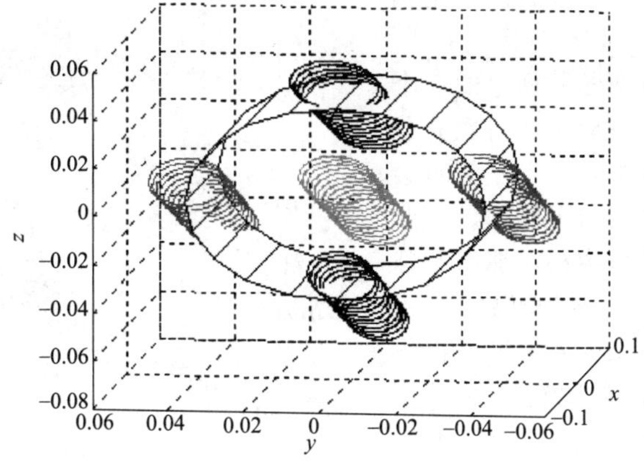

图 8-10　$d=-l/4$ 磨筒轴线 x 方向振动轨迹变化图

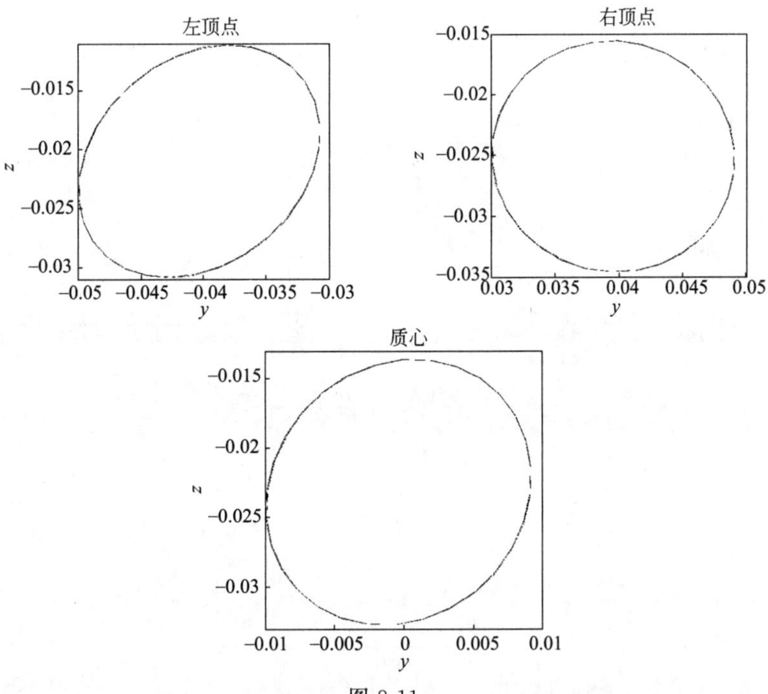

图 8-11

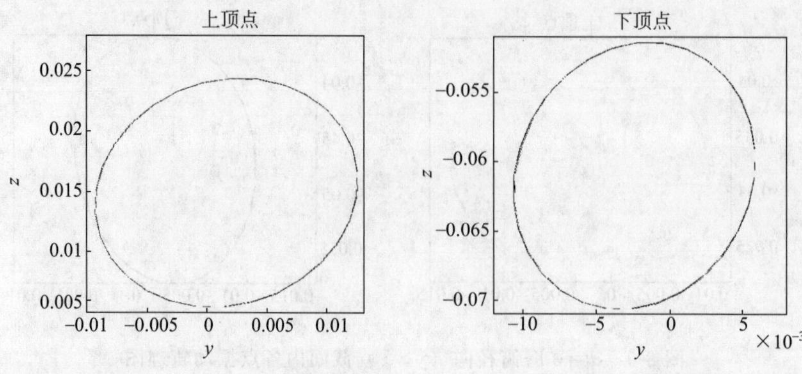

图 8-11 $d=-l/4$ 磨筒径向（y，z）截面内各点振动轨迹图

在上一节磨筒的振动波形分析中已经得到，当 $d=-l/4$ 弹簧位置向左偏离质心时磨筒向下倾斜了，根据图 8-10 所示的磨筒沿着轴线 x 方向各截面上的 5 个点振动轨迹依次沿着 z 轴向下，再次充分证明了弹簧安装在磨筒质心下方左侧时会使得在稳定工作后的磨筒向下倾斜。而此时如果磨筒中装有磨球与物料，那么磨球与物料就可能会向磨筒的尾部堆积。

再对弹簧安装位置 $d=l/4$ 时进行仿真，磨筒沿轴线 x 方向振动轨迹如图 8-12 所示，在径向（y，z）截面内放大后的振动轨迹如图 8-13 所示。

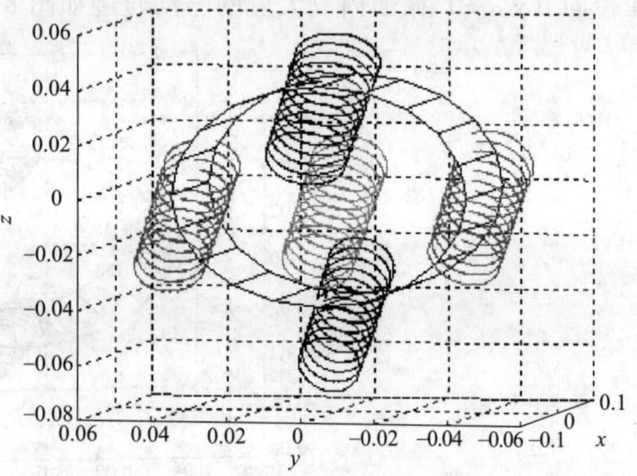

图 8-12 $d=l/4$ 磨筒轴线 x 方向振动轨迹变化图

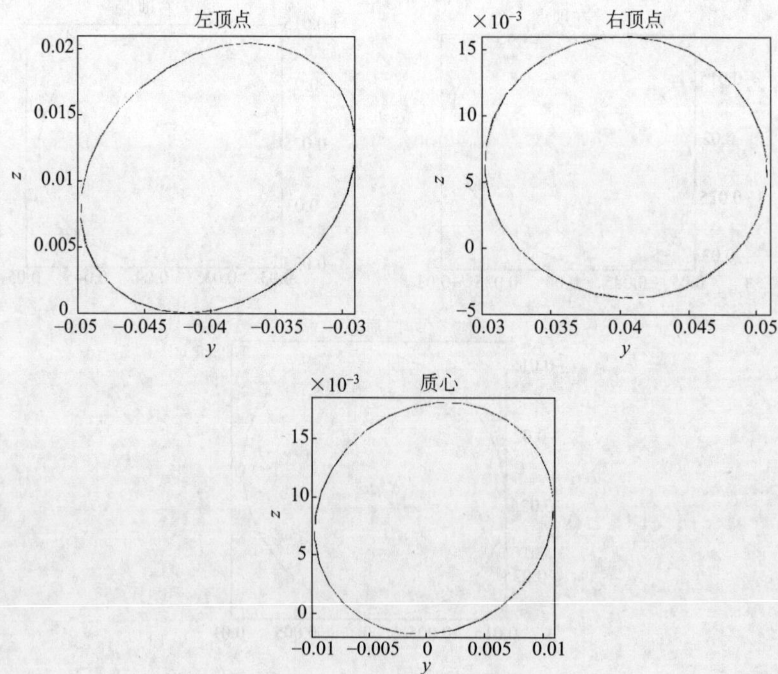

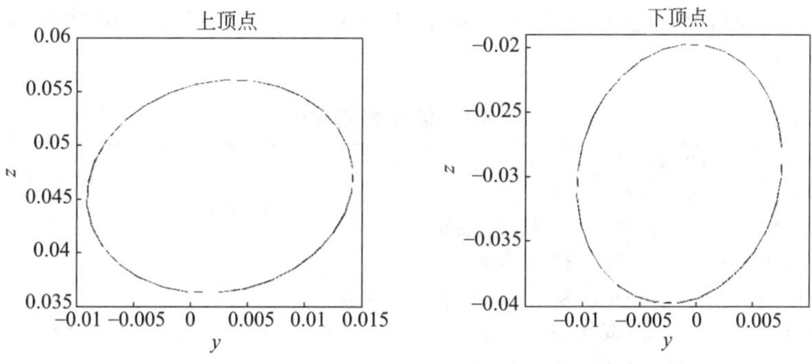

图 8-13　$d=l/4$ 磨筒径向（y，z）截面内各点振动轨迹图

弹簧位于 $d=-l/4$ 与 $d=l/4$ 时磨筒的振动轨迹相反。根据图 8-12 所示的三维图可以得到稳定工作后磨筒沿着轴线 x 方向各截面上的 5 个点振动轨迹依次沿着 z 轴向上，这也符合磨筒的振动波形分析中得到的分析结果。但比起数据分析，图形分析更加直观清晰，若此时磨筒中装有物料及磨球，则物料和磨球将会向磨筒前端堆积。

对比图 8-11 与图 8-13 所示的磨筒径向（y，z）截面内各点振动轨迹图可以发现，当弹簧位于 $d=-l/4$ 和 $d=l/4$ 时与位于 $d=0$ 时各个点的振动轨迹的形状几乎没有差别，同样都是质心所在直线的各点轨迹近似为圆，左顶点向右倾斜而右顶点向左倾斜，上顶点椭圆水平方向为长轴，下顶点椭圆垂直方向为长轴。此外，不同安装位置处磨筒各截面各点的振动轨迹振幅也相差不大，因此可以得到弹簧的安装位置对磨筒的振动强度影响不大，但具体情况可以通过分析磨筒内的磨球运动情况得到。

8.4　偏心轴式高速摆振磨刚散耦合建模与仿真

8.4.1　偏心轴式高速摆振磨刚散耦合建模

利用 PFC3D5.0 软件实现刚散系统建模的基本思路为：根据 DEM 的基本思想运用 PFC3D 软件的语言编制振动系统运动的程序，给系统刚体赋予质量和运动属性，并根据散体所受接触力的大小实时更新其速度及位移，从而对磨机刚散耦合动力学特性进行研究。

PFC3D5.0 模拟仿真磨筒中的磨球运动，需要生成磨筒和磨球、设置相关参数并使球自然堆积，设定接触模型并给磨筒施加速度使其运动，最后进行计算并进行磨球位移、速度、加速度等的追踪。

（1）磨筒与磨球建模

摆振磨的磨筒是圆柱体，根据要模拟仿真的摆振磨，建立直径 80mm、筒长 100mm 的圆柱体筒体模型，并且两端有端盖封闭。圆柱体及两端面均为墙体元素，而在 PFC3D5.0 中墙体作为刚体是不能直接在其上定义作用力的，需要施加速度以使其运动。在生成圆柱体后直接定义墙体的材料属性。初始时刻圆柱体的速度为 0。根据参考文献《散料振动系统的刚散耦合动力学研究》，设置墙体模型相关参数如表 8-1 所示。

表 8-1　墙体仿真模型参数

参数名称	参数取值	参数名称	参数取值
筒体直径/m	0.08	墙体切向刚度/(N/m)	1.0×10^{8}
筒体长度/m	0.1	墙体摩擦系数	0.2
墙体法向刚度/(N/m)	1.0×10^{8}	墙体初始速度/(m/s)	0

PFC3D5.0生成墙体的程序与低版本有较大区别，但更为简单。墙体生成的相关程序如表8-2所示。

表8-2 墙体生成程序

```
wall generate…          ;生成墙体
    cylinder …          ;圆柱体
        axis 1 0 0…         ;圆柱中心轴所指方向
        base 0 0 0…         ;圆柱体原点位置
        cap true true…      ;true为有端盖,fauls为无端盖
        height 0.1…         ;高度(筒体长度)
onewall…                ;端盖与侧面墙体是否为一体
        radius 0.04…        ;筒体半径
resolution 0.1          ;模型清晰度
wall attribute xcentrotation 0.05…
ycentrotation 0…
zcentrotation 0         ;定义中心点
wall property  kn=1e8  ks=1e8  fric=0.2   ;墙体法向刚度、切向刚度、摩擦系数
```

接下来可以生成并定义磨球的模型。球磨机工作常用的磨球为钢球，由于实际中磨筒的体积较小，所以一般配比的球也较小。为了提高研磨效率，磨筒内会装入大小不同的磨球，大球的主要作用是砸碎粗磨料，小球则用于磨细和研磨，使物料达到要求。经查阅相关网站，销售厂家所配置的磨球尺寸为ϕ6mm、ϕ10mm、ϕ20mm的钢球。设置墙体模型相关参数如表8-3所示。

表8-3 散体仿真模型参数

参数名称	参数取值	参数名称	参数取值
钢球直径/mm	6、10、20	钢球切向刚度/(N/m)	6.4×10^5
钢球质量	合计约300g	钢球摩擦系数	0.2
钢球法向刚度/(N/m)	1.6×10^6	钢球密度/(kg/m^3)	7800

磨筒中的钢球无需按顺序排列，因此不同大小的钢球可一起在一定的空间范围内生成，而后定义重力加速度，钢球会在重力加速度的作用下做自由落体运动，然后以自然堆积的形式落在筒体的底部。散体生成的相关程序如表8-4所示。

表8-4 散体生成程序

```
  ball generate n 57 radius 0.005  range cylinder end1 (0.0,0.0,0.0)…
        end2 (0.1,0.0,0.0) radius 0.035  ;生成57个直径为10mm的球
  ball generate n 114 radius 0.003  range cylinder end1 (0.0,0.0,0.0)…
        end2 (0.1,0.0,0.0) radius 0.035  ;生成114个直径为6mm的球
ball attribute density 7800.0   ;钢球密度
ball property  kn=1.6e6  ks=6.4e5  fric=0.2   ;钢球法向刚度、切向刚度、摩擦系数
set gravity 0 0 -9.81     ;重力加速度
cycle 3000     ;计算3000个时步
set timestep scale      ;
solve arat 1e-1     ;
set timestep auto      ;
solve time 1     ;
```

要成为可以运行的正确程序，PFC3D5.0首先要定义域，然后在生成墙体和散体之前选择接触模型。参考文献《基于三维离散单元法的磨球介质工作参数研究》设置接触模型的相关参数如表8-5所示，程序如表8-6所示。

表 8-5　接触模型参数

参数名称	参数取值	参数名称	参数取值
球-球接触法向刚度/(N/m)	4×10^5	墙-球接触法向刚度/(N/m)	4×10^5
球-球接触切向刚度/(N/m)	4×10^5	墙-球接触切向刚度/(N/m)	4×10^5
球-球接触摩擦系数	0.389	墙-球接触摩擦系数	0.142
球-球接触法向临界阻尼	0.3	墙-球接触法向临界阻尼	0.3
球-球接触切向临界阻尼	0.3	墙-球接触切向临界阻尼	0.3

表 8-6　接触模型程序

```
domain extent -0.05  0.15   ;定义域的范围(x、y、z 相同)
cmat default type ball-ball model linear…  ;球-球线性接触:法相刚度、切向刚度、摩擦系数
property  kn 4e5  ks 4e5  fric 0.389  dp_nratio 0.3  dp_sratio 0.3  ;法向临界阻尼、切向临界阻尼
cmat default type ball-facet model linear…  ;墙-球线性接触:法向刚度、切向刚度、摩擦系数
    property  kn 4e5  ks 4e5  fric 0.142  dp_nratio 0.3  dp_sratio 0.3  ;法向临界阻尼、切向临界阻尼
```

此时筒体未施加速度，运行结果如图 8-14 所示。在没有给筒体施加任何方向速度的情况下仅靠重力加速度形成的自然堆落，是无规则的。而超出域范围的模型是不会显示的。

(2) 筒体速度施加并记录

根据磨筒的运动学分析可以知道，磨筒是由主轴带动偏心轴运动形成摆振的，所以不是单纯的平动和转动。在球体基本处于稳定状态后，给筒体施加速度。由于在磨筒的动力学分析过程中已经得到球磨筒质心振动在沿 x、y、z 三个方向的速度以及质心角振动绕 x、y、z 三个方向的角速度，因此需将所得到的数据导入 PFC3D5.0 中实现筒体的运动从而带动球体的运动。在将数据导入之前要将每一组数据分别存入 txt 文件中，再分别为每一组数据命名，在完成命名后运行程序，查看画图条目中的 table 项，速度和角速度与时间关系的曲线图见磨筒的动力学分析。速度和角速度数据导入程序如表 8-7 所示。

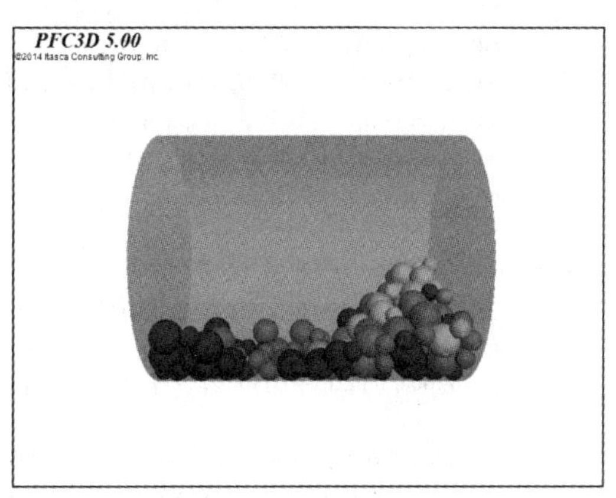

图 8-14　偏心轴式高速摆振磨的 DEM 刚散耦合模型

表 8-7　数据导入程序

```
table 1 read velocity_X.txt     ;沿 x 轴速度
table 2 read velocity_Y.txt     ;沿 y 轴速度
table 3 read velocity_Z.txt     ;沿 z 轴速度
table 4 read spin_X.txt         ;绕 x 轴角速度
table 5 read spin_Y.txt         ;绕 y 轴角速度
table 6 read spin_Z.txt         ;绕 z 轴角速度
```

由于给筒体施加的速度和角速度不是直接给定数据而是通过导入的数据施加，因此需要通过 fish 语言来实现。其中由于在动力学分析中建立的坐标系 y 轴的正方向与 PFC3D5.0 中默认的方向相反，因此在程序编写时要变换方向。该程序包括两个函数，一是加载速度和角速度的函数，二是加载的主函数。程序如表 8-8 所示。

表 8-8 速度施加程序

```
define add_velocity_spin;加载函数
whilestepping;每计算一步函数调用一次
    real_time0 = mech. age
Wall_Xvelocity_Applied = table(1,real_time0)    ;设定速度与时间关系
Wall_Yvelocity_Applied = table(2,real_time0)
Wall_Zvelocity_Applied = table(3,real_time0)
Wall_Xspin_Applied = table(4,real_time0)    ;设定角速度与时间关系
Wall_Yspin_Applied = table(5,real_time0)
Wall_Zspin_Applied = table(6,real_time0)
    if real_time0 > length1 then
Wall_Xvelocity_Applied = 0    ;速度清 0
Wall_Yvelocity_Applied = 0
Wall_Zvelocity_Applied = 0
Wall_Xspin_Applied = 0    ;角速度清 0
Wall_Yspin_Applied = 0
Wall_Zspin_Applied = 0
endif
wall. vel. x(wp1) = Wall_Xvelocity_Applied;墙体速度赋值与函数
wall. vel. y(wp1) = -Wall_Yvelocity_Applied
wall. vel. z(wp1) = Wall_Zvelocity_Applied
wall. spin. x(wp1) = Wall_Xspin_Applied;墙体角速度赋值与函数
wall. spin. y(wp1) = -Wall_Yspin_Applied
wall. spin. z(wp1) = Wall_Zspin_Applied
end

defmake_loading;主函数
    global grav_const = 9.81    ;设定重力加速度
    global time_gap = 0.0020020020    ;设定速度与角速度数据点时间间隔
    global length1 = table. size(1) * time_gap;设定速度和角速度清 0 时间

    global Wall_Xvelocity_Applied = 0;获取指针后设定墙体速度
    global Wall_Xvelocity_Applied = 0
    global Wall_Xvelocity_Applied = 0
    global Wall_Xspin_Applied = 0    ;设定墙体角速度
    global Wall_Yspin_Applied = 0
    global Wall_Zspin_Applied = 0
    global wp1 = wall. find(1)    ;获取墙体指针
    command
        solve time 10    ;设定运行时间
endcommand
end
set mech age 0.0    ;建模累计时间清 0
```

在刚体运动的同时，散体会随之更新速度和位移，这都是软件内部自动运行的，我们只在需要研究散体运动状态时，提取散体的位移、受力和动能等，具体方法步骤如表 8-9。

表 8-9 数据记录程序

```
history id 1 mechanical solve time    ;与 solve time 变化规律一样,监测时间变换曲线

ball history id 2 contactforce id 1    ;记录 1 号磨球的接触力
ball history id 3xdisplacement id 1    ;记录 1 号磨球 x 方向位移
```

续表

ball history id 4ydisplacement id 1	;记录 1 号磨球 y 方向位移
ball history id 5zdisplacement id 1	;记录 1 号磨球 z 方向位移
wall history id 200 xcontactforce id 1	;记录墙体 x 方向受力
wall history id 201 ycontactforce id 1	;记录墙体 y 方向受力
wall history id 202 zcontactforce id 1	;记录墙体 z 方向受力
set energy on	
history id 300 mechanical energy ekinetic	;记录每个磨球平均动能
history id 301 mechanical energy eboundary	;记录每个磨球平均边界能
history id 302 mechanical energy ebody	;记录每个磨球平均体能
history id 303 mechanical energy eslip	;记录每个磨球平均滑动能

将运动分析中所得磨筒运动速度导入 PFC3D5.0 中作为磨筒运动的原动力，运行程序即可以观察磨球的运动状态。偏心轴式高速摆振磨在运动仿真后所记录的相关数据均已储存到 PFC3D 相应的 history 文件中，这些数据的数量非常多，因此数据的处理是十分重要的。可以将运动状态的各种数据导出，存储为 txt、excel 等格式放到指定文件下，方便程序运行完毕以后的研究。在一些数据中存在着负数，那么这些数据则表示着负方向上的作用，可取其绝对值来表示大小进行比较。

针对磨球直径与磨球配比、振动频率和振幅对摆振磨效果的影响，要采用合理的科学试验方法进行分析。现将仿真分为两个主要分支，大振幅、低频率及小振幅、高频率，配合不同配比组合的磨球研究工作参数对摆振磨效果的影响。

（1）工作参数选取

球料比是影响偏心轴式高速摆振磨过程以及最终形成物的非常重要的一个参数。一般容量较小的球磨机球料比通常使用（10～30）：1，而对于大容量的球磨机，如搅拌球磨机常用的球料比为（70～200）：1。球料比影响的是磨球撞击粉末的概率，磨球数量过少，撞击粉末的次数会大大减少，而随着磨球数量的增加，对粉末的撞击机会增加，可以加快机械合金化的发生。但球料比不是越大越好，磨球数量过大会增加磨球与磨球以及磨球与磨筒内壁碰撞的次数，这会使磨球磨损而在粉末中引入杂质，同时粉末会黏附在磨球表面而不利于出粉。现选取 10：1 的球料比进行仿真分析，假设加入金属粉末 30g，为了研究加入磨筒中的不同直径、不同配比组合的磨球的影响，将直径为 6mm、10mm、20mm 的磨球以三种不同配比组合方式进行分析。

① 6mm 磨球 114 个，10mm 磨球 57 个，约 333g。

② 6mm 磨球 156 个，20mm 磨球 6 个，约 333g。

③ 6mm 磨球 120 个，10mm 磨球 24 个，20mm 磨球 4 个，约 334g。

摆振磨的转速控制磨筒的振动频率，现与不同配比的磨球组合相结合，分别选取高转速（n=1500r/min）及低转速（n=1000r/min）。通过改变偏心摆轴的长度来改变磨筒的振幅，现选取 2 个（5mm、10mm）偏心摆轴的长度。根据陈振华所著的《机械合金化与固液反应球磨》一书中所描述振动球磨机关于大振幅、低转速还是小振幅、高转速可以提高振动强度，现将转速与振幅分为两种情况：

高转速、小振幅组合：转速 1500r/min、偏心轴长度 5mm。

低转速、大振幅组合：转速 1000r/min、偏心轴长度 10mm。

（2）仿真方案确定

根据所确定的仿真参数，确定仿真组合方案如表 8-10 所示。

表 8-10 摆振磨仿真参数组合方案

因素	磨球组合	转速与偏心轴长度
1	6mm 、10mm	1000r/min、10mm
2	6mm 、10mm 、20mm	1000 r/min、10mm
3	6mm 、20mm	1000 r/min、10mm
4	6mm 、10mm	1500 r/min、5mm
5	6mm 、10mm、20mm	1500 r/min、5mm
6	6mm 、20mm	1500 r/min、5mm

根据确定的 6 组仿真方案进行仿真，主要分析每组方案中磨球的碰撞力、碰撞次数以及能量等问题。提取试验数据并通过简易的计算对数据进行处理，然后即可对所得到的结果进行对比分析，为进行实际试验提供有力的参考依据。

8.4.2 偏心轴式高速摆振磨刚散耦合仿真分析

计算机仿真软件的优点是可以通过数值模拟方便、直观地体现摆振磨以及磨筒内磨球的运动形态，同时可以精确地提取磨球的速度、位移以及受力等可以分析磨球运动状态的有效数据。在仿真过程中磨球的运动形态可以大致认为与实际中摆振磨工作时磨筒内磨球的运动形态一致。对转速 1000r/min、偏心轴长度 10mm 的三种磨球组合进行仿真，磨筒运动稳定后一个周期内的磨球运动的速度矢量分析如下。

根据图 8-15～图 8-17 所示的稳定状态时磨球运动矢量可以得到：初始运动状态是堆积在磨筒底部的磨球随着筒体向上运动，但向上运动的磨球依旧未脱离筒壁而是跟随筒体运动；当筒体运动到最大幅值处向下运动时，磨球脱离筒壁发生抛落，此时磨球未到达最高处，在惯性的作用下会继续向上运动；此后磨球在向上运动过程中会与筒壁碰撞而受到冲击向下运动，经过一段距离会再次与向上运动的筒壁发生碰撞，但磨球会随筒体再次运动一段距离后再次被抛落。

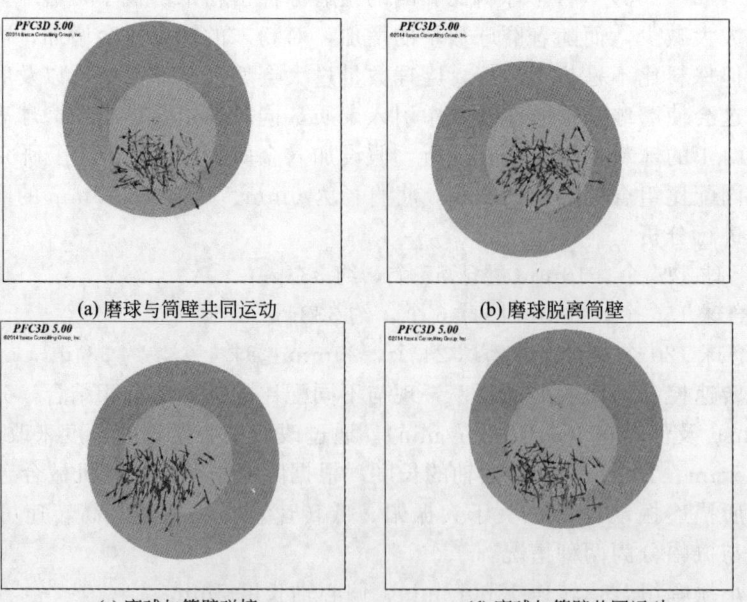

(a) 磨球与筒壁共同运动 (b) 磨球脱离筒壁

(c) 磨球与筒壁碰撞 (d) 磨球与筒壁共同运动

图 8-15 6mm 和 10mm 磨球、1000r/min、偏心轴长 10mm 的磨球速度矢量图

对比图 8-15～图 8-17 可以发现，磨球参数组合为 6mm 磨球 114 个，10mm 磨球 57 个

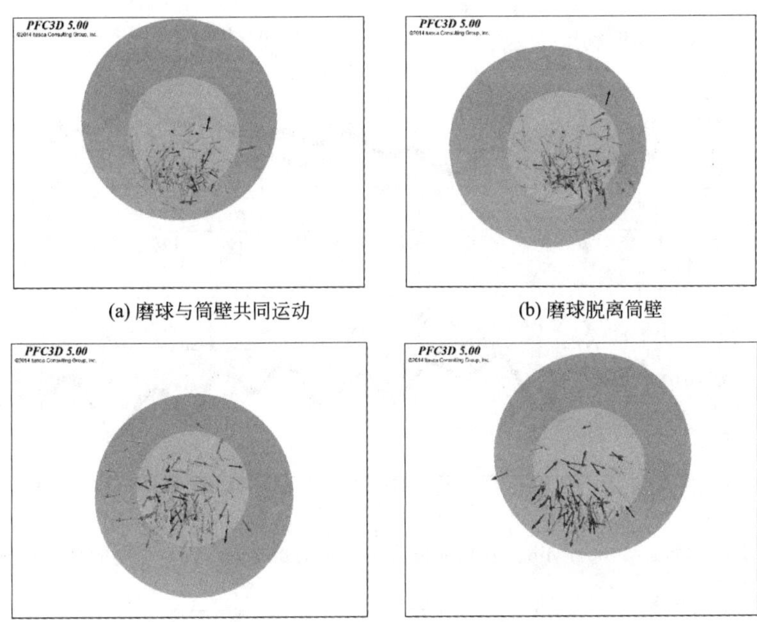

(a) 磨球与筒壁共同运动　(b) 磨球脱离筒壁

(c) 磨球与筒壁碰撞　(d) 磨球与筒壁共同运动

图 8-16　6mm、10mm 和 20mm 磨球、1000r/min、偏心轴长 10mm 的磨球速度矢量图

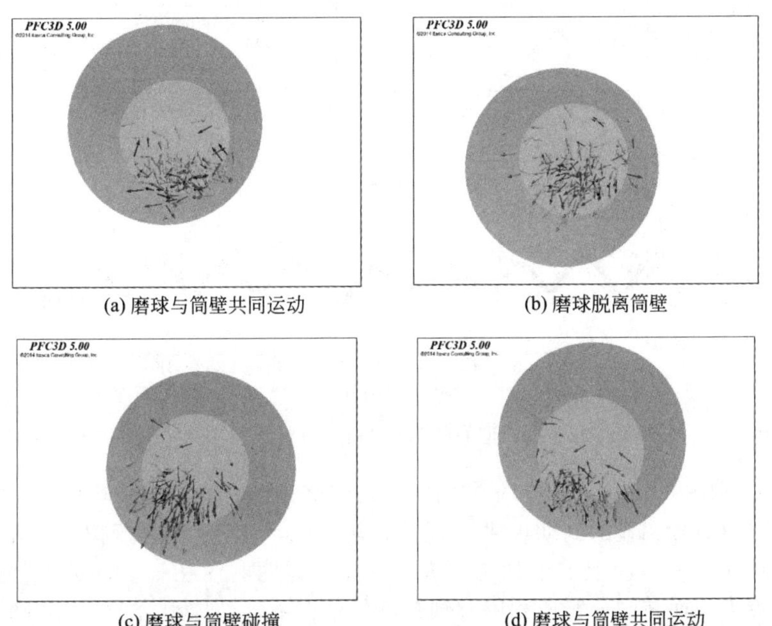

(a) 磨球与筒壁共同运动　(b) 磨球脱离筒壁

(c) 磨球与筒壁碰撞　(d) 磨球与筒壁共同运动

图 8-17　6mm 和 20mm 磨球、1000r/min、偏心轴长 10mm 的磨球速度矢量图

时，磨球的运动与另外两组相比明显比较集中，在稳定的一个周期内磨球几乎没有分散运动；而另外两组磨球组合的运动状态呈现出较为明显的集中—分散—集中的运动形态，因此冲击较为突出，但是两者运动形态较为相似，具体对比则要结合其他方面的分析。

在仿真转速 1500r/min、偏心轴长度 5mm 工况下三种球磨组合的过程中发现磨球系统的运动极为相似，运动矢量图差别也不大，因此将通过提取磨球的平均位移来比较转速 1500r/min、偏心轴长度 5mm 工况与转速 1000r/min、偏心轴长度 10mm 工况磨筒的振动强度。分别提取 6 组工况运作时磨球的平均位移如图 8-18 和图 8-19 所示。

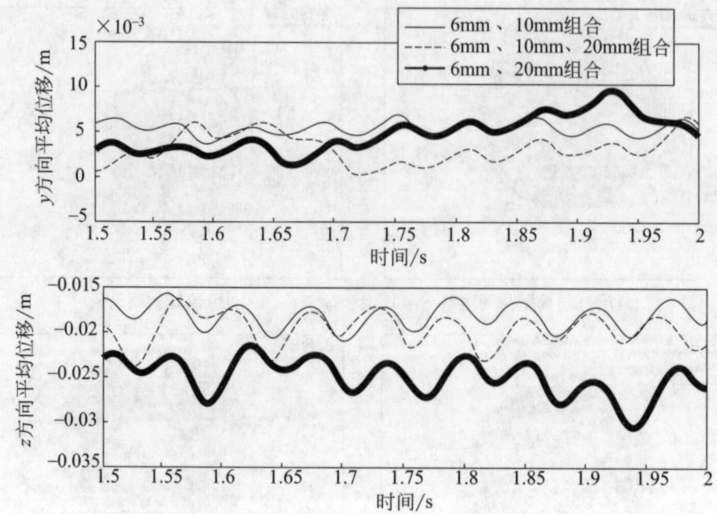

图 8-18 转速 1000r/min、偏心轴长度 10mm 时磨球在 y、z 方向的平均位移

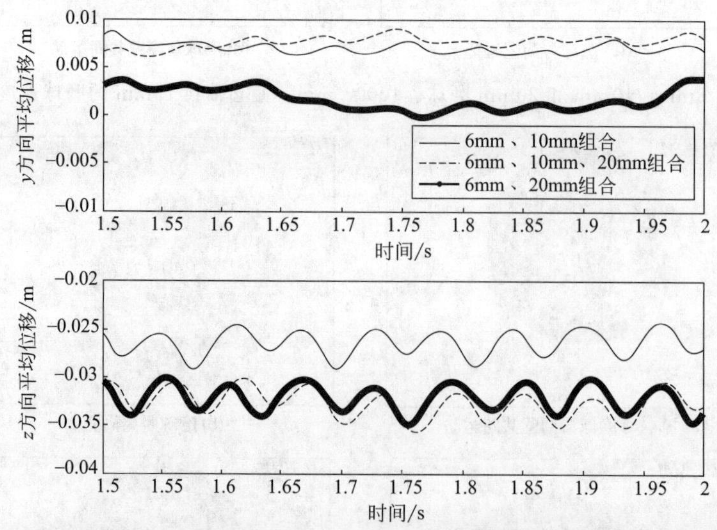

图 8-19 转速 1500r/min、偏心轴长度 5mm 时磨球在 y、z 方向的平均位移

对比图 8-18 和图 8-19 中磨球在 y 方向的平均位移和在 z 方向的平均位移可以发现，磨球在 z 方向的运动具有较明显的周期规律，而在 y 方向的运动则无明显规律；此外，磨球在 z 方向的运动幅度要比在 y 方向上的运动幅度大，这充分说明磨筒在 z 方向的振动强度要比在 y 方向的振动强度大；而在同一转速和偏心轴长度的情况下，磨球组合为 6mm 和 20mm 时，磨球的平均位移幅度要比另外两组磨球的运动幅值大。再分别对比两幅图的 y 方向位移和 z 方向位移，转速 1000r/min、偏心轴长度 10mm 工况下磨球的位移运动幅度要比转速 1500r/min、偏心轴长度 5mm 工况下的大，这是因为当摆振磨处于低转速、高振幅工况时，磨筒内的磨球运动较为激烈且磨球的分布较为离散，磨球之间的冲击特性较为明显，磨球的位移也会增大，因此当转速为 1000r/min、偏心轴长度为 10mm 时，磨筒的振动强度较大。

磨球的碰撞频率可以很好地反映金属粉末受到冲击而发生相变的快慢，理论上是频率高则粉末受到冲击的概率越大，发生相变越快。通过仿真模拟磨球运动后可以提取有效的碰撞次数来表示磨球系统的碰撞频率，由于不能直接提取有效的碰撞次数，因此通过提取有效的冲击力来作为有效碰撞次数。分别提取 6 组工况下的仿真在 1.5～2s 的所有有效接触力个数的总和作为碰撞次数，结果如图 8-20 所示。

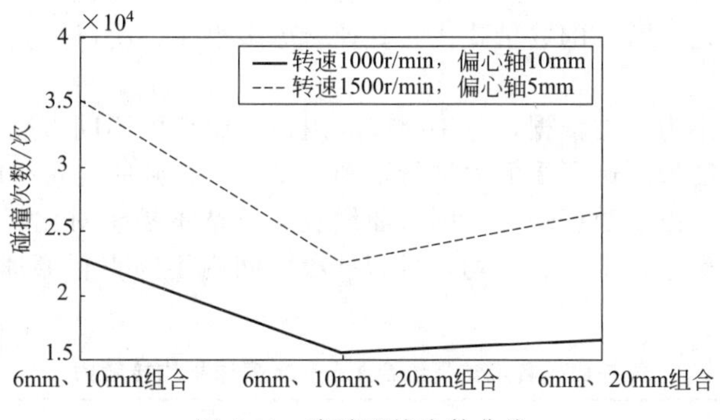

图 8-20　磨球碰撞次数曲线

图 8-20 明显地显示出当转速为 1500r/min、偏心轴长度为 5mm 工况时磨球的碰撞次数远远大于转速为 1000r/min、偏心轴长度为 10mm 工况时的碰撞次数，这是因为转速为 1500r/min、偏心轴长度为 5mm 工况下的磨球运动较为集中，导致磨球的运动位移小，碰撞次数增加，但是碰撞的冲击变得不甚明显。反之转速为 1000r/min、偏心轴长度为 10mm 工况下的摆振磨振动强度大使得磨球运动离散而碰撞次数减小，但冲击特性变得明显。

金属粉末在磨筒中的变化主要靠磨筒与磨球之间的碰撞、磨球与磨球之间的碰撞所提供的冲击、剪切等作用力实现。磨球所受的冲击力可以充分体现磨球与磨球之间的撞击强度，从而可以知道夹在磨球中间的粉末受到的冲击强度。以转速 1000r/min，偏心轴长度 10mm、磨球组合为 6mm 磨球、10mm 磨球、20mm 的工况为例，其三种直径磨球平均受力如图 8-21 所示。

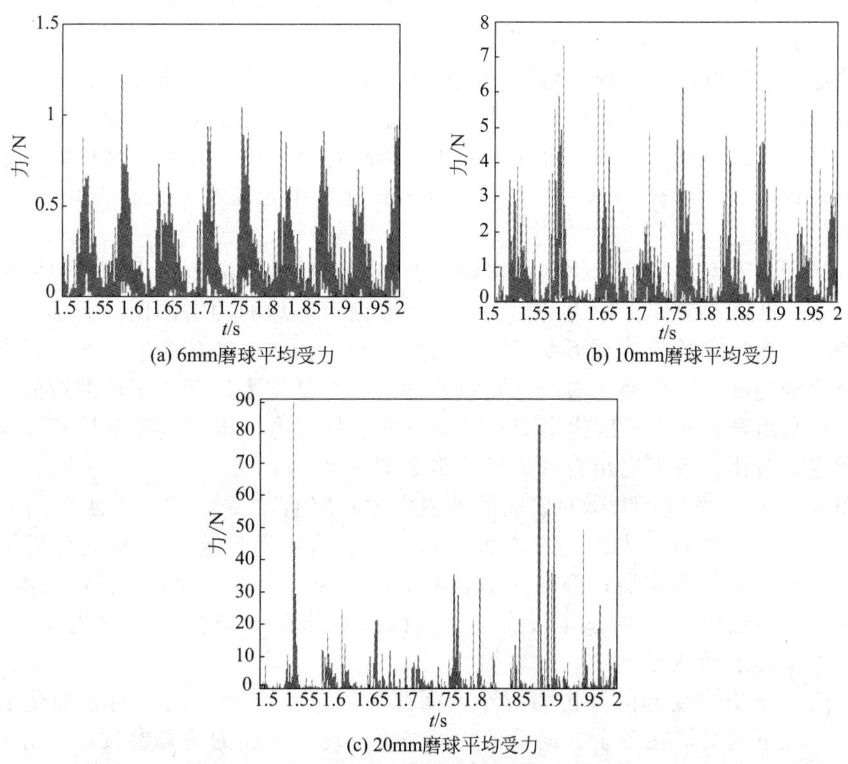

图 8-21　三种直径磨球混合时磨球平均受力图

根据图 8-21 可以发现，大直径的磨球受力远远大于小直径的磨球受力，这是符合实际情况的。而小直径的磨球所受冲击力具有较为规律的周期性，大直径磨球则没有这种明显的周期性，这是由于小直径磨球的数量要比大直径磨球多很多，所以小直径磨球的碰撞频率要比大直径磨球大很多。

以磨球直径的大小为分类依据，分别提取 6 组仿真组合中不同直径的磨球所受到的接触力，然后对每一种直径的磨球所受的力进行求和、平均，得到的是每一时刻不同大小直径磨球受到的平均接触力。由于数据较多，图形曲线较为复杂不易于对比，因此再提取 1.5～2s 内的平均接触力，再次进行求和、平均，得到一段时间内不同直径磨球受到的平均接触力，结果如表 8-11 所示。

表 8-11　各组仿真组合 1.5～2s 磨球平均接触力

磨球	受力/N					
	1000r/min、10mm			1500r/min、5mm		
6mm 磨球	0.0962	0.1015	0.0965	0.0743	0.0754	0.0771
10mm 磨球	0.2985	0.3184		0.2435	0.2410	
20mm 磨球		1.2553	1.4327		0.8286	1.0477

结合图 8-21 中各种直径的磨球每个时刻的平均接触力与表 8-11 所得一段时间的磨球平均接触力，10mm 磨球平均接触力大约是 6mm 磨球的 3 倍，20mm 磨球平均接触力大约是 10mm 磨球的 4 倍；而当转速为 1000r/min，偏心轴长度为 10mm，磨球组合为 6mm、20mm 时，20mm 磨球平均接触力大约是 6mm 磨球的 15 倍。对比表 8-11 所得到的数据可以得到，工况为转速 1500r/min、偏心轴长度 5mm 时三组磨球组合中的磨球平均接触力均要比转速 1000r/min、偏心轴长度 10mm 时小，此外转速 1000r/min、偏心轴长度 10mm 中的 6mm 磨球平均接触力大约比转速 1500r/min、偏心轴长度 5mm 的大 0.02N，10mm 磨球大 0.06N 左右，而 20mm 磨球大 0.4N 左右。因此要提高磨筒的振动强度选择转速为 1000r/min、偏心轴长度为 10mm 的工况较好。

结合通过仿真提取的各工况组合下的碰撞次数，考虑到磨球的碰撞次数太多而运动较为集中会使磨球的碰撞强度减小，同时可能会造成金属粉末难以运动，从而会导致金属粉末发生形变的时间变长而不利于机械合金化的发生，因此综合考虑选择大小磨球时应结合使用的工况选择更为合适。但选择 6mm、10mm、20mm 磨球组合还是 6mm、20mm 磨球组合还要更进一步的研究。

磨球的运动除了磨球与磨球之间的碰撞，磨筒对磨球的碰撞也很大程度地影响着整体磨球的运动形态。磨球对磨筒作用力的强弱表征了磨筒对磨球的冲击作用的大小，该作用力越大，越有利于金属粉末的粉碎与形变。但冲击力太大，会造成磨球及磨筒产生粉末杂质而影响机械合金化的纯度。因此磨筒对磨球提供的冲击力也是整个运动中不可忽视的一部分。分别提取 6 组仿真组合在 1.5～2s 内磨筒在三个方向上的受力，再通过简单计算求得平均值后画出曲线图进行对比。各工况组合的磨筒受力如图 8-22 所示。

根据图 8-22 可以发现，磨球对磨筒的冲击主要在竖直的 z 方向以及水平的 y 方向，并且对 z 方向的冲击要比对 y 方向的冲击大得多，这符合前边对磨球位移的分析结果，即磨球在 z 方向的运动要更为剧烈；磨球 x 方向对磨筒的冲击力基本没有，其值基本为 0；而磨筒的运动情况是沿轴向 x 方向基本没有运动，因此磨球在 x 方向对磨筒也就没有冲击力，这符合磨球的实际运动情况。

由于磨筒在 x 方向受到的冲击力过小，因此可以忽略在此方向上对合金化的影响。对比 6 组不同工况下的磨筒在各个方向受到的冲击力发现，不同的仿真参数对冲击力几乎没有影响，6 组仿真组合对磨筒的力大小几乎相同，因此参数不同时磨筒对磨球的冲击影响几乎没有差别。

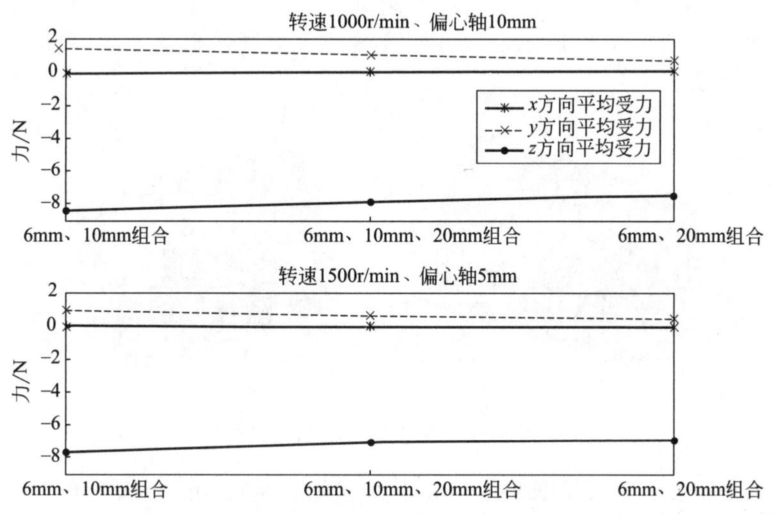

图 8-22　不同工况磨筒 1.5～2s 平均受力曲线图

动能表示磨球及物料的旋转、平移和冲击运动所做的功，即为颗粒的运动表现为系统散体的动能，可以用来描述金属粉末所受到的冲击、挤压、剪切等作用的激烈程度。动能是摆振磨工作过程中重要的能量参数，同时也是总能量中的主要能量，因此可以代表总能量来衡量摆振磨的球磨效率。分析动能参数对选取摆振磨工作参数具有重要的意义。分别提取 6 组组合在 1.5～2s 的磨球平均动能如图 8-23 所示。

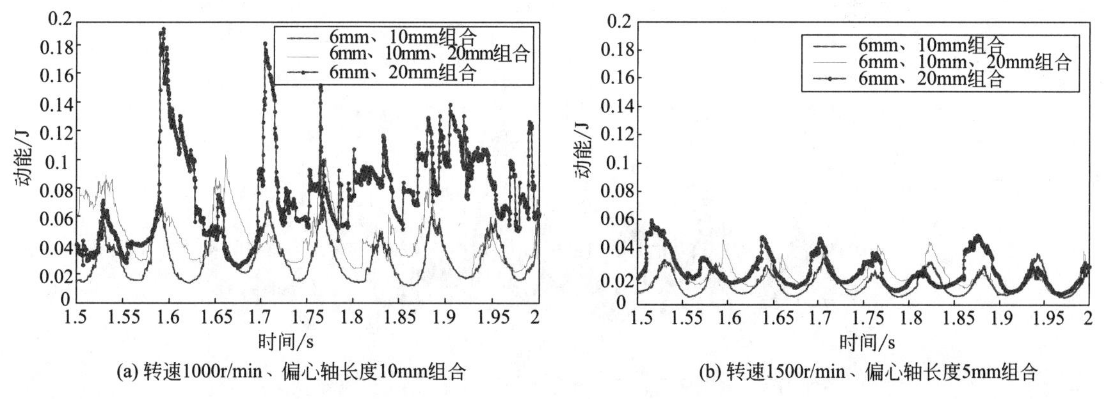

图 8-23　磨球平均动能曲线

对比图 8-23(a) 与图 8-23(b) 可以得到，转速与振幅对磨球平均动能的影响主要表现在纵坐标的变化幅度上，当摆振磨转速为 1000r/min、偏心轴长度为 10mm 时，磨筒内磨球的平均动能变化幅度的跨度要大且明显很多，而转速为 1500r/min、偏心轴长度为 5mm 时，平均动能的变化幅度要小且平缓很多，因此再次可以说明低转速、高振幅可以提高摆振磨磨筒的振动强度。分别对比图 8-23(a) 与图 8-23(b) 中的三条曲线可以得到，不同磨球组合则明显地影响着磨球平均动能的大小。6mm 磨球 156 个、20mm 磨球 6 个的磨球组合中磨球的平均动能明显比另外两种组合大，这种结果可能是 20mm 磨球的存在可以带动磨筒内整体磨球的运动，并且使得磨球的运动较为剧烈。因此在实际生产中多选择大、小磨球相配合的磨介填充方式，可以产生更多的能量传递给金属粉末以提高效率。

在分析磨筒的运动情况时还分析了当弹簧位于不同位置时对磨筒运动的影响，得到当 $d=-l/4$ 弹簧位置向左偏离质心时磨筒向下倾斜，当 $d=l/4$ 弹簧位置向右偏离质心时磨筒向上倾斜，仿真模型如图 8-24 所示，但不同弹簧位置对磨筒振动强度以及对磨球运动的具体影响还要进一步研究。

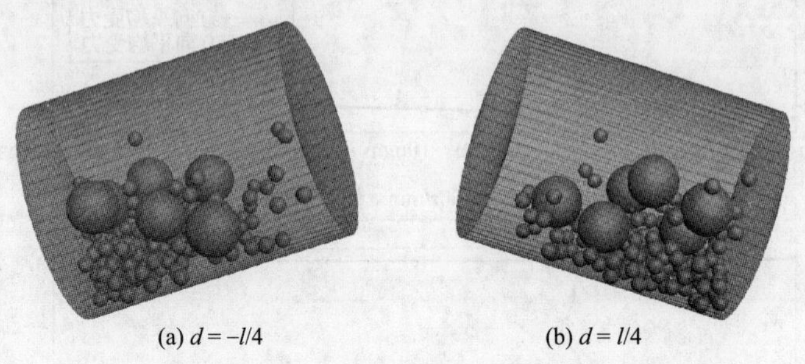

(a) $d=-l/4$　　(b) $d=l/4$

图 8-24　不同弹簧位置仿真图

以转速 1000r/min、偏心轴长度 10mm，磨球组合为 6mm 磨球 156 个、20mm 磨球 6 个为仿真条件，重点分析三种弹簧安装位置下磨球的动能。

由图 8-25 可以发现，当弹簧位于 $d=0$ 处时，磨球的平均动能要比位于两侧时大，而且位于两侧时磨球平均动能没有较大差别。这可能是由于弹簧位于两侧时会使磨筒向上或向下倾斜，会造成磨球堆积而使得磨球的运动没有位于质心处时激烈，因此摆振磨的弹簧安装于磨筒质心下方较好。

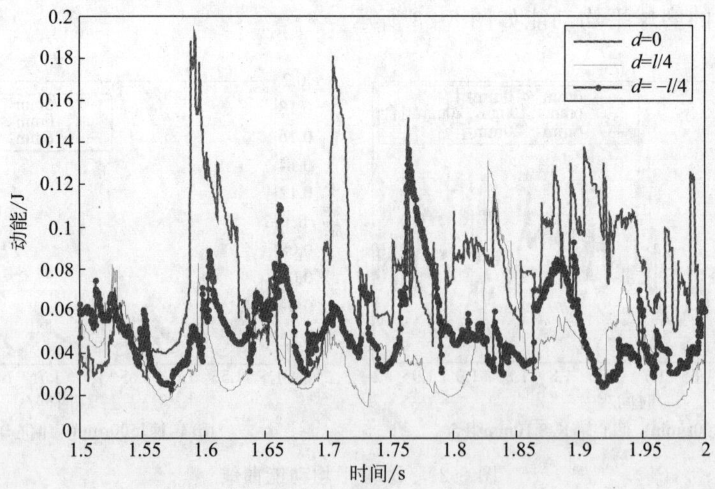

图 8-25　不同弹簧位置磨球平均动能曲线

第9章 异轴卧式超细分级磨

9.1 异轴卧式超细分级磨工作原理

异轴卧式超细分级磨是一种卧式涡轮冲击式分级磨，主要功能是对脱硫剂进行粉碎和分级。设备主要由粉碎腔和分级腔组成，粉碎电机通过带传动和传动轴带动冲击磨盘做高速旋转运动，而分级电机安装在分级腔右侧，直接带动分级轮旋转。进料口为一段圆形向椭圆形的过渡体，与粉碎腔相连接，细粉出口右侧与分级腔相连接，左侧接引风机使磨机出口形成负压。设备具有结构紧凑、占地面积小、粉碎比大、流程短、低能耗等特点。

如图 9-1 所示异轴卧式超细分级磨结构示意图，粉碎腔内磨盘沿周向均匀安装着高速冲击叶片，腔体外壳安装有齿形磨壁。分级轮采用径向均匀分布叶片的鼠笼式结构，在分级电机的驱动下做高速旋转运动，使其附近气流产生强制的旋涡流场。总的来说分级磨具有以下工作特点：①磨盘和分级轮为两套独立的动力系统，可同时完成物料的粉碎和分级工序，且不停机也能通过改变分级轮转速来调节成品粒度；②粉碎叶片为高速冲击型叶片，具有粉碎作用面积大等特点，物料可获得较大的动力加速度，粉碎效率高，且粉碎室壁面增加齿槽型磨壁，可进一步提高粉碎效果；③粉体是在分级轮高速旋转形成稳定而均匀的强旋流场产生的强制离心力场和引风机产生的负压场两者的相互作用下分离，分级精度较高。

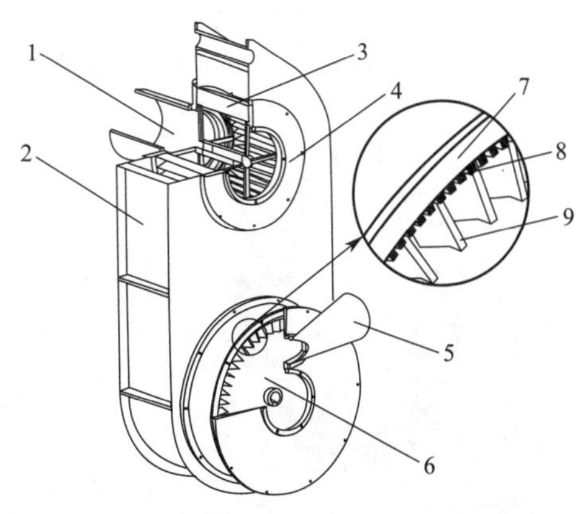

图 9-1 异轴卧式超细分级磨机构示意图
1—细粉出口；2—分级腔壳体；3—分级轮；4—法兰；5—进料口；6—磨盘；7—粉碎腔壳体；8—齿形磨壁；9—粉碎叶片

由进料口进入的“气-固”两相混合物料在磨盘高速旋转产生的离心力作用下甩到粉碎腔边缘，在冲击叶片与齿形磨壁之间进行冲击、碰撞、剪切和摩擦等多种粉碎作用，破裂成大小不一的颗粒。旋转流场中颗粒所受离心力与质量成正比，即与粒径的三次方成正比，受到的空气阻力与粒径的二次方成正比。因此随着粒径的增大，颗粒所受到的离心力比空气阻力增长快，故粒径较小的细颗粒所受气体曳力比离心力大，穿过分级叶片间隙向分级轮中心运动，最终由细粉出口排出，粒径较大的粗颗粒受到的离心力比气体曳力大，向着远离分级轮方向运动，与分级腔壳体碰撞后落到粉碎腔继续粉碎。

9.2 异轴卧式超细分级磨气固耦合建模

9.2.1 网格划分及独立性检验

由于本模型结构比较复杂，直接用前处理软件建立比较繁琐，所以先利用三维软件SolidWorks建模后再导入前处理软件中划分网格。为了方便建模和计算，需对异轴卧式超细分级磨中的一些在机器实际运行过程中对分级和粉碎效果影响较小的复杂结构进行简化，具体简化部分为：

① 细粉出口连接的引风机部分对分级磨内流场影响不大，所以建模时略去该部分并把细粉出口适当加长，防止计算时出现回流现象。

② 带动分级轮和磨盘旋转的传动轴、在分级轮左右两侧起到固定分级叶片作用的轮毂、连接轮毂与分级轮中心轴套的肋板等都对流场影响有限，所以建模时也省去。

③ 将分级叶片和磨盘冲击叶片简化为长方体直叶片，而宽度保持不变。这种简化对内部流场影响较小又能方便建立几何模型。

简化后的模型主要分为细粉出口、壳体、分级轮、磨盘和齿槽型磨壁五部分，其中壳体上包括进料口，模型结构示意如图 9-2 所示，模型各尺寸数值如表 9-1 所示。

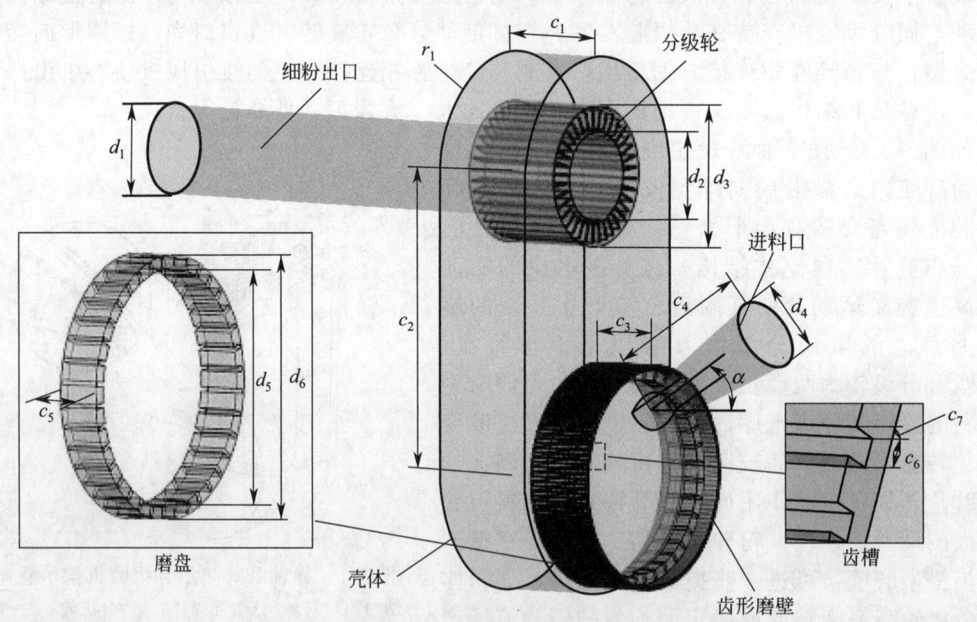

图 9-2　异轴卧式超细分级磨三维模型示意图

表 9-1　分级磨流场模型尺寸

名称	尺寸
细粉出口	直径 $d_1=240$mm
分级轮	内径 $d_2=240$mm，外径 $d_3=380$mm
进料口	直径 $d_4=200$mm，长度 $c_4=450$mm，与水平夹角 $\alpha=30°$
磨盘	内径 $d_5=520$mm，外径 $d_6=580$mm，宽度 $c_5=100$mm
壳体	宽度 $c_1=300$mm，上半圆半径 $r_1=320$mm

续表

名称	尺寸
分级轮与磨盘	中心距离 $c_2=800$mm
粉碎腔	宽度 $c_3=200$mm
齿槽	宽度 $c_6=5$mm，高度 $c_7=9$mm

采用前处理软件 Gambit 划分网格，Gambit 是 Fluent 公司自行研发的专用 CED 前置处理器，主要功能包括构造几何模型、网格划分和边界条件设定等，能快速导入、生成和简化各种模型，划分求解器所需要的各种网格，包括结构化网格、非结构化网格和混合网格等，同时还有很好的自适应功能，用户能自由地对模型分块细化或粗化。

计算网格是流场数值模拟的基础，很大程度上决定了数值模拟结果的精度。为保证划分网格的质量，细粉出口、分级轮、磨盘等规则区域采用高质量的六面体结构化网格进行划分，而壳体的结构较复杂，不宜采用统一的六面体结构化网格，故先将壳体切割成多个相贯通的块，再对其中规则的块采用六面体结构化网格划分，不规则的块采用楔形非结构化网格划分。六面体结构化网格既能减少网格数量降低计算量，又能提升网格质量使计算更容易收敛，而非结构网格的适应性更好，适合复杂结构的网格生成。其中分级轮叶片间、磨盘叶片间和磨壁齿槽间的气流运动情况较复杂，故对其网格进行细化处理。

网格数量会影响计算量的大小和计算精度，数量越少说明网格越稀疏，计算速度越快，但结果不能准确描述流场特征，误差较大；数量越多说明网格越密集，计算精度越高，但同时计算量也越大，且随着网格数量的增加计算精度变化越来越小。为了同时确保计算精度和减少计算量，划分完网格后需要对网格进行独立性验证。本次采用多种不同尺寸划分网格，获得网格总数分别为 168 万、230 万、286 万、330 万、392 万共五种网格模型，采取相同的条件进行模拟，提取如图 9-3 所示 $Z=150$mm 平面 F 处直线 Line1 上 7 个点的数据进行对比，此线所在位置为分级轮所在区域，数据具有代表性。

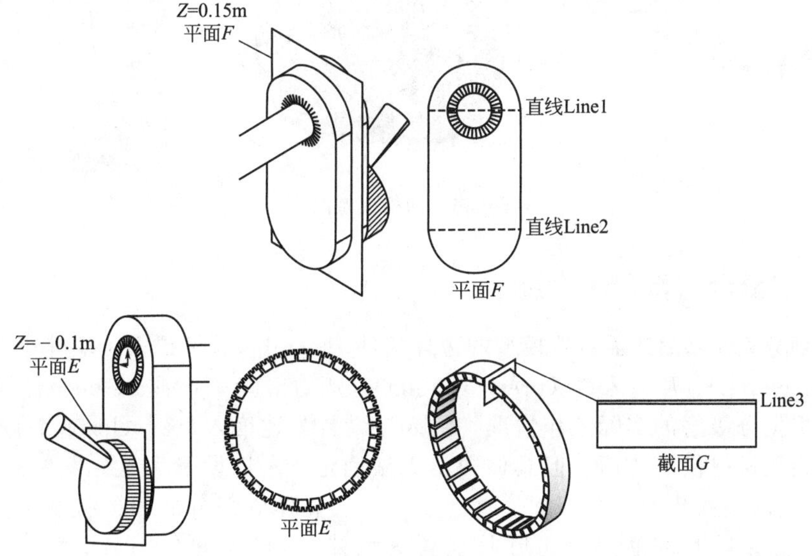

图 9-3 参数提取截面及直线位置示意图

图 9-4 为不同网格数量时，直线 Line1 上速度曲线和压力曲线。从图中可以看出，当网格数量由 168 万增加到 330 万时，速度和压力曲线变化较大，而当网格数量大于

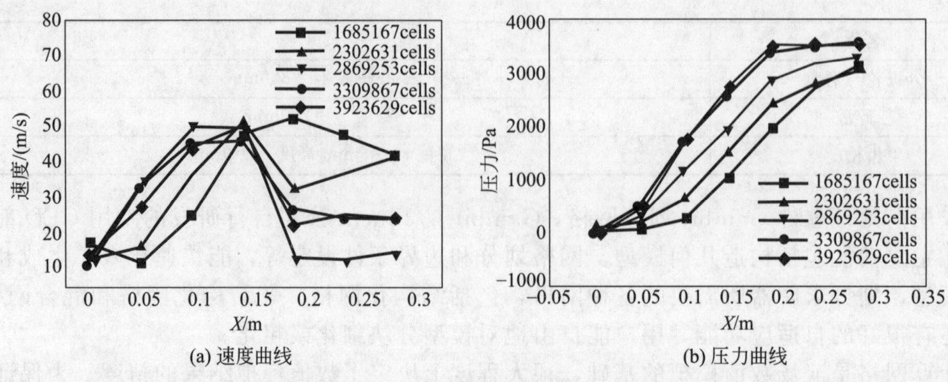

(a) 速度曲线　　(b) 压力曲线

图 9-4　Line1 上速度和压力曲线图

330 万时，速度和压力曲线基本不再变化，此时流场参数随网格数量的增加变化较小，考虑到计算的精确性和快速性，最终确定的网格数量为 330 万。最终确定的网格模型如图 9-5 所示。

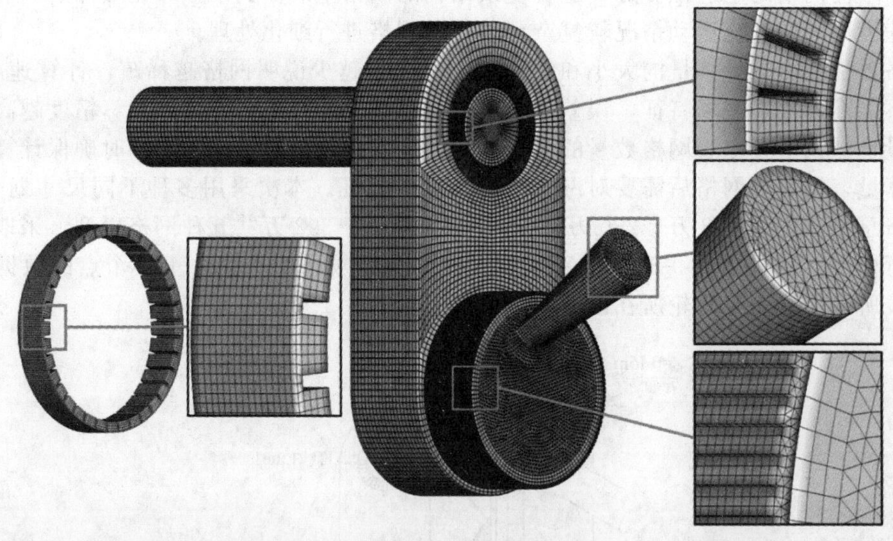

图 9-5　网格模型图

9.2.2 两相耦合仿真参数设定

对模型划分完网格后还需设置模型的边界条件，Gambit 软件提供了墙体（wall）、速度入口（velocity-inlet）、压力入口（pressure-inlet）、压力出口（pressure-outlet）等二十多种边界条件。根据分级磨的实际工作情况，将入口设置为速度入口（velocity-inlet）；分级磨细粉出口为引风机提供的风压，但具体数值无法确定，所以设置为充分发展流出口（outflow）；将模型的细粉出口、分级轮、磨盘、磨壁、壳体五部分之间的接触面设为交界面（interface）；分级叶片和磨盘冲击叶片设置为墙体（wall）并分别命名为 fenjiyepian 和 chongjiyepian；其余壁面均默认为墙体（wall）；最后在 Specify Continuum Types 中将分级轮和磨盘两区域都设置为流体区域并分别命名为 fenjilun 和 mopan。

Fluent 提供了两种求解器类型：基于压力的求解器和基于密度的求解器。基于压力的求解器对应于分离式求解器，主要用于不可压流动和微可压流动，而基于密度的求解器对应耦合式求解器，主要用于高速的可压流动模拟，而本次模拟的连续相介质为空气，温度变化较小，将其视为不可压缩流动，故选择基于压力的求解器。

Fluent 提供的湍流模型有：无黏模型、层流模型、Spalart-Allmaras 单方程模型、双方程模型（标准 $k-\varepsilon$ 模型、RNG $k-\varepsilon$ 模型、Realizable $k-\varepsilon$ 模型等）、Reynolds 应力模型和 LES 大涡模拟模型等，对模型进行求解时需根据模型内部流体介质是否可压缩、流场内湍流强度、求解精度要求、计算机速度和时间限制等条件选择合适的模型。分级磨内部流场为中等强度湍流状态，且旋转流动较显著，对于此类模拟使用最广泛的模型有：标准 $k-\varepsilon$ 模型、RNG $k-\varepsilon$ 模型和 Reynolds 应力模型。本模型结构相对较复杂，难以全部用结构化网格来划分，且内部有多个旋转区域相互耦合，流场较为复杂，所以本书采用精度较高且收敛性较好的 RNG $k-\varepsilon$ 模型。

自然界中大多数流动现象都是多相的混合流动，而多相流以两相流动最为常见。Fluent 为描述两相流问题提供了两种方法：欧拉-欧拉和欧拉-拉格朗日。欧拉-欧拉方法是将各个不同的相都当作相互贯穿的连续介质，采用欧拉-欧拉方法来进行数学描述及处理，即为两相流模型。最常用的三种欧拉-欧拉方法分别为 VOF 模型（volume of fluid model）、混合模型（mixture model）和欧拉模型（Eulerian model）。而欧拉-拉格朗日方法是将流体当作连续相，采用欧拉法进行数学描述，将颗粒当作分散相，采用拉格朗日法进行粒子跟踪，即为离散相模型。一般来说，Fluent 中的离散相假定第二相（离散相）非常稀薄，即忽略颗粒与颗粒之间的相互作用和离散相对连续相的影响，所以当颗粒体积率大于 15%时采用欧拉-欧拉方法，小于等于 15%时用欧拉-拉格朗日方法。由计算结果可知，异轴卧式超细分级磨内颗粒质量加载率和体积率都较小，可认为内部颗粒相非常稀疏，对连续相的影响有限，故本书采用 DPM 离散相模型来求解分级磨内的颗粒运动。

当颗粒与壁面发生碰撞时，离散相模型提供了以下四种边界条件设置：①颗粒发生弹性或非弹性反射（reflect）；②穿过壁面逃逸，终止颗粒轨道计算（escape）；③被壁面捕集（trap）；④穿过内部断面区域（interior）。将流域内所有固壁、叶轮和磨盘边界都设置为 reflect，设置反弹系数为 0.9，有一定的动量损失，出口设置为 escape，终止颗粒轨道计算并标记为 escape。

Fluent 提供的处理可动区域的模型有 MRF（多重坐标系）模型、混合平面模型和 Moving Mesh（滑移网格模型）。在静止区域和运动区域有共同分界面的情况下，不考虑转子和定子之间相互作用的细节时，用 MRF 和混合平面模型进行计算可以得到相互干扰的平均效果。其中，MRF 模型主要用于计算域内不同子域以不同速度旋转或移动的流体计算，由于在各自的计算子域内采用其对应的参考系，所以相对速度梯度小，数值求解误差低。而 Moving Mesh 主要用于模拟转子和定子之间相互干扰的细节，且计算中需要使用的系统资源较大，故本次模拟采用 MRF 模型。

Fluent 在基于压力的求解器中提供了四种压力速度耦合方法，即 SIMPLE、SIMPLEC、PISO 以及 Coupled。定常计算中一般使用 SIMPLE 或 SIMPLEC 方法，SIMPLEC 方法在 SIMPLE 的基础上考虑了压力差对节点速度的影响，所以有助于收敛，且在相对简单的问题上可能会得到更好的结果。但在相对复杂流动问题的求解中，使用此算法可能会导致流动不稳定，所以本书模拟选择更为保守的 SIMPLE 算法，压力梯度选择更适合求解旋转流场的 PRESTO! 格式，动量、湍动能、湍流耗散率设置为二阶迎风格式，欠松弛因子默认，收敛残差值设为默认的 10^{-3}，对模型进行初始化并迭代计算至收敛。

了解使用计算流体力学软件 Fluent 对异轴卧式超细分级磨内部流场仿真的过程，能为后续分析其内部流场分布及工艺参数和结构参数对流场的影响奠定基础。

9.3 异轴卧式超细分级磨工艺参数仿真

异轴卧式超细分级磨的主要工艺参数包括进料速度、进口风速和分级轮转速等，工艺参数的变化会使分级磨内部流场分布和分级性能随之变化。进料速度表示单位时间内由进料口进入分级磨内的物料总量，进料速度较小时分级磨内部颗粒浓度较低，物料的分散性较好，分级效率和精度都会提高，但缺点是产量较低；进料速度较大时会增加物料浓度，颗粒分散性变差，甚至会发生团聚现象，故需合理配置进料速度。进料速度还会影响设备内流场分布，随着进料速度的增加，分级磨整体动态压力降低，分级轮附近湍动能降低。

由于本模型为异轴卧式超细分级磨，同时包含分级流场和粉碎流场，两流场具有相互耦合作用。为研究工艺参数对分级磨内部流场的影响，本节采用 Fluent 软件首先对不同分级轮转速和进口风速进行正交模拟研究，分析两者对分级腔内部流场以及颗粒运动轨迹和分级效率的影响规律，并选出最佳的一组参数，再使用不同磨盘转速进行模拟，分析其对分级腔内流场的影响，为优化分级磨工艺参数提供理论依据。

9.3.1 进口风速和分级轮转速正交仿真试验

为了研究不同进口风速和分级轮转速对流场的影响，对表 9-2 中的 9 组数据分别进行仿真分析，其中分级轮转速为负值表示其旋转方向与磨盘相反。

表 9-2 参数正交仿真试验方案

序号	进口风速/(m/s)	分级轮转速/(r/min)	磨盘转速/(r/min)
1		−2000	
2	5	−3000	
3		−4000	
4		−2000	
5	10	−3000	3000
6		−4000	
7		−2000	
8	15	−3000	
9		−4000	

图 9-6 为不同进口风速下，不同分级轮转速时截面 F 上气流流线图。由图可以看出，当进口风速为 5m/s，分级轮转速为−2000r/min 时，风速和转速都较低，导致分级旋涡和扬析旋涡的强度较低，影响范围有限，所以交汇区域气流运动方向较紊乱。随着分级轮转速增加到−3000r/min，分级旋涡强度增加，对气流带动作用变强，使流场变得较均匀，但转速继续增加到−4000r/min 时，分级旋涡强度过大，影响范围也增大，气流运动不规则，而扬析流场强度不变，所以范围减小。

分级轮转速较低，进口风速较高时，由于扬析旋涡强度过大，其右侧上升气流会在分级轮附近与分级旋涡产生冲突，如图 9-7（d）和（g）所示，从图中可看出分级轮右侧流场较紊乱，严重影响流场稳定性。

进口风速和分级轮转速都较高时，分级腔上下两旋涡强度都较大，故在其交界处流场冲突较严重，如图 9-6（h）和（i）所示，分级腔中间部分始终有次级旋涡产生。总体来看，进口风速为 10m/s，分级轮转速为−3000r/min 时分级腔上下两旋涡分布最规则，流场较稳定。

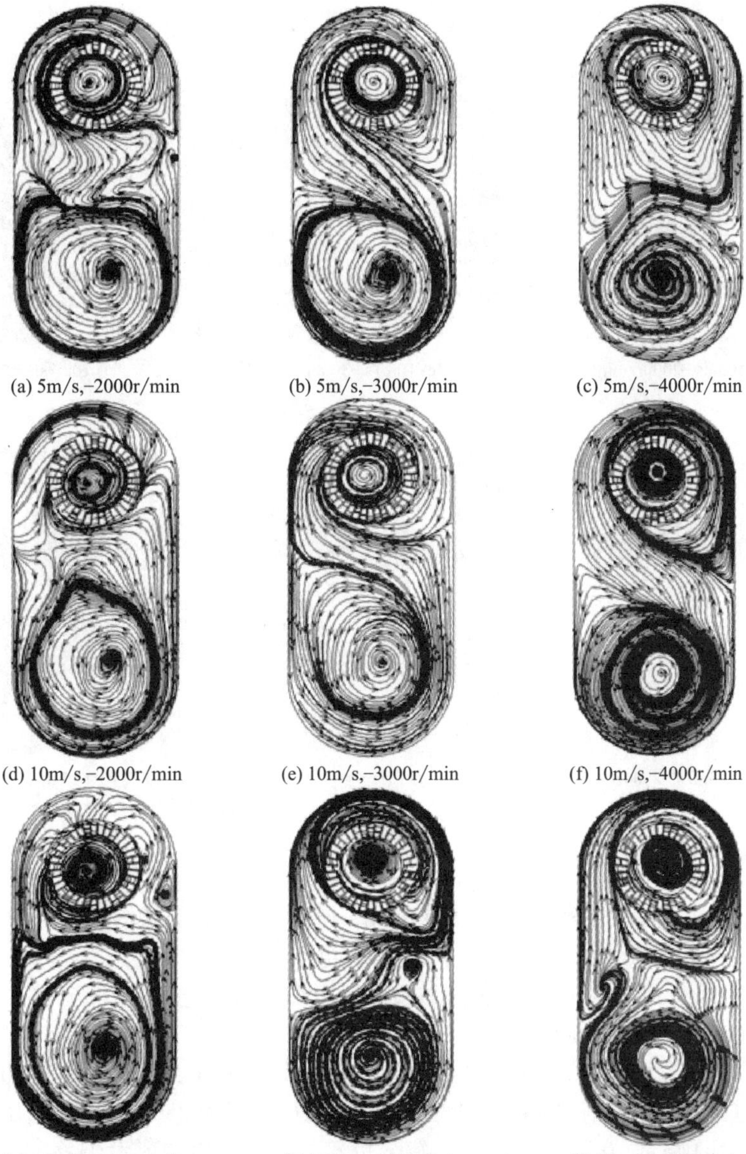

(a) 5m/s,−2000r/min　(b) 5m/s,−3000r/min　(c) 5m/s,−4000r/min

(d) 10m/s,−2000r/min　(e) 10m/s,−3000r/min　(f) 10m/s,−4000r/min

(g) 15m/s,−2000r/min　(h) 15m/s,−3000r/min　(i) 15m/s,−4000r/min

图 9-6　分级腔 F 截面气流流线图

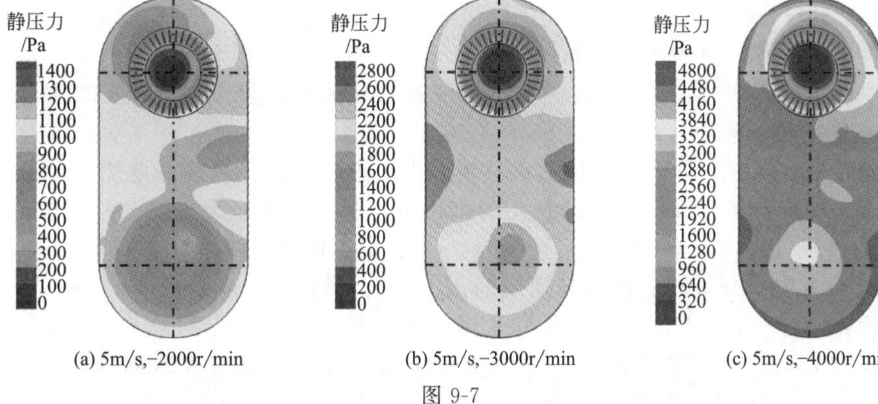

(a) 5m/s,−2000r/min　(b) 5m/s,−3000r/min　(c) 5m/s,−4000r/min

图 9-7

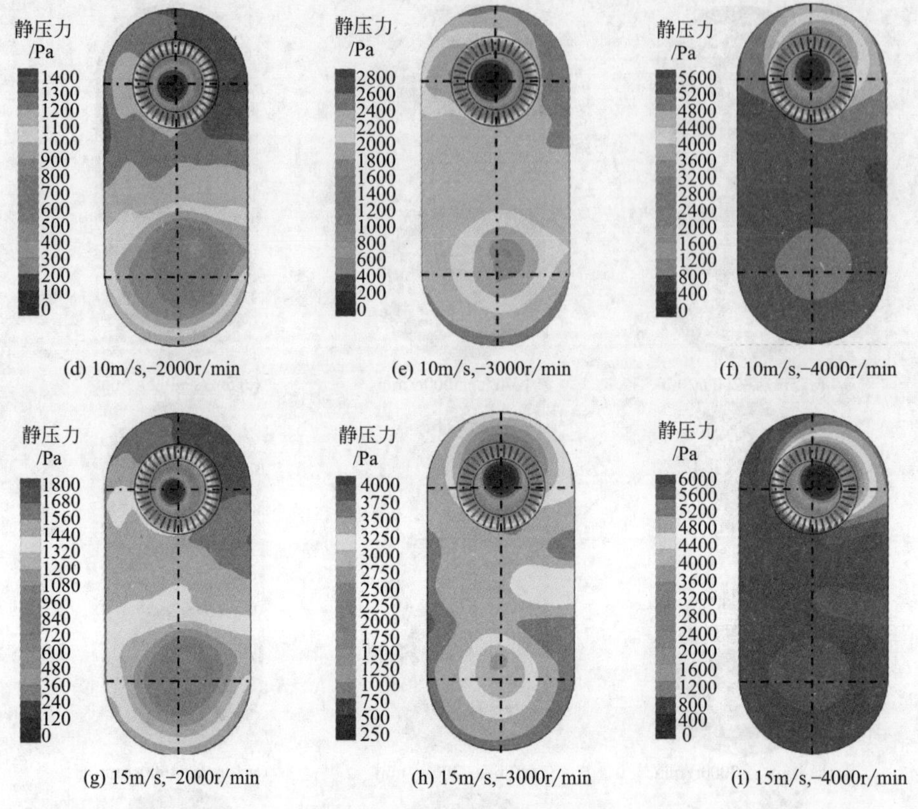

图 9-7　截面 F 压力分布云图

为了更加直观地表述不同进口风速和分级轮转速对分级腔内压力分布的影响规律，图 9-7 给出了截面 F 上的压力分布云图。从图中可看出，进口风速和分级轮转速的增加均会使分级腔内压力增大，但转速的增加对压力的影响更大，如进口风速为 10m/s 时，转速由 −2000r/min 增加到 −3000r/min，分级区域最高压力由 1400Pa 左右增长至 2600Pa 左右，涨幅约为 85.7%，而转速增至 −4000r/min 时压力达到 5600Pa 左右，涨幅约为 76.9%。当转速为 −3000r/min 时，进口风速由 5m/s 增加到 10m/s 时，分级区域最高压力由 2600Pa 左右增长至 2800Pa，涨幅约为 7.69%，而进口风速增至 15m/s 时压力约为 3500，涨幅约为 25%。

分级区域低压中心位置随转速的增加绕分级轮几何中心沿顺时针偏移，且进口风速越高偏移距离越大，而扬析区域低压中心位置随进口风速增加基本不变化，但随着分级轮转速的增加逐渐靠近扬析区域几何中心。

图 9-8 为不同分级轮转速下，不同进口风速时分级区域截面 F 上切向速度分布云图。从图中可以看出，随着转速的增加，分级轮内部气流切向速度逐渐增大，由 −2000r/min 时的 −35m/s 左右增加到 −4000r/min 时的 −75m/s 左右，涨幅约为 114%，进口风速的变化对此处切向速度并无影响。

分级轮转速较低时，环形区气流切向速度较低，且随着进口风速的增加，环形区切向速度出现正值，即旋向与分级轮相反的气流。如图 9-8 所示，转速为 −2000r/min，进口风速为 5m/s 时，环形区左侧切向速度约为 −10m/s，右下侧切向速度接近 0m/s，进口风速增至 10m/s 和 15m/s 时，分级轮右侧切向速度为正值，最大约为 10m/s。

分级轮转速为 −3000r/min 时，环形区切向速度较均匀，左右两侧均为 −20m/s 左右，但进口风速为 15m/s 时，分级轮右下方由于气流运动方向不规范导致此处切向速度略小。转速增至 −4000r/min 时，环形区左侧切向速度基本不变，右侧升高，总体稳定性较差。

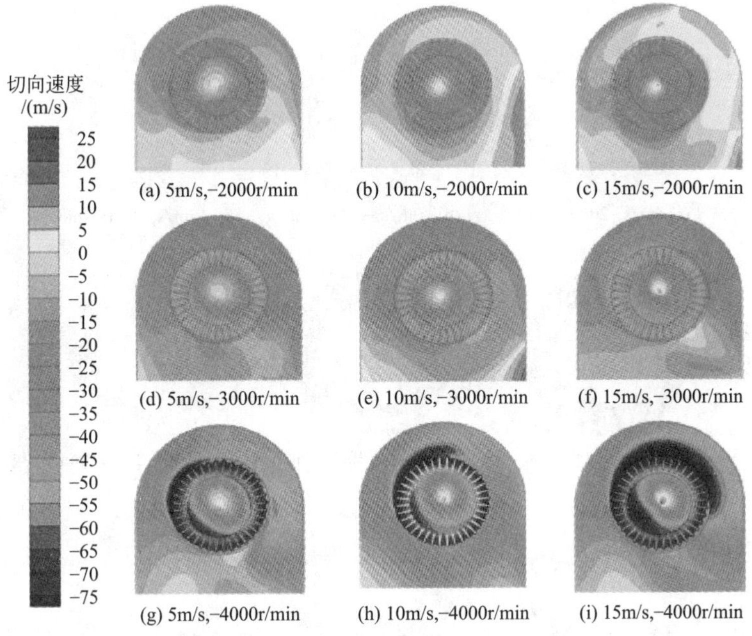

图 9-8 分级区域切向速度分布云图

图 9-9 为分级轮叶片间径向速度分布随进口风速和分级轮转速变化云图，由图可看出，进口风速一定时，随着转速的增加，叶片间最大径向速度不断增大。如进口风速为 5m/s 时，叶片间最大正向和反向径向速度分别由－2000r/min 时的 12m/s 和－18m/s 增长到－4000r/min 时的 15m/s 和-35m/s 左右。转速一定时，随着进口风速的增加，分级轮叶片间最大径向速度先减小，后增大。如图 9-9 中分级轮转速为－3000r/min，进口风速为 5m/s 时，分级轮右下侧有局部叶片间负径向速度达到了－21m/s，进口风速为 10m/s 时最大径向速度位于分级轮左上方，最大约为－15m/s，进口风速增至 15m/s 时，分级轮左右两侧径向速度都较大，且分布面积广，正向和反向均达到了 21m/s。径向速度过大时，颗粒在此所受到指向旋转中心的气体曳力过大，易导致粗颗粒也被带进分级轮内部，最终由细粉出口排出，增大分级粒径，径向速度较小时，颗粒所受到的气体曳力小，有利于降低分级粒径，但过小时也不利于颗粒的排出。

为研究不同进口风速和分级轮转速对扬析区域气流速度的影响，提取直线 Line2 上速度分布绘成曲线如图 9-10 所示。由图可知，速度曲线基本上呈中间低两端高的“V”形分布，且右侧速度比左侧略高。随着进口风速的增加，扬析区域左侧速度波动较大，并无明显规律；右侧当进口风速由 5m/s 增加到 10m/s 时最高速度由 28m/s 增加到 35m/s 左右，增幅约为 25%，进口风速继续增加到 15m/s 时，此处速度基本保持不变。分级轮转速一定时，此区域内较大速度旋涡能增强其扬析作用，使颗粒充分分散、淘洗，而速度过大会与分级旋涡冲突产生次级旋涡，破坏流场稳定性并增加能耗。

进口风速一定时，随着分级轮转速的增加，扬析区域右侧气速大小基本不变，左侧波动较大，但转速较高时此处速度分布对称性有明显改善，且进口风速越高，对称性越好，如 $V_{in}=15$m/s，$n=-4000$r/min 时速度曲线基本呈左右对称。

采用 Fluent 中的离散相模型对不同进口风速和转速时粒径为 35μm 的颗粒运动轨迹进行模拟，结果如图 9-11 所示。从图中可以看出进口风速为 5m/s 时，由于气速较低，气流对颗粒的曳力较小，不足以将颗粒带到分级腔内，颗粒在磨盘高速旋转产生的离心力作用下贴近粉碎室边缘运动。进口风速为 10m/s 时，颗粒可被气流运送到分级腔内运动，分级轮转

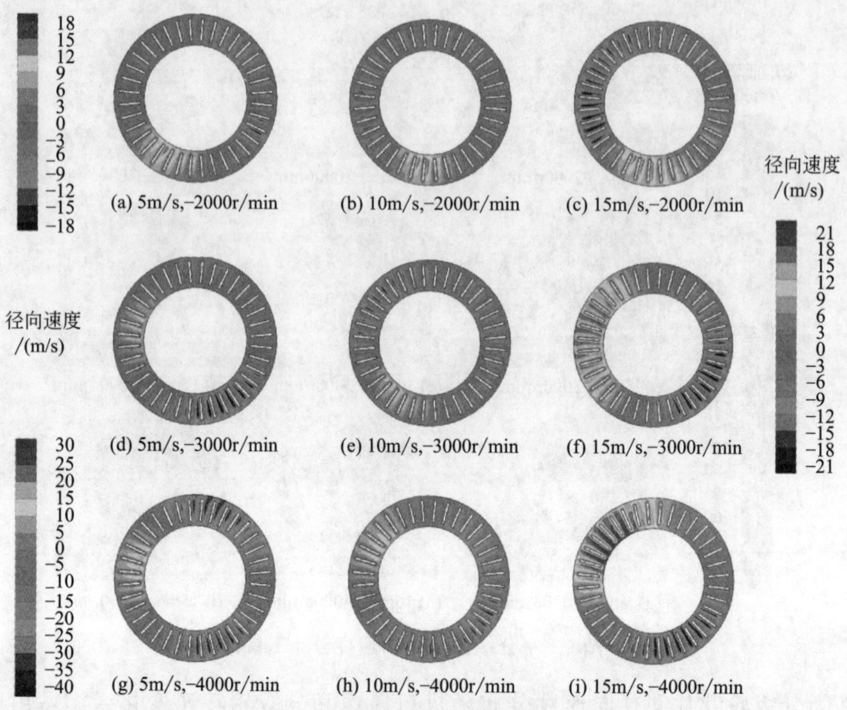

图 9-9 分级轮叶片间径向速度分布云图

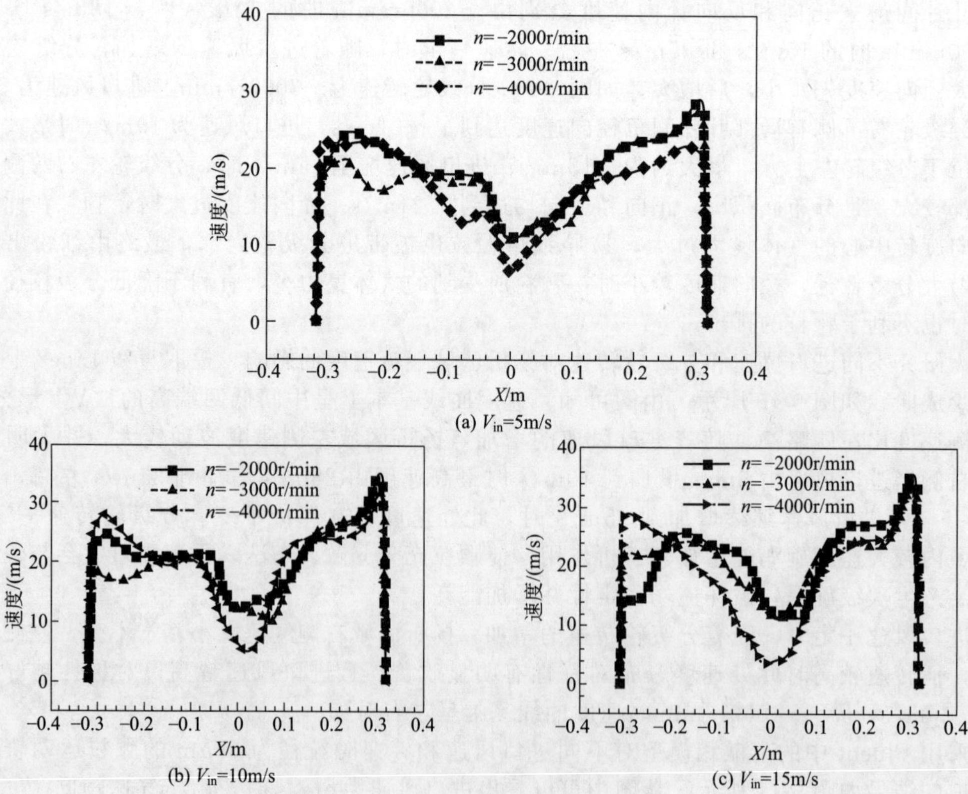

图 9-10 直线 Line2 速度分布曲线

速较低时颗粒所受离心力较小，可较为均匀地围绕分级轮运动，但当转速增加到－4000r/min 时颗粒所受离心力过大，如图 9-11（f）所示颗粒主要在分级区域靠近壳体处运动，说明增大分级轮转速可以降低分级粒径。进口风速增加到 15m/s 时，由于进气量过大，所以分级轮转速较低时颗粒易直接被气流送至分级轮右侧，易造成“跑粗”现象，影响分级精度，如图 9-11（g）和（h）所示。

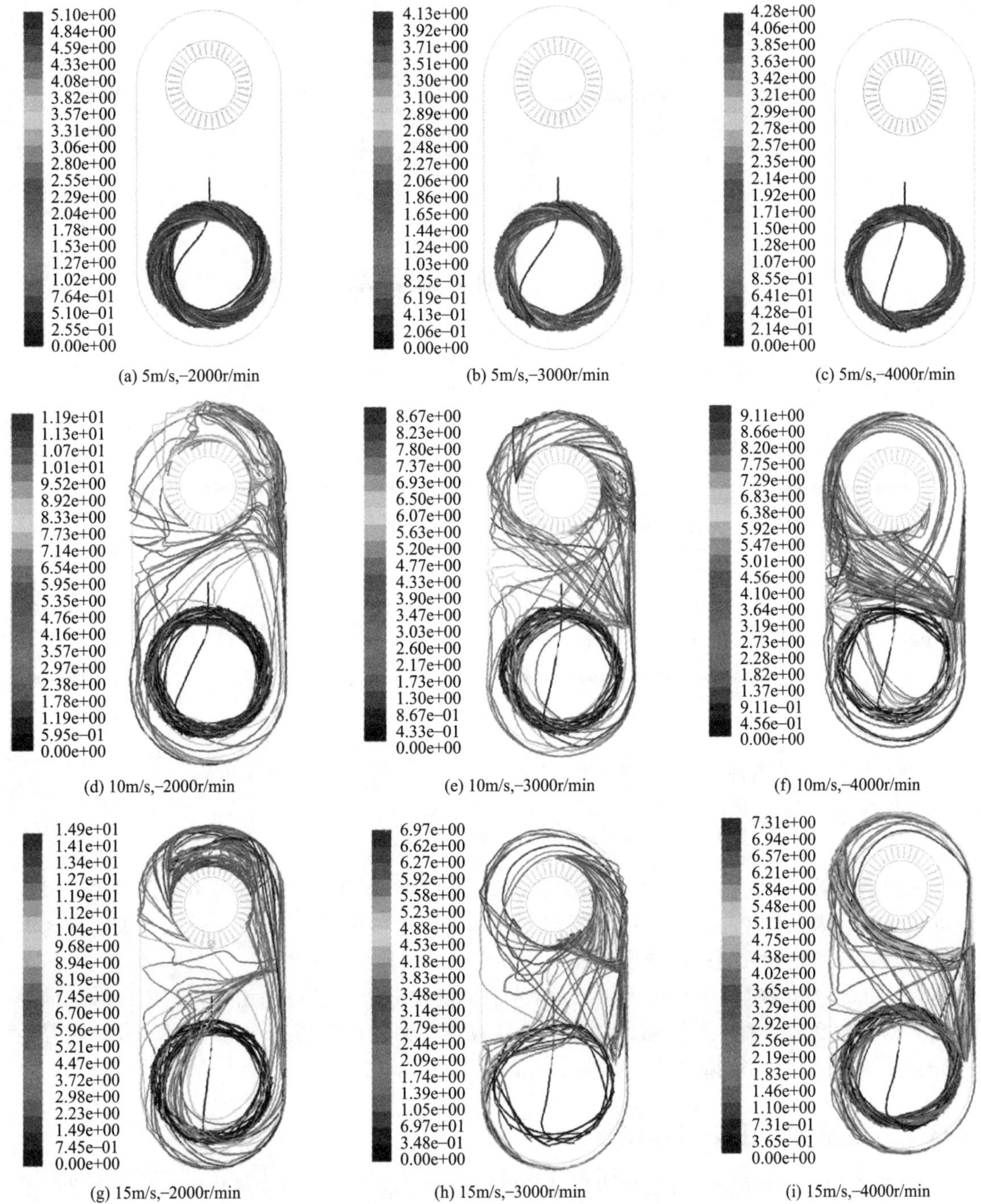

(a) 5m/s,–2000r/min　(b) 5m/s,–3000r/min　(c) 5m/s,–4000r/min

(d) 10m/s,–2000r/min　(e) 10m/s,–3000r/min　(f) 10m/s,–4000r/min

(g) 15m/s,–2000r/min　(h) 15m/s,–3000r/min　(i) 15m/s,–4000r/min

图 9-11　粒径为 35μm 的颗粒轨迹图

为了研究不同进口风速和分级轮转速对分级腔分级性能的影响，使用 Fluent 软件中的离散相模型在入口处分别建立粒径为 1μm、2μm、3μm、…、30μm 等 30 组均匀面颗粒喷射源。根据每小时处理量为 88.5kg 计算出质量流率约为 1.45kg/s，每组喷射源的颗粒个数设为 2000 个，分别在不同进口风速和分级轮转速下进行离散相数值模拟，细粉出口壁面条件设置为 escape（逃逸）。通过细粉出口逃逸的颗粒数与总颗粒数的比值来表示分级磨的分级效率，结果如图 9-12 所示，横坐标为粒径大小，纵坐标为分级效率。

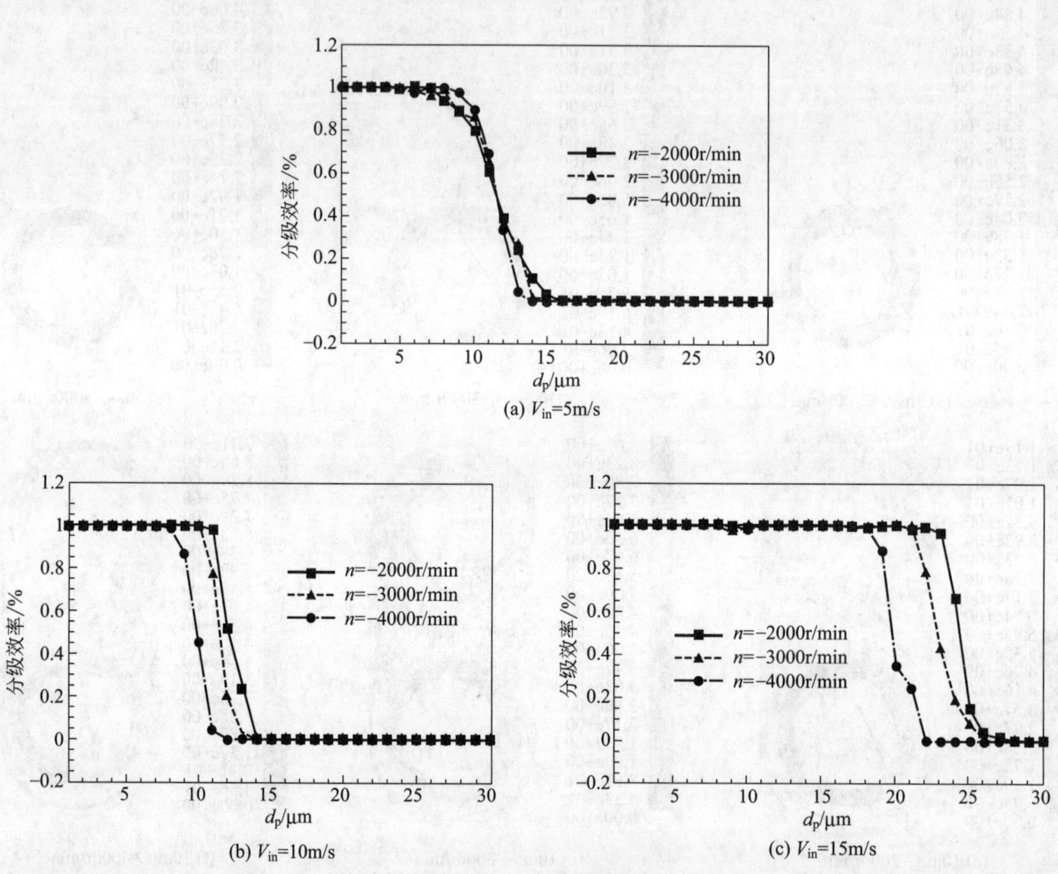

图 9-12 不同粒径颗粒分级效率

从图中可看出，进口风速为 5m/s 时，分级效率曲线斜率较大，这是由于此时进口风速较低，分级磨内风量较小，不足以将颗粒充分排出。进口风速为 15m/s 时，分级磨内风量较大，导致分级轮叶片间径向速度增加，此处气流对颗粒的曳力增强，故分级粒径较大，如转速为－2000r/min 时分级粒径达到 27μm 左右。随着分级轮转速的增大，分级区域切向速度增大，颗粒受到的离心力增强，故分级粒径减小，如进口风速为 10m/s 时，分级粒径由－2000r/min 时的 14μm 降低为－4000r/min 时的 12μm 左右。

9.3.2 磨盘转速正交仿真试验

为研究不同磨盘转速对分级腔内流场的影响规律，取上小节正交模拟中的最佳参数，并改变磨盘转速进行仿真试验，具体参数如表 9-3 所示。

表 9-3　磨盘转速正交仿真试验方案

序号	进口风速/(m/s)	分级轮转速/(r/min)	磨盘转速/(r/min)
1	10	−3000	2000
2			3000
3			4000

为研究磨盘转速变化对分级腔内流场的影响，图 9-13 和图 9-14 分别给出了不同磨盘转速时截面 F 上的气流流线图和扬析区域直线 Line2 上的速度分布曲线图。通过分析两图可知，随着磨盘转速的增加，扬析旋涡旋转速度逐渐增大，其右侧上升气流速度由 20m/s 上升至 42m/s 左右，导致与上侧分级旋涡下降气流交汇处上升至分级轮右侧，左侧下降气流速度由 23m/s 上升至 33m/s。

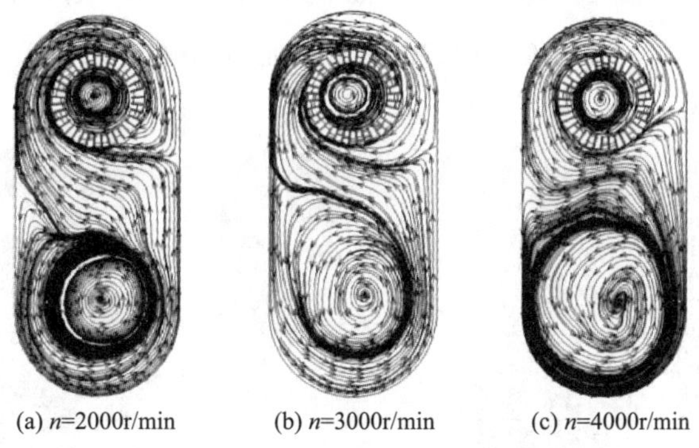

图 9-13　分级腔 F 截面气流流线图

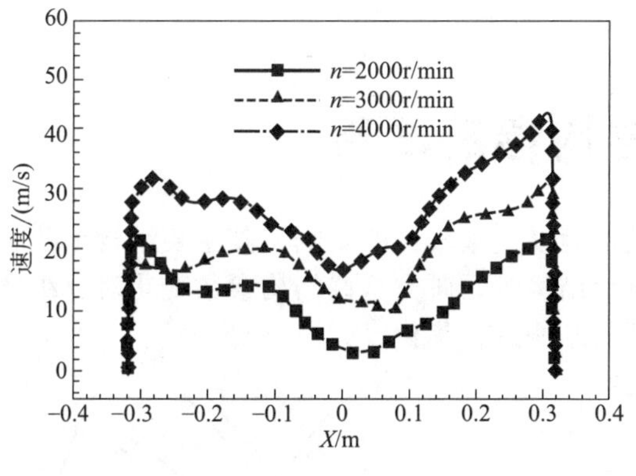

图 9-14　直线 Line2 速度分布曲线

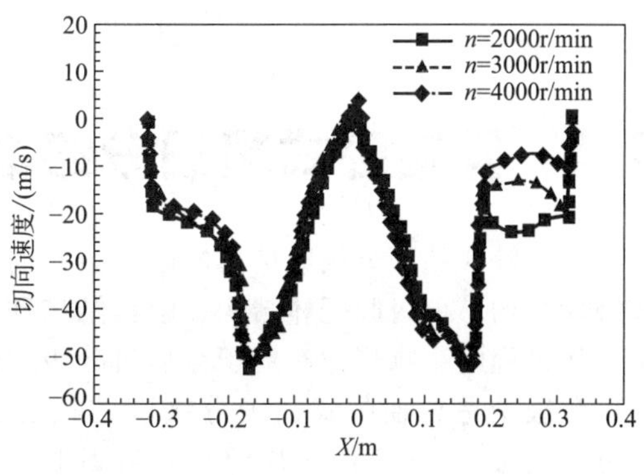

图 9-15　直线 Line1 切向速度分布曲线

图 9-15 和图 9-16 分别为不同磨盘转速时直线 Line1 上速度分布曲线图和分级轮叶片间径向速度分布云图。由图可知，磨盘转速的变化只对环形区左侧切向速度有影响，由于扬析区域右侧上升气流的阻碍作用，导致此处切向速度逐渐较小，由 −24m/s 减小至 −10m/s 左右。叶片间径向速度当磨盘转速由 2000r/min 增加至 3000r/min 时，分级轮左下侧径向速度分布面积略有减小，其他区域基本不变，磨盘转速增至 4000r/min 时，分级轮下侧部分叶片间径向速度增大，达到甚至超过了 12m/s，稳定性变差。

为研究不同磨盘转速对分级腔内压力的影响规律，取截面 F 上压力分布云图，如图 9-17 所示。由图可看出，随着磨盘转速的增加，分级腔内总体压力越来越小，扬析区域变化较明显，最低压力由 2400Pa 降低至 600Pa 左右，且低压中心逐渐偏向扬析区域几何中心右上侧。磨盘转速为 4000r/min 时，由于扬析区域右侧上升气流速度的增加，导致其与分级旋涡交界位置向上移动，所以分级轮右侧最高压力增大，且分布较紊乱。

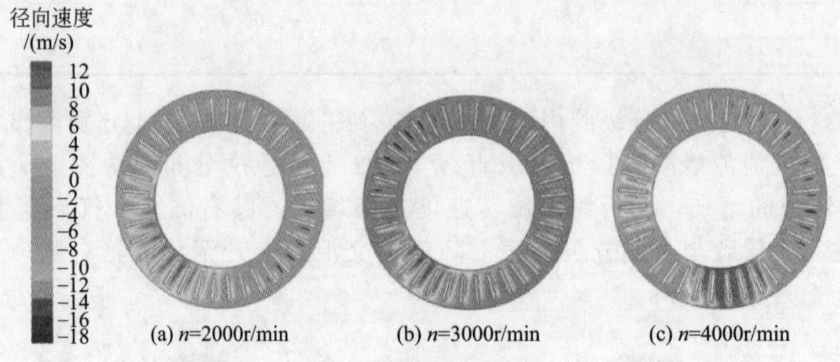

图 9-16 分级轮叶片间径向速度分布云图

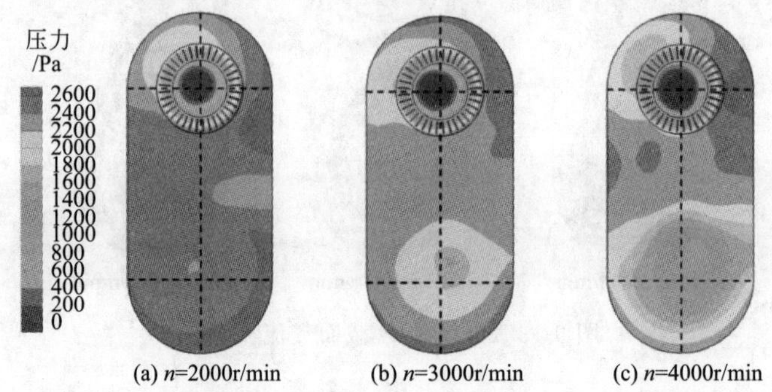

图 9-17 截面 F 上压力分布云图

9.4 异轴卧式超细分级磨结构参数仿真

异轴卧式超细分级磨结构的改变会对内部气流运动产生较大的影响，其主要结构参数有分级轮结构、分级腔壳体结构、磨盘结构和进风口结构等，研究这些结构参数变化对分级磨中工作过程的影响规律有助于今后对分级磨内部的结构进行优化。

分级轮是异轴卧式超细分级磨的核心组成部分，主要由分级轮叶片组成，叶片的形状、数量和安装角度等都会对分级流场有很大影响。叶片数量的多少决定各叶片之间间距的大小，叶片间距越大，流道相对长度变短导致扩散度增加，因分级轮的高速旋转导致叶片间惯性反旋涡现象加剧，使分级流场不均匀，此现象不能消除，但可以通过增加叶片数量减小叶片间距来削弱。但由于加工工艺的限制，叶片个数不宜过多，且叶片间隙过小也不利于颗粒排出，故需要合理配置。叶片的安装角度也是影响分级性能的主要参数之一，如图 9-18 为叶片安装角度示意图。

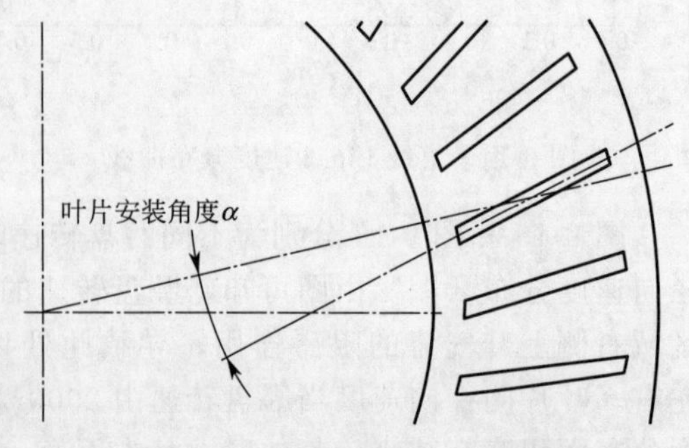

图 9-18 叶片安装角度示意图

分级磨结构不同，其结构参数影响规律也不同，本节主要采用 Fluent 软件对不同分级轮叶片数和叶片安装角度时分级磨内流场进行正交模拟研究，分析两者对分级腔内部流场及颗粒运动轨迹和分级效率的影响规律，为分级磨的结构参数优化提供理论依据。

9.4.1　分级轮结构参数正交仿真试验

为了研究不同叶片个数和安装角度对流场的影响，对表 9-4 中的 9 组结构参数分别进行仿真分析。工艺参数采用 9.3 节研究中最佳的一组，为：磨盘转速 3000r/min、进口风速 10m/s 和分级轮转速－3000r/min。

表 9-4　分级轮结构参数正交仿真试验方案

序号	叶片数/片	叶片安装角度 α/(°)
1	30	0
2		3
3		6
4	36	0
5		3
6		6
7	42	0
8		3
9		6

为研究不同叶片数量和安装角度对分级腔内气流流动状态的影响，提取 F 平面上的气流流线图如图 9-19 所示。由图可知，随着叶片数量和角度的增加，流场变化较为明显。

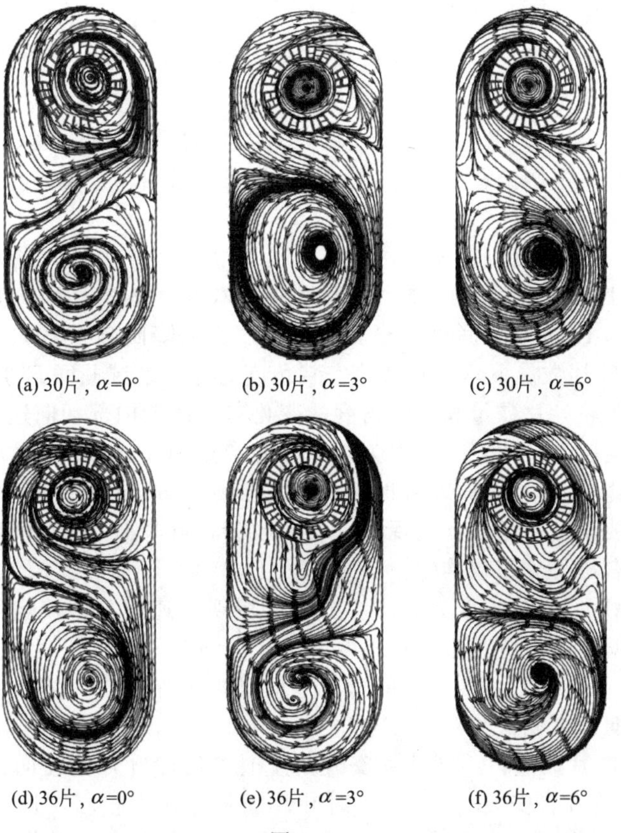

(a) 30片, α=0°　(b) 30片, α=3°　(c) 30片, α=6°

(d) 36片, α=0°　(e) 36片, α=3°　(f) 36片, α=6°

图 9-19

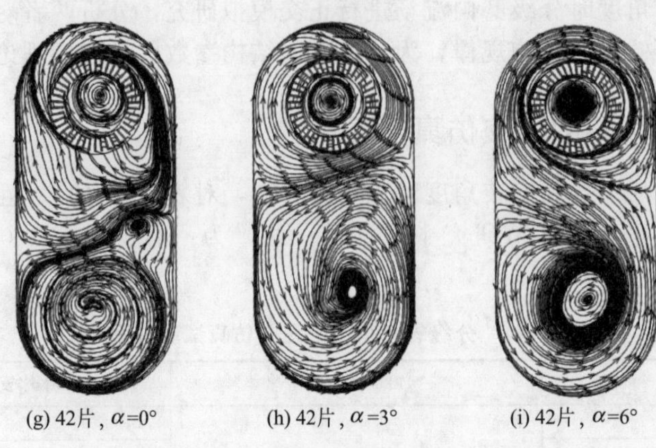

图 9-19 分级腔 F 截面气流流线图

叶片安装角度为 0°，数量为 30 片和 42 片时，分级腔上下两旋涡交汇线呈左低右高状倾斜，且 42 片时分级旋涡右侧下降气流与扬析旋涡上升气流交界处产生次级旋涡。安装角度为 3°时流场有较大改善，两旋涡交汇线基本保持水平，但叶片为 30 片时的分级轮右下侧有局部气流运动方向不规则。角度增至 6°时两流场气流分布都较为均匀。

叶片数为 36 片，角度为 0°时，分级腔气流运动较规则，上下两旋涡交界线基本保持水平。角度为 3°时，两旋涡交汇线严重倾斜，分级旋涡影响范围增大，且气流运动较紊乱，如分级轮左下侧气流方向基本呈由下而上的直线运动，会导致此处气流切向速度减小，扬析旋涡影响范围减小。角度增加至 6°时情况有所改善，但分级轮下侧部分气流运动依然不规则，扬析旋涡范围变化不大。

为研究不同分级叶片数量和安装角度对分级腔内压力分布的影响，图 9-20 给出了截面 F 上的压力分布云图，由图可得，安装角度为 0°时，叶片数量过多或过少都会导致分级腔内压力增大，如图 9-20（a）和（g）所示，其中 30 片时整体压力更大，且分级区域低压中心向分级轮几何中心右上侧偏移。随着叶片安装角度的增加，分级腔内整体压力先减小后增大，分级区域低压中心接近几何中心。

叶片数量为 36 片时情况刚好相反，安装角度为 0°时，分级腔内整体压力较小，最高约为 2600Pa。随着叶片安装角度的增加，分级腔内整体压力先增大后减小，如安装角度为 3°时最高压力升至 3200Pa 左右，角度升至 6°时最高压力又降回 2800Pa。

图 9-21 为不同叶片数量下，不同叶片安装角度时分级区域截面 F 上切向速度分布云图。从图中可看出，分级轮叶片数量和安装角度的变化对分级轮内部切向速度影响有限，主要影响环形区内的切向速度。叶片安装角度为 0°，叶片数量为 30 片和 42 片时，环形区域左右两侧切向速度分布不均匀，特别是 30 片时，右侧达到了－55m/s 左右，而左侧仅为－15m/s 左右。随着叶片安装角度的增加，此现象有较大改善，叶片数为 42 片时环形区切向速度较大，为－30m/s 左右，且分布较均匀。

叶片数量为 36 片，安装角度为 0°时，分级区域切向速度分布较均匀，角度为 3°时，环形区右侧切向速度偏高，左侧基本保持不变，由于分级轮下侧气流运动方向不规则导致此处切向速度降低为－5m/s 左右。而当角度增至 6°时环形区左右两侧切向速度恢复均匀，但分级轮下侧有局部切向速度偏低。

图 9-22 为不同叶片数量，不同叶片安装角度时分级轮叶片间径向速度分布云图。由图可知，叶片数量为 30 片，安装角度 $\alpha=0°$时叶片间径向速度较高，且分布面积广，分级轮左上方和右下方分别出现正向和负向的大面积径向速度突变，且都达到了 20m/s 左右，

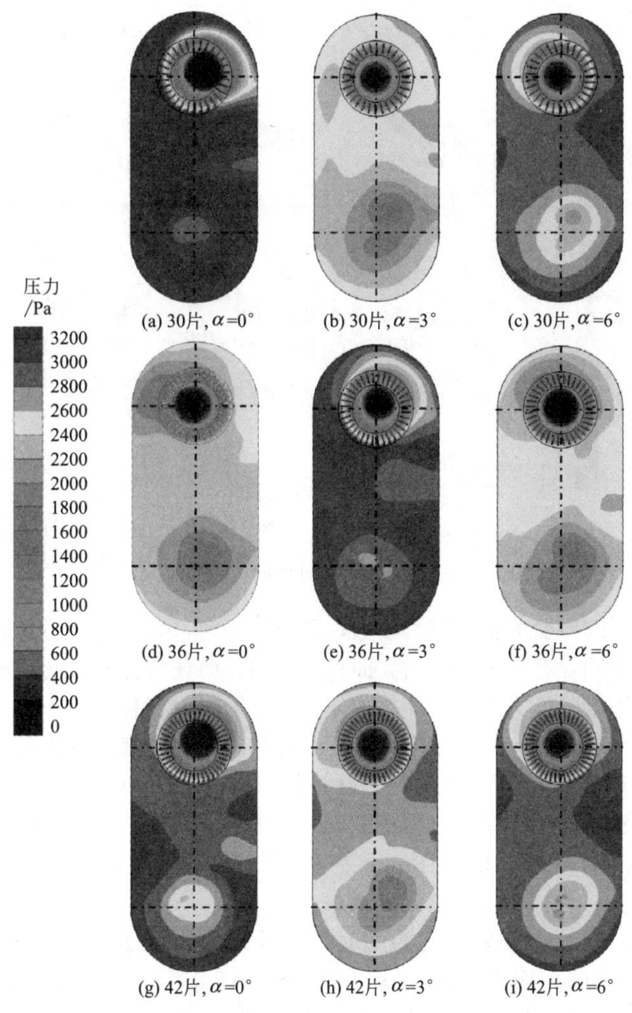

图 9-20　截面 F 压力分布云图

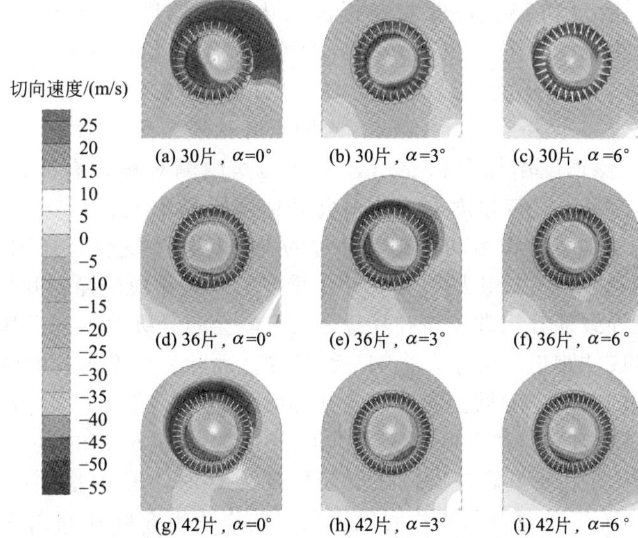

图 9-21　分级区域切向速度分布云图

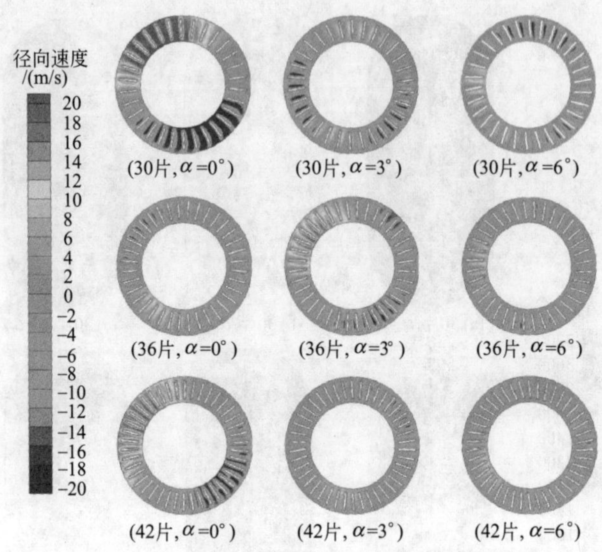

图 9-22 分级轮叶片间径向速度分布云图

此时颗粒在分级轮叶片间所受的空气曳力较大，且极不均匀，容易增大分级粒径。随着叶片安装角度增加至 3°，此现象明显有所改善，由大面积正反向径向速度分布转化为叶片间的局部惯性反旋涡，最大正向径向速度降低为 12m/s，总体分布较为均匀，有利于防止粗颗粒从突变较大处进入分级轮内部，提高分级精度。叶片角度增至 6°时叶片间径向速度略有改善，但效果不明显。

叶片数量为 36 片，安装角度为 0°时，叶片间径向速度分布较均匀，其中正向速度最大约为 10m/s，负向最大速度略高，约为－14m/s。叶片角度为 3°时，叶片间径向速度增大，正向和负向分别达到了 16m/s 和－18m/s 左右，分布面积也有所增加，总体稳定性变差。当叶片角度增至 6°时，叶片间径向速度分布恢复均匀。

叶片数量增加至 42 片，安装角度为 0°时，与叶片为 30 片时相似，分级轮左上方和右下方分别出现正向和负向的大面积径向速度突变，但由于叶片数量较多，相邻叶片之间的缝隙较小，所以最大径向速度分布范围较小。叶片安装角度增至 3°时叶片间径向速度减小且分布变均匀，最大正向和反向径向速度均为 10m/s 左右，叶片角度为 6°时并无明显变化。

为研究不同叶片数量和安装角度对扬析区域内气流速度的影响，提取 F 平面上直线 Line2 处的速度绘成曲线，如图 9-23 所示。分析可得，分级轮叶片数量的变化对扬析旋涡强度影响不大，右侧基本保持不变，最高速度均为 30m/s 左右，中间速度最低，为 10m/s 左右，左侧速度波动较大，保持在 18～30m/s 之间。叶片安装角度为 6°，叶片个数为 30 片和 36 片时，扬析旋涡左侧速度增加至 28m/s 左右，旋涡两侧对称性有所改善。当分级轮叶片数量增加至 42 片时，叶片安装角度的变化对此处速度影响不大。

由于叶片角度的增加，颗粒运动轨迹与叶片的夹角也发生变化，如图 9-24 为叶片角度分别为 0°和 6°的颗粒轨迹示意图。由图可知，叶片角度为 0°时颗粒碰撞到叶片时的垂线方向在叶片法线的左侧，这就导致部分粗颗粒与叶片碰撞后可能会向分级轮内部反弹，然后随细颗粒一起从出口排出，容造成“跑粗”现象，影响分级精度。而叶片角度为 6°时颗粒碰撞到叶片时的垂线方向在叶片法线的右侧，随后会向分级轮外部反弹，有效避免了“跑粗”现象。

使用离散相模型对同一粒径在叶片安装角度分别为 0°和 6°时的运动轨迹进行模拟，结果如图 9-25 所示。从图中可明显看出，在安装角度为 0°时，有少量颗粒与叶片碰撞后被反弹进叶片内部，随后又在离心力和叶片间气体曳力的作用下在叶片间做螺旋运动，最终又被排出分级轮。而叶片安装角度为 6°时，颗粒与叶片碰撞后直接被反弹到分级轮外部。

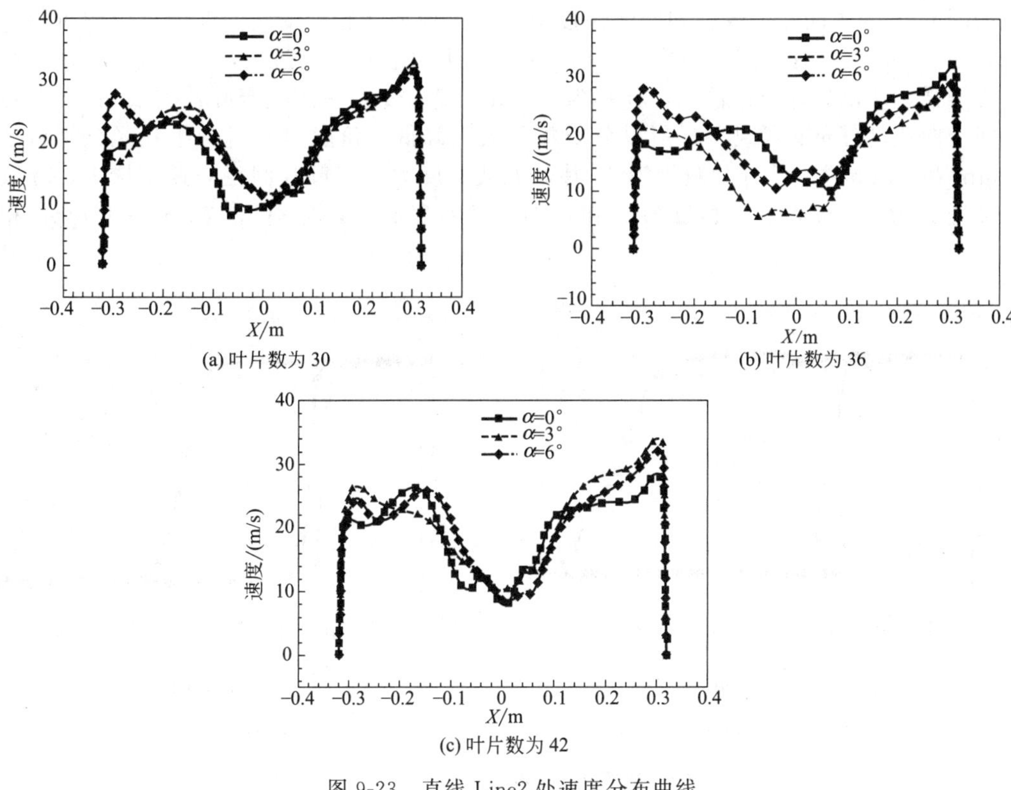

(a) 叶片数为 30　(b) 叶片数为 36　(c) 叶片数为 42

图 9-23　直线 Line2 处速度分布曲线

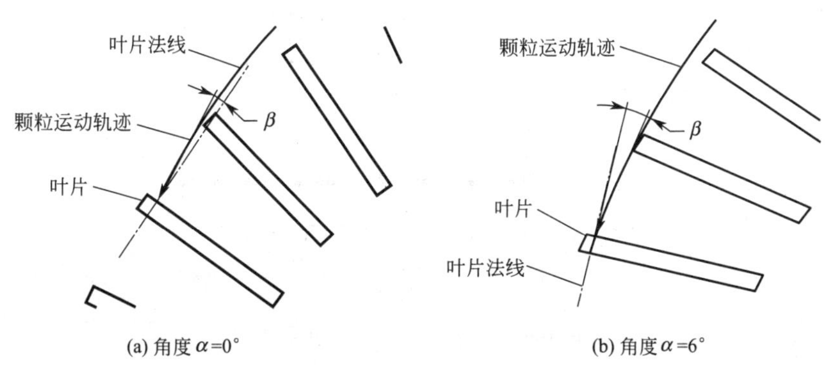

(a) 角度 α=0°　(b) 角度 α=6°

图 9-24　颗粒运动轨迹示意图

(a) 角度 α=0°　(b) 角度 α=6°

图 9-25　模拟颗粒运动轨迹图

如图 9-26 为不同叶片数量和安装角度时，分级效率随粒径变化曲线图。由图可得，叶片数量为 30 片和 42 片，安装角度为 0°时，由于叶片间径向速度过大，导致此处气体对颗粒的曳力增强，所以分级粒径较大，分别为 40μm 和 23μm 左右。随着叶片安装角度的增加，叶片间径向速度分布有所改善，所以分级粒径大大降低，角度为 6°时分级粒径分别减小到了 14μm 和 10μm 左右。叶片数量为 36 片，安装角度为 3°时叶片间径向速度增大，导致分级粒径增大为 27μm 左右，角度为 0°和 6°时分级粒径较小，分别为 12μm 和 13μm，相差不大。

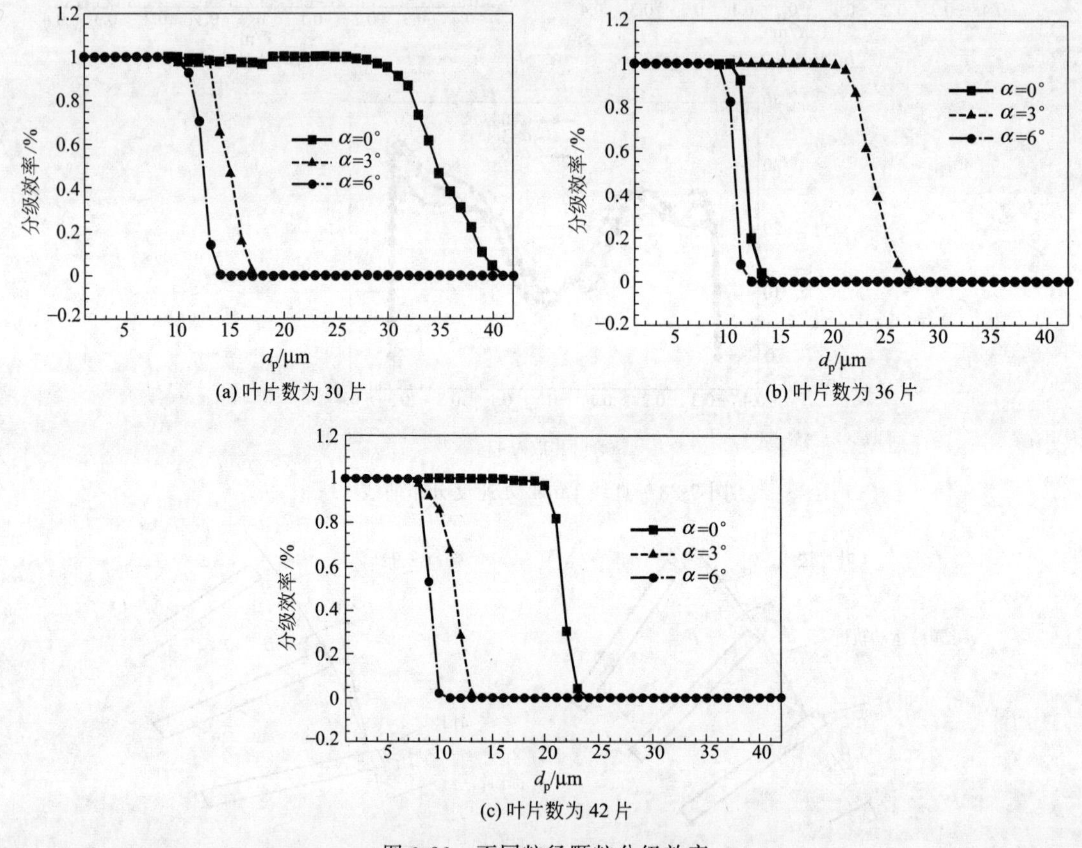

图 9-26　不同粒径颗粒分级效率

9.4.2 磨盘结构参数正交仿真试验

异轴卧式超细分级磨的粉碎腔为高速旋转冲击型粉碎机，其内部主要由磨盘和齿形磨壁组成。齿形磨壁经过特殊处理，为高耐磨材质，磨盘上沿圆周均匀分布着冲击部件，按结构不同可分为齿型、棒型和叶片型，磨机工作时主要靠磨盘的高速旋转使冲击部件与物料产生强烈冲击来达到粉碎的目的，因此对冲击部件的不同结构进行研究具有重要意义。有试验表明齿形冲击部件的高度和数量都会对磨机的工作效率产生影响，较小的磨齿高度可提高生产率，降低功率消耗，但高度降低后会减少磨齿使用寿命。磨齿数量过少时粉碎腔内物料受打击的机会减少，降低生产率；数量过多时磨机空载功率增加，所以应合理配置。

如图 9-27 为冲击叶片宽度示意图。叶片宽度越大，磨盘旋转时的有效粉碎面积越大，有利于提高粉碎效率，但同时也会影响叶片间轴向速度，且叶片旋转时受到的空气阻力也会增大，从而增加能耗。所以应在保证粉碎效率的情况下尽量减小叶片数量和宽度。

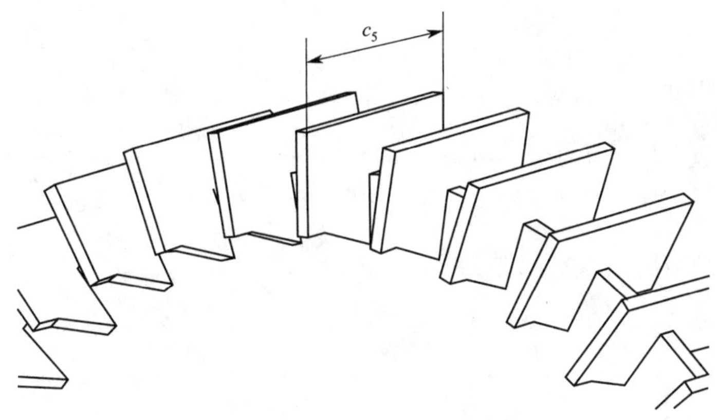

图 9-27　冲击叶片宽度示意图

对表 9-5 中的 9 组结构参数分别画出相应的模型，划分完网格后进行仿真分析，参数分别为：磨盘转速 3000r/min、分级轮转速－3000r/min、进口风速 10m/s。

表 9-5　磨盘结构参数正交仿真试验方案

序号	冲击叶片数/片	冲击叶片宽度 c_5/mm
1	24	80
2		100
3		120
4	30	80
5		100
6		120
7	36	80
8		100
9		120

叶片间速度越高，颗粒获得的动能也越大，与冲击叶片和磨壁齿槽的碰撞作用力也越大。为研究不同冲击叶片数量和宽度对粉碎腔内气流运动速度的影响，提取平面 E 上叶片间局部速度云图如图 9-28 所示。

由图可看出，随着冲击叶片数量和宽度的变化，叶片间最大气流速度变化较小，幅度约为 14m/s。叶片宽度为 80mm 和 100mm 时，随着叶片数量的增加叶片间气流最高速度逐渐增大，如宽度为 100mm 叶片数量为 24 片时，由于叶片间间距较大，导致整体速度较低，约为 101m/s，叶片为 36 片时最高速度增长至 115m/s 左右。叶片宽度为 120mm 时，随着叶片数量的增加，叶片间气流速度变化不大，甚至有所减小。叶片数量一定时，随着叶片宽度的增加，叶片间气流速度先增大后减小，如叶片数量为 30 片时，叶片间最高速度由宽度为 80mm 时的 101m/s 增长为 100mm 时的 108m/s，但叶片宽度为 120mm 时叶片间最高速度又降至 101m/s。

图 9-29 为冲击叶片间压力分布随叶片个数和宽度变化云图，由图可看出，叶片个数和宽度变化对叶片间压力影响较大。冲击叶片为 24 片时，叶片宽度由 80mm 增加到 100mm 时叶片运动前方最大压力略微增加，由 4200Pa 增至 4400Pa，而宽度为 120mm 时又降为 3800Pa 左右。冲击叶片为 30 片时，随着叶片宽度的增加叶片运动前方压力先增大后减小，宽度由 80mm 增至 100mm 时压力急剧增大，由 3800Pa 增至 4600Pa，此处压力较高，产生

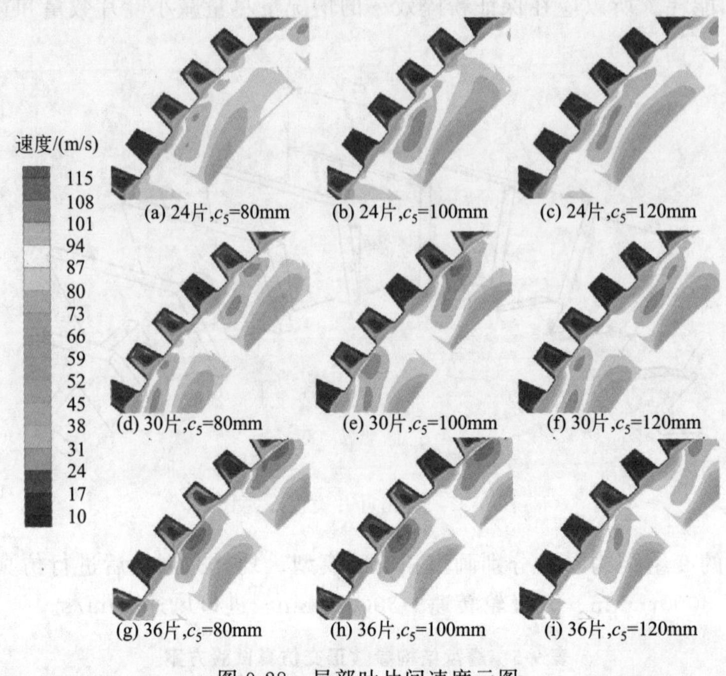

图 9-28　局部叶片间速度云图

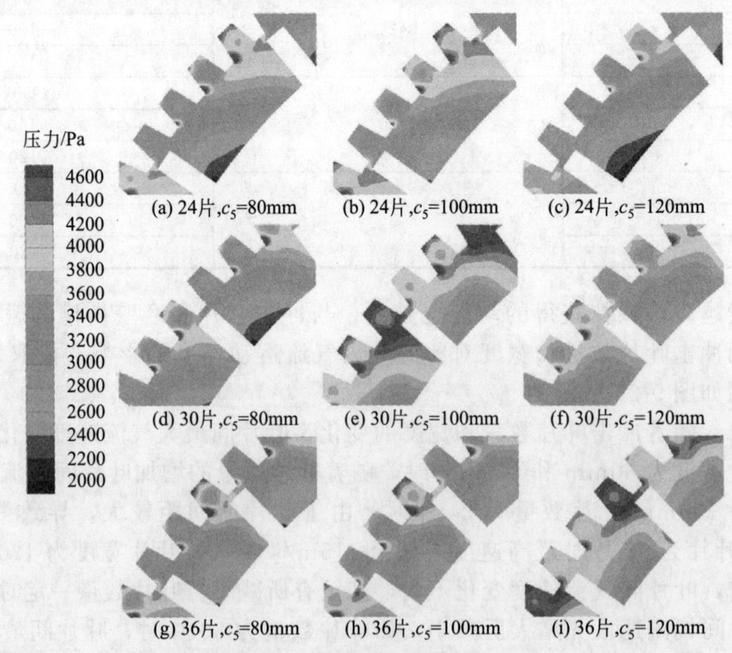

图 9-29　局部叶片间压力云图

的作用力可将物料压在冲击叶片和齿形磨壁之间，有助于剪切粉碎物料，而宽度增长至120mm 时叶片运动前方压力又减小为 4000Pa 左右。冲击叶片为 36 片时，随着叶片宽度的增加，叶片运动前方压力逐渐增大，由宽度为 80mm 时的 4200Pa 增至 120mm 时的 4600Pa 左右。

冲击叶片随磨盘高速转动时，会对叶片运动前方的气流有向两侧搅动的作用，所以此处气流在随磨盘做旋转运动的同时也沿轴向运动，气流轴向速度过大时，颗粒不易进入冲击叶片与齿形磨壁间进行粉碎，且进入粉碎区域的颗粒会因所受到的轴向作用力太大而较快地排出到分级腔内，缩短粉碎时间；此处轴向气流较小时，也会影响粉碎区域内粒径符合要求的颗粒及时排出，出现过度粉碎和设备发热等现象。叶片运动前方气流方向如图 9-30 所示。

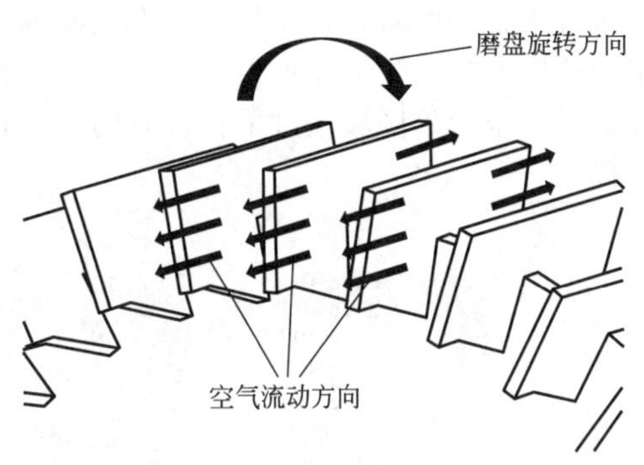

图 9-30　叶片运动前方气流方向示意图

为研究冲击叶片数量和宽度变化对叶片间轴向速度的影响，分别提取不同条件时直线 Line3 上的轴向速度绘成曲线图，如图 9-31 所示。从图中可得出，冲击叶片为 24 片和 30 片时，气流轴向速度相差不大，负向最高约为－4m/s，正向最高约为 6m/s，轴向速度随着叶片宽度的变化略有波动。叶片数量为 36 片时气流轴向速度波动较大，宽度为 80mm 时最不稳定，负向最高约为－11m/s，正向最高约为 10m/s，轴向速度随着叶片宽度的增加波动逐渐减小。

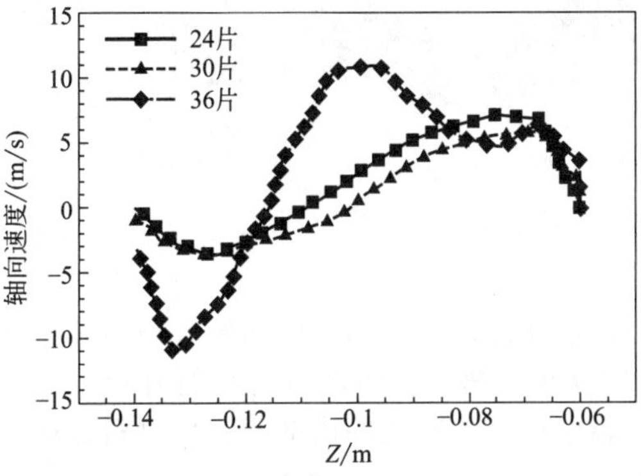

(a) 宽度 c_5=80mm

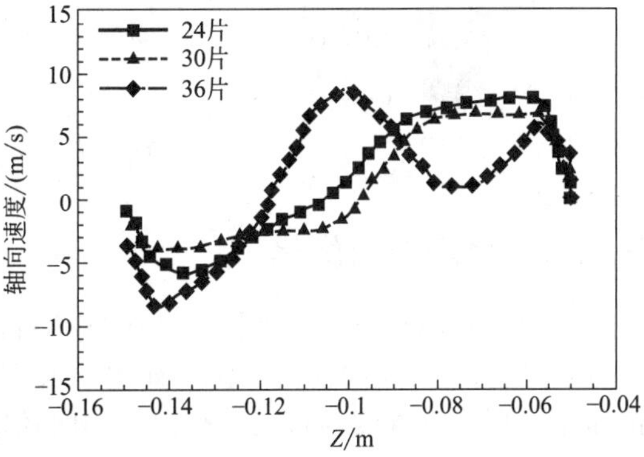

(b) 宽度 c_5=100mm

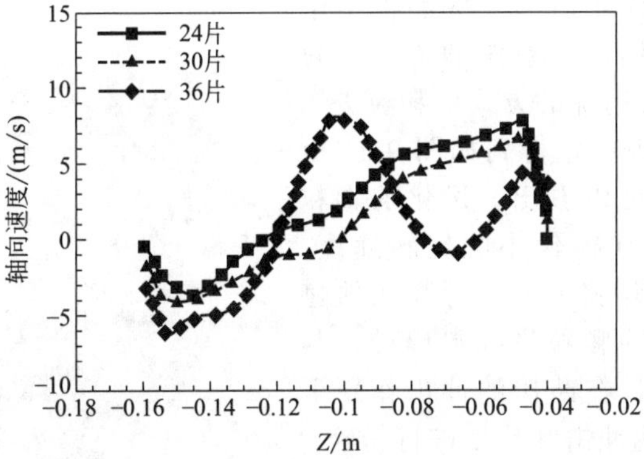

(c) 宽度 c_5=120mm

图 9-31　直线 Line3 轴向速度分布曲线

异轴卧式超细分级磨在工作过程中，物料在内部的充分分散起着非常重要的作用，是提高分级效率和分级精度的前提。异轴卧式超细分级磨是集粉碎和分级为一体的，粉碎后的颗粒在磨盘高速旋转的强大作用力下已得到充分的分散，所以只需对粉碎前的颗粒进行预分散即可。图 9-32 为使用离散相模型仿真出的颗粒从入口进入粉碎腔的轨迹图，从图中可看出，颗粒进入粉碎腔后，首先与磨盘发生碰撞，然后向下反弹，并在摩擦力的作用下获得较小的旋转速度，在反弹力和重力的作用下落到粉碎腔底部冲击叶片处开始粉碎。颗粒从进入粉碎腔到运动至粉碎区域经过了较长时间，且得不到充分分散，易造成团聚现象，所以应对其进行优化。

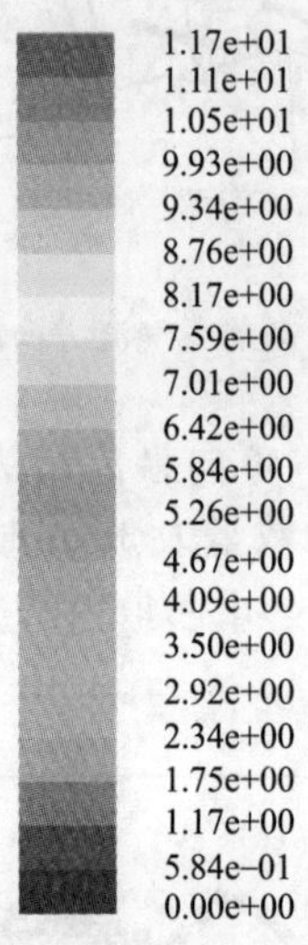

图 9-32　粉碎腔颗粒轨迹图

9.4.3　磨盘结构优化

参照立式涡轮空气分级机的凸棱形撒料盘，在磨盘靠近进料口的一面布置 8 条高和宽为 10mm、长 140mm 的径向凸棱，如图 9-33 所示。磨盘在高速旋转时凸棱对物料有较强的冲击作用，可将进入的物料充分打散，同时还能将原料中粘聚的颗粒冲击散开，使物料迅速到达磨盘边缘粉碎区域，并均匀地分布在冲击叶片处。

分别在结构优化前和优化后的分级磨模型中使用离散相在进料口处采用面喷射源加入若干粒径为 35μm 的颗粒，用稳态追踪的方式对颗粒进入粉碎腔后的运动轨迹进行模拟，得到如图 9-34 所示的颗粒轨迹图。从图中可以看出，优化前颗粒进入粉碎腔与磨盘碰撞后获得较小的旋转速度，随后在重力作用下落到粉碎腔下方，颗粒簇轨迹呈扇形分布。结构优化后的颗粒进入粉碎腔，与磨盘上的凸棱发生碰撞后，在凸棱的冲击作用下向图中右侧运动，迅速到达冲击叶片处进行粉碎。

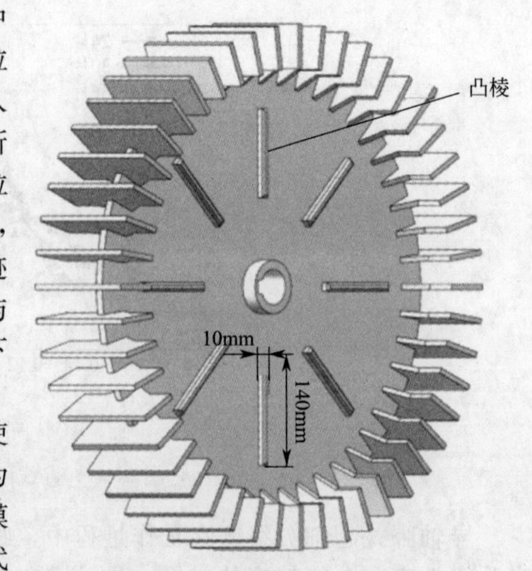

图 9-33　磨盘结构优化示意图

在结构优化前和优化后的分级磨模型中，使用非稳态追踪方式对面喷射源加入的若干粒径为 35μm 的颗粒进入粉碎腔后不同时刻的位置进行模拟。非稳态方式是指每隔若干个连续相流场迭代步，对每个颗粒进行一轮包括一步或多步的轨迹计算，从而将颗粒逐轮、逐步地沿轨迹向前推进，依次得到每一步计算后更新的颗粒状态（位置、速度、尺寸、温度等），故使用非稳态方式进行模拟可以得到某一时刻全部颗粒的位置。

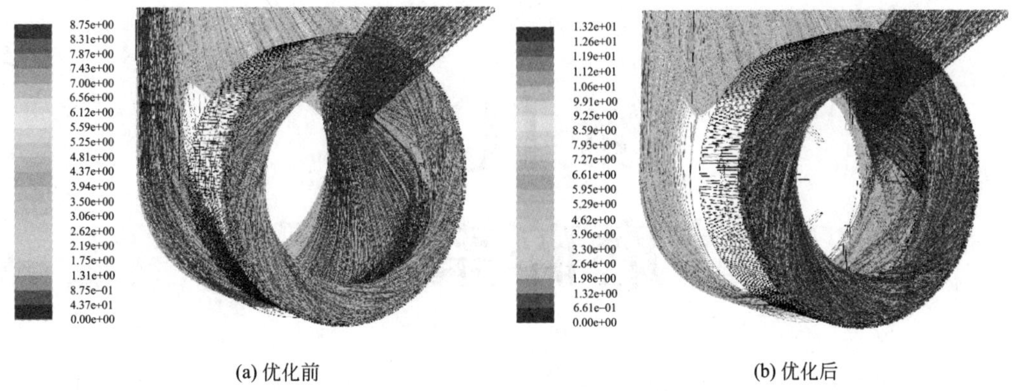

(a) 优化前　　(b) 优化后

图 9-34　优化前后颗粒轨迹图

如图 9-35 所示，颗粒的不同颜色代表着进入粉碎腔后的不同时间，红色为时间最长。从图中可以看出，结构优化后，颗粒进入粉碎腔分散得更迅速，效果较为明显。这说明在磨盘靠近进料口的一面布置径向凸棱对物料有较强的冲击作用，可将物料充分打散，使物料迅速到达磨盘边缘粉碎区域。

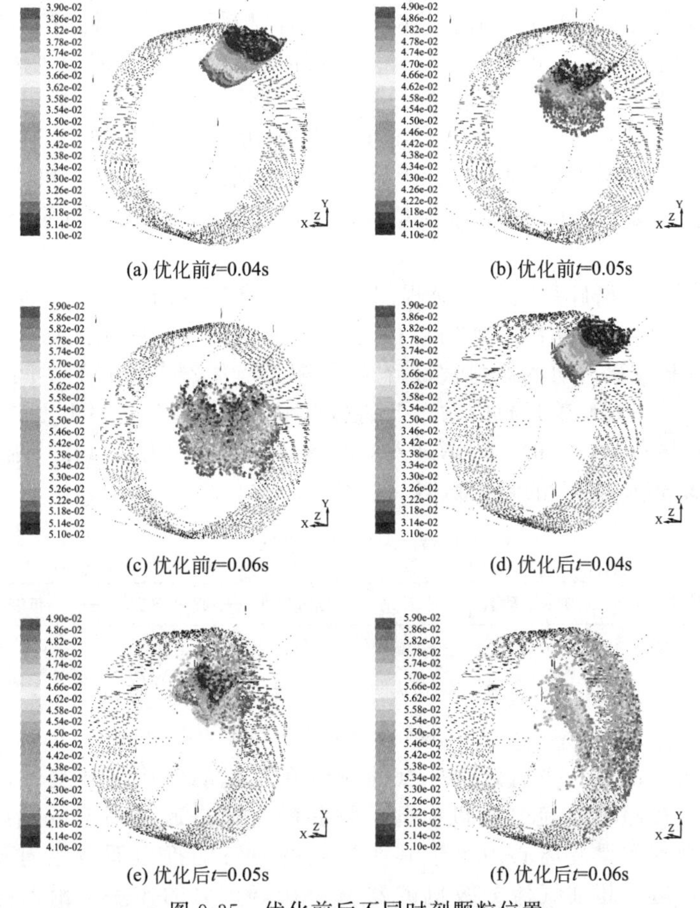

(a) 优化前 t=0.04s　　(b) 优化前 t=0.05s

(c) 优化前 t=0.06s　　(d) 优化后 t=0.04s

(e) 优化后 t=0.05s　　(f) 优化后 t=0.06s

图 9-35　优化前后不同时刻颗粒位置

第10章 破碎磨碎系统设计

10.1 破碎磨碎系统设计

10.1.1 总体设计

破碎磨碎是现代化工、电子、冶金、陶瓷和复合材料等粉体原料加工必不可少的技术。利用破碎磨碎技术将粉煤灰、钢渣和矿渣等多种废渣粉碎至几十微米后，用其作为水泥的填料，不仅不会降低水泥的强度，还能增加水泥的后期强度。日本小野田公司用细磨矿渣（$400\sim800m^2/kg$）可代替50%的熟料，强度提高近40%；又用细磨矿渣（$626m^2/kg$）或粉煤灰（$432m^2/kg$）代替70%的熟料，所得到的水泥强度不变。研究和试验均表明只要将钢铁渣粉碎至30μm以下，用其作为水泥填料，不仅可以减少水泥熟料的用量，而且还会提高水泥的强度。

如图10-1所示破碎磨碎系统工艺流程图。为了提高破碎磨碎效率、便于控制产品的质量，一般采用闭路破碎磨碎系统。平均粒径为20～30mm的原料从振动破碎机进口进入振动破碎机内部，在振动破碎机内原料被破碎成平均粒径为2～3mm的中间产品。从振动破碎机出来的中间产品在螺旋输送机的输送下到达双刚体振动磨机进口上方的储料仓内。储料仓内的中间产品在振动给料机的作用下进入双刚体振动磨机的内部。在双刚体振动磨机内部中间产品被粉碎成30μm左右的超细粉体。

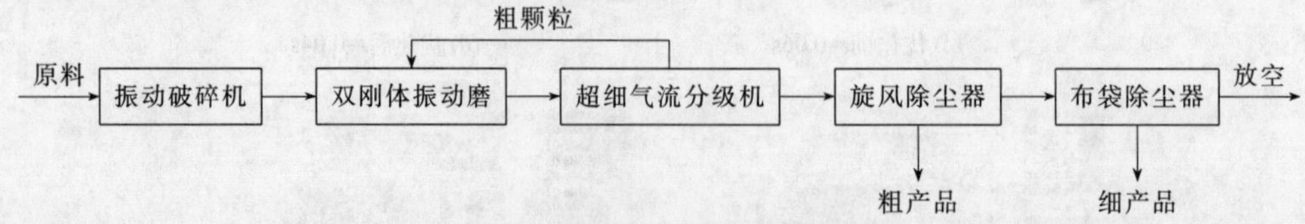

图10-1 破碎磨碎系统工艺流程图

合格的超细颗粒以及一些稍微大一点的颗粒在风机的作用下被空气流输送至超细气流分级机的内部。在超细气流分级机内部，颗粒随空气一起做高速的螺旋线运动。较大的颗粒由于其所受到的惯性离心力大于其所受到的空气的推力而被甩向超细气流分级机的器壁。颗粒一旦碰到超细气流分级机的器壁便在其重力的作用下沿器壁下滑至超细气流分级机的粗料出口。从超细气流分级机粗料出口出来的稍粗的颗粒沿着管道下滑至双刚体振动磨机进口上方的储料仓内以便进行下一次的粉碎。在超细气流分级机内，合格的颗粒由于其所受到的惯性离心力小于其所受到的空气推力而随空气流一起从超细气流分级机的细料出口排出。

合格的产品从超细气流分级机内部出来以后便进入旋风除尘器内。在旋风除尘器内，一些稍大一点的合格产品被分离出来而成为粗产品。而未被旋风除尘器捕集的产品在离开旋风除尘器之后便进入了布袋除尘器内部。在布袋除尘器内，稍细一点儿的合格产品被捕集而成为细产品。未被布袋除尘器捕集的极少、极细的颗粒随着空气一起进入空气中。

10.1.2　设备简介

欲制备粒径小于 30μm 的微粉，单纯靠磨机是很难实现的，必须采用超细气流分级机，与磨机形成闭路粉磨系统，使粒度合格的颗粒及时从磨机中排出，大大提高磨机的工作效率。

如图 10-2 所示为超细气流分级机的原理示意图。该机的主体部分为涡壳，内设有固定于转子上的转笼 5，转笼 5 由 24 个沿圆周均匀分布的竖直叶片和 1 个水平筋板组成。在涡壳上有一个切向的进风通道，称为主进风口。机体下部是一个斜锥形的粗料出口料斗。在料斗上有 1 个二次风管。从双刚体振动磨内抽出的物料随气流一起沿着切向从主进风口高速进入分级室内，在分级室内颗粒被分级。合格的细颗粒随着气流一起穿过转笼而排出，最后由收尘器收集下来成为成品。粗颗粒则落入斜锥形的料斗内，并进一步受到来自二次风管的空气的清洗，分选出贴附在粗颗粒上的细粉。细粉随二次风上升至转笼内部接受再一次的分级，粗颗粒则从粗料口排出。该机具有选粉效率高、分级精确、结构紧凑等优点。

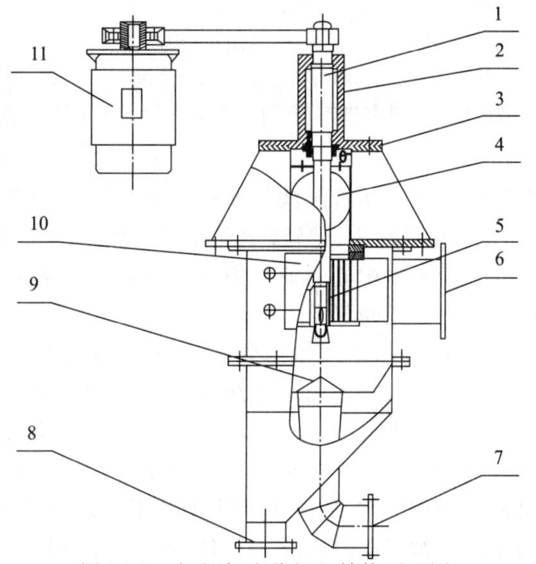

图 10-2　超细气流分级机结构原理图

1—主轴；2—轴承座；3—三次风进口；4—细料及空气出口；5—转笼；6—空气及物料进口；7—二次风进口；8—粗料出口；9—风帽；10—检查口；11—电机

旋风除尘器作为超细破碎磨碎系统的粗产品收集设备，是利用旋转的含尘气体所产生的离心力将粉尘从气流中分离出来的一种干式气-固分离装置。该类分离设备结构简单、制造容易、造价和运行费用较低，对于捕集分离 5μm 以上的颗粒粉尘效率较高。因而在矿山、冶金、耐火材料、建筑材料、煤炭、化工以及电力工业部门应用极为普遍。

如图 10-3 所示为典型旋风除尘器的结构简图。带有颗粒的气流经入口沿切向进入除尘器的内部，并在除尘器内旋转向下流动，由于离心力的作用，固体颗粒被甩向圆筒壁，并沿圆锥部分向下进入到集料斗内，同时气流旋转向上，经过出口管离开除尘器。

袋式除尘器是一种利用有机纤维或无机纤维过滤布将含尘气体中的固体粉尘分离出来的一种高级除尘设备。因过滤布多做成袋形，所以称为袋式除尘器。

袋式除尘器的工作机理是利用粉尘通过滤布时产生的筛分、惯性、黏附、扩散和静电等作用而被捕集。

① 筛分作用。含尘气体通过滤布时滤布纤维间的空隙或吸附在滤布表面的粉尘间的空隙

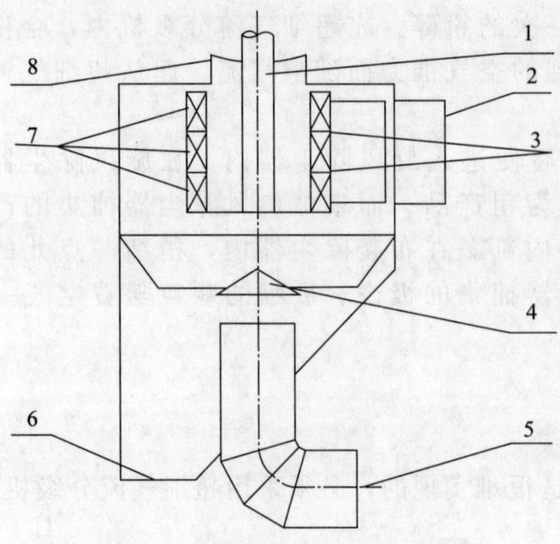

图 10-3 旋风除尘器的结构简图

1—转子；2—主进风口；3—筋板；4—风帽；5—二次进风口；6—粗料出口；7—转子叶片；8—细料出口

把大于空隙直径的粉尘分离下来，称为筛分作用。对于新滤布，由于纤维之间的空隙比较大，这种筛分作用不太明显，除尘效率较低。只有在使用了一段时间滤布表面建立了一定厚度的粉尘之后，筛分作用才会比较显著。

② 惯性作用。含尘气体通过滤布纤维时，气流绕过纤维，而粒径大于 1μm 的粉尘由于惯性作用仍保持原来的直线运动撞击到纤维上而被捕集。粉尘颗粒直径越大，惯性作用也就越大。过滤气速越高，惯性作用也越大，但气速太高，通过滤布的气量也增大，气流会从滤布的薄弱处穿破，使除尘效率降低。

③ 扩散作用。当粉尘颗粒粒径在 0.2μm 以下时，粉尘由于极为细小而产生如同气体分子热运动的布朗运动，增加了粉尘与滤布表面的接触机会，使粉尘被捕集。这种扩散作用与惯性作用相反，随着过滤气速的增加而降低，随着粉尘粒径的减小而增强。

④ 黏附作用。当含尘气体接近滤布时，细小的粉尘仍然随着气流一起运动，若粉尘的半径大于粉尘中心到滤布边缘的距离时，则粉尘会被滤布黏附而被捕集。滤布的空隙越小，这种黏附作用越显著。

⑤ 静电作用：粉尘颗粒间相互撞击会放出电子产生静电，如果滤布是绝缘体，会使滤布充电。当粉尘和滤布所带的电荷相反时，粉尘就被吸附在滤布上，从而提高除尘效率，但粉尘清除困难。反之，如果两者所带的电荷相同，则会在两者之间产生斥力，粉尘不能被吸附到滤布上，使除尘效率下降。所以静电作用能够改善或妨碍滤布的除尘效率。为了保证除尘效率，必须根据粉尘的电荷性质来选择滤布。一般静电作用只有在粉尘粒径小于 1μm 以及过滤气速很低时才会显出来。在外加电场的情况下，可加强静电作用，提高除尘效率。

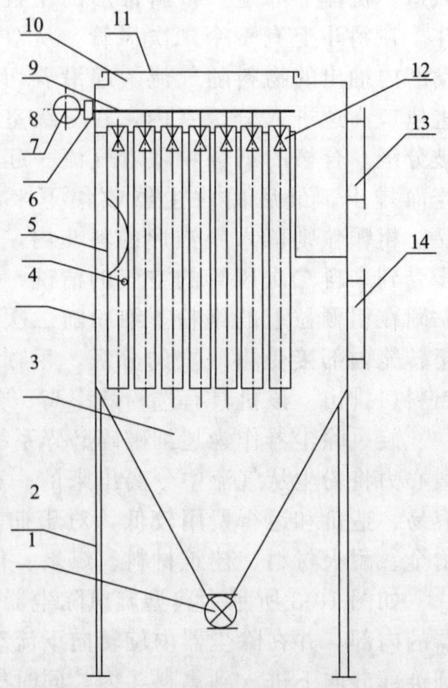

图 10-4 布袋除尘器的结构简图

1—卸灰阀；2—支架；3—灰斗；4—箱体；5—滤袋；6—袋笼；7—电磁脉冲阀；8—储气罐；9—喷管；10—清洁室；11—顶盖；12—环隙引射器；13—净化气体出口；14—含尘气体入口

袋式除尘器在进行了一定时间的过滤操作之后，由于黏附等作用，尘粒在滤料网孔间产生架桥现象，使气流通过滤料的孔径变得很小，从而使滤料网孔及其表面迅速截留粉尘形成粉尘层。在清灰后仍然残留的一定厚度的粉尘称为粉尘初层。由于粉尘初层中粉尘粒径通常都比纤维小，因此筛分、惯性、黏附和扩散等作用都有所增加，使除尘效率显著提高。由此可见，袋式除尘器的高效率，粉尘初层起着比滤料本身更为重要的作用。布袋除尘器的结构简图如图 10-4 所示。

10.2 超细气流分级机的结构设计

10.2.1 超细气流分级机转子结构

图 10-5 所示为超细气流分级机的主要部分——转子部分的结构详图。表 10-1 为该分级机的技术性能参数。

与传统的分级机相比，该分级机具有如下突出的优点：①选粉效率高，分级精确，单位处理量大；②通过改变主轴转速即可调节分级产品的细度，并且细度可调范围大；③能适应高浓度的气体；④结构紧凑，体积小，相同的生产能力时，其体积只有传统分级机的 1/6～1/2。

该机的主要缺点是主轴较长，加工难度大，系统的稳定性不易保证，所以在设计超细气流分级机时应该重点提高转子系统的稳定性。

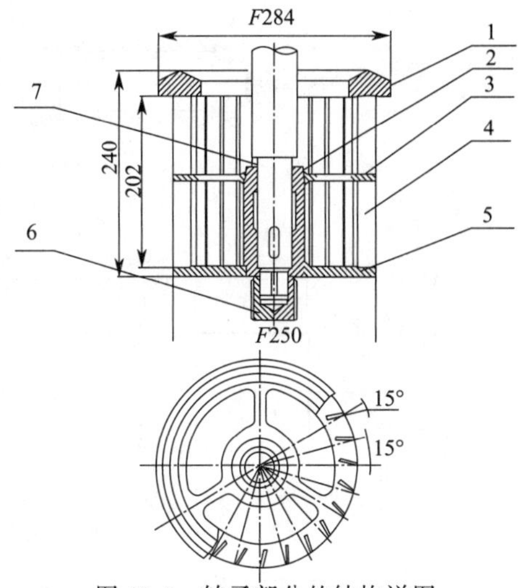

图 10-5 转子部分的结构详图

1—密封环；2—轮毂；3—筋板；4—叶片；5—支撑盘；6—大螺母；7—调节垫片

表 10-1 超细气流分级机的技术性能参数

名称	单位	数量
分级粒径	μm	10～125
处理量	kg/h	1200
转子直径	mm	250
调速范围	r/min	1000～5000
外廓尺寸	mm	822×822×1698
总重	kg	260
电机型号	Y132S1-2	
转速	r/min	2900
功率	kW	5.5

10.2.2 转子系统的动力学设计

欲减小超细气流分级机的分级粒径，就必须提高转子系统的转速，目前其转速已经达到 4500r/min 左右。由于转子系统主轴较长、转速较高，所以应对其进行动力学设计，以便提高转子系统的稳定性。要想提高转子系统的稳定性，必须合理设计转子系统的结构，使其转动频率远离其固有频率。除此之外，还必须提高转子系统的加工精度，对其进行严格的动平衡试验。只有这样才能使转笼在受到非均匀的磨损之后整个转子系统仍能处于稳定的状态。由上可知转子系统固有频率的计算对于指导转子系统的结构设计以及选择合适的转子转速等均具有重要的意义。

如图 10-6 所示为超细气流分级机转子系统的结构。由该图可知超细气流分级机的转子系统结构比较复杂，并且主轴较长。为了简化计算，对转子系统的结构及其受力情况进行了简化，简化结果如图 10-7 所示，其中 $l_1=138\text{mm}$，$l_2=216\text{mm}$，$l_3=495\text{mm}$，$l_4=133\text{mm}$，$d_1=45\text{mm}$，$d_2=72\text{mm}$，$d_3=55\text{mm}$，M 点为质量为 16.62kg 转笼向其质心简化后的质点。在 AB 段作用有高速带的预紧力，由于此力比较小故忽略不计。由于制造、安装等方面的原因，转笼不可避免地会存在偏心，在转子高速转动时，转笼的偏心质量会产生很大的惯性离心力。当转子的激振力频率接近其固有频率时，转子的横向振动加剧，甚至会将轴振断。

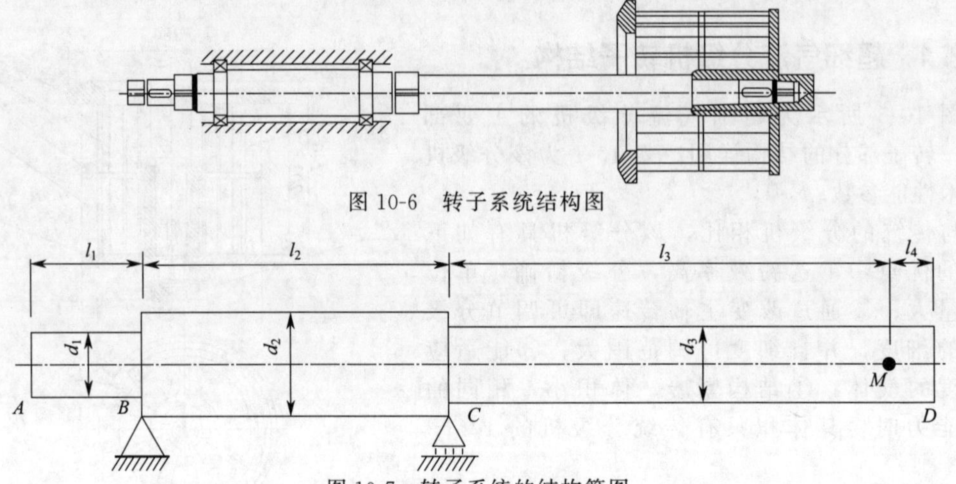

图 10-6　转子系统结构图

图 10-7　转子系统的结构简图

瑞雷法（又称瑞利法）是根据机械能守恒定律得到的基频近似计算方法。它不仅适用于离散系统，同样也适用于连续系统。对于任何一个连续的系统，只要近似地给出一个满足端点条件的第一阶振型函数，并熟悉系统动能和势能的计算方法，就可以对基频进行估算。下面利用瑞雷法对图 10-7 所示的转子系统的基频进行近似计算。对于梁，通常选用静挠度曲线作为第一阶振型函数就可得到较好的计算结果。以 O 点为原点，建立如图 10-8 所示的笛卡尔坐标系。

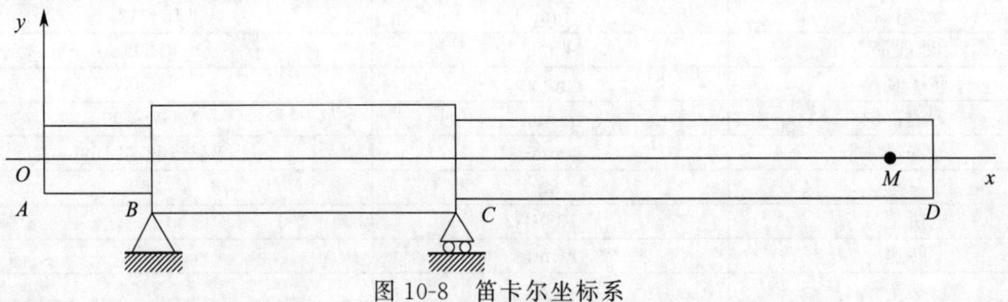

图 10-8　笛卡尔坐标系

由材料力学的知识可以得到转子的静挠度曲线为

$$Y(x)=\begin{cases}-\dfrac{Pl_2l_3}{6EI_{BC}}(l_1-x),0\leqslant x<l_1\\[2mm] -\dfrac{P}{EI_{BC}l_2}\dfrac{l_2^2l_3}{6}\left(\dfrac{(x-l_1)^3}{l_2^3}-\dfrac{x-l_1}{l_2}\right),l_1\leqslant x<l_1+l_2\\[2mm] -\dfrac{Pl_2l_3}{3EI_{BC}}(x-l_1-l_2)-\dfrac{Pl_3}{2EI_{CD}}(x-l_1-l_2)^2+\dfrac{P}{6EI_{CD}}(x-l_1-l_2)^3,\\ l_1+l_2\leqslant x<l_1+l_2+l_3\\[2mm] -\dfrac{Pl_2l_3^2}{3EI_{BC}}-\dfrac{Pl_3^3}{3EI_{CD}}-\left(\dfrac{Pl_2l_3}{3EI_{BC}}+\dfrac{Pl_3^2}{2EI_{CD}}\right)(x-l_1-l_2-l_3),\\ l_1+l_2+l_3\leqslant x<l_1+l_2+l_3+l_4\end{cases}\tag{10-1}$$

式中　P——假想的加于 M 点的一个竖直向下的力，N；

E——转子的弹性模量，GPa；

I——转子的惯性矩，m^4。

假设转子系统以某一阶固有频率 p 做主振动，则转子在振动过程中任一瞬时的位移为

$$y(x,t)=Y(x)\sin(p_1 t+\varphi) \tag{10-2}$$

速度为

$$\dot{y}(x,t)=p_1 Y(x)\cos(p_1 t+\varphi) \tag{10-3}$$

则转子的动能和势能分别为

$$T=\frac{1}{2}\int_0^l \dot{y}^2\mathrm{d}m+\frac{p_1^2}{2}m_F Y^2(x_F)=\frac{p_1^2}{2}\int_0^l \rho A\dot{y}^2\mathrm{d}x+\frac{p_1^2}{2}m_F Y^2(x_F) \tag{10-4}$$

$$U=\frac{1}{2}\int_0^l \frac{M^2}{EI}\mathrm{d}x=\frac{1}{2}\int_0^l EI\left(\frac{\partial^2 y}{\partial x^2}\right)^2\mathrm{d}x \tag{10-5}$$

式中　l——转子的长度，m；

m_F——转笼的质量，kg；

ρ——转子的密度，kg/m^3；

A——转子的横截面积，m^2。

在静平衡位置，转子具有最大的动能

$$T_{\max}=\frac{p_1^2}{2}\int_0^l \rho AY^2\mathrm{d}x+\frac{p_1^2}{2}\int_0^l m_F Y^2(x_F) \tag{10-6}$$

而在偏离平衡位置最远距离处，转子具有最大的弹性势能

$$U_{\max}=\frac{1}{2}\int_0^l EI\left(\frac{\mathrm{d}^2 Y}{\mathrm{d}x^2}\right)^2\mathrm{d}x \tag{10-7}$$

根据机械能守恒定律

$$T_{\max}=U_{\max} \tag{10-8}$$

得

$$p_1^2=\frac{\int_0^l EI\left(\frac{\mathrm{d}^2 Y}{\mathrm{d}x^2}\right)\mathrm{d}x}{\int_0^l \rho AY^2\mathrm{d}x+m_F Y^2(x_F)} \tag{10-9}$$

代入实际的数据计算得

$$p_1=7308\mathrm{r/min} \tag{10-10}$$

由于超细气流分级机转子系统二阶固有频率的计算非常复杂，为了简化计算，将转子系统简化为一个等直径梁。因为图 10-8 所示的转子系统 CD 段的长度大于 BC 段的长度，并且 CD 段的右端还存在一个集中质量，所以根据简支梁以及悬臂梁的特点将其简化成悬臂梁。

当在 M 点作用一个竖直向下的力时，在 C 点的左端距 C 点 $\frac{(3-\sqrt{3})l_2}{3}$ 处梁的转角为 0，和悬臂梁在靠近支撑端处的转角一致，所以取 $l=\frac{(3-\sqrt{3})l_2}{3}+l_3+l_4=0.72\mathrm{m}$ 为简化后的悬臂梁的长度。

取悬臂梁的直径分别为 55mm 和 72mm，则根据弹性悬臂梁二阶固有频率的计算公式可得超细气流分级机转子系统二阶固有频率的最小值和最大值，分别为

$$P_{2\min}=\frac{60}{2\pi}\times\frac{4.694^2}{l^2}\sqrt{\frac{EI}{\rho A}}=\frac{60}{2\pi}\times\frac{4.694^2}{0.72^2}\sqrt{\frac{200\times10^9\times\frac{\pi\times0.055^4}{64}}{7.8\times10^3\times\frac{\pi\times0.055^2}{4}}}=28259(\mathrm{r/min}) \tag{10-11}$$

$$P_{2\max}=\frac{60}{2\pi}\times\frac{4.694^2}{l^2}\sqrt{\frac{EI}{\rho A}}=\frac{60}{2\pi}\times\frac{4.694^2}{0.72^2}\sqrt{\frac{200\times10^9\times\frac{\pi\times0.072^4}{64}}{7.8\times10^3\times\frac{\pi\times0.072^2}{4}}}=36994(\text{r/min}) \quad (10\text{-}12)$$

取和的平均值作为轴系统二阶固有频率，即

$$P_2=\frac{P_{2\min}+P_{2\max}}{2}=\frac{28259+36994}{2}=32627(\text{r/min}) \quad (10\text{-}13)$$

为了提高转子系统的稳定性，在设计时应尽量使转子的固有频率远离其工作频率。当超细气流分级机工作于过共振状态时，则在开机和关机时转子会向上和向下越过共振区，这样会降低转子系统的稳定性，因此应设计转子系统的结构使其工作于亚共振状态下。由转子系统一阶和二阶固有频率的计算结果可以知道，所设计的超细气流分级机正好工作在亚共振状态下，即转子的工作频率小于其第一阶固有频率。

当激振力频率即电机的转速 N 满足 $N<0.75p_1=5481\text{r/min}$ 时，转子系统即可安全平稳地运转。

图 10-9 显示了分级机在工作时其转子的受力情况。其中，G_1 和 G_2 分别为主轴和转笼的重力；力 F 为在转子高速旋转时转笼的偏心而引起的惯性离心力。

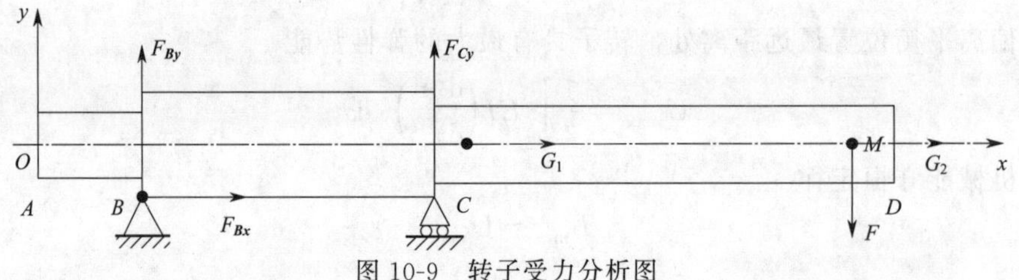

图 10-9　转子受力分析图

图 10-10 和图 10-11 分别为用 Unigraphics 的“强度分析”功能得出的分级机工作在极限条件时转子的应力以及位移分布情况图。从图中可以看出，紧挨超细气流分级机下轴承下端的水平截面为该转子的危险截面，并且该转子所受到的最大应力为 1.267MPa，远远小于其许用应力，因而该转子满足强度条件。

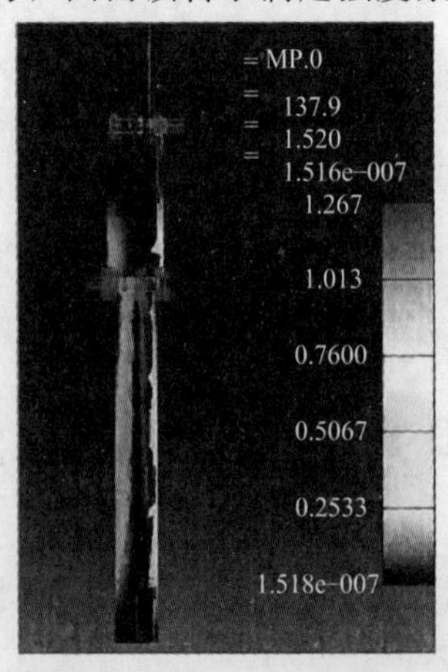

图 10-10　转子应力分布图

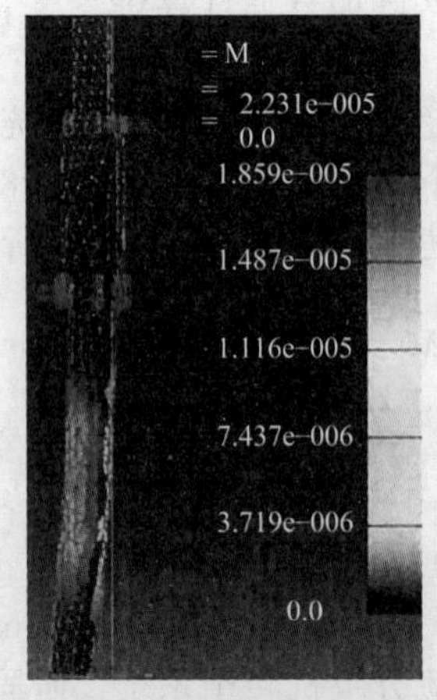

图 10-11　转子位移分布图

通过简要介绍超细气流分级机的结构、技术性能参数及其优缺点，在对转子系统进行适当地简化的基础上计算出了超细气流分级机转子系统的一阶和二阶固有频率，并利用 Unigraphics 的“强度分析”功能对转子的强度进行了分析，为转子的动力学设计提供了强有力的依据。

10.3　超细气流分级机的数值仿真

10.3.1　超细气流分级机仿真区域划分及模型

超细气流分级机内部的流场比较复杂，为了便于对其内部的流场进行全面而深入的研究，现将分级机内的流场分成三部分：主分级区、细颗粒出口区和粗颗粒分级区。

由于在分级机中所要分级的颗粒粒度比较细，一般都在小于 50μm 的范围内，而在这一范围内颗粒与气流的跟随性较好，为了了解转子的各种结构参数以及非结构参数对分级机分级性能的影响规律，对各种条件下分级机转子区域内的流场情况进行详细的研究。分级机的转子由转子、上下转盘以及多个叶片组成，其结构如图 10-12 所示。

由于所仿真的整个分级机转子的旋转流场是由若干个叶片之间的流场组成，流场在圆周方向是周期性分布，所以只要计算出两个叶片之间的流场就可以得到整个具有多个叶片的转子中旋转流场的结果。为了减少误差，取包围一个叶片的有效流体区域为研究对象。图 10-13 为该研究对象的网格划分方案。

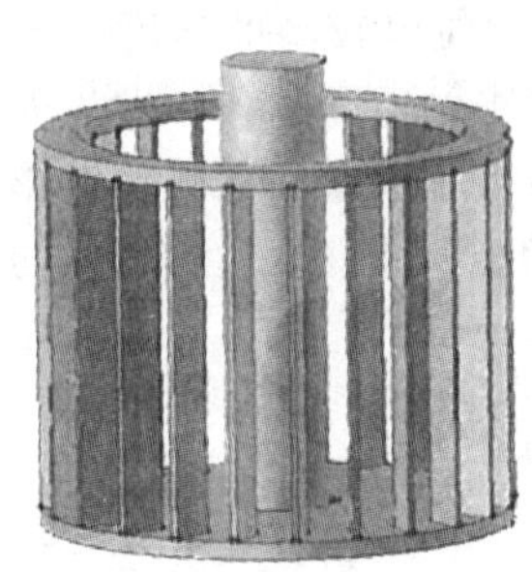

图 10-12　超细气流分级机转子结构示意图

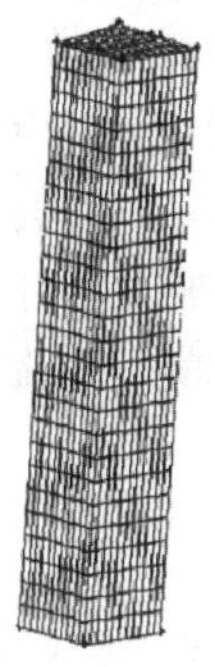

(a) 实体模型

(b) 线框模型

图 10-13　仿真区域的网格划分方案

周期性边界条件适用于所计算的物理几何模型和所期待的流动的解具有周期性重复的情况。由于本节所选取的计算区域正好符合周期性边界条件的要求，所以在整个计算域的左右两个边界面上使用周期性边界条件。

假设径向气流流量 G 为一个定值，即分级转子中由外缘进入转子内部，由空心轴流出的气体流量为一个定值。为了使计算模型流量假设值合理与准确，仿真区域内气流的流量将在超细气流分级机的设计风量范围内选取。

分级转子旋转速度 ω 为实际操作过程中的分级转子转速。由压力测定试验可知：在实际操作过程中分级腔内各处的压力值相差最大不超过 500Pa，因此为了简化计算把流体密度 ρ 设为常数，故所得到的是流场的近似仿真。假设转子进口处的压力为一个大气压，则转子出口处的压力值为 10825Pa。取转子进、出口处压力值的平均值时的空气密度 $\rho=1.15\text{kg/m}^3$ 作为本模型的气体密度。

同样根据不可压缩流体模型的不必知道各处的绝对压力的特点，假设进口处的压力为零。

为了保证解的精度，各控制方程中对流相的离散采用了二阶精度的 QUICK 格式，扩散相离散采用中心差分格式，离散方程组采用 SIMPLEC 算法求解。

10.3.2　操作参数对转子叶片间流场的影响规律

图 10-14 是在转笼直径为 0.25m，叶片长度为 0.2m，叶片宽度为 0.023m，叶片倾角

为－15°，转子转速为 3500r/min 和系统风量为 2880m^3/h 条件下的整个流场速度的分布情况仿真结果。可以看出，无论 z 值为多少，其流场的分布均是一致的，并且由于 x-y 平面内的流场是决定颗粒是否被分离的最主要因素，所以下面将对整个流场中间的水平截面内的流场进行研究。

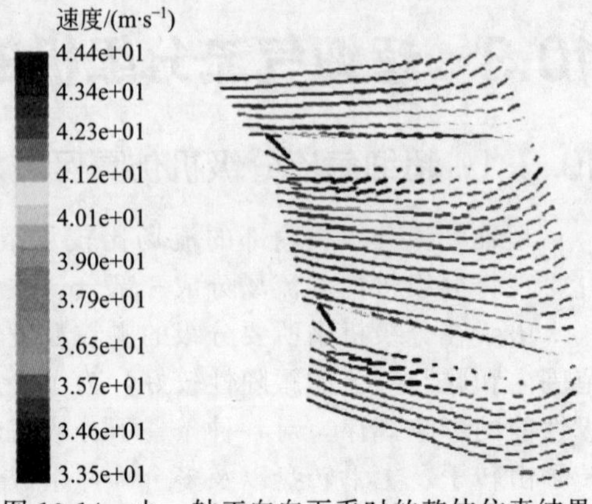

图 10-14　由 z 轴正向向下看时的整体仿真结果

分级机叶轮转速是影响颗粒分级的主要因素之一。由于转速的增加不但会使分级区域内颗粒所受的离心力增加，而且还会影响分级区域内的气流的分布情况，直接影响分级机的分级效果。对转速分别为 1000r/min、2000r/min、2500r/min，3000r/min、3500r/min、4000r/min 和 5000r/min 的流场情况进行了数值仿真，仿真结果如图 10-15 所示。

由图 10-15 可以很容易地看出随着转速的提高，工作叶片处回流区域逐渐地减小，而非工作叶片处回流区逐渐地增大；转子转速越高转笼叶片间的分级区域内气流速度矢量向工作叶片的倾斜角度也就越大。当转速达到 5000r/min 时回流在分级流场内达到了一多半，分级区域内的气流的径向速度变小，而切向速度增加。这使得颗粒以较高的速度撞击到工作叶片上，这些颗粒与工作叶片撞击后会发生弹跳。颗粒越大，撞击的速度越大，发生弹跳的可能性也就越大，粗颗粒有可能被弹入叶轮的内部，使得细粉中进入了少量的大颗粒，影响了分级的效果。因此应该采取措施减小气流的切向速度，增加气流的径向速度，达到良好的分级效果。

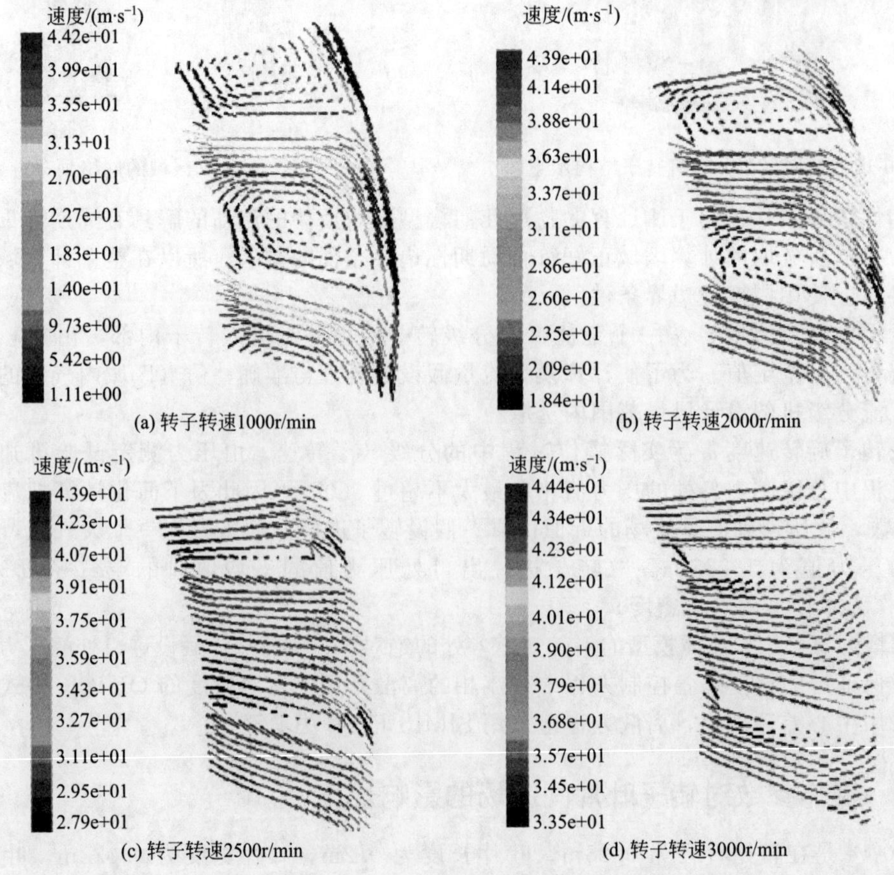

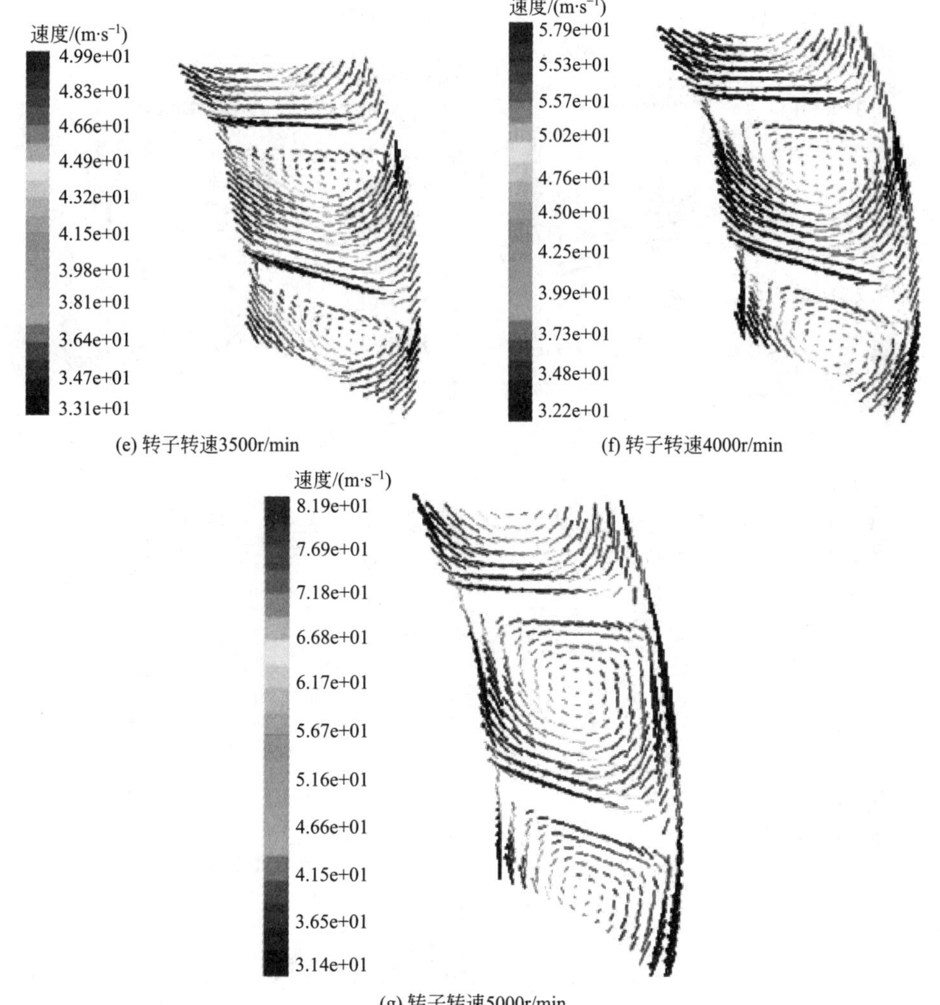

(e) 转子转速3500r/min

(f) 转子转速4000r/min

(g) 转子转速5000r/min

图 10-15 转速对叶片间流场的影响

图 10-16 所示为转子的转速为 3000r/min，风量分别为 2160m^3/h、2520m^3/h、2880m^3/h、3240m^3/h 和 3600m^3/h 时风机的风量对叶片之间分级区域的流场仿真结果。

由图 10-16 可以看出，随着风量的增大气流的径向速度逐渐增大，切向速度也逐渐增大，非工作叶片的末端回流区的面积减小，分级区域内的流场区域一致。从这个角度看，风量的增加有利于颗粒的分级。但是由于空气流动速度的增加，使得分级区内湍流强度有所增加，这将使得稍大一点的固体颗粒在随机因素干扰的情况下进入细粉的概率增大，得不到超细分级的目的。但风量太小又不利于在分级区域内产生足够的负压，不利于细粉的迅速排出。因此分级机的风量要选取一个合适的值，并且要与转速配合好以便达到好的分级效果。

由以上的数值模拟结果可以看出，超细气流分级机转子的转速以及风机的风量均会对分级机的分级性能产生显著的影响。转子的转速决定着所分级颗粒的粒径，其值由生产要求所确定；而风机的风量应根据转子的转速选取一个适当的数值，以便使分级区域内的空气流场既便于固体颗粒的输送，又有利于固体颗粒的有效分级。

10.3.3 转子结构对内部流场的影响规律

图 10-17 所示为转子转速为 2500r/min，系统风量为 2880m^3/h，叶片的倾斜角度分别

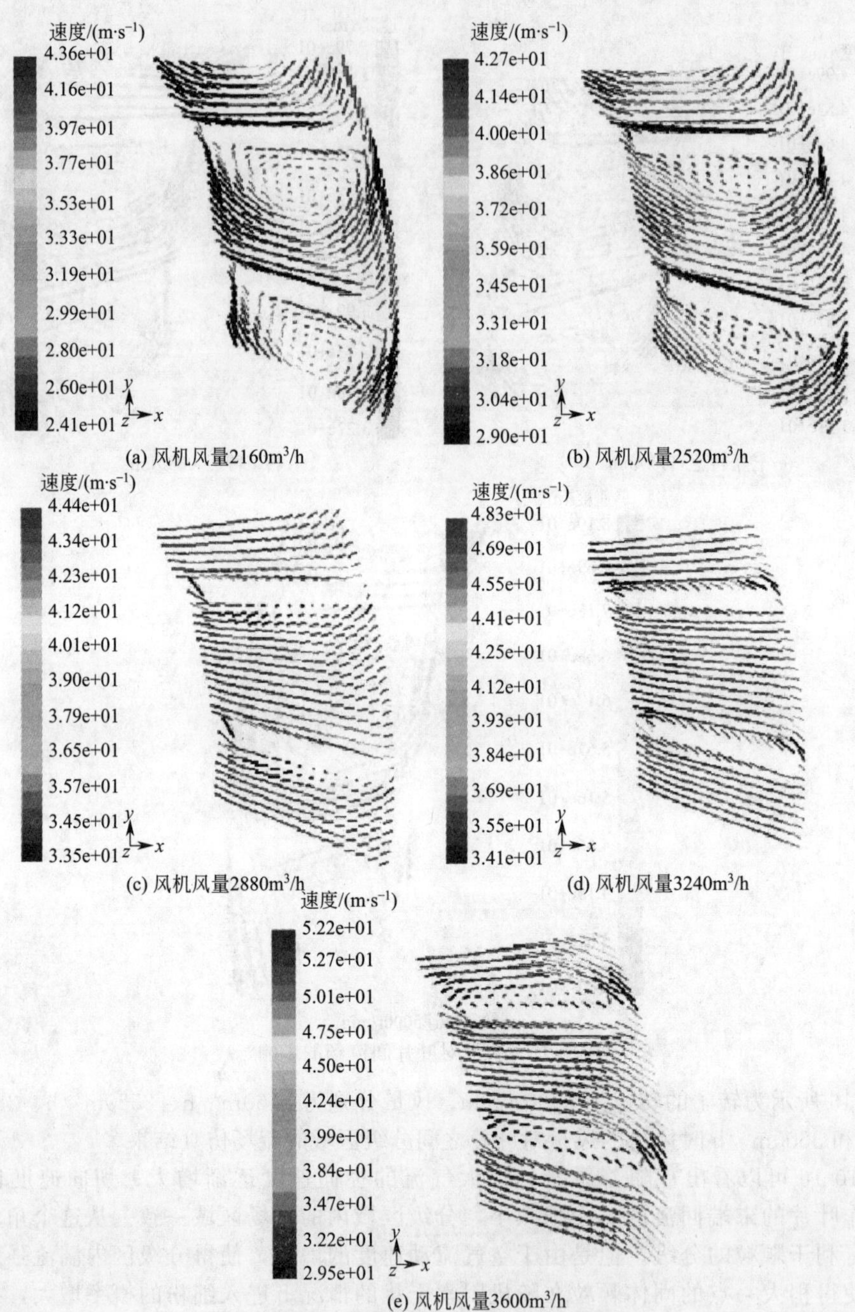

(a) 风机风量2160m³/h (b) 风机风量2520m³/h

(c) 风机风量2880m³/h (d) 风机风量3240m³/h

(e) 风机风量3600m³/h

图 10-16 风机的风量对叶片间流场的影响

为+30°、+15°、0°、-15°和-30°时分级区域内流场的数值仿真结果。

从图 10-17 可以看出，分级区域进口处各点向量的方向是向上倾斜的，与负角度叶片的倾斜方向是一致的，相应的使得负角度的分级区域内的流场趋于均匀，这有利于进入分级区域的颗粒受到较均匀的力，即有利于分级。正角度倾斜的叶片间流场由于和叶片的倾斜方向不一致，使得颗粒在流场中的行程缩短，不利于颗粒的分级。随着叶片倾斜角度从正角度向负角度变化，分级区域内的流场发生了显著的变化。随着角度从正到负的变化，工作叶片中部的回流区逐渐减小。由于分级区域内的回流区越小越有利于颗粒的分级，因此也可以看出夹角为负角度时分级区域内的流场有利于颗粒分级。另外，叶片角度为正时气流进入分级区

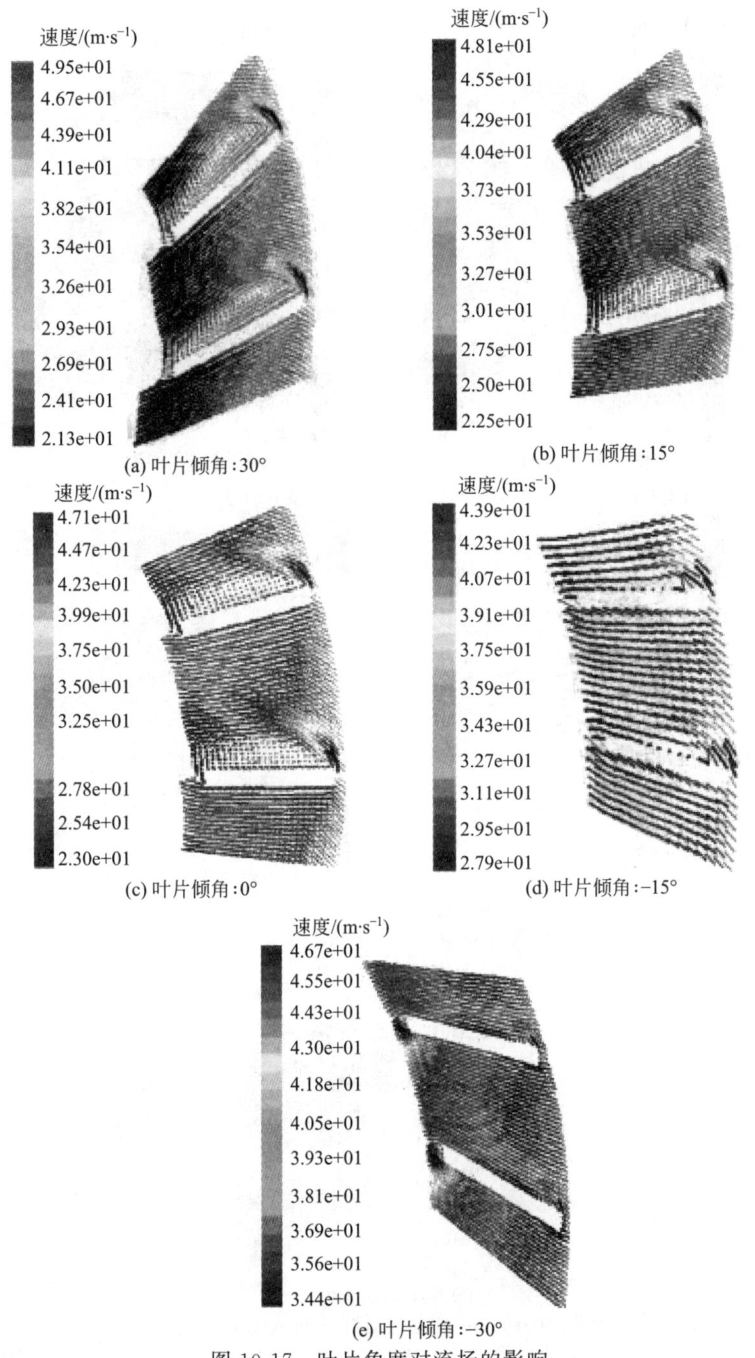

图 10-17　叶片角度对流场的影响

域时要和非工作叶片发生碰撞，这不仅会使分级区域内的气流发生更大的湍流运动，而且会使大颗粒发生强烈的弹跳，增大大颗粒进入细粉中的概率，影响分级效果。由仿真结果可知，负角度倾斜的叶片有利于达到好的分级效果，当然该倾角与分级机的转速和风机的风量有密切的关系。在本仿真条件下，叶片夹角为−15°时分级区域内的流场有利于分级的有效进行。

图 10-18 是在转笼叶片夹角为−15°，转子转速为 2500r/min，风量为 2880m^3/h，转笼叶片宽度分别为 0.013m、0.018m、0.023m、0.028m 和 0.033m 时的数值仿真结果。

由图 10-18 可以明显地看出转笼叶片的宽度增加后分级区域内流场的改变情况。当叶片

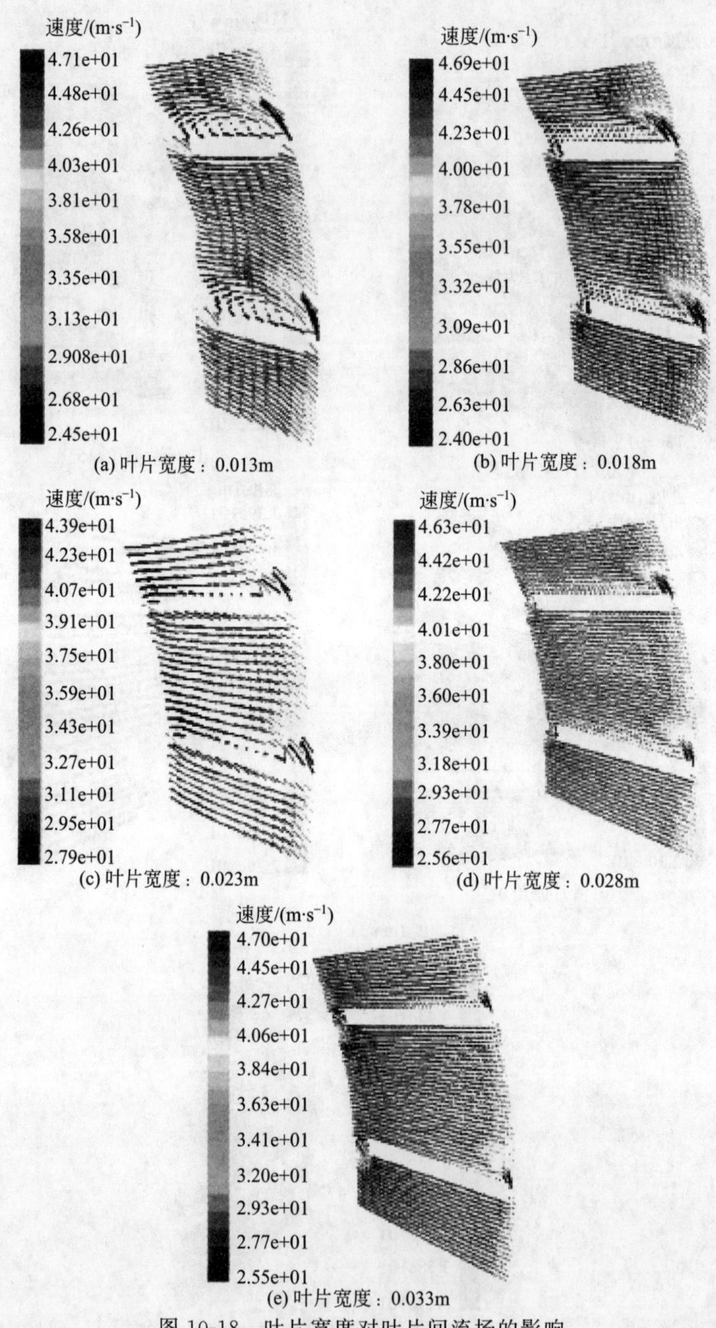

(a) 叶片宽度：0.013m　(b) 叶片宽度：0.018m

(c) 叶片宽度：0.023m　(d) 叶片宽度：0.028m

(e) 叶片宽度：0.033m

图 10-18　叶片宽度对叶片间流场的影响

的宽度增加后，在分级区域的中间部位存在一个明显的气流与叶片的平行区域。这一个平行区域将对固体颗粒的有效分级起到重要的作用。在这一区域内颗粒将受到较为平稳的均匀的气流作用。在转笼内部的流体区域内，固体颗粒将根据其自身所受到的空气推力和离心力的大小决定其是否能够被分级。分级区域的增大可以使由于固体颗粒和转笼叶片的碰撞以及其他的一些偶然因素进入分级叶片内部的大的固体颗粒在离心力的作用下而被甩出分级区域，使得超细气流分级机的分级精度更加精确。另外，还可以看出随着叶片宽度的增加工作叶片进口端的回流区越来越小，这也有利于固体颗粒的分级，所以随着叶片宽度的增加分级效果逐渐变好。

由以上的分析可以很容易知道，转笼叶片宽度的增加将有利于超细气流分级机分级性能的提高，但是在实际的分级机设计过程中考虑到叶片厚度的影响，以及要留有细料排出通道和叶片过长会增大进出口的面积差，转笼叶片的长度应适中才能得到最好的分级效果。

对同一个直径的叶轮在叶片数目为别 12、18、24、30 和 36 的条件下进行了数值仿真，研究结果如图 10-19 所示。

在流速相同的情况下，随着叶片数量的增加叶片间流体区域的减小，流场的径向速度增大，而切向速度减小。这是由叶片的边壁效应造成的。这将有利于固体颗粒只受到向内的气体推力和惯性离心力的作用，减少颗粒与叶片的碰撞，有利于颗粒的分级。此外，随着叶片数目的增加，工作叶片处的回流区域逐渐减小，这将有利于颗粒的分级。叶片数目的增加有利于提高分级机的分级性能，实践中由于叶片厚度的影响，以及机械加工的限制叶片数目不宜过多。

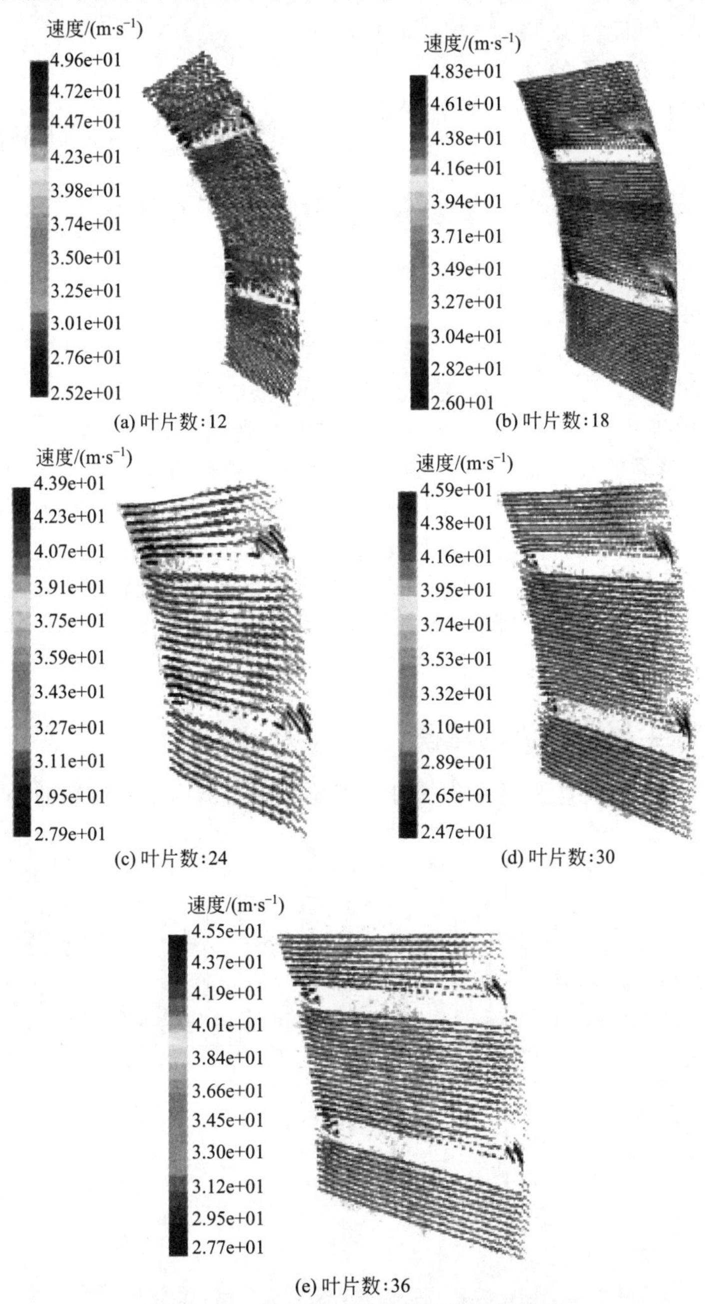

图 10-19　叶片数量对叶片间流场的影响

10.4 旋风除尘器的数值仿真

10.4.1 旋风除尘器工作原理

如图 10-20 为旋风除尘内颗粒分离的原理图，从图中可以看出气、固两相流沿切线方向进入旋风除尘器内，并在水平截面内做旋转运动；粒子 M 因惯性离心力的作用而沿着虚线轨迹运动。假设当某瞬时粒子位于半径为 r 的圆周上时该粒子的速度、切向速度和径向速度分别为 v、v_θ 和 v_r。则粒子的径向运动方程为

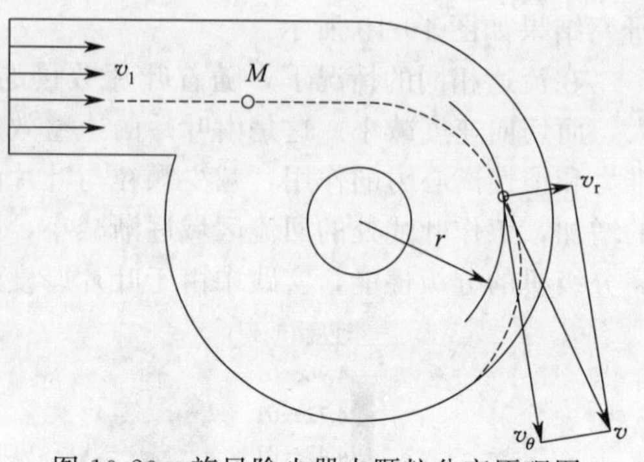

图 10-20 旋风除尘器内颗粒分离原理图

$$\frac{\pi}{6}d_s^3(\rho_s-\rho_a)\frac{\mathrm{d}v_r}{\mathrm{d}t^2}=\frac{\pi}{6}d_s^3(\rho_s-\rho_a)\frac{v_\theta}{r}-C\,\frac{\pi}{4}d_s^2\,\frac{\rho_a}{2}v_r^2 \tag{10-14}$$

式中 ρ_a——空气的密度，kg/m^3；

ρ_s——颗粒的密度，kg/m^3；

d_s——颗粒的直径，m；

C——阻力系数，它与物体形状、流体运动状态有关。

式（10-14）中等号左边项为颗粒在水平方向上所受到的合力，等号右边第一项为颗粒在做高速旋转时所受到的离心力，等号右边第二项为颗粒在向除尘器壁运动过程中所受到的向心推力。当粒子所受到的惯性离心力大于其所受到的向心推力时，粒子所受的合力方向背向粒子旋转中心，粒子在此合力的作用下被推向除尘器壁而被捕集。当粒子所受到的惯性离心力小于其所受到的向心推力时，粒子所受的合力方向指向粒子旋转中心，粒子在此合力的作用下被推向内筒并随空气一起离开除尘器。当粒子所受到的惯性离心力等于其所受到的向心推力时，粒子所受的合力大小为 0，粒子在随机因素的作用下被捕集或随空气一起离开除尘器。

10.4.2 旋风除尘器空气流场建模

为了彻底搞清楚旋风除尘器的工作机理，对旋风除尘器内空气流场的分布情况以及颗粒

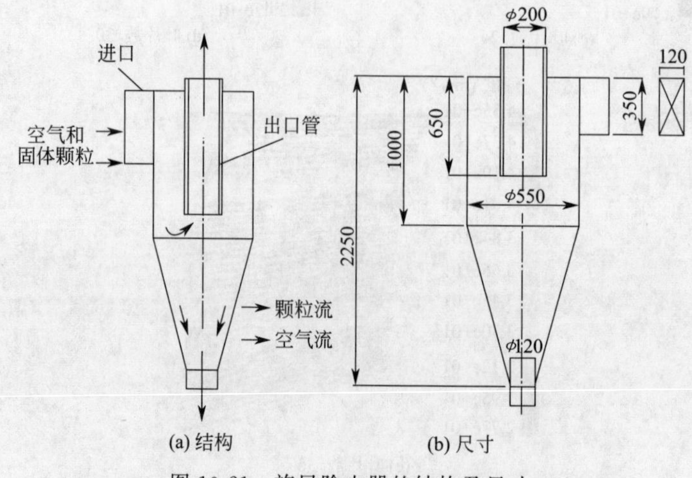

图 10-21 旋风除尘器的结构及尺寸

在旋风除尘器内的运动轨迹进行详细的研究，将有助于彻底弄清空气流在旋风除尘器内的分布规律以及固体颗粒的运动规律，为旋风除尘器的优化设计提供强有力的理论依据。

图 10-21 为普通旋风除尘器，图 10-22（a）为用 FLUENT 的前处理软件 GAMBIT 创建的旋风除尘器的三维几何模型，图 10-22（b）为该模型的网格划分方案。

由于计算可压缩流体模型非常复杂，而且由实际的压力测量可知在操作过程中除尘器进出口的压力差一般在 1000Pa 左右，所以为了简化计算，假设在旋风除尘器内空气的密度为一个定值，并取进出口处空气密度的平均值 $\rho=1.1\mathrm{kg/m^3}$ 作为本模型的气体密度。

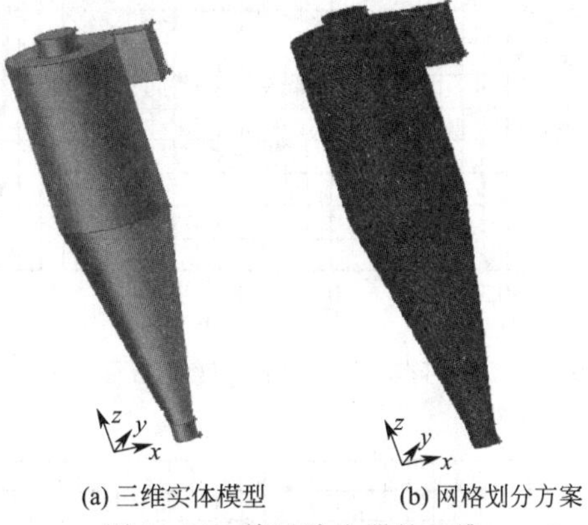

(a) 三维实体模型　(b) 网格划分方案

图 10-22　旋风除尘器的三维实体模型及网格划分

不可压缩流体模型的计算只需要得到整个流场中压力与流场中给定位置处的压力差值，而并不需要知道流场中各处的绝对压力值，因此假设除尘器集灰斗底面的圆心处的压力值为 101325Pa。

除尘器进口风速为 24m/s。出口截面按充分发展条件处理，即 $\partial\phi/\partial n=0$，其中 n 为出口截面的法线方向。

另外为了保证解的精度，各控制方程中对流相的离散采用了具有二阶精度的 QUICK 格式，扩散相离散采用中心差分格式，离散方程组采用 SIMPLEC 算法求解。

由于旋风除尘器内的流体处于湍流状态，而标准 k-ε 模型是目前使用最广泛的湍流模型，所以采用该模型对旋风除尘器内的流场进行模拟。模拟时，控制方程包括连续性方程、动量守恒方程、k 方程及 ε 方程。

10.4.3　旋风除尘器空气流场数值仿真结果

空气在旋风除尘器中的流动形态是三维的螺旋运动，其中任意一点的速度 v 都可以分解为切向速度 v_θ、径向速度 v_r 和轴向速度 v_z。

图 10-23～图 10-26 分别显示了在不同高度截面上的速度 v、切向速度 v_θ、轴向速度 v_z 以及径向速度 v_r 沿径向的分布情况。

由图 10-24 可以看出，旋风除尘器内的切向速度从壁面向轴心的变化为先逐渐增大，在达到最大速度后逐渐减小，呈双涡旋结构。在旋风除尘器中不同高度的各截面上，切向速度的分布规律较为一致。比较图 10-23 和图 10-24 可以看出：切向速度接近全速度，所以切向速度在固相分离中起主要作用。

由图 10-25 可以看出，轴向速度在各截面上的分布有很大差异。其方向在内外层的分布不同：在靠近外筒附近的外层，方向向下；在靠近轴心处的内层，方向向上。另外随着高度的增加截面越来越接近内圆筒的下表面，截面周边向下的速度越来越大，而截面中心上下的速度也越来越大。

由图 10-26 可以看出，在某些截面上径向速度恒大于 0，而在有些截面上径向速度恒小于 0，这说明在旋风除尘器中存在一个径向速度为 0 的截面。在这个截面的上部，径向速度指向半径增大的方向，因此形成所谓的外向流。而在这个截面的下部，径向速度指向半径减小的方向，因此形成所谓的内向流。

图 10-27 显示了在旋风除尘器不同高度的截面上静压和全压沿径向的分布情况。可以看出，旋风除尘器内静压和全压的变化趋势基本一致，都是随着旋风除尘器半径 r 的减小而降

低，随着截面高度的增加，这种变化趋势更加显著。

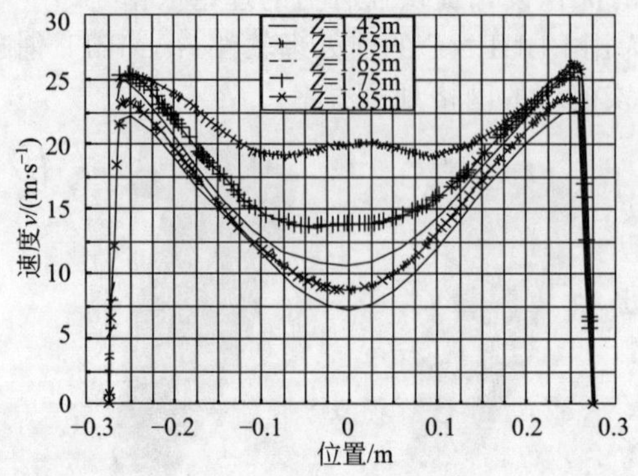

图 10-23 不同高度截面上速度 v 沿径向的分布图

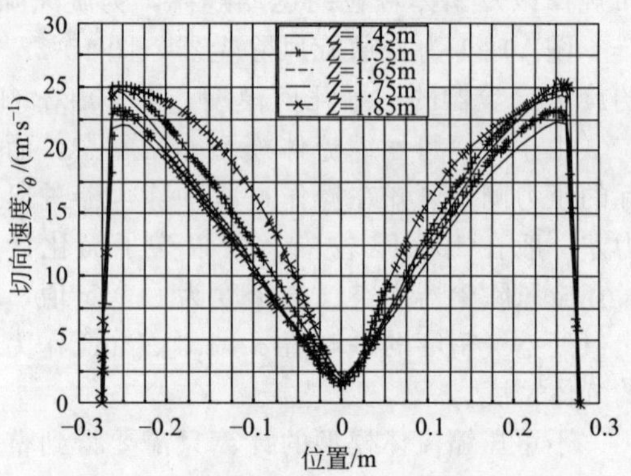

图 10-24 不同高度截面上切向速度 v_θ 分布图

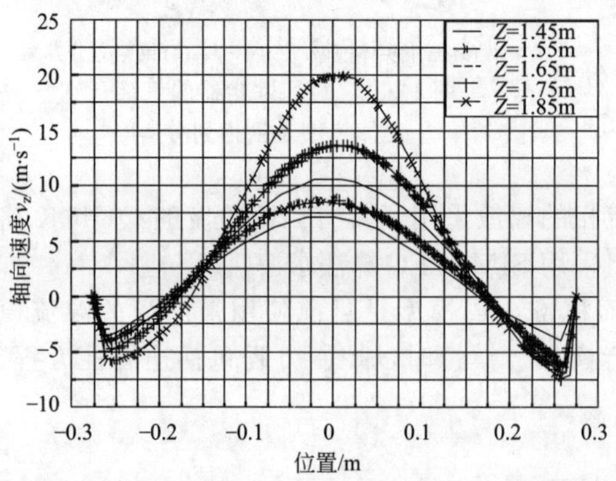

图 10-25 不同高度截面上轴向速度 v_z 分布图

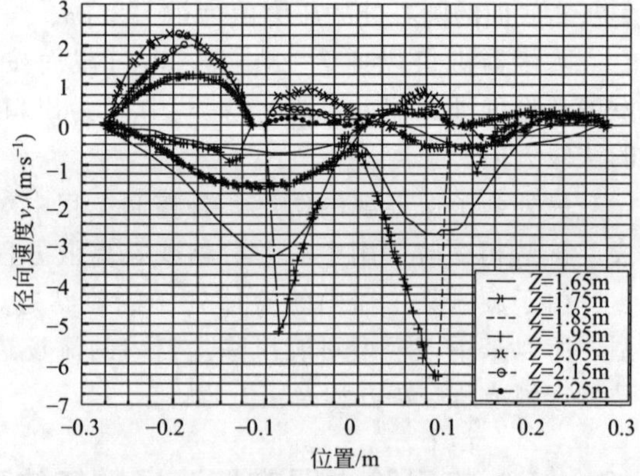

图 10-26 不同高度截面上径向速度 v_r 分布

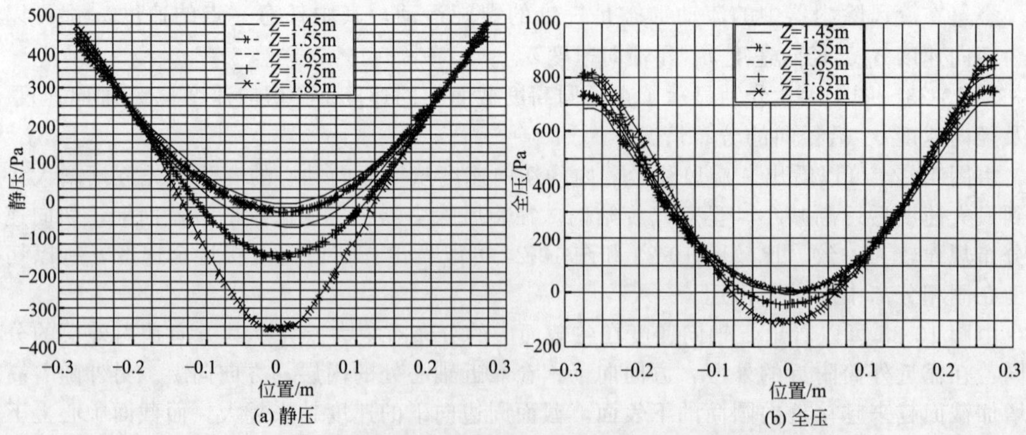

图 10-27 不同高度截面上沿径向的分布情况

通过以上数值仿真，得出了旋风除尘器内速度、切向速度、轴向速度、径向速度、静压及全压沿径向的分布规律。研究结果发现，切向速度接近全速度，是决定颗粒是否被分离的主要因素；轴向速度在各截面上的分布有很大差异，其方向在内外层的分布不同；在旋风除尘器中存在一个径向速度为 0 的截面，在这个截面的上部，气流沿半径增大的方向流动，而在这个截面的下部，气流沿半径减小的方向流动；静压和全压的变化趋势基本一致，都是随着旋风除尘器半径 r 的减小而降低，随着截面高度的增加这种变化趋势更加显著。

参考文献

[1] 侯书军．一种振动管磨机：CN2493295［P］．2002-05-29.

[2] 侯书军，秦志英，张新聚，等．偏心激振式破碎机：CN2661311［P］．2004-12-08.

[3] 侯书军，彭伟，赵月静，等．振动筒摆式双腔颚式破碎机：CN1698964［P］．2005-11-23.

[4] 周瑛．双刚体振动磨的动力学研究［D］．石家庄：河北科技大学，2003.

[5] 张军翠．振动破碎过程的非线性动力学分析［D］．石家庄：河北科技大学，2004.

[6] 周春福．双刚体振动磨的动力学结构优化与中药材超微粉碎技术研究［D］．石家庄：河北科技大学，2006.

[7] 倪素环．振动辊式破碎机破碎过程的非线性动力学分析［D］．秦皇岛：燕山大学，2006.

[8] 侯志强．超细气流分级技术与超细粉磨系统的开发与研究［D］．石家庄：河北科技大学，2007.

[9] 杨革．振动辊式破碎机刚散耦合动力学与优化设计研究［D］．天津：河北工业大学，2011.

[10] 崔立华．振动圆锥破碎机耦合动力学过程的数值仿真［D］．天津：河北工业大学，2012.

[11] 韩晋．偏心双刚体振动磨的刚散耦合动力学研究［D］．天津：河北工业大学，2011.

[12] 郭晓庆．偏心双刚体振动磨机刚散耦合动力学研究［D］．天津：河北工业大学，2012.

[13] 张哲娟．机械合金化振动磨的动力学分析与应用研究［D］．石家庄：河北科技大学，2018.

[14] 赵季福．超细分级磨动力学机理分析与结构参数优化［D］．石家庄：河北科技大学，2021.

[15] 侯书军，彭伟，赵月静，等．振动超细破碎机的研制［D］．石家庄：河北科技大学，2005.

[16] 侯书军，秦志英，彭伟，等．双质体振动磨机的动力学研究与新产品开发［D］．石家庄：河北科技大学，2006.

[17] 侯书军，秦志英，张新聚，等．双腔振动颚式破碎机的非线性动力学研究［D］．石家庄：河北科技大学，2006.

[18] 侯书军，秦志英，牛丽颖，等．双刚体振动破磨中药材系统的多尺度耦合动力学［D］．石家庄：河北科技大学，2009.

[19] 曹慧琴，秦志英，王惠，等．雷蒙磨的磨碎机理研究［J］．现代制造工程，2003（08）：14-16.

[20] 郭晓庆，侯书军，李慨，等．三类偏心振动球磨机的仿真和实验研究［C］//第十届全国振动理论及应用学术会议论文集（2011）下册．2011：453-458.

[21] 侯书军，李慨，侯志强，等．振动利用工程研究的某些新进展及其共性关键动力学问题［C］//第十届全国振动理论及应用学术会议论文集（2011）下册．2011：468-481.

[22] 侯书军，梁建术，秦志英，等．振动利用机械中的刚散耦合复杂动力学问题［C］//中国力学学会学术大会2005论文摘要集（下）．2005：1002.

[23] 侯书军，彭伟，赵月静，等．振动破碎技术及其动力学问题［J］．矿山机械，2005（07）：39-40，5.

[24] 侯书军，秦志英，彭伟，等．提高双刚体振动磨的磨碎效率的研究［C］//第八届全国振动理论及应用学术会议论文集摘要．2003：236.

[25] 侯书军，秦志英，周瑛．双刚体振动磨的动力学分析［C］//振动利用技术的若干研究与进展——第二届全国“振动利用工程”学术会议论文集．2003：56-60.

[26] 侯书军．超细粉碎过程研究［J］．河北机电学院学报，1996（04）：1-6.

[27] 侯书军．双质体线性振动系统的动力学研究［J］．河北科技大学学报，2003（02）：1-4.

[28] 侯晓洪，陈文义，侯书军，等．立磨腔内气相流场数值模拟与分析［J］．矿山机械，2012，40（07）：72-77.

[29] 侯晓洪，陈文义，侯书军．立磨腔内结构对腔内流体场影响的分析［J］．矿山机械，2012，40（05）：65-68.

[30] 侯晓洪，陈文义，侯书军．立磨腔内流场分析及结构优化［J］．河北工业大学学报，2012，41（06）：51-59.

[31] 侯志强，侯书军，彭伟，等．普通旋风除尘器内空气流场的CFD分析［J］．矿山机械，2010，38（15）：106-109.

[32] 侯志强，侯书军，彭伟，等．操作参数对超细气流分级机内流场影响规律的数值模拟［J］．矿山机械，2010，38（21）：101-105.

[33] 侯志强，侯书军，彭伟，等．超细气流分级机高速转子系统固有频率的计算［J］．矿山机械，2010，38（23）：95-98.

[34] 侯志强，侯书军，彭伟，等．转子结构对超细气流分级机内部流场影响规律的数值模拟［J］．矿山机械，2010，38（19）：102-107.

[35] 侯志强，侯书军，赵雪涛，等．立式辊磨机内部空气流场特性的仿真研究［J］．矿山机械，2011，39（10）：63-66.

[36] 侯志强，侯书军．立磨内刚-散耦合动力学过程仿真分析［J］．矿山机械，2015，43（08）：81-84.

[37] 贾力伟，侯书军，李慨，等．振动助流作用机理的离散单元仿真研究［C］//第十届全国振动理论及应用学术会议论文集（2011）下册．2011：482-488.

[38] 贾妍，侯书军．振动作用下粘性颗粒动力学行为的实验研究［J］．安徽化工，2005（03）：41-42.
[39] 倪素环，陈青果，侯书军，等．振动辊式破碎机腔型的新型设计［J］．矿山机械，2009，37（13）：82-84.
[40] 倪素环，陈青果，侯书军．颗粒层受压破碎过程的试验研究［J］．金属矿山，2011（01）：109-111，127.
[41] 彭伟，侯书军，秦志英．振动磨机技术研究的新进展［J］．矿山机械，2005（07）：25-26，4-5.
[42] 秦志英，董桂西．偏心激励多刚体振动系统的 Lagrange 方程建模［J］．机械强度，2007（04）：544-547.
[43] 秦志英，陆启韶．基于恢复系数的碰撞过程模型分析［J］．动力学与控制学报，2006（04）：294-298.
[44] 秦志英，彭伟，侯书军．振动磨的发展及刚散耦合动力学［C］//第七届全国非线性动力学学术会议和第九届全国非线性振动学术会议论文集．2004：478-481.
[45] 秦志英，彭伟，侯书军．双刚体振动磨的散体结合系数分析［J］．矿山机械，2006（01）：53-55.
[46] 秦志英，彭伟，赵月静，等．采用振动磨制备中药微粉［J］．中国粉体技术，2010，16（04）：36-38，42.
[47] 秦志英，彭伟，周春福．振动磨中物料磨碎特性的单自由度试验研究［J］．矿山机械，2007（07）：19-22，4.
[48] 秦志英，赵月静，侯书军．物料冲击破碎过程的一种非线性力模型［J］．振动与冲击，2006（02）：35-37，182.
[49] 秦志英，赵月静，彭伟．双腔振动破碎机中的非对称现象［J］．矿山机械，2006（07）：15-17，4.
[50] 张军翠，侯书军，秦志英，等．单自由度振动冲击破碎系统的非线性动力学分析［C］//第八届全国振动理论及应用学术会议论文集摘要．2003：84.
[51] 张军翠，侯书军，张新聚，等．振动破碎系统的建模与动力学分析［J］．动力学与控制学报，2004（02）：45-49.
[52] 张军翠，王立成，侯书军．单边冲击振动破碎系统的动力学分析［C］//第十一届全国非线性振动学术会议暨第八届全国非线性动力学和运动稳定性学术会议论文集．2007：135-138.
[53] 张军翠，王立成，侯书军．双腔振动颚式破碎机的非线性动力学分析［J］．矿山机械，2009，37（15）：89-91.
[54] 张军翠，王立成，侯书军．振动冲击破碎系统的非线性动力学分析［J］．矿山机械，2007（10）：51-54.
[55] 张新聚，常宏杰，侯书军．振动破碎机的设计与研究［J］．煤矿机械，2008（08）：4-5.
[56] 张学平，牛丽颖，刘姣，等．西洋参不同粒径超微粉抗疲劳作用比较研究［J］．河北中医药学报，2007（03）：39-40，48.
[57] 张钊，侯书军．双轴式惯性激振器运转噪音与振动特性关系研究［J］．河北工业大学学报，2018，47（06）：50-55.
[58] 赵雪涛，侯书军，杨革，等．振动辊式破碎机动力学分析［C］//第十届全国振动理论及应用学术会议论文集（2011）下册．2011：459-467.
[59] 赵月静，彭伟，侯书军，等．振动圆锥破碎机的动力学响应分析［J］．河北科技大学学报，2006（03）：230-233.
[60] 赵月静，秦志英，彭伟．刚散耦合振动圆锥破碎机动力学分析［J］．振动．测试与诊断，2012，32（S1）：92-97，152-153.
[61] 赵月静，秦志英，彭伟．考虑物料层作用的振动圆锥破碎机动力学分析［J］．振动与冲击，2011，30（09）：232-236，252.